21 世纪高等院校计算机网络工程专业规划教材

计算机
网络工程与实践

陈晓文　熊曾刚　主　编

张龚　肖如良　张学敏　徐方　郭海如　副主编

U0292555

清华大学出版社

北京

内 容 简 介

本书是湖北省教育科学"地方本科院校'计算机网络'课程教学内容与方法改革"课题组的研究成果，同时也是正在建设的省级"计算机网络"在线课程的实践指导教材。全书共分为8章，内容涉及计算机网络的基本概念、计算机网络的模拟工具、Windows服务器的常用配置、无线局域网的应用技术、以太网的组网技术、路由器及其配置、计算机网络的安全配置、常见广域网的接入技术、计算机网络的工程设计等。全书以计算机网络的应用及实践为目标，对计算机网络的相关应用技术进行了深入的介绍与分析，同时注重理论与实践相结合，力求培养学生分析问题与解决问题的能力，适用于计算机网络技术的实践指导。

本书既可与其他计算机网络理论教材配套使用，也可以单独作为计算机科学与技术、网络工程、软件工程等专业网络工程相关课程的教材使用。

图书在版编目(CIP)数据

计算机网络工程与实践/陈晓文，熊曾刚主编.—北京：清华大学出版社，2017(2024.1重印)
(21世纪高等院校计算机网络工程专业规划教材)
ISBN 978-7-302-47216-2

Ⅰ．①计…　Ⅱ．①陈…②熊…　Ⅲ．①计算机网络－高等学校－教材　Ⅳ．①TP393

中国版本图书馆CIP数据核字(2017)第125791号

责任编辑：刘向威　薛　阳
封面设计：何凤霞
责任校对：焦丽丽
责任印制：刘海龙

出版发行：清华大学出版社
　　　网　　　址：https://www.tup.com.cn，https://www.wqxuetang.com
　　　地　　　址：北京清华大学学研大厦A座　　　　邮　　编：100084
　　　社　总　机：010-83470000　　　　　　　　　　邮　　购：010-62786544
　　　投稿与读者服务：010-62776969，c-service@tup.tsinghua.edu.cn
　　　质量反馈：010-62772015，zhiliang@tup.tsinghua.edu.cn
　　　课件下载：https://www.tup.com.cn，010-83470236
印　装　者：三河市铭诚印务有限公司
经　　销：全国新华书店
开　　本：185mm×260mm　　　印　张：22.5　　　字　数：545千字
版　　次：2017年8月第1版　　　　　　　　　　　印　次：2024年1月第7次印刷
印　　数：5601~6400
定　　价：69.00元

产品编号：074838-02

前　言

近年来,从国内重点高校到省属普通本科高校,再到高等职业技术院校都开设了计算机科学与技术相关专业。其中,"计算机网络"课程是计算机科学与技术专业最重要的核心课程,很多本科高校都把它作为学位课程来开设。该课程的任务是使学生充分掌握和理解计算机网络的基本概念、基本理论、网络体系结构和网络协议、网络应用技术和应用方法等诸多方面的知识,为将来从事计算机网络的应用打下坚实的基础。该课程不仅要求学生掌握较扎实的理论基础,还要求学生具备很强的实践操作能力,尤其是对应用型本科院校而言,该课程的最终目的要落实到应用上,要求学生能综合运用计算机网络的理论知识,掌握网络的组建、配置和维护等技能。因此在传统的计算机网络理论教学的基础之上,迫切需要与之配套的实践指导教材,满足学生对计算机网络技术的应用需求,尤其是对于地方本科高校的应用型专业而言,合适的网络实践指导教材更为重要,这也是我们编写这本教材的出发点。

实践教材对于培养网络应用型人才具有不可替代的作用,为了推动计算机网络的实践教学与研究,本教材的编写结合了湖北省教育科学"地方本科院校"计算机网络"课程教学内容与方法改革"课题组的研究成果,及正在建设的省级"计算机网络"在线课程的需要,对计算机网络技术的主要应用及实践技术进行了深入的研究与分析。为了更好地反映地方本科高校对计算机网络应用及实践的需要,本教材的编写人员汇集了来自湖北工程学院、湖北大学、福建师范大学等高校多年从事实践教学工作的教师,旨在向读者提供一本既能体现计算机网络应用型人才培养目标,又能反映当今计算机网络的主流技术与工程实践的系统性实践教材。

本教材的主要内容包括概述、Windows Server 常用配置、无线局域网技术、以太网组网技术、路由器及其配置、网络安全配置及应用、广域网及接入网技术、网络工程的设计 8 章。

第 1 章　"概述"主要介绍了计算机网络的常识及基本概念,为后续各章做了简单的理论铺垫。其中重点介绍了网络实践过程中的模拟环节,通过对 VMware、Cisco Packet Tracer、Dynagen 三个软件的应用说明了网络模拟的常见技术及方法。

第 2 章　"Windows Server 常用配置"以 Windows Server 2012 R2 版本为目标,介绍了在网络工程应用中常见的几种服务配置,例如 DHCP、DNS、Web、FTP、CA、SMTP 等服务,这些服务在计算机网络的资源子网中最为常见。掌握并熟悉这些服务的配置,对于理解资源子网的网络应用非常重要。

第 3 章　"无线局域网技术"主要介绍了以 IEEE 802.11 为标准基础的相关技术,并以 WLAN 的常见配置及应用为例,详细说明了无线局域网的应用技术与配置方法。

第 4 章　"以太网组网技术"介绍的以太网是当前企事业网络中最基本的网络,本章介绍了其基本应用,包括交换机的基本配置、VLAN 的配置及应用、VLAN 的相互通信等,同时也对以太网的高级应用,例如生成树、以太通道等做了详细的介绍与分析。掌握以太网的组网技术是计算机网络应用中最基本的一项实践能力。

第 5 章 "路由器及其配置"的内容以路由器的路由配置为主,主要介绍了路由器的基本配置与管理过程、静态路由及其配置、动态路由 RIP 与 OSPF 的配置、路由的冗余应用等。掌握并理解路由器及其配置过程,是计算机网络在工程应用方面的核心目标。

第 6 章 "网络安全配置及应用"以当前计算机网络所面临的安全问题为目标,详细介绍并分析了如何从端口安全、ACL、NAT、VPN 等方面保证计算机网络的安全。本章介绍的安全技术是目前企事业网络中常见的安全技术,是计算机网络在安全应用方面的重要技术。

第 7 章 "广域网及接入网技术"简要介绍了广域网及有代表性的几种接入网技术,例如 FR、X.25、ATM、PPP、PPPoE 等。这些广域网协议及其技术在互联网的发展过程中都发挥了不同的作用,了解这些技术及协议可以让读者更深入地理解当前的互联网。

第 8 章 "网络工程的设计"使用系统集成的方法,从工程的角度详细地说明了计算机网络在工程设计环节的应用环节。本章从需求分析、网络设计、网络管理与维护三个环节详细地介绍了进行网络工程设计时所应考虑的问题及一般步骤。掌握网络工程的设计能力是计算机网络应用的终极目标。

以上 8 章的基本思路是:以计算机网络的各项常用技术为基础,并通过翔实的分析及实践案例,突出计算机网络技术的设计、配置及应用方法,着重培养学生分析问题和解决问题的能力,侧重于介绍计算机网络在工程应用方面的技术及经验。本书既可与其他计算机网络理论教材配套使用,也可以单独作为计算机科学与技术、网络工程、软件工程等专业网络工程相关课程的教材使用。

本教材由湖北工程学院计算机与信息科学学院的陈晓文、熊曾刚、张学敏、徐方、郭海如,湖北大学计算机与信息工程学院的张龚,福建师范大学软件学院的肖如良等教师组成的团队集体编写完成。陈晓文、熊曾刚任主编,张龚、肖如良、张学敏、徐方、郭海如任副主编,陈晓文编写了第 1 章的网络工程环境的模拟与综合实践部分、第 2 章、第 4 章、第 5 章,熊曾刚编写了第 1 章的计算机网络概述及基本概念部分、第 3 章,张龚编写了第 6 章,肖如良编写了第 7 章,张学敏编写了第 8 章,徐方及郭海如负责全书配置案例的校验工作。熊曾刚负责全书的审定工作。

需要说明的是,本书编写工作得到以下项目的资助和支持:国家自然科学基金项目"大数据环境下基于视觉主题模型的视觉数据分类方法研究(No. 61370092)",湖北省高等学校优秀中青年科技创新团队计划项目"云计算环境下智能信息处理技术研究(No. T201410)",湖北省教育科学规划课题(No. 2009B105)以及湖北工程学院自编教材立项课题(No.[2014]66)资助。

由于编者水平有限,且本书配置案例众多,虽然作者在定稿前已经对全部内容进行了仔细校验,但书中难免仍有一些疏漏或不足之处,恳请专家及读者指正。

作 者

2017 年 5 月

目　录

V

第 1 章　　概　述

计算机网络涉及的应用极为宽泛,各种网络技术在工业、农业、商业、通信、交通、国防以及科学研究等各个领域获得了越来越广泛的应用,其中最基本的应用当属计算机网络在网络工程中的应用及其实践。为了在后续章节中深入理解并掌握计算机网络技术在网络工程中的应用,本章将简要地介绍计算机网络中的一些基本常识与理论,详细分析网络体系结构及通信子网中的常见协议,并介绍计算机网络工程的特点,最后重点讲解网络工程应用中软硬件环境的模拟解决方案及其实践方法。

1.1　计算机网络概述

计算机网络一词起源于美国在 20 世纪 50 年代实施的半自动地面防空系统(SAGE),那时的计算机网络用今天的观点来说,只能算是面向终端的计算机分布式系统。现代意义的计算机网络源于 1969 年美国国防部高级研究计划局研究的 APRANET。这种计算机网络在 20 世纪 90 年代后开始得到迅速的发展,并最终形成了今天的互联网(Internet),以互联网为代表的计算机网络为 21 世纪进入信息社会奠定了重要的基础。因此了解计算机网络的相关历史及理论,也就成为理解并掌握网络工程相关技术的首要环节。本章将从计算机网络的历史、定义、分类、组成等几个方面开始计算机网络的概述,并重点介绍与网络工程密切相关的传输介质及双绞线的制作过程。

1.1.1　计算机网络的历史与定义

1. 发展历史

计算机网络的发展经历了一个从简单到复杂、从多元到统一的过程。从广义上来讲,计算机网络的发展经过了以下 4 代。

1) 第一代计算机网络:面向终端的计算机网络

第一代计算机网络是以单个计算机为中心的远程联机系统,此系统由一台中央主计算机连接大量的地理上处于分散位置的终端而形成。最早出现在 20 世纪 50 年代美国建立的半自动地面防空系统 SAGE 上。在第一代计算机网络中,中央主计算机是网络的中心和控制者,计算任务全部由此计算机完成,而终端围绕中心计算机分布在各处,主要完成输入输出的功能,自身并没有自主处理能力。

2) 第二代计算机网络:共享资源的计算机网络

第二代计算机网络的典型代表是 1969 年美国国防部高级研究计划局(简称 ARPA)资助建成的 ARPANET。这类网络的特点是将多台主计算机通过通信线路连接起来,以相互共享资源为目标。ARPANET 的建成同时也标志着现代计算机网络的诞生，ARPANET 在概念、结构和网络设计方面都为后继的计算机网络技术奠定了重要的理论基础。

3）第三代计算机网络：标准化的计算机网络

从第二代计算机网络出现后，计算机网络的技术得到了迅速的发展。美国当时有很多公司都相继开发了自己的网络产品，如 IBM 公司的 SNA、DEC 的 DNA 等网络就是当时具有代表性的网络。但是各个厂家的网络产品在技术、体系结构等实现方面都存在着很大的差异，并形成了一个没有统一的标准、自成一体的互不兼容局面，因而给用户网络的升级与维护带来了很大的不便，严重阻碍了计算机网络更高更快的发展。人们迫切希望建立一个统一的国际标准来打破这种封闭性与不兼容的现状。

为了解决标准的问题，国际标准化组织（ISO）于 1977 年成立专门的机构开始研究此问题，并在 1983 年正式颁布了一个使各种计算机互连成网的标准框架文件：开放系统互连（Open System Interconnection，OSI）。OSI 标准的提出，开创了一个具有统一网络体系结构、遵循国际标准化协议的计算机网络新时代，并确保了各厂家生产的计算机和网络产品之间的互联与通用特性，推动了计算机网络技术的应用和发展，这就是所谓的第三代计算机网络。但是需要注意的是，在 OSI 标准分布之前，ARPANET 上已经开始使用另一个由美国政府主导的 TCP/IP 进行网络连接测试，TCP/IP 的第 4 版后来成为 Internet 上事实的网络标准，而 ISO 颁布的官方标准 OSI 被当作参考模型，即 OSI-RM。

4）第四代计算机网络：国际化的计算机网络

第四代计算机网络一般是指 20 世纪 90 年代后出现的各类国际化、标准化网络，计算机技术、通信技术以及以互联网为基础的网络技术从这个时候开始得到了迅猛发展，其中最有影响力的网络就是形成了现今全球性的互联网络 Internet。Internet 的出现与快速普及得益于 1993 年美国克林顿政府发布的《国家信息基础设施（NII）行动计划》，俗称"信息高速公路"。NII 计划明确了美国政府对国家信息基础设施建设的总体目标，开创了自由的市场经济政府干涉 IT 产业的先河，随后其他很多国家也纷纷效仿美国政府的做法，颁布了各自国家的 NII 计划，从而进一步加速了计算机网络尤其是 Internet 技术的高速发展。

2. 计算机网络的定义

计算机网络的定义在不同的历史时期有着不同的认识与定义，在当前的信息化时代，计算机网络的定义可以简单概括为：一些互相连接的、自治的计算机的集合。这里"互相连接"意味着互相连接的两台或两台以上的计算机能够互相交换信息，达到资源共享的目标。而"自治"是指每台计算机的工作是独立的，任何一台计算机都不能干预其他计算机的工作，例如启动、停止等，任意两台计算机之间不需要主从关系。

从这个简单的定义可以看出，计算机网络涉及以下到三个方面的问题。

（1）两台或两台以上的计算机相互连接起来才能构成网络，达到资源共享的目标。

（2）两台或两台以上的计算机相互连接进行通信，就需要有一条通道，这条通道的连接是物理的、由硬件实现，这就是连接介质（有时称为信息传输介质）。它们可以是双绞线、同轴电缆或光纤等"有线"介质，也可以是激光、微波或卫星等"无线"介质。

（3）计算机之间需要通信以交换信息，彼此就必须存在某些约定或规则才可能相互理解,这些约定或规则就是协议。

因此对计算机网络更精确的定义是指将地理位置不同的具有独立功能的多台计算机及其外部设备通过通信设备和通信线路连接起来,在网络操作系统、网络管理软件及网络通信协议的管理和协调下,实现资源共享和信息传递的计算机系统。

早期面向终端的网络由于网络中的终端没有自治能力,因此在今天就不能再算作是计算机网络,而只能称为联机系统,但在那个时代,联机系统就是计算机网络。在不同的历史时期,计算机网络的定义显然会有所不同。相信在未来,计算机网络的定义也会随着技术的发展与变迁而发生变化。

1.1.2 计算机网络的分类

计算机网络根据不同的划分条件有着不同的分类结果,比较常见的划分有以下几种。

1. 根据网络覆盖的范围划分

一般可分为局域网、城域网、广域网和互联网。

(1)局域网(LAN)的网络覆盖范围一般在1000m以内,网络内的计算机一般位于某个房间、建筑物或校园/企业内。

(2)城域网(MAN)的网络覆盖范围一般数十千米左右,顾名思义,城域网一般是指某个城市内建立的网络。

(3)广域网(WAN)的网络覆盖范围一般在数百千米左右,用于在某个国家或地区内实现骨干网的构建。

(4)互联网(Internet)的网络覆盖范围最大,目前已经基本覆盖全球,用于实现不同国家的各类网络互联互通。

虽然计算机网络根据范围划分有大有小,但随着网络技术的相互交融与发展,很多网络技术可能既出现在LAN内又出现在MAN内,所以这类划分仅仅是从网络工程施工的范围来进行的划分,并不一定能体现相应网络技术的差异性。

2. 根据网络所使用的传输技术划分

可将计算机网络分为以下两种:广播式网络和点到点网络。

(1)广播式网络。网络中的所有计算机共享一个公共通信信道,当某一台计算机发送数据时,所有其他的计算机都能接收到数据,其他计算机根据发送数据中的目的地址决定接收或丢弃。传统以太网使用的传输技术就是广播方式。

(2)点到点网络。在点到点网络中,每条物理线路连接一对计算机。假如两台计算机之间没有直接连接的线路,那么它们之间的分组传输就要通过中间节点接收、存储、转发,直至到达目的节点。这种传输技术主要应用在各种广域网中。

3. 根据网络的交换技术划分

一般可以简单划分为三种网络:电路交换网、报文交换网、分组交换网。

1)电路交换网

电路交换网是在用户开始通信前,先申请建立一条从发送端到接收端的物理信道,并且在双方通信期间始终占用该信道,通信结束后释放物理连接。其特点是数据业务实时性强,但由于独占物理线路,通信费用也较高。此交换技术的实时特性并不适用于计算机数据传输的突发性特征。

2）报文交换网

报文交换网是把要发送的数据及目的地址包含在一个完整的报文内,报文的长度不受限制。报文交换采用存储转发原理,每个中间节点要为途经的报文选择适当的路径,并使其最终到达目的端。其特点是采用了存储转发原理,但由于报文长度没有限制,因此对于中间节点的存储容量与处理时间有较高的要求,此交换技术主要用于早期邮政的电报通信业务。

3）分组交换网

分组交换网是在通信前,发送端先把要发送的数据划分为一个个等长的较小单位(即分组),这些较小的分组分别由各中间节点采用存储转发方式进行传输,并最终到达目的端。其特点是中间节点可以快速进行较小分组的处理,但由于每个分组经过的路径有所不同,因此分组到达目的端时,其顺序很可能是乱序的,甚至还会出现分组的丢失等问题。由于现在通信网络的可靠性和稳定性较以前已经有了大幅提升,因此现在的互联网较多地采用这种交换方式。分组交换网在实现时,可以使用两种完全不同的实现技术:虚电路与数据报技术。

有关交换技术的细节,读者可以参阅7.1节中的详细介绍,本章不做深入讲解。

4. 根据网络的拓扑结构划分

拓扑是几何学中的术语,用于描述点、线、面三者间的关系。利用拓扑学的观点,可以将计算机网络中的计算机、网络设备抽象为点,将传输介质抽象为线。网络拓扑就是利用这些抽象出来的点、线来描述网络中的节点与线路的几何关系,进而研究网络结构。

计算机网络拓扑结构有多种形式,最基本的网络拓扑结构主要有星状拓扑、总状拓扑、环状拓扑、网状拓扑,如图1.1所示。这些基本拓扑结构在网络工程应用中也有可能同时出现,以构成更复杂的混合拓扑结构。

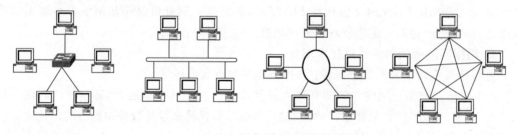

图1.1　网络拓扑结构

1）星状拓扑

这种结构是一种以中央节点为中心,把若干个外围节点通过点到点线路连接起来的结构,中央节点对各设备间的通信和信息交换进行集中控制和管理。该拓扑结构目前多用于交换式以太网中,中央节点一般使用交换机(switch),通信介质多使用双绞线或光缆。

2）总线拓扑

用一根作为总线的线缆连接多个节点,网络中的各节点通过这根总线进行信息传输。作为总线的通信线路一般使用同轴电缆。该拓扑结构多用于早期的总线型以太网中,目前在LAN内基本不再使用,新出现的广电宽带(CATV有线电视网络)在居民小区中使用的拓扑就是由同轴电缆构成的总线拓扑。

3) 环状拓扑

环状拓扑结构中各节点通过一条首尾相连的通信线路连接起来形成一个封闭的环。通信线路多采用光缆,早期的 FDDI 局域网就是采用这种结构,目前在 LAN 中已经基本不再使用。该拓扑结构多用于 WAN 构建区域性的光纤骨干网。

4) 网状拓扑

在该拓扑结构中,各节点通过传输线缆相互连接起来,并且每一个节点至少与其他两个节点相连。网状拓扑结构具有较高的可靠性,但其结构复杂,实现起来线路费用较高,不易管理和维护,一般不用于局域网。在 WAN 与 Internet 的核心层中多采用该拓扑结构,以提高网络整体的可靠性,但像图 1.1 中所描述的全网状拓扑在应用中比较少见。

拓扑结构的选择往往与传输介质的选择及介质访问控制方法的确定紧密相关。在选择与设计网络拓扑结构时,需要综合考虑拓扑结构的可靠性、灵活性、费用、响应时间及吞吐量等因素。

5. 根据通信子网的层次结构划分

通信子网是网络工程设计的核心与重点,从通信子网的层次结构来看,计算机网络又可以分为三个不同位置的网络。

1) 接入层

通常将网络中直接面向用户终端或访问网络的部分称为接入层。接入层主要解决如何将资源子网中的主机或端系统接入通信子网的问题。从层次结构上来说,接入层处于通信子网的最底层,一般使用性价比较高的低端设备进行主机之间的相互连接。

2) 核心层

通常将通信子网的主干部分称为核心层。核心层的主要任务是实现骨干网络之间的优化传输,为通信子网提供冗余能力、可靠性、高速传输、网络控制等重要功能。从层次结构上来说,核心层处于通信子网的最高层,是整个通信子网最关键的传输核心,因此一般使用可靠性、处理能力等性能指标都较高的设备进行各网络之间的相互连接,核心层设备的资金投入占整个网络工程费用的主要部分,同时也是网络设计与网络维护的重点环节。

3) 汇聚层

通常汇聚层用于汇聚接入层的流量,并提供与核心层进行流量交换的能力。从层次结构上来说,汇聚层处于接入层与核心层之间,是这两层之间的缓冲层,它必须能够处理接入层设备汇聚上来的所有通信流量,并实现与核心层的相互通信。因此汇聚层使用的设备相对于接入层设备而言,需要更高的性能、更高的数据交换速率,在条件较好的企事业网络(企业网络、校园网络、事业单位网络的简称)中,汇聚层设备往往也使用性能较高的核心层设备进行流量的汇聚。

1.1.3 计算网络的功能组成

为了简化计算机网络的分析与设计,有利于网络硬件与软件的配置,按照计算机网络的系统功能,一个计算机网络从功能上可以分为资源子网和通信子网两大部分。

1. 资源子网

资源子网主要负责全网的信息处理,为网络中的终端用户提供网络服务及资源共享等功能。一般包括网络中所有的计算机、I/O 设备、终端、各种网络协议、网络软件和数据库等。在计算机网络工程的实践中，一般在资源子网中的主要配置就是对服务器的配置。本教材在后续章节中，将详细介绍目前工程实践中的 Windows 服务器常用服务的配置方法。

2. 通信子网

通信子网主要负责全网的数据通信，为网络中的终端用户提供数据传输、转接、加工和变换等通信处理工作。它主要包括传输介质、网络连接设备、网络通信协议和通信控制软件等。通信子网中最重要的网络连接设备就是路由器与交换机，这两类设备的配置及应用将在后续章节中详细介绍。

1.1.4　计算机网络中的传输介质

计算机网络可以使用各种传输介质来组建物理通信信道，由于这些传输介质的特性各不相同，因此相应网络使用的技术及其应用环境也各不相同。计算机网络中常见的传输介质主要有双绞线、同轴电缆、光缆、无线信道等，了解这些在网络中使用的传输介质对于深入理解计算机网络的应用技术很有帮助。

1. 双绞线

双绞线是最常用的传输介质，将两根互相绝缘的铜导线使用特定的规则绞合在一起就构成了双绞线。双绞线的相互绞合可以减少相邻铜导线间的电磁干扰。将多对双绞线包装在绝缘护套中就构成了双绞线电缆。在相互绝缘的铜导线外面再加上一层金属铝箔就形成了屏蔽层，可以显著提高双绞线抗电磁干扰的能力，这种电缆就是屏蔽双绞线（Shielded Twisted Pair，STP），如图 1.2(a)所示。如果双绞线电缆中没有屏蔽层，则这种电缆叫做无屏蔽双绞线（Unshielded Twisted Pair，UTP），如图 1.2(b)所示。STP 的电气性能要优于 UTP，但是价格相对较高。为了节省工程费用，室内布线一般使用 UTP，而在室外布线则建议使用 STP。如果不考虑网络工程的费用，则建议在室内布线也采用 STP 线缆。

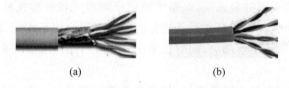

(a)　　　　　　　　　　　(b)

图 1.2　STP 与 UTP 双绞线

计算机网络工程应用中常常使用的 UTP 一般由 8 根相互绝缘的铜导线组成，分成 4 对。使用的标准主要有两个，分别是 EIA/TIA-568-A（简称 T568A）标准和 EIA/TIA-568-B（简称 T568B）标准。该标准按电气性能划分将双绞线分为 1 类、2 类、3 类、4 类、5 类、超 5 类、6 类、超 6 类、7 类共 9 种双绞线类型。类型对应的数字越大，则表明标准越新，技术越先进，支持的带宽也越大，当然价格也越贵。这些不同类型的双绞线标注方法是这样规定的：如果是标准类型则按"CAT x"方式标注，如常用的 5 类线，则在线的外包皮上标注为"CAT 5"；而如果是改进版，就按"CAT xe"进行标注，如超 5 类线就标注为"CAT 5e"。目前网络工程实践中使用较多的是"CAT 5e"超 5 类线缆，因此其他的线缆标准本教材就不做介绍了。

Cat1：1 类 UTP 的带宽很小，主要用于话音传输，在 20 世纪 80 年代之前广泛应用于电话系统的用户回路中。

Cat2：2 类 UTP 的带宽为 1MHz，能够支持 4Mb/s 的数据速率，目前很少使用。

Cat3：3 类 UTP 的带宽为 16MHz，支持最高 10Mb/s 的数据速率，适合使用 10Base-T 标准的以太网。

Cat4：4 类 UTP 的带宽为 20MHz，支持最高 16Mb/s 的数据速率，用在令牌环网中。

Cat5：5 类 UTP 的带宽为 100MHz，支持最高 100Mb/s 的数据速率，主要用于使用 100Base-T 标准的以太网中。

Cat5e：超 5 类 UTP 的带宽为 100MHz，绕线密度和绝缘材料的质量都有所提高，这种电缆用于高性能的数据通信中，最高可支持使用 1000Base-T 标准的以太网。

双绞线一般用于星状网络拓扑结构的布线，双绞线的两端分别使用 RJ-45 接头（俗称水晶头），为了保证以太网传输的可靠性，双绞线电缆的最大长度一般不超过 100m。T568B 标准规定 UTP 双绞线的 8 根线根据颜色排列分别为白橙、橙、白绿、蓝、白蓝、绿、白棕、棕，而 T568A 标准规定的颜色序列分别为白绿、绿、白橙、蓝、白蓝、橙、白棕、棕。

在制作双绞线的接头时，主要有两种方式：直连方式与交叉方式，无论哪种方式都必须严格按照 568A 或 568B 规定的颜色排列以上 8 根线。双绞线接头的具体制作过程将在 1.1.5 节详细介绍。

2. 同轴电缆

同轴电缆的芯线为铜质导线，用于数据信号的发送与接收；外包一层绝缘材料，用于隔离芯线与金属网状物；绝缘材料的外层是由细铜丝组成的金属网状物，用于屏蔽外部的电磁信号；最外层是一层绝缘保护层，用于保护线缆。其结构示意图如图 1.3 所示，芯线与金属网状物同轴，故名同轴电缆。同轴电缆的这种结构，使它具有很高的带宽和极好的噪声抑制特性。

在局域网中常用的同轴电缆有两种，一种是特性阻抗为 50Ω 的同轴电缆，用于传输数字信号，分为粗缆和细缆。粗同轴电缆适用于大型局域网，它的传输距离长，可靠性高，安装时不需要切断电缆，用夹板装置夹在需要连接计算机的位置。但粗缆必须安装外收发器，安装难度大，总体造价高；细缆容易安装，造价低，但安装时需要切断电缆，并装上专用的 BNC 接头，然后连接在

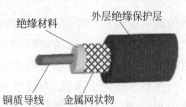

图 1.3 同轴电缆的结构示意图

T 形连接器的两端，所以容易产生接触不良或接头短路等隐患，这是传统以太网在工程应用中最常见的故障。

常用的另外一种同轴电缆是特性阻抗为 75Ω 的 CATV 电缆，用于传输模拟信号，这种电缆也叫宽带同轴电缆。所谓宽带在电话行业中是指比 4kHz 更宽的频带，而这里是泛指模拟传输的电缆网络。要把计算机产生的比特流变成模拟信号在 CATV 电缆上传输，在发送端和接收端须分别加入调制器和解调器。通常会采用频分多路技术（FDM），将整个 CATV 电缆的带宽划分为多个独立的信道，分别传输数据、声音和视频等信号，可以实现多种不同的通信业务。

同轴电缆目前在计算机网络的工程应用中使用很少，其主要应用领域仍然在有线电视网络中。由于国内"三网合一"刚刚起步几年，有线电视网络能否与计算机网络、电信网络充分融合还是未知数，同轴电缆重回计算机网络的可能性较小。

3. 光缆

光缆由能传送光信号的超细玻璃纤维(简称光纤)制成,外包一层比玻璃折射率低的材料,进入光纤的光信号使用特定的入射角在两种不同折射率材料的界面上可以形成全反射,保证光信号的能量不会损失,从而可以不断地向前传播,这也是光缆通信的距离与质量远大于其他线缆的主要原因。光纤可以分为单模光纤和多模光纤,其基本工作原理如图1.4所示,图中上方示意图为单模光纤的工作原理图,下方为多模光纤的工作原理图。

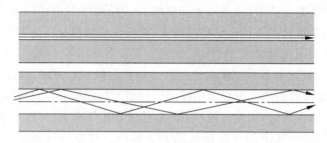

图 1.4　单模光纤与多模光纤

单模光纤的光纤做得极细,其直径接近光信号的波长,使得光信号在光纤介质中没有了入射角,避免了光的折射,从而保证光信号的能量没有损失,单模光纤一般采用激光二极管作为光源。单模光纤色散很小,适用于远程大距离的通信环境。如果希望支持万兆传输,而且距离较远,则应考虑采用单模光缆。

多模光纤的纤芯比单模光纤的直径大,可以容纳多路不同波长的光信号进入光纤介质,因此在多模光纤中会出现反射与折射现象,发生折射就意味着光的能量有损失,因此多模光纤传输的距离相对单模光纤要短些,一般最多只能两千米左右。多模光纤一般采用发光二极管作为光源,光纤成本较低,但性能比单模光纤要差一些,所以在几千米的较短范围内进行光缆布线时,可以考虑多模光缆。如果不考虑工程的费用,则建议全部使用单模光缆。

虽然从理论上来说,光信号在光纤中可以传输无限远的距离,但是在网络工程的实际布线过程中,由于线缆很难保证绝对水平放置,因此会造成入射角在某个点上发生改变而影响全反射的持续进行;同时长距离的光缆必须由多段较短的光纤相互融接而成,融接点因施工人员的技术水平等因素会严重影响光信号的入射角,在融接点上极易发生光信号能量的损失。因此在网络工程的应用中,不同型号的光缆能够传输的距离均是有限的,实际支持多长距离必须查看光缆的相关技术指标,不能一概而论。

4. 无线信道

无线信道是指传播无线电信号的自由空间,也称为无线介质。而将双绞线、同轴电缆和光纤等传输介质统称为有线介质。目前使用的通信技术按照传输信号的频率由低到高分别有无线电、微波、红外线,它们的工作频率大致范围如图1.5所示。

无线电是指在自由空间(包括空气和真空)中传播射频频段的电磁波。无线电技术是通过无线电波传播声音或其他信号的技术。无线电技术的原理在于,导体中电流强弱的改变会产生无线电波。利用这一现象,通过调制可将信息加载于无线电波之上,当电波通过空间传播到达收信端,电波引起的电磁场变化又会在导体中产生电流。通过解调将信息从电流变化中提取出来,就达到了信息传递的目的。

微波是指频率为$300\mathrm{MHz}\sim300\mathrm{GHz}$的电磁波,是无线电波中一个有限频带的简称,即波长在 1m(不含 1m)～1mm 之间的电磁波,是分米波、厘米波、毫米波和亚毫米波的统称。微波频率比一般的无线电波频率高,通常也称为"超高频电磁波"。微波作为一种电磁波也具有波粒二象性。微波的基本性质通常呈现为穿透、反射、吸收三个特性。对于玻璃、塑料和瓷器,微波几乎是穿越而不被吸收,水和食物等会吸收微波而使自身发热,而金属则会反射微波。

红外线是太阳光线中众多不可见光线中的一种,由德国科学家霍胥尔于 1800 年发现,又称为红外热辐射,在太阳光谱中,红光的外侧必定存在看不见的光线,这就是红外线,也可以当作传输介质使用。太阳光谱上红外线的波长大于可见光线,波长为 $0.75\sim1000\mu m$。红外线可分为三部分,即近红外线,波长为 $0.75\sim1.50\mu m$;中红外线,波长为 $1.50\sim6.0\mu m$;远红外线,波长为 $6.0\sim1000\mu m$。

随着移动终端的普及,目前无线通信在广域网与局域网中具有大量的应用,例如广域网中各大通信运营商提出的 3G、4G 技术,以太网中使用的 IEEE 802.11 技术。

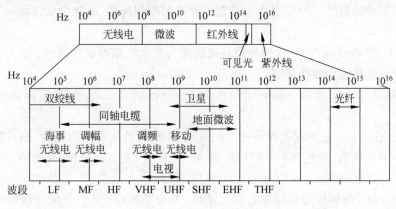

图 1.5 电磁波频谱

1.1.5 双绞线接头的制作

双绞线是组建以太网时使用最多的传输介质,双绞线在连接相关设备时,需要为其两端制作标准的接头 RJ-45,因其外观像水晶一样晶莹透亮而被俗称为水晶头。水晶头正面上方有 8 个凸起的铜片,铜片下端有尖角,用于连接 8 根铜导线;正面下方有一凹陷的小窗口,里面有一长条三角棱用于卡住双绞线线缆;水晶头反面有一塑料弹片,用于卡住相关设备的以太网接口,RJ-45 接头的细节如图 1.6 所示。仔细观察水晶头的内部会发现在水晶头中空的内部有 8 个很浅的塑料导槽,用于将 8 根绝缘的铜导线导向水晶头的最前端。

双绞线电缆的 8 根线在 RJ-45 中的排列顺序有着不同的规定,根据网络工程的应用需求,一般制作的双绞线接头有三种形制:直连线缆、交叉线缆、全反线缆。

直连线缆一般用于连接不同类型的设备,如计算机与交换机之间、交换机与路由器之间的相互连接。EIA/TIA 规定直连线缆的两端都使用 T568B 线序,即双绞线的 8 根线在水晶头(正面朝向自己)中从左到右分别为白橙、橙、白绿、蓝、白蓝、绿、

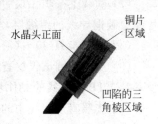

图 1.6 RJ-45 接头的细节

白棕、棕。但是需要注意的是如果使用 PC 直接连接路由器,则必须使用交叉线缆。

交叉线缆一般用于连接相同类型的设备,如计算机与计算机之间、交换机与交换机之间的相互连接。EIA/TIA 规定交叉线缆的一端使用 T568B 线序、另一端使用 T568A 线序,即双绞线的一端 8 根线在水晶头(正面朝向自己)中从左到右分别为白橙、橙、白绿、蓝、白蓝、绿、白棕、棕;而另一端的 8 根线在水晶头(正面朝向自己)中从左到右分别为白绿、绿、白橙、蓝、白蓝、橙、白棕、棕。

全反线缆也被称为控制线缆(Console Cable),用于将计算机连接到交换机或路由器的控制端口(Console Port)。在这种连接方式中,计算机充当的是交换机或路由器的超级终端,用户通过这个终端访问交换机或路由器设备上的操作系统。EIA/TIA 规定全反线缆的一端使用 T568B 线序,另一端线序为 T568B 的反序,即棕、白棕、绿、白蓝、蓝、白绿、橙、白橙。全反线缆制作完后,一端可以连接网络设备的控制端口,另一端还必须使用 DB9-RJ45转换器与计算机的串行端口连接。由于用户在购买网络设备时,如果设备具有 Console 端口,设备厂家随产品包装一般会附带一根制作完成的控制线缆,因此全反线缆一般无须网管自己制作。

现在以 UTP 双绞线为例,分别介绍直连线缆与交叉线缆的制作过程。

1. UTP 直连线缆的制作步骤

(1) 用剥线钳在线缆的一端剥出长度为 3～5cm 的外层绝缘皮,露出其中的 4 对双绞线。

(2) 将 4 对绞在一起的线缆按照橙、绿、蓝、棕 4 种颜色从左到右排列,然后将每对绞合的线缆解开,杂色在前、纯色在后,即白橙、橙、白绿、绿、白蓝、蓝、白棕、棕的顺序拆分开来并小心拉直。

(3) 按 T568B 的顺序调整线缆的颜色顺序,即交换第(2)步中蓝线与绿线的位置就可以得到 T568B 规定的颜色顺序。

(4) 将排好顺序的 8 根线整理平直并剪齐,确保剪齐后剩余的长度在 1.2cm 左右,不能太长或太短。太长会导致水晶头无法卡住双绞线,而太短会导致 8 根铜导线无法与水晶头的 8 片铜片物理连接。

(5) 从 RJ-45 接头(即水晶头)的下端平直放入线缆,顺着水晶头内部的塑料导槽将 8根绝缘铜导线插入到水晶头的最前端。在放置过程中注意 RJ-45 接头的铜片一面朝上,并保持线缆的颜色顺序不变。

(6) 检查已插入 RJ-45 接头的线缆颜色顺序与要求一致,并确保线缆的 8 根绝缘铜导线末端已位于 RJ-45 插头的最前端。

(7) 确认上一步无误后,用压线工具压制 RJ-45 接头,使 RJ-45 接头上端的 8 个金属铜片能穿破铜导线的绝缘层,与 8 根绝缘铜导线物理连接。

(8) 重复步骤(1)～(7)步,制作线缆的另一端,直至完成直连线缆的制作。

(9) 用网线测试仪检查已制作完成的网线是否符合直连线缆的要求。

2. UTP 交叉线的制作步骤

(1) 按照直连线缆中的步骤(1)～(7)制作线缆的一端,使其符合 T568B 的要求。

(2) 用剥线工具在线缆的另一端剥出长度为 3～5cm 的外层绝缘皮,露出其中的 4 对双绞线。

（3）将 4 对绞在一起的线缆按照绿、橙、蓝、棕 4 对基色从左到右排列，然后将每对线缆解开，杂色在前、纯色在后，即白绿、绿、白橙、橙、白蓝、蓝、白棕、棕的顺序拆分开来并小心地拉直。

（4）按 T568A 的顺序调整线缆的颜色顺序，即交换第（3）步中橙色与蓝色线的位置。

（5）将 T568A 线缆整理平直并剪齐，确保剪齐后剩余的长度在 1.2cm 左右，原因与前面制作直连线缆相同。

（6）从 RJ-45 接头（即水晶头）的下端平直放入线缆，顺着水晶头内部的塑料导槽将 8 根绝缘铜导线插入到水晶头的最前端。在放置过程中注意 RJ-45 接头的铜片一面朝上，并保持线缆的颜色顺序不变。

（7）检查已插入 RJ-45 接头的线缆颜色顺序与 T568A 一致，并确保线缆的 8 根绝缘铜导线末端已位于 RJ-45 插头的最前端。

（8）确认上一步无误后，用压线工具压制 RJ-45 接头，使 RJ-45 接头上端的 8 个金属铜片能穿破铜导线的绝缘层，与 8 根绝缘铜导线物理连接。

（9）用网线测试仪检查已制作完成的网线是否符合交叉线缆的要求。

需要指出的是，随着技术的发展，现在很多网络设备都支持端口的自动翻转（Auto MDI/MDIX）功能。所谓自动翻转，其实就是指设备端口能自动识别双绞线是直连线缆还是交叉线缆，并根据连接的实际情况自动转换。也就是说在具有自动翻转功能的端口间进行双绞线连接时，即使使用错了双绞线的类型也没关系，网络设备会自动完成跳线的转换。因此该功能对于网络工程的布线很有帮助，但如果设备端口没有这个功能的时候，就必须严格区分直连线缆与交叉线缆。

1.2 计算机网络基本概念

在计算机网络众多基本概念中，网络的体系结构是其中最重要的一个概念。我们将计算机网络的各层及其协议的集合称为网络的体系结构（Architecture），计算机网络的体系结构就是这个计算机网络及其构件所应完成的功能的精确定义。至于定义的这些功能究竟是使用何种硬件或软件完成的，则是一个遵循这种体系结构的实现（Implementation）问题。因此体系结构是抽象的，而其实现则是具体的，是真正在运行的计算机硬件与软件。

网络体系结构一般采用层次化的系统结构，它将网络系统分成一些功能分明的层，各层执行自己所承担的任务，并依靠各层之间的功能组合，为用户或应用程序提供访问另一端的通信功能。

为了解决各类异构的计算机网络之间相互通信的问题，国际标准化组织在国际上其他的一些标准化团体及各厂家提出的计算机网络体系结构的基础上，提出了开放系统互连（OSI）体系结构，但是由于 OSI 在研发周期以及市场化方面存在着一系列问题，最终导致目前最大的计算机网络即 Internet 使用的标准并不是 OSI 体系结构，而是非国际标准的 TCP/IP 体系结构，因此 OSI 只能说是法律上的国际标准，而不是事实上的国际标准，事实上大家使用更多的标准是 TCP/IP 体系结构，所以 OSI 就不得不被称为 OSI-RM（OSI 参考模型）。

本节将介绍 OSI 与 TCP/IP 体系结构，并对计算机网络中常用的协议及 IP 地址的使用进行较为详细的说明,为后续章节的网络应用打下理论基础。如果读者已经系统性地学习过计算机网络的相关理论,则可以跳过本节。

1.2.1 OSI 与 TCP/IP 体系结构

1. OSI 体系结构

国际标准化组织 ISO 在 1977 年成立了一个分委员会来专门研究网络的体系结构,并提出了开放系统互连(Open System Interconnect,OSI)体系结构。这是一个层次化的网络体系结构,一共定义了 7 层,并于 1983 年形成了正式的标准文件,其层次结构如图 1.7 所示。

| 7:应用层 |
| 6:表示层 |
| 5:会话层 |
| 4:传输层 |
| 3:网络层 |
| 2:数据链路层 |
| 1:物理层 |

图 1.7　OSI 体系结构

OSI 体系结构的最底层为第 1 层即物理层,最高层为第 7 层即应用层,各层定义的功能如下。

1)物理层

物理层的功能是定义网络物理设备 DTE 和 DCE 之间的端口,在 DTE 和 DCE 之间实现二进制位(0 或 1)流的传输,通俗来说物理层的功能就是实现"比特流"的透明传输。按 ISO 术语,DTE 称为数据终端设备,指各种用户终端、计算机及其他用户通信设备;而 DCE 即数据电路端接设备,指由通信业务提供者提供的通信设备,如 ISP 的路由器、Modem 等设备。

具体来说,物理层定义了设备连接端口(插头或插座)的以下 4 个特性。

(1)机械特性:规定接插件的规格尺寸、引脚数量和排列、固定和锁定装置等。平时常见的各种规格的接插件都有严格的标准化的规定。

(2)电气特性:规定了传输二进制位流时线路上的信号电压的高低(用什么电平分别表示 0 或 1)、阻抗匹配、传输速率和距离限制等。

(3)功能特性:规定了物理端口上各信号线的功能,用于指明某条线上出现的某一电平的电压表示何种意义。

(4)过程特性:指明对于不同功能的各种可能事件的出现顺序,即各信号线工作的规则和先后顺序,如怎样建立和拆除物理连接,全双工还是半双工操作,同步传输还是异步传输等。

物理层端口标准很多,分别应用于不同的物理环境。例如其中的 EIA RS-232C 是一个 25 针连接器且许多微机系统都配备的异步串行端口,CCITT X.21 是公用数据网同步操作的数据终端设备和数据电路端接设备间的端口。

2)数据链路层

数据链路层规定了数据传送单位即帧(Frame)的格式,并规定了在两个相邻节点之间无差错传输数据帧的过程。

具体功能如下。

(1)规定信息帧的类型(包括控制信息帧和数据信息帧等)和帧的具体格式,例如,每种帧都包括哪些信息段,每段多少位,每种信息码表示什么含义。数据链路层从网络层接收数据分组后封装成帧,然后传送给物理层。物理层将数据链路层的比特流传送到对方物理层,再由对方物理层传送到对方的数据链路层。

（2）进行差错控制。在信息帧中携带有校验信息段，当接收方接收到信息帧时，按照约定的差错控制方法进行校验，来发现差错，并进行差错处理。其中，CRC（循环冗余校验码）在网络中使用较多。

（3）进行流量控制，协调相邻节点间的数据流量，避免出现拥挤或阻塞现象。

（4）进行链路管理，包括建立、维持和释放数据链路，并可以为网络层提供几种不同质量的链路服务。

典型的数据链路层协议是 ISO 制定的高级数据链路控制协议（HDLC），它是一个面向比特流的链路层协议，能够实现在多点连接的通信链路上一个主站与多个次站之间的数据传输。

3）网络层

网络层是通信子网的最高层，其主要功能是控制通信子网的工作，实现网络节点之间穿越通信子网的数据传输，简单来说就是实现数据分组的封装及其路由。

具体的功能可以描述如下。

（1）规定分组的类型和具体格式。将传输层传递下来的较长数据信息拆分为若干个较短的分组，分组大小一般固定。

（2）确定网络中发送方和接收方数据终端设备地址。

（3）定义网络连接的建立、维持和释放以及在其上传输数据的规程，包括选择数据交换方式和路由选择，在源节点和目的节点之间建立一条穿越通信子网的逻辑链路。这条逻辑链路可能经过若干个中间节点的转接，在网络互联的情况下，这条逻辑链路甚至可以穿过多个网络，这就需要网络层确定寻址方法。

（4）网络层可能复用多条数据链路连接，并向传输层提供多种不同质量的网络联接服务。可以是无连接服务或面向连接的服务。

典型的网络层协议有面向连接的 CCITT X.25 协议，它是用于公用数据网的分组交换（包交换）协议。

4）传输层

传输层属于资源子网的最底层，用于建立同处于资源子网中的两个主机（即源主机和目的主机）间的连接及相应的数据传输，也称为端到端的数据传输。

传输层是负责数据传送任务的最高层次，由于网络层向传输层提供的服务有可靠和不可靠之分，而传输层则要对其高层提供端到端（即传输层实体，可以理解为完成传输层某个功能的进程）的可靠通信，因此，传输层必须弥补网络层所提供的传输质量的不足。

具体的功能可以描述如下。

（1）为高层数据传输建立、维护和拆除传输连接，实现透明的端到端的数据传送。

（2）提供端到端的错误恢复和流量控制。

（3）信息分段与合并。将高层传递的大段数据分段形成传输层报文，接收端将接收的一个或多个报文进行合并后传递给高层。

（4）考虑复用多条网络连接，来提高数据传输的吞吐量。

OSI 定义了 5 类传输层协议（0 类、1 类、2 类、3 类、4 类），分别适用于不同的网络服务质量情况。

5）会话层

会话层的功能是实现进程（又称为会话实体）间通信（或称为会话）的管理和同步。具体功能如下。

（1）提供进程间会话连接的建立、维持和中止功能，可以提供单方向会话或双向同时进行的会话。

（2）在数据流中插入适当的同步点，当发生差错时，可以从同步点重新进行会话，而不需要重新发送全部数据。

在 OSI 层次结构中，会话层协议是 ISO 8327。

6）表示层

表示层的任务是完成语法格式转换，即在计算机所处理的数据格式与网络传输所需要的数据格式之间进行转换。具体功能如下。

（1）语法变换。不同的计算机有不同的内部数据表示，表示层接收到应用层传递过来的某种语法形式表示的数据之后，将其转变为适合在网络实体之间传送的公共语法表示的数据。具体工作包括数据格式转换、字符集转换、图形、文字、声音的表示、数据压缩、加密与解密、协议转换等。

（2）选择并与接收方确认采用的公共语法类型。

（3）表示层对等实体之间连接的建立、数据传送和连接释放。

在 OSI 层次结构中，表示层协议是 ISO 8823。

7）应用层

应用层是 OSI 模型的最高层，是计算机网络与用户之间的界面，由若干个应用进程（或程序）组成，包括电子邮件、目录服务、文件传输等应用程序。计算机网络通过应用层向网络用户提供多种网络服务。由于各种应用进程都要使用一些共同的基本操作，为了避免为各种应用进程重复开发这些基本操作，所以就将应用层划分为几个逻辑功能层次，在其中较低的功能层次上提供这些基本模块，基本模块之上的层次中是各种应用。

OSI 提供的常用应用服务如下。

（1）目录服务。记录网络对象的各种信息，提供网络服务对象名字到网络地址之间的转换和查询功能。

（2）电子邮件。提供不同用户间的信件传递服务，自动为用户建立邮箱来管理信件。

（3）文件传输。包括文件传送、文件存取访问和文件管理功能。文件传送是指在开放系统之间传送文件；文件存取是指对文件内容进行检查、修改、替换或清除；文件管理是指创建和撤销文件、检查或设置文件属性。

（4）作业传送和操作。将作业从一个开放系统传送到另一个开放系统去执行；对作业所需的输入数据可以在任意系统进行定义；将作业的结果输出到任意系统；网络中任意系统对作业的监控等。

（5）虚拟终端。是指将各种类型实际终端的功能一般化、标准化后得到的终端类型。由于不同厂家的主机和终端往往各不相同，因此虚拟终端服务要完成实际终端到应用程序使用的虚拟终端类型的转换。

由于 OSI 体系结构在现在已经成为参考模型，在实际的计算机网络应用中已经很少看到此体系结构定义的协议，因此对 OSI 体系结构只需要了解其层及功能的基本介绍即可。

2. TCP/IP 体系结构

TCP/IP 体系结构起源于 ARPANET，目前已成为 Internet 事实上的标准协议。

TCP/IP 体系结构是一个协议集合,内含许多协议,因此也称为 TCP/IP 协议簇。TCP(Transmission Control Protocol,传输控制协议)和 IP(Internet Protocol,网际协议)是其中最重要的、确保数据完整传输的两个协议,IP 用于在通信子网中传送数据分组,而 TCP 则用于确保数据分组在传输过程中不出现错误和丢失,除此之外,还有多个功能不同、层次不同的其他协议。TCP/IP 的体系结构一共定义了 4 层,从下到上依次是网络接口层、网际层、传输层和应用层,各层代表性的协议如图 1.8 所示。

TCP/IP 体系结构中,各层的功能定义如下。

1) 网络接口层

网络接口层在有的教材中被称为主机-网络层,对应 OSI 的物理层与数据链路层。但是在TCP/IP 体系结构中并没有详细定义这一层的功能,只是指出通信主机必须采用某种协议连接到网络上,并且能够传输网络产生的数据分组。但具体使用何种协议,在本层中并没有具体定义。实际上根据主机与网络拓扑结构的不同,局域网

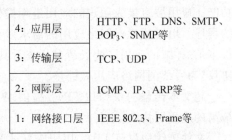

图 1.8 TCP/IP 体系结构

基本都是采用 IEEE 802 系列标准中的协议,如 IEEE 802.3 以太网协议、IEEE 802.5 令牌环网协议;在广域网中较常采用的协议有帧中继、X.25 等。

2) 网际层

网际层负责在互联网的通信子网上传输 IP 分组,具体来说有两个基本的功能:IP 分组的解封装和分组的路由选择。网际层定义的功能与 OSI 参考模型的网络层相对应,相当于OSI 参考模型中网络层的无连接网络服务。

网际层是 TCP/IP 体系结构中最重要的一层,它是整个通信的枢纽:从网络接口层来的数据要由它来选择继续传给其他网络节点或是直接交给本机的传输层;对从传输层交下来的数据,要负责按照 IP 数据报分组的格式填充 IP 分组头,并选择发送路径交由相应的端口发送出去。

在网际层中,最主要的协议是网际协议(简称为 IP),IP 协议定义的 IP 地址是网络工程应用与组网设计过程中非常重要的基本概念,本节后续内容将详细介绍 IP 地址及其应用的具体案例。另外,网际层还定义了几个辅助 IP 协议的协议,如地址解析协议 ARP、互联网控制报文协议 ICMP 等。

3) 传输层

传输层的主要功能是完成资源子网中端到端的对等实体之间的通信,它与 OSI 参考模型中的传输层功能类似,也对高层屏蔽了底层通信子网的实现细节,同时它真正实现了源主机到目的主机的端到端通信。TCP/IP 参考模型的传输层功能是完全建立在通信子网提供的服务之上的,传输层在有的教材中也被称为运输层。

TCP/IP 的传输层定义了两个重要协议:传输控制协议(Transport Control Protocol,TCP),详细定义请参见 RFC793 文档;用户数据报协议(User Datagram Protocol,UDP),详细定义请参见 RFC768 文档。

TCP 是可靠的、面向连接的协议,它用于分组交换网络上,保证通信主机之间有可靠的字节流传输;而 UDP 是一种不可靠的、无连接协议,它最大的优点是协议简单,额外开销

小,效率较高,缺点是不保证可靠传输,也不排除重复信息的发生。由于 UDP 不是面向连接的协议,因此若需要可靠数据传输保证的网络应用则应选用 TCP 实现;相反对数据精确度要求不是太高,而对速度、效率要求很高的环境,如声音、视频的传输,则建议选用 UDP 实现。

4)应用层

应用层是 TCP/IP 协议簇的最高层,它对应 OSI 参考模型中会话层、表示层和应用层的功能。应用层直接为用户的应用进程提供服务,这里的进程是指资源子网中主机正在运行的程序。由于用户对网络应用的需求多种多样,因此应用层的协议个数在体系结构中也是最多的,详细的应用层协议请自行查看其他资料,本教材只简单介绍以下几个常见的应用层协议,为后续的网络应用做铺垫。

超文本传输协议(HTTP):提供 WWW 服务,即万维网服务,这是当前互联网使用率最高的应用层协议。

文件传输协议(FTP):用于交互式文件传输,早期互联网进行数据下载时使用的就是这个协议。

域名系统(DNS):负责主机域名与 IP 地址之间的相互转换。

远程登录协议(TELNET):实现远程登录功能,以前常用的电子公告牌系统 BBS 使用的就是这个协议。

简单邮件发送协议(SMTP):负责互联网中电子邮件(E-mail)的发送。

简单网络管理协议(SNMP):该协议能够支持网络管理系统,用于监测连接到网络上的各类设备实时运行的状态,并可对网管设备进行网络管理。

以上只简单介绍了网络应用中较为常见的应用层协议,还有很多其他的协议请参考计算机网络相关理论教材。随着计算机网络技术的不断发展,应用层中还会不断有新的应用层协议加入,随时关注互联网新技术的发展与应用,对于网络工程项目的应用与设计同样非常关键。

1.2.2　网络常用协议及应用

网络协议是有关计算机网络通信的一整套规则的集合,或者说是为完成计算机网络通信而制定的规则、约定和标准。从理论上来看,网络协议由语法、语义和时序三大要素构成。

语法:通信数据和控制信息的结构与格式。

语义:对具体事件应发出何种控制信息,完成何种动作以及做出何种应答。

时序:对事件实现顺序的详细说明。

计算机网络从小的 LAN 到最大的 Internet 都有着非常丰富的网络协议,体系结构的每一层也都有着众多的协议,每一个协议都有其特定的功能定义。在 1.2.1 节中介绍了十多个协议,但这只是全部网络协议中的一小部分,对于学习网络协议的初学者而言,要想在一个学期或一个学年里掌握这么多的网络协议及其细节是一个很大的挑战。比较好的学习方法是先了解 TCP/IP 体系结构中每一层的代表性协议,再慢慢展开学习其他协议。

在进行计算机网络的工程实践中,并不是所有的协议都同样重要,对于工程实践者而言,有一些协议的基本要点与常识是必须了解并掌握的,但是过于拘泥于协议格式、功能等细节对于网络工程应用而言也是不可取的。笔者认为在通信子网中,对网络工程的实践有着突出影响的协议依次是 IEEE 802.3、IP、ARP、ICMP；在资源子网中，必须了解的协议依次是 TCP、UDP、HTTP、FTP、DNS 协议、DHCP。本节将详细分析通信子网内的 IEEE 802.3 与 IP 各自的常识与要点，其他协议请读者参阅计算机网络理论教材。

1. IEEE 802.3 协议

IEEE 802.3 协议（可简称为 802.3 协议）是参照以太网（Ethernet）技术标准建立的 LAN 协议，以太网最早由美国 Xerox（施乐）公司于 1975 年推出。由于它具有结构简单、工作可靠、易于扩展等优点，因而在 LAN 中得到了广泛的应用。1982 年，美国 Xerox、DEC 和 Intel 三家公司联合提出了以太网标准即 DIX Ethernet V2（也称为以太网协议）。

IEEE 802.3 协议与 DIX Ethernet V2 协议基本兼容，但要注意的是 TCP/IP 体系结构经常使用的局域网标准是 DIX Ethernet V2 而不是 802.3 协议。为简单起见，本书对以太网协议与 802.3 协议不做区分。在以太网标准中，有两种操作模式：半双工和全双工。

在半双工模式中，数据的发送与接收在同一个共享信道上，该信道的介质在早期以太网中使用的就是前面介绍的同轴电缆，但后来专指使用集线器加双绞线的以太网信道。因此站点在通信时，冲突将是不可避免的事情，为了在冲突的环境下保证数据的可靠传输，以太网在共享介质上使用了载波监听多路访问/冲突检测（CSMA/CD）协议来解决冲突的问题。

而在全双工模式中，使用的介质已经不再是同轴电缆，而是双绞线。在使用双绞线的快速以太网中，双绞线的第 1、2 根用于发送数据，第 3、6 根用于接收数据，因此数据的发送与接收信道是分隔开的，所以当双绞线使用交换机连接时就不存在冲突问题了，也就不再会使用 CSMA/CD 协议。但是为了保证以太网的兼容性，该协议仍然是现在以太网的默认协议。

CSMA/CD 协议的基本原理分为 4 个阶段，可以用 16 个字来概括。

（1）先听后发：以太网中任何站点要发送数据之前，必须首先监听共享的信道，如果信道空闲，就可以发送数据；否则就一直等待，直到空闲才可以发送数据。

（2）边听边发：站点在开始发送数据后，必须边发送数据边监听信道是否有冲突信号的产生，如果发现有冲突信号就必须立即停止数据发送，此次发送失败，进入到下一步；如果没有发现冲突信号，就可以连续发送数据，当连续发送的时间超过端到端传播时延的两倍后，按照以太网协议的设计就不会再有冲突发生了。

（3）冲突停止：站点一旦监听到信道有冲突信号的产生，站点就必须立即停止数据的发送，此次发送失败，并进入到下一步。

（4）随机重发：站点发现冲突、停止发送后，为了避免重新发送时再次引起冲突，必须等待一个随机时间后，才能回到第一步，重新开始数据的发送。

以太网发展至今，已经出现多种不同传输速率的标准。在目前的网络工程应用中，使用最多的是 100Mb/s 与 1000Mb/s 以太网，其他速率的以太网，本书就不做介绍了。

100Mb/s 以太网也称为快速以太网（Fast Ethernet），对应的物理层标准包括三个不同的子标准。

（1）100Base-TX：使用 5 类双绞线电缆的两对双绞线，分别是 1、2 与 3、6 两对。

（2）100Base-T4：使用 3 类双绞线电缆所有的 4 对线，半双工工作。

（3）100Base-FX：使用两根多模光纤或单模光纤，一根用于发送，一根用于接收。

由于 100Base-TX 与 100Base-FX 的发送与接收是通过不同信道实现的，所以这两个快速以太网都是全双工模式。

1000Mb/s 以太网也称为千兆以太网(或吉比特以太网),在物理层有以下两个标准。

(1) 1000Base-X:-X 表示-CX、-SX 以及-LX。其中,CX 表示铜线,使用两对短距离的 STP,传输距离为 25m;-SX 表示光纤,使用短波长;-LX 表示光纤,使用长波长。

(2) 1000Base-T:使用 4 对 5 类 UTP,传输距离为 100m。

在 LAN 中,每个站点都必须具有一个 48b 的地址,该地址即 MAC 地址,也称为硬件地址或物理地址。IEEE 下属的注册管理机构 RA 是 LAN 全球地址的法定管理机构,负责分配 MAC 地址的高 24 位,即组织唯一标识符(Organizationally Unique Identifier,OUI)。所有网络设备厂商都应该向该机构申请用来标识自己的 OUI 代码,而 MAC 地址的后 24 位则由厂商自行指派。以太网内的所有通信全部使用 48b 的 MAC 地址进行,在同一个以太网内,MAC 地址必须是唯一的。在安装有 Windows 系统的 PC 上若要查询自己的 MAC 地址,可以使用两个命令获得:ipconfig/all,getmac/v。如图 1.9 中椭圆所示,该 PC 的无线网卡 MAC 地址为 00-1F-3A-07-A3-F5。

图 1.9　查看 PC 的 MAC 地址

局域网内使用的技术除了以太网外,在历史上还出现过很多其他技术,但是由于以太网所取得的巨大成功,目前局域网内使用的技术全是以太网技术,在现有的局域网中已经很难找到其他技术。所以在很多教材中,以太网已经成为局域网的代名词,本书中所介绍的局域网一般都是指以太网。

2. IP 协议

IP(Internet Protocol)中文名叫网际协议,它工作在 TCP/IP 的网际层,目前有两个相互不兼容的版本:IPv4 与 IPv6。IPv4 是目前使用最广泛的协议版本,直到现在,IPv6 仍处在部署的初期。IPv6 最有代表性的网络是中国教育和科研计算机网(CERNET)中使用的 CNGI-CERNET2,但是在商用互联网中,各大运营商的接入层及汇聚层仍然在大量使用 IPv4 协议进行连接。因此本教材讲解的网络工程应用及实践全部针对 IPv4 网络,本书不做特别说明的 IP 协议都是指 IPv4 协议。

IP 是一种无连接的协议,功能在使用分组交换的链路层(如前面介绍的以太网)之上。

该协议会尽最大努力地向用户交付分组,但是它并不保证任何分组均能可靠地送达目的站点,也不保证所有分组均按照正确的顺序无重复地到达目的站点。因此 IP 协议是一个不可靠的协议,如果用户需要得到可靠性传输服务,则必须由其上一层(即传输层)的传输协议(如传输控制协议 TCP)来实现。

在 TCP/IP 体系结构中,参与 IP 协议通信的各个节点(包括端节点和中间节点)都要预先分配一个全球唯一的逻辑地址作为标识符,并且使用该标识符进行所有的通信活动。该标识符也被称为 IP 地址。IP 地址现在由互联网协会下属的互联网名字与号码指派公司 ICANN 进行管理与分配。在 IPv4 中,IP 地址一共有 32 位,可标识 Internet 中任何一个节点,IP 协议将节点统称为主机(Host)。IP 地址是一种在网际层用来标识主机的逻辑地址,但当 IP 分组在物理网络传输时,还必须把 IP 地址转换成物理地址,这种转换工作由网际层的地址解析协议 ARP 来实现。ARP 及 IP 协议的细节本教材不做介绍,只对 IP 地址的编址方法进行详细说明,IP 地址是网络工程应用中必不可少的最基本概念。

IP 地址的编址方法共经历了三个不同的方法,目前在网络工程的应用中都有可能碰到。这三个编址方法依次如下。

(1) 分类的 IP 地址:这是最早、最基本的编址方法,也被称为传统的 IP 地址。

(2) 划分子网:也叫子网划分,是对分类 IP 地址的改进,可以提高 IP 地址的利用率。

(3) 构成超网:一种无分类的全新编址方法,打破了分类 IP 地址对主机位的限制。

下面将分别介绍这三种不同的 IP 编址方法。

1) 分类的 IP 地址

IP 地址包括 4 个字节,它分为两个部分:net-id(网络号)和 host-id(主机号)。其中,net-id 标识一个主机所在的网络,而 host-id 标识在该网络上的一个特定主机。为了进行分类,net-id 部分的最前面 1~4 位还被定义为类别位。根据类别位,IP 地址总共被分为 5 个类别,依次称为 A、B、C、D、E 类 IP 地址,具体分类情况如图 1.10 所示。

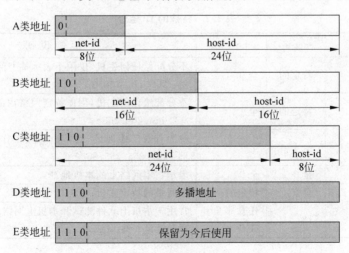

图 1.10 分类的 IP 地址

由图 1.10 分类的规定可知:

A 类地址所能表示的地址范围为 0.0.0.0~127.255.255.255,其中,127 开始的 IP 地址用于网络测试,进行分配时不使用。

B 类地址所能表示的地址范围为 128.0.0.0～191.255.255.255。

C 类地址所能表示的地址范围为 192.0.0.0～223.255.255.255。

D 类地址是多播地址,也叫组播地址,它所能表示的地址范围为 224.0.0.0～239.255.255.255。

E 类地址是实验地址(也叫保留地址),它所能表示的地址范围为 240.0.0.0～247.255.255.255。

由于 D 类地址用于多播(也称为组播)应用,不能分配给单个主机使用,而 E 类地址是保留地址,以前没有使用、今后也不会使用,因此现在主机使用的 IP 地址主要集中在 A、B、C 三类地址。由于不同类别的 IP 地址的 net-id 与 host-id 位数都存在差异,所以这三个类别的地址范围等参数也各不相同,具体的 IP 地址范围如表 1.1 所示,熟记这些范围对于网络工程的设计同样非常有用。

表 1.1　IP 地址的范围

地址类别	首字节值范围	网络号对应位数	主机号对应位数	所能表示最大网络数	每个网络的最大主机数
A	1～126	8	24	126	16 777 214
B	128～191	16	16	16 384	65 534
C	192～223	24	8	2 097 152	254

TCP/IP 体系结构为了实现某些特殊的用途,在上述 IP 址范围内还规定了一些特殊的 IP 地址与私有的 IP 地址,这些 IP 地址一般有特殊定义及用途,在网络工程应用中必须小心使用它们。私有 IP 地址的细节将在后续章节中介绍,本节将特殊的 IP 地址列在表 1.2 中。

表 1.2　特殊的 IP 地址

特 殊 地 址	net-id	host-id	示 例 说 明
网络地址	特定的	全 0	不分配给任何主机,仅用于表示某个网络的网络地址;例:202.114.206.0
直接广播地址	特定的	全 1	不分配给任何主机,用作特定网络内的广播地址;例:202.114.206.255
受限广播地址	全 1	全 1	称为有限广播地址,通常由无盘工作站启动时使用;例:255.255.255.255
本网络的本主机	全 0	全 0	表示在本网络上的本机地址
本网络的特定主机	全 0	特定的	本网络的特定主机;例:0.0.0.126
回送地址	127	任意非全 0 或全 1	常用于本机上软件测试和本机上网络应用程序之间的通信地址;例:127.0.0.1

2) 划分子网

在分类的 IP 地址编址方案中,不同类别的 IP 地址有着完全不同的地址范围。为了进行通信子网的路由,早期申请 IP 地址时是根据 IP 网络号(net-id)进行分配的,每一个单位申请的网络号都应该不同。例如,某单位若要接入 Internet,就必须从 ICANN 申请一个网络号,如果申请到的是一个 A 类网络,则该单位具有的 IP 地址个数将达到一千六百多万个;而如果申请到的是 C 类网络,则该单位最多只有 254 个可用 IP 地址。很明显,对于绝大多数单位而言,A 类网络这么多的 IP 地址是无论如何用不完的,但其他单位却不能使用这些 IP 地址,而使用 C 类网络的单位很可能又不够用,因此两级的分类 IP 地址存在 IP 地址空间利用率严重低下与分配效率不高的问题。

为了解决上述问题,从 1985 年起在 IP 地址的主机号(host-id)中又增加了一个"子网号字段",使两级 IP 地址变成了三级 IP 地址,这种做法叫做划分子网。划分的方法是从原来分类 IP 地址的主机号中借用若干个位作为子网号(subnet-id),因此原来的主机号 host-id 也就相应减少了若干个位,子网位变多而每个子网可用 IP 地址个数也将减少。

划分子网只是把 IP 地址的主机号 host-id 这部分进行再划分,而不改变 IP 地址原来的网络号 net-id。从一个 IP 数据报首部中的 IP 地址是无法判断源主机或目的主机所连接的网络是否进行了子网划分,因此在划分子网方案中,还专门定义了子网掩码(Subnet Mask)来找出 IP 地址中的子网部分。子网掩码同样由 32 位二进制组成,由一串 1 和一串 0 组成,子网掩码中的 1 对应于 IP 地址中原来的 net-id 位和新划分的 Subnet-id 位,0 对应于划分之后的 host-id。所以要判断一个 IP 地址新的 net-id 是什么,就必须进行掩码运算。掩码运算是指将 IP 地址与子网掩码进行逻辑与运算(或叫逻辑乘运算),得到的就是划分之后新的网络号 net-id,除去新的 net-id 后,剩余的位就是新的 host-id。如果一个网络没有划分子网,那么该网络的子网掩码就使用默认子网掩码,A 类 IP 地址的默认子网掩码是 255.0.0.0,B 类 IP 地址的默认子网掩码是 255.255.0.0,C 类 IP 地址的默认子网掩码是 255.255.255.0。

需要注意的是,根据 RFC 950 文档的规定,进行子网划分时,子网号不能全为 0 或全为 1,但是随着无分类域间路由 CIDR 编址方法的出现,现在全 0、全 1 的子网号也是能够使用的。为了避免混淆与冲突,在网络工程设计中,一般建议不使用全 0 或全 1 的子网,只有在确定网络系统中所有设备均支持全 0、全 1 时才使用。

划分子网后,由于每个子网使用相同的子网掩码,因此每个子网使用的 IP 地址个数是相同的,但在网络工程实际应用中,很少会碰到每个子网内的 PC 个数是相同的,所以这种分配方法也存在 IP 地址浪费的问题,为了解决这个问题,RFC 1878 中定义了可变长子网掩码(VLSM)来提高 IP 地址的利用率。在 VLSM 中,规定了如何在一个进行了子网划分的网络中为不同的网络使用不同的子网掩码,这对于网络内部不同网段需要不同大小子网的情形来说非常有效。在某些网络理论的考试中,VLSM 技术经常被用作考点。但是这种方法存在一个工程设计复杂度的问题,为了在网络配置、管理与维护中更加便捷,一般在工程设计时应该尽量避免使用 VLSM 技术。本教材对该技术不做介绍,有兴趣的读者可查阅相关理论教材。

3)构成超网

划分子网在一定程度上缓解了互联网在发展中遇到的地址利用率低下问题,但是随着子网数的增加,Internet 主干网的路由器中路由表的项目个数急剧增加,路由器路由的效率也随着急剧下降。为了解决这个新出现的问题,在可变长子网掩码 VLSM 技术的基础上研究出无分类编址方法,其正式名称为无分类域间路由(Classless Inter-Domain Routing,CIDR)。CIDR 最主要的特点有以下两个。

(1) CIDR 消除了传统的 A 类、B 类和 C 类地址以及划分子网的概念,因而可以更加有效地分配 IPv4 的地址空间。

CIDR 将 32 位的 IP 地址划定义为两个部分：网络前缀与主机号。网络前缀(或简称前缀)用来指明网络，而主机号则用来指明主机。因此 CIDR 将划分子网的三级地址又变回到两级地址，但是要注意的是：在 CIDR 中不再有类别的区分，只有统一的 32 位 IP 地址。

CIDR 为了表示其 IP 地址，还使用了"斜线记法"或称为 CIDR 记法，即在 IP 地址后面加上斜线"/"，然后写上网络前缀所占的位数(这个数值对应于三级地址的子网掩码中 1 的个数)。CIDR 使用各种长度的"网络前缀"(network-prefix)来代替分类地址中的网络号和子网号。

例如，192.168.40.10/22 就表示 IP 地址 192.168.40.10 对应的网络前缀为 IP 地址的前 22 位，主机号为剩余的 10 位。

(2) CIDR 把网络前缀都相同的连续的 IP 地址组成"CIDR 地址块"。

这样只要知道某个 CIDR 地址块中的任何一个地址，就可以推算出该地址块的地址范围。例如，某个 CIDR 记法的 IP 地址为 168.13.14.158/20，由于前缀为 20，所以将该 IP 地址转换为二进制后，其前 20 位就是该"CIDR 地址块"地址(下画线表示)，后 12 位就是主机号：

$$168.13.14.158/20 = \underline{10101000.00001101.0000}1110.10011110$$

由此可推算出该地址块的最小地址和最大地址：

$$最小地址 = 10101000.00001101.00000000.00000000$$

$$最大地址 = 10101000.00001101.00001111.11111111$$

主机号是全 0 和全 1 的地址一般不使用，通常分配的 IP 地址就是介于这两个地址之间。为了方便进行路由选择，CIDR 使用 32 位的掩码，掩码类似子网掩码，其中为 1 的个数就是网络前缀的长度。例如，上面的/20 地址块对应的掩码就是 20 个连续的 1 加上 12 个 0 构成，若使用点分十进制表示就是 255.255.240.0。

3. RFC 1918 文档

虽然上述技术如子网划分、VLSM、CIDR 等编址方案可以提高 IP 地址的利用率，但它们有一个共同的问题是无论哪种编址方案都无法使可用 IP 地址的个数增加。进入 20 世纪 90 年代后，互联网不断普及与发展，TCP/IP 技术也在世界范围内不断扩散，越来越多的企事业网加入进来，IP 地址的需求也越来越多，使可用的 IP 地址越来越少。而当时连接到互联网上的企事业网内的主机并不需要直接接入互联网，那么让这些主机都使用合法的外部 IP 地址将是一种很大的浪费，因此互联网协会采纳了 RFC 1918 文档的建议，允许在企事业网内使用 RFC 1918 指定的私有 IP 地址进行分配，而这些私有 IP 地址的使用不需要再向互联网协会的 ICANN 申请。如果企事业网内部全部使用这些私有 IP 地址，则互联网可以节省出大量的外部合法 IP 地址，从而可以重新进行分配。

RFC 1918 文档定义的私有 IP 地址有三类，分别如下。

(1) 10.0.0.0~10.255.255.255，即前缀为 10/8。

(2) 172.16.0.0~172.31.255.255，即前缀为 172.16/12。

(3) 192.168.0.0~192.168.255.255，即前缀为 192.168/16。

使用了这些私有 IP 地址的主机只能在企事业网的内部进行通信，而不能与互联网上的其他主机进行通信。互联网中的路由器也不转发 IP 地址为私有 IP 地址的 IP 分组。如果这些主机需要访问互联网上的主机,则必须在企事业网的出口处应用网络地址翻译(NAT)技术,此技术的应用将在第 6 章中讲解。

1.2.3　子网划分的实践

实践目标的描述:某企业给其下属子公司分配的 IP 地址段为 202.103.11.0/24,但该子公司现在因业务需求,希望将子公司的网络划分成三个独立的子网便于进行管理,三个网段分别对应 1~3 楼:1 楼需要 30 个 IP 地址,2 楼需要 20 个 IP 地址,3 楼需要 10 个 IP 地址。如果你是该公司的网管,应该如何进行子网划分呢?

1. 划分的思路

在划分子网时应综合两个方面的数值来考虑如何划分:子网的个数需求和子网内需要的最大 IP 地址个数。其原因在于划分子网时,子网位只能来自分类 IP 地址的主机位,当主机位拿出若干位作为子网位后,能用于主机位的个数必然减少。因此能够划分的子网个数与子网能提供的 IP 地址个数是反比例关系。正是因为如此,并不是所有的子网划分都能够成功。

在计算可划分的子网个数时,有一个问题必须明确:子网位全 0、全 1 的网络能否分配?这个问题在不同教材中可能有两种不同说法,有的教材将全 0、全 1 的子网进行分配,而有的教材没有分配子网位全 0、全 1 的子网。实际上这两种说法均对,其区别在于你所使用的网络设备是否支持全 0、全 1 的子网,如果支持就可以使用全 0、全 1 作为子网;如果不支持就不能将全 0、全 1 用作子网,因此在计算子网个数时,就应该在二进制全排列数的基础上减 2。例如,子网位为 n 位,则其二进制全排列数为 2^n,如果支持全 0、全 1 作为子网,则其子网个数为 2^n 个;如果不支持全 0、全 1 为子网,则其子网个数为 $2^n - 2$ 个子网。为了避免错误、保证划分结果可行,在进行子网划分时一般建议减 2,本教材后续章节涉及子网时,均不使用全 0、全 1 的子网。

当子网位数确定后,就可以计算子网内可分配的 IP 地址个数了。假设子网划分后,剩余的主机位为 m 位,则子网内可分配的 IP 地址个数为 $2^m - 2$,这里减 2 的原因是因为主机位全 0 代表该子网的网络号、主机位全 1 代表该子网的广播地址。将主机位全 0、全 1 的 IP 地址去除后,剩余的 IP 地址即当前子网内可分配给主机使用的 IP 地址。

2. 步骤

1) 确定子网位的位数与可分配的主机个数

由于要划分的网络 202.103.11.0 是一个 C 类网络,所以子网位只能从主机位,即第 4 个字节借用若干位作为子网位,假设子网位有 n 位,而此例中要划分的子网个数为 3 个,所以必须满足 $2^n - 2 \geqslant 3$,符合此条件的最小 n 为 3,即需要从第 4 个字节的高位借用 3 位作为子网位,子网的个数为 $2^3 - 2 = 6$ 即 6 个。

进行上述划分后,剩余的主机位就等于第 4 个字节的 8 位减去 3 个子网位,即还剩余 5 位主机位,所以每个子网可分配的 IP 地址个数最大为 $2^5 - 2 = 30$ 即 30 个,可以满足最大 30 个 IP 地址的需求(即 1 楼的 IP 地址数量需求)。

2) 确定子网掩码

由于 C 类网络使用前三个字节作为网络号,其默认子网掩码为 24 位,再加上划分的三个子网位,一共是 27 位。因此其子网掩码为:

11111111. 11111111. 11111111. 11100000　用点分十进制表示为 255. 255. 255. 224

3）分配子网

子网的分配建议从二进制的顺序排列开始，本例中子网位有三位，因此顺序排列的第一个子网的网络号为202. 103. 11. 00100000，即 202. 103. 11. 32。其可以分配的 IP 地址范围为 202. 103. 11. 001 00001～202. 103. 11. 001 11110，即 202. 103. 11. 33～202. 103. 11. 62。该子网的广播地址为 202. 103. 11. 001 11111 即 202. 103. 11. 63。

以此类推，第二个子网的网络号为202. 103. 11. 01000000 即 202. 103. 11. 64。其可以分配的 IP 地址范围为 202. 103. 11. 010 00001～202. 103. 11. 010 11110，即 202. 103. 11. 65～202. 103. 11. 94。该子网的广播地址为 202. 103. 11. 010 11111 即 202. 103. 11. 95；第三个子网的网络号为202. 103. 11. 01100000 即 202. 103. 11. 96。其可以分配的 IP 地址范围为 202. 103. 11. 011 00001～202. 103. 11. 01111110，即 202. 103. 11. 97～202. 103. 11. 126。该子网的广播地址为 202. 103. 11. 011 11111 即 202. 103. 11. 127。

可依次将上述三个子网及其 IP 地址分配给 1 楼、2 楼、3 楼使用。剩余的其他子网可以留待今后扩充网络时再使用。

子网的划分及 CIDR 编址技术是计算机网络中最基本的技术环节，在诸多网络理论考试中也都会将这些作为考点。从网络工程的应用实践来看，CIDR 主要用于互联网运营商分配公有的合法 IP 地址，而子网划分主要用于早期的企事业网。由于网络地址翻译（NAT）技术的广泛应用，在目前的企事业网内部再使用子网划分或 CIDR 技术已无多大必要，因此单就网络工程项目的 IP 设计来说，在企事业网内部一般建议使用 RFC 1918 规定的私用 IP 地址，然后在企事业网的边界设备上再应用 NAT 技术，将内部需要访问互联网的私用 IP 地址翻译为外部的合法 IP 地址后，内部主机就可以与互联网进行相互通信。NAT 技术及其应用将在第 6 章中详细介绍与分析。

1.3　网络工程环境的模拟

计算机网络工程是指使用系统集成的方法，根据建设计算机网络的目标和一定的设计原则将计算机网络的技术、功能、子系统集成在一起，为信息系统构建网络平台、传输平台和基本的网络应用服务。计算机网络工程的基础是计算机网络所涉及的各类软、硬件技术，设计人员只有熟练掌握了这些技术的应用与实践能力，才能从功能和性能两个方面设计出满足特定需求目标的计算机网络。因此，本教材后续章节将先后介绍服务器操作系统与网络通信设备的应用及其配置技术，而具体的网络工程系统集成方法则将放在最后一章中进行详细介绍。本节重点讲解网络工程设计过程中的环境模拟。

1.3.1　计算机网络工程的特点

由于设计人员的水平及偏好各不相同，不同设计者对于同一个设计目标可能会提出不同的设计方案。因此计算机网络工程的项目实践在设计时与其他系统工程（例如软件工程）类似，存在一个非常现实的问题是在同一个设计目标下，可能会存在多种不同的设计方案或结果。但不同于其他系统工程的是，计算机网络工程只有在具体实施了设计方案后才可能明确知道哪些设计方案是可行的、哪些方案是最优的。然而网络工程项目一旦实施之后，设计方案就基本确定下来了,如果此时需要进行设计方案的更换,将是非常困难的,其原因是此时已经部署使用的各种软、硬件很难有正当理由向软、硬件厂家退货,因此更换设计方案就意味着原设计方案的很多投资将无法收回,这在网络工程的实践中是需要极力避免的结果。

正是由于计算机网络工程具有的这个特点,我们在将某个工程设计方案应用到具体的网络项目之前,就必须具有充分的理由证明该设计方案是最优的或者最起码是可行的。如若不然,当网络工程项目被实施完后才发现设计方案有问题,那么此工程项目的投资损失将是不可挽回的。因此在进行网络工程的项目设计时,经常会使用各种模拟软件来验证自己的想法或方案是否可行、是否最优。在网络工程的设计方案中,最需要进行模拟验证的对象主要有两个:网络系统软件(主要指操作系统)与网络通信设备(主要指交换机与路由器)。本节将从这两个方面入手,详细讲解这两个方面各自的模拟方法与过程。

计算机网络的资源子网涉及各式各样的软件(应用软件与系统软件),其中最重要与最基本的软件就是网络操作系统,所以掌握网络操作系统的模拟技术,可以使我们能够正确判断设计的资源子网方案是否可行或是否最优。目前流行的操作系统模拟软件有多种,其中代表性的模拟软件有 VMware 的 VMware Workstation、Microsoft 的 Virtual PC、Oracle 的 Virtual Box。本节将以应用非常广泛的 VMware Workstation 为例,详细介绍它模拟网络操作系统的方法与步骤。至于其他模拟软件的使用,有兴趣的读者可以通过安装与使用自行学习。

计算机网络的通信子网涉及各类通信设备,其中最主要的网络设备当属交换机与路由器。目前向市场提供交换机与路由器设备的厂家非常多,比较有名的如思科(Cisco)、华为、锐捷、中兴、H3C 等厂家,但即使是同一个厂家的产品,其交换机与路由器的型号也有较大的差别,因此作为设计者不可能熟知所有厂家的所有设备型号。值得庆幸的是,虽然这些网络设备型号各异、功能各不相同,甚至有的厂家还在设备上运行自己的专属协议,但它们一般都会支持互联网的 TCP/IP 及以太网的 IEEE 802 等国际通用标准。所以作为一名设计者,只需要掌握相关国际标准技术是如何应用的,就可以了解所有网络设备的基本工作原理。在网络工程领域,思科的交换机与路由器产品具有一定的代表性与影响力,因此在诸多网络应用教材中都会以思科的设备作为讲解的目标,本教材也将使用思科的产品进行交换机与路由器应用的讲解。思科作为一家在网络工程领域具有影响力的公司,除了其产品性能突出以外,还有一个鲜明的特点就是非常注重其市场之外的教育培训,并为此设立了思科网络学院,该学院以教育培训形式现已遍布全球诸多国家与地区,其认证系列 CCNA、CCNP、CCIE 在网络工程领域一直受到各级别网络工程师的青睐。该学院还针对初学者专门设计了一个进行网络工程模拟的软件,即 Cisco Packet Tracer,该软件可以模拟资源子网的基本功能和通信子网中的大多数硬件设备,尤其是交换机与路由器的模拟相当逼真。该软件的使用及其网络模拟过程将在 1.3.3 节中详细介绍。

1.3.2 VMware Workstation 的模拟

1. VMware Workstation 的介绍

VMware 公司的软件众多,本节介绍的 VMware Workstation 软件是其中一款功能强大的桌面虚拟软件,可以为用户在某个单一的计算机桌面上实现同时运行多种不同操作系统的能力,是进行软件开发、测试、部署新应用系统的最佳解决方案。VMware Workstation 软件的版本较多,一般建议使用最新的版本以获得更好的功能与体验。但是使用的主机桌面操作系统如果是 32 位的 Windows XP 系统,则能使用的最高版本只能是其第 10 个版本。从模拟的过程来说,使用 VMware Workstation 6 以后版本对于网络工程资源子网的模拟验证来说,并没有太大的差别,因此本教材将在后续章节以 VMware Workstation 10 为平台讲解资源子网内相关服务配置的模拟过程。

能够在标准 PC 上运行的任何软件及应用都可以在基于 VMware Workstation 的虚拟机(Virtual Machine)中运行,VMware 虚拟机模拟的功能相当于一台完整的 PC 系统,它能够虚拟出完整的网络连接和设备(每一个虚拟机都有自己的 CPU、内存、磁盘和 I/O 设备等)。VMware Workstation 允许在多台虚拟机之间进行切换,并且虚拟机之间还可以通过虚拟的网络相互访问,虚拟机的网络甚至还可以与真实的物理网络进行通信。

由于虚拟机进行模拟时会占用 PC 的各种资源,尤其是 CPU 与内存资源,因此为了在模拟时有更好的体验与效果,一般建议需要安装 VMware Workstation 10 的 PC 硬件配置应该更高些。以本教材后续章节实践的需求来说,大家使用的 PC 应该保证 CPU 4 核以上、内存 4GB 以上、硬盘空余容量 50GB 以上。VMware Workstation 软件需要的最低硬件参数请读者自行到 VMware 官方网站查询。

2. 相关术语及概念

在学习 VMware Workstation 的模拟过程前,有一些基本的术语及概念需要提前了解,这些术语及概念可以帮助我们更好地认知与使用该软件,同时也是后续章节中常常使用的术语。

(1) 主机(Host):安装了 VMware 软件的物理计算机,如 PC、服务器等。

(2) 主机操作系统(Host Operating System):主机上安装的操作系统,即前面介绍中提及的桌面操作系统,目前 PC 上使用较多的主机操作系统是 Windows 系列的操作系统。

(3) 物理网络(Physical Network):主机使用的真实网络环境。

(4) 虚拟机(Virtual Machine):从官方定义来说,虚拟机就是虚拟化的 x86 个人计算机环境,可在其中运行客户机操作系统以及相关的应用软件。通俗地说,虚拟机就是一种软件形式的计算机,和主机一样能运行各种操作系统和应用软件。虚拟机可使用其所在主机上的计算资源,能够提供与主机硬件功能相同的虚拟环境。同一主机系统上可同时运行多台虚拟机,但是不同主机能够支持的虚拟机个数是不同的,虚拟机个数与主机的计算能力有关,主机的计算资源越大,能够同时运行的虚拟机个数也就越多。

(5) 客户机操作系统(Guest Operating System):在虚拟机内运行的操作系统,也有教材称之为虚拟机操作系统。版本越高的 VMware Workstation 软件一般能够虚拟出版本越多的客户机操作系统,版本 10 可以虚拟出目前计算机网络资源子网中常见的操作系统,具体支持的操作系统种类及版本请参阅 VMware 官方网站。

(6) 虚拟磁盘(Virtual Disk):一个文件或一组文件,对于客户机操作系统显示为物理磁盘驱动器。虚拟磁盘可以是虚拟机的一个分区,它们作为文件存储在主机的文件系统之中。VMware Workstation 的一个主要功能就是文件封装,这意味着整个虚拟机环境都能够包含在一组文件即虚拟磁盘中,用户可以快捷、方便地复制、移动和访问这些文件。由于虚拟机的整个磁盘分区都是作为文件保存的,所以虚拟磁盘非常易于备份、移动和复制。

（7）虚拟网络（Virtual Network）：连接虚拟机的网络，不依赖于物理网络，虚拟网络可以是独立的网络（不与物理网络连接），也可以与物理网络进行真实的连接。

（8）NAT 模式（Network Address Translation）：虚拟网络与物理网络的一种连接方式。如果使用 NAT 模式，那么虚拟机在外部物理网络中就不必具有自己的真实 IP 地址参数。VMware 会在主机操作系统上建立单独的 VMware 专用网络。在默认配置中，虚拟机会在此专用网络中通过 DHCP 服务器来获取自己的 IP 地址参数。而对于外部的物理网络，虚拟机和主机操作系统共享同一个 IP 地址参数，因此在 NAT 方式下，外部物理网络中看不到虚拟机的存在。使用新建虚拟机向导创建新的虚拟机并选择典型配置类型时，该向导会将虚拟机的网络模式配置为使用默认的 NAT 网络。如果想利用 VMware 安装一个新的虚拟机可以访问外部网络，而又不想进行任何网络参数的手工配置，那么建议采用 NAT 模式。

（9）桥接模式（Bridged Networking）：虚拟网络与物理网络的另一种连接方式。如果使用桥接模式，那么 VMware 将使用主机的网络适配器（即网卡）将虚拟机直接连接到物理网络中。此时，虚拟机需要使用物理网络规定的合法 IP 地址参数，且必须与物理网络中其他 PC（包括主机）的 IP 地址不同。从物理网络的角度来看，虚拟机与主机的网络功能是平等的，物理网络中的其他 PC 一般并不能够分别出虚拟机与主机。如果想利用 VMware 软件在物理网络中新建一个虚拟的服务器，并为物理网络中的用户提供网络服务，那么就应该选择桥接模式。

（10）仅主机模式（Host-only Networking）：仅主机模式是虚拟网络使用的一种特殊网络连接。在该模式下，虚拟机直接连接到 VMware 软件建立的一个私有网络中，这个私有网络通常在主机之外是看不到的。在同一个主机上创建的多个仅主机模式虚拟机在同一个私有网络中，且它们之间可以相互通信。如果想利用 VMware 软件创建一个与物理网络内的其他 PC 相隔离的虚拟网络系统，进行某些特殊的网络调试工作，那么就可以选择此模式。

（11）快照（Snapshot）：虚拟机在某个时期的完整状态，包括虚拟机中所有磁盘上的数据状态，以及虚拟机是启动、关闭还是挂起的状态。用户可以在任何时刻生成虚拟机的快照，并可以通过快照将虚拟机恢复到此快照当时的状态。在进行操作系统的各项测试前，为了能够在测试后回到测试前的状态，经常需要生成快照。

（12）虚拟机工具（VMware Tools）：一套增强客户操作系统性能和功能的实用程序和驱动程序。根据客户机操作系统的不同，VMware Tools 所能提供的主要功能包括部分或全部以下功能：SVGA 驱动程序、鼠标驱动程序、VMware Tools 控制面板，以及共享文件夹、Windows 客户机中的拖放操作、缩小虚拟磁盘、与主机的时间同步、VMware Tools 脚本以及在虚拟机运行时连接和断开设备等。为了方便主机与虚拟机操作系统之间的互操作，一般都需要安装虚拟机工具。

3. VMware Workstation 的模拟过程

在某个主机上进行 VMware Workstation 的模拟前，必然需要先安装此软件，由于安装过程非常简单，因此这里就不做安装过程的介绍。VMware Workstation 10 软件在安装成功并启动后，其软件的主界面应该如图 1.11 所示。

图 1.11　VMware Workstation 10 软件的主界面

使用此软件进行资源子网模拟的过程可以简单地分为以下几个步骤。

1) 确定需要模拟的操作系统类型及版本号

资源子网中的主机一般由普通 PC 与服务器构成。普通 PC 在网络工程设计中,主要用于网络功能的测试,因此在虚拟机中需要模拟的操作系统一般为 Windows 7、XP 等桌面操作系统。但是普通 PC 如果只是简单地作为网络连通性的测试来使用,那么使用 VMware 的虚拟机来实现的话,则计算机硬件资源的开销就很不划算,这种网络连通性的测试一般直接使用普通 PC 或 VPCS(虚拟 PC 软件,将在 1.3.4 节中介绍)进行即可。

而资源子网中的服务器则是网络工程实践中经常需要进行模拟的对象,服务器在企事业网的应用中主要有 Linux 与 Windows Server 两大类操作系统。其中 Linux 版本众多,本节将以 Ubuntu 为例介绍 Linux 服务器的安装,但其配置及应用不做深入介绍,请有兴趣的读者参阅其他 Linux 教材;Windows Server 的版本目前主要有 2003、2008、2012 等,但是由于微软已经在 2015 年 7 月 14 日停止对 Windows Server 2003 的支持,因此本教材的第 2 章将重点介绍 Windows Server 2012 版本的安装及服务配置。

一旦确定了需要模拟的操作系统类型及版本号,那么在安装虚拟机前就必须使用对应操作系统的安装光盘或者 ISO 文件(光盘的映像文件)。由于目前的 PC 配置上已经很少使用光驱,因此使用光盘安装操作系统并不是非常便捷,因此建议使用 UltraISO 等软件将安装光盘上的数据文件制作成 ISO 文件,或者直接到相应操作系统的官方网站上下载 ISO 文件,这样在以后的模拟过程中就不需要再使用光驱及光盘了。本节将以 Ubuntu 14.04 的 ISO 文件为例讲解虚拟机的完整安装过程,并通过此过程说明需要注意的相关事项。

2）在 VMware Workstation 中上创建虚拟机

在打开的 VMware Workstation 主界面中单击"创建新的虚拟机"图标（如图 1.11 所示），或单击"文件"菜单，选择"新建虚拟机"选项，就可以打开"新建虚拟机向导"对话框，其界面如图 1.12 所示。

图 1.12　"新建虚拟机向导"对话框

在对话框中有两个选项（如图 1.12 所示），这里建议初学者使用默认的选项即"典型（推荐）"。在图 1.12 所示的对话框中直接单击"下一步"按钮，在打开的新对话框中，选择第二个选项"安装程序光盘映像文件"，如图 1.13 所示。单击图 1.13 中的"浏览"按钮，选择 Ubuntu 操作系统的 ISO 文件。本例使用的 ISO 文件是 Ubuntu 14.04.1 桌面操作系统的安装文件，其 ISO 文件名为 ubuntu-14.04.1-desktop-i386.iso。单击图 1.13 中的"下一步"按钮，进入简易安装信息界面，如图 1.14 所示。

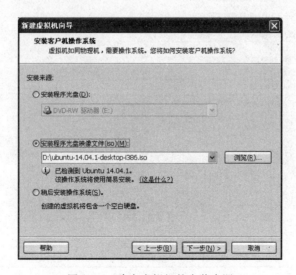

图 1.13　确定虚拟机的安装来源

图 1.14　简易安装信息

　　按照提示的要求填写相关信息栏。本例中使用 HBEU 作为 Ubuntu 操作系统的全名，使用 chen 作为操作系统的用户名，密码使用 hbeu，这些配置参数如图 1.14 所示。

　　接着单击图 1.14 界面中的"下一步"按钮，将出现"命名虚拟机"界面，如图 1.15 所示。在此界面中，输入新建虚拟机的名称及虚拟磁盘在主机硬盘中的存储位置。本例中，使用 Ubuntu 作为虚拟机的名称，并将虚拟磁盘指定到 D:\Ubuntu14.04 文件夹中。

图 1.15　命名虚拟机

在接下来的几个对话框中,可以直接单击"下一步"按钮,直到完成此对话框。这些对话框主要是用于指定虚拟磁盘的大小以及虚拟机的硬件资源等参数。这些参数在完成虚拟机的安装后,也可以随时再次修改,因此本例忽略剩余的这几步选择,直接进入其安装环节。

完成新建虚拟机的对话框操作后,VMware 软件将虚拟出相应的硬件环境进行操作系统的安装与运行。剩余的安装过程与真实 PC 上操作系统的安装基本没有区别,而且 VMware 软件一般会针对知名的操作系统使用简易安装,基本不需要用户在客户机操作系统的安装过程中再进行相关参数的选择。因此本节也不再使用图示——说明操作系统剩余的安装过程,请有兴趣的读者自行通过实践详细了解不同操作系统的安装过程。

Ubuntu 虚拟机安装完成后,会出现如图 1.16 所示的界面,此界面表明虚拟机上客户操作系统的安装过程已经完成。其他客户机操作系统的安装过程与此类似,请读者自行通过 VMware Workstation 软件反复实践,熟悉以上安装过程与步骤。

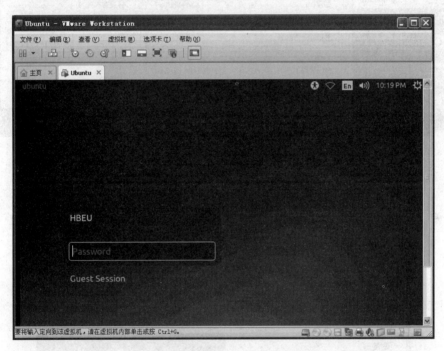

图 1.16 创建成功的 Ubuntu 虚拟机

3) 虚拟机的模拟环节

客户机操作系统安装成功后,VMware 软件会直接启动此虚拟机,就如图 1.16 所示。网络管理员在进行相关客户机操作系统的操作时,一般会用到以下几个操作功能。

(1) 登录操作系统

登录任何操作系统前,必须将当前主机的键盘与鼠标输入定向到虚拟机,才能进行用户名、密码等信息的输入。鼠标在虚拟机操作系统的界面内单击或使用键盘组合键 Ctrl+G,能使当前主机的输入定向到虚拟机内,此时键盘的所有输入都被虚拟机使用,可以输入登录时所需的用户名、密码等信息;而主机若要再次使用键盘与鼠标,则必须将鼠标移出虚拟机的界面,当操作鼠标无法移出虚拟机界面时,可以使用键盘的组合键 Ctrl+Alt,使虚拟机释放键盘与鼠标,操作后键盘的所有输入将再次被主机使用。

（2）虚拟机的启动、关闭、重启

在客户机操作系统工作正常的前提下，可以使用客户机操作系统的功能完成虚拟机的关闭、重启或挂起操作。但如果客户机操作系统出现了死机等异常情况，对键盘与鼠标的操作没有反应，那么就需要打开 VMware Workstation 软件的"虚拟机"菜单，展开其中的"电源"级联菜单，在其中选择相应的选项来完成关闭、挂起、重新启动客户机等功能，如图 1.17 所示。虚拟机关闭后，若要再次启动，则只需在虚拟机开始界面中，使用鼠标单击"开启此虚拟机"选项，如图 1.18 所示。

图 1.17　客户机操作系统的关闭、挂起、重新启动等选项

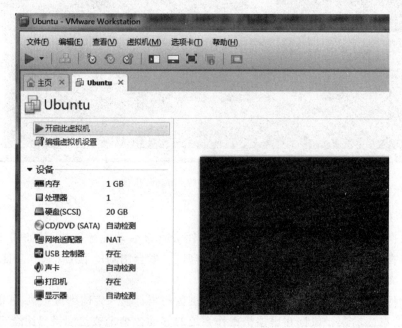

图 1.18　虚拟机的开始界面

（3）虚拟机相关硬件参数的调整

在模拟过程中如果需要修改虚拟机默认的硬件参数，则用户可以在虚拟机开始界面中

修改。方法是单击虚拟机开始界面(如图 1.18 所示)中的选项"编辑虚拟机设置",就可以打开"虚拟机设置"对话框,如图 1.19 所示。此对话框有两个选项卡:"硬件"与"选项"。"硬件"选项卡中,可以对现在硬件(如内存、处理器、硬盘、网络适配器等)的参数进行修改,也可以使用"添加"按钮向虚拟机添加新硬件;"选项"选项卡中主要是一些系统级的功能设置,如虚拟机名称、共享文件夹等。

　　虚拟机硬件参数调整中,最主要的参数是内存的大小与网络适配器的类型。虚拟机内存的大小直接决定了虚拟机运行速度的快慢,在当前主机硬件资源允许的前提下,虚拟机内存越大越好。在选择内存选项后,对话框右边会给出 VMware 建议的建议和最大允许的大小,如图 1.19 的右边所示。

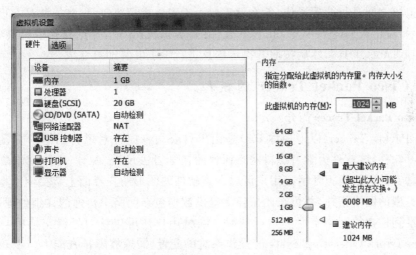

图 1.19 "虚拟机设置"对话框

　　网络适配器的类型在默认安装客户机操作系统时,一般会自动选择 NAT 模式。在模拟时如果需要修改虚拟机的网络连接方式,可以直接单击图 1.19 左边列表中的"网络适配器"选项,然后在对话框的右边选择相应的网络连接方式即可,其界面如图 1.20 所示。图中各个网络连接方式的特点请参阅前面相关术语及概念的介绍。

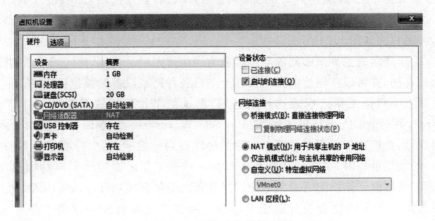

图 1.20 网络适配器的选项

需要注意的是,当选择"桥接"模式时,虚拟机的网卡是直接连接到主机所连的物理网络中,因此在启动客户机操作系统后,必须修正客户机操作系统的 IP 地址参数,使其符合物理网络要求的 IP 地址参数,且虚拟机的这个 IP 地址不能与物理网络中其他 PC(包括当前主机)的 IP 地址相同,否则 IP 地址就会出现冲突,从而影响到虚拟机的网络功能。

(4) 主机与虚拟机之间的文件传输

对于大多数客户机操作系统,VMware Workstation 软件都会在安装完客户机的操作系统后,自动安装 VMware Tools 虚拟机工具,该工具包含众多扩展功能(细节请参阅前面的介绍)。其中有一个重要的功能就是文件的拖放功能,该功能允许用户使用鼠标在主机的桌面与虚拟机的桌面之间进行文件的拖放操作,并完成相应文档的复制操作。如果无法在主机与虚拟机之间进行此项操作,那么就需要手工安装虚拟机工具,其方法是在启动客户机操作系统后,单击 VMware Workstation 软件的"虚拟机"菜单,并选择其中的菜单选项"安装 VMware Tools 工具",然后按照其提示信息进行手工安装即可完成。

1.3.3 Cisco Packet Tracer 的模拟

1. Cisco Packet Tracer 简介

Cisco Packet Tracer(以下简称 PT)是由思科公司专门针对思科网络学院设计并发布的一个学习软件,该软件为学习思科网络课程的初学者去设计、配置、排除网络故障提供了一个非常真实的网络模拟环境。用户可以在该软件的图形用户界面上直接使用拖放的方法建立各种类型的网络拓扑,并可在此拓扑上提供数据包在网络中传递的详细处理过程,用户还可以观察到模拟的网络实时的运行情况。同时用户还可以练习思科交换机与路由器中IOS(Internetwork Operating System)操作系统的配置、锻炼故障排查能力。该软件可以充分弥补网络物理设备不足的尴尬,让任何感兴趣的用户都可以无限制地进行网络的创建、实践,并学会思科网络设备的使用与故障的排除。对于学习并掌握计算机网络的工程设计、构建、配置及管理而言,此软件的作用非常明显。

与其他软件类似,PT 的版本也比较多。如果单就交换机与路由器入门技术的模拟需求而言,其 5.0 之后的版本基本都可以胜任。PT 从版本 6.1 开始,增加了思科安全设备ASA 的模拟功能,为了后续安全章节的模拟需求,本教材建议使用 Packet Tracer 6.2 的学生版进行网络设备的相关模拟。PT 软件的安装非常简单,本节同样不做安装介绍,其安装成功后运行的界面如图 1.21 所示。

如图 1.21 所示的主界面中间的空白区域为网络模拟的工作区,此区域用于构建需要模拟的网络拓扑图,并可以在创建的网络拓扑上进行各种网络设备的模拟操作。

工作区左上角是工作区模式选择的区域,默认的工作区模式是逻辑工作区(LogicalWorkspace),另一个模式是物理工作区(Physical Workspace)。逻辑工作区用于网络拓扑图的逻辑设计,此模式下不用考虑网络实际的物理布局等因素,在学习网络设备(如交换机与路由器)的使用过程时,主要使用逻辑工作区;物理工作区则用于网络的物理拓扑图设计,在物理工作区设计拓扑图时必须考虑网络设备之间的真实物理布局等因素,此工作区模式一般用在网络工程的综合设计阶段。本节的所有案例均将使用逻辑工作区进行模拟操作。

工作区的右下角是操作模式选择的区域,默认的操作模式是实时模式(Realtime

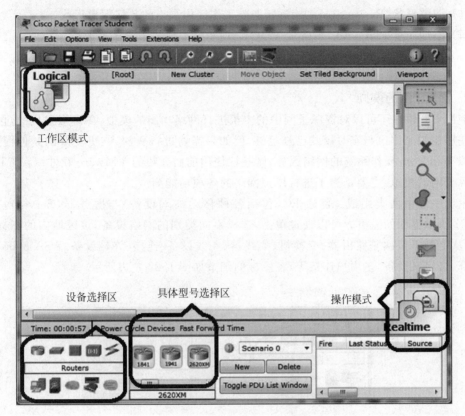

图 1.21　Cisco Packet Tracer 软件主界面

Mode),另一个模式是模拟模式(Simulation Mode)。在实时模式下,工作区内的网络总是时刻运行中(就像一个真实的网络),无论你现在是在网络拓扑上操作还是没有操作,创建的网络都将自动运行。而用户的配置也将是实时完成的,网络会实时响应用户的各种互动操作。当用户查看模拟网络的统计数据时,PT 也将实时显示它们。在网络设备的模拟阶段,主要使用实时模式;在模拟模式下,工作区内的网络运行由用户控制,网络运行可以自动、暂停、后退甚至一步一步地工作。在这个模拟的过程中,用户可以随时观察数据包传输的路径,并详细检查这些数据包的内容,因此该模式对于深入理解各种网络协议的工作原理与过程很有帮助。本节所有案例中,主要使用实时模式。

工作区的左下角是各类网络设备的选择区,设备选择区的右边是相应设备类的具体型号选择区。PT6.2 可以模拟的网络设备及型号涵盖了网络工程应用中常见的主要设备,如路由器、交换机、集线器、无线路由器、无线接入点、安全设备 ASA、广域网仿真、终端设备等。

工作区的右边有一个垂直的区域,从上到下有若干功能按钮,依次如下。

(1) 选定/取消(Select/Esc):可以选定指定设备并移动。

(2) 放置标签(Place Note):用于在工作区中进行注释说明。

(3) 删除(Delete):删除指定的设备或线缆。

(4) 检查参数(Inspect):选中后,可以在路由器、PC 上看到各种表,如路由表等。

(5) 绘画(Draw):可以在工作区中画出各种椭圆、矩形、直线等几何图形。

（6）调整形状（Resize Shape）：重新调整工作区内画出的几何图形形状。

（7）添加简单 PDU（Add Simple PDU）：用于模拟模式中测试连通性。

（8）添加复杂 PDU（Add Complex PDU）：用于在模拟模式中进行复杂协议的测试与验证。

2. 资源子网的模拟

使用 PT 软件还可以对资源子网中的主机进行网络功能的模拟，在模拟主机的过程中，一般使用逻辑工作区与实时模式已经足够，但如果需要进行更深入、更复杂的其他模拟，例如模拟 Windows 操作系统的网络服务，则建议使用前面介绍的 VMware 软件。在 PT 中进行资源子网的模拟，主要是为了进行模拟网络的各项功能测试。

主机一般由两类组成：普通 PC（包括各种移动终端设备）与服务器（Server）。在如图 1.21 所示界面的左下方可以通过单击，选择不同类别的网络设备，该区域内的图标从左到右、从上到下依次是路由器、交换机、集线器、无线设备、连接、终端设备、ASA 5505、广域网仿真、自定义设备、多用户连接等，各图标的细节如图 1.22 左边所示。

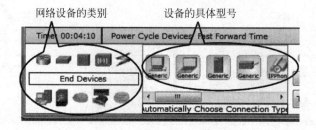

图 1.22　网络设备的选择区域

单击图 1.22 中的终端设备（End Device）图标（即网络设备选择区域的第二排第一个图标）后，在其右边会自动出现具体的终端设备型号，其中第一个型号图标就是模拟普通 PC 的图标，第二个是模拟笔记本的图标，第三个是模拟服务器的图标，如图 1.22 右边所示。其他的图标请读者自行查看，这里不一一列举。

进行相关主机的具体模拟时，只需要通过鼠标左键选中相关设备的具体型号图标，然后将其图标拖到工作区内即可完成相应主机的模拟。一旦设备的图标进入到工作区内，PT 就将以相关设备的默认参数开始实时模拟。为了说明资源子网主机的模拟过程及其使用方法，我们将普通 PC、服务器、交换机 2960 这三个设备的图标拖到工作区中，并使用连接中的自动连接将普通 PC、服务器连接到交换机（Switch）上（注：Switch 属于通信子网的设备，这里使用它用于主机间的相互通信）。

以上操作的具体结果如图 1.23 所示，左边的图标是用于模拟普通 PC，右边的图标是用于模拟服务器，中间的图标是用于模拟交换机。其中，PC0 使用 Fa0 端口连接交换机的 Fa0/1 端口，而服务器 Server0 使用 Fa0 端口连接交换机的 Fa0/2 端口。

如果读者自己动手操作以上步骤，并仔细观察还会发现当线缆自动连接后，交换机的两个连接端口的状态标识颜色在刚开始时，有大约 50s 时间呈现的颜色是棕色，之后才会自动变成绿色的端口标识颜色。这个现象是由于交换机自动运行生成树协议（STP）造成的，后续章节将展开介绍这个协议，本节暂时不进行深入讲解。

所有设备的端口如果正常工作时，则一般都会以绿色来标识其正常工作的状态；如果发现某个端口的状态标识颜色是红色或棕色,那么就意味着此端口的工作状态存在问题。

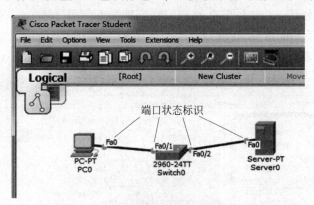

图 1.23　主机的模拟界面

在 PT 的默认设置下,网络设备相互间连接的端口标签是不会如图 1.23 所示那样显示出来的,如果需要显示设备之间相互连接的端口标签名称,则必须更改 PT 默认的相关参数选项。操作的方法是打开 PT 软件的 Option 菜单中的 Preference 菜单项,然后在打开的 Interface 选项卡中勾选 Always show port labels 选项。对于初学者而言,强烈建议勾选此项参数,这样在工作区中就可以非常方便地了解网络拓扑中各设备相互连接的端口标签细节,避免在实际配置过程中出现错误的端口操作。

在进行设备间线缆的自动连接时,PT 软件一般会自动使用当前设备可用的第一个端口进行连接,如果用户需要连接到设备特定的端口上,那么在选择连接线缆时,必须使用特定的线缆型号,这些线缆具体的型号及说明如表 1.3 所示,熟记这些线缆的图标对于今后的模拟操作很有帮助。手工连接线缆的方法将在后面的"3.通信子网的模拟"部分详细介绍。

表 1.3　连接线缆的不同型号及说明

线缆的型号	线缆的说明
	配置线,也叫 Console 线,用于 PC 的串口连接路由器/交换机的 Console 端口
	以太网的直连双绞线(图标为黑色),一般用于连接不同设备的 RJ-45 端口
	以太网的交叉双绞线,一般用于连接相同设备的 RJ-45 端口
	光纤线缆(图标为黄色),用于连接两个 100M/1000M 的光纤端口
	电话线,用于电话线路的连接,连接的端口标准为 RJ-11
	同轴电缆,用于连接电缆调制解调器与广域网仿真的同轴电缆端口
	串行连接线缆,用于广域网串行端口的连接,分为 DCE 端与 DTE 端。图标中有时钟的是 DCE 端,另一个是 DTE 端
	八端口异步连接线缆(俗称八爪鱼线缆,图标为绿色),用于同时连接最多 8 个 RJ-45 端口

1) 普通 PC 的模拟功能

如果要了解并使用 PT 软件模拟的 PC 功能,则需要使用鼠标单击图 1.23 中的 PC0 图标,即可打开 PC0 的功能窗口,该窗口有 4 个选项卡,如图 1.24 所示。对于初学者而言,需要了解并使用的是其中的"物理"选项卡(Physical)与"桌面"选项卡(Desktop)。

图 1.24　PC 功能窗口的"物理"选项卡

"物理"选项卡是默认打开的选项卡,在图 1.24 左边显示的列表是当前设备可以添加的各种网络模块,不同设备支持的模块各不相同,当用鼠标选中其中的某个模块后,在窗口的最下端会自动打开对该模块的说明与介绍,如图 1.24 的最下端显示的就是模块列表中第一个模块 WMP300N 的说明与介绍。各个模块的说明与介绍请读者通过 PT 软件自行逐个了解。"物理"选项卡界面的中间是当前物理设备的视图(Physical Device View),该视图显示的图片与真实设备的前面板相差无几。对于多数 PT 模拟的设备而言,在此视图中有两个重要的地方:一个是当前设备的电源开关(如图 1.24 上方所示),如果需要进行设备模块的更换或添加,必须首先关闭此电源开关,否则操作将被 PT 拒绝。模块更换或添加成功后,还需打开此电源开关,PT 才会进行此设备的实时模拟;另一个是当前设备可更换或添加模块的地方,对于不同的设备,其位置有所不同。对于 PC 而言,在视图的下部(如图 1.24 下方所示)。

例如,现在需要去除 PC0 设备的以太网模块,更换一个无线网卡(即 WMP300N 模块),则必须首先使用鼠标单击此设备的电源开关以关闭设备的电源;然后使用鼠标将此设备需要去除的模块图标(如图 1.24 中下方所示)拖到图 1.24 右下角的图片区即可完成模块的移除;接着使用鼠标将需要添加的模块图片(即图 1.24 右下角所示模块图片)拖到当前设备空余的模块插槽中即可完成模块的更换,当然也可以直接在左边的模块列表中重新选择其他的模块进行操作；最后使用鼠标单击电源开关以打开设备的电源，使设备开始工作。

鼠标单击图 1.24 中的 Desktop 标签，可以打开"桌面"选项卡，其工作界面如图 1.25 所示。该选项卡可以模拟 PC 与网络有关的绝大多数功能。在图 1.25 中，这些功能依次是 IP 地址参数设置、拨号连接、超级终端、命令行窗口、Web 浏览器、无线连接、VPN 客户端、流量生成器、MIB 浏览器、思科 IP 电话客户端、邮件客户端、PPPoE 宽带拨号连接、基于 IPv4 的个人防火墙、基于 IPv6 的个人防火墙、Netflow 收集器，每一项功能对应一个图标。在后续章节中将介绍部分与本教材有关的功能，本节只重点介绍其中使用较多的几个功能。

（1）IP 地址参数设置（IP Configuration）：用于设置当前 PC 的 IP 地址参数，包括 IP 地址、子网掩码、默认网关、域名服务器地址与 IPv6 的相关参数。本节中使用 192.168.1.100 作为 PC 的 IP 地址、255.255.255.0 作为子网掩码，其他参数暂不设置。

（2）命令行窗口（Command Prompt）：模拟 PC 常见的字符命令行，在该窗口中可能进行常用网络命令的模拟。具体支持的命令可以通过在其命令提示符后输入"?"获得。这些命令基本涵盖了 PC 与网络有关的所有命令，如 ping、arp、ipconfig、netstat、telnet、nslookup 等。这些字符命令的用法与真实 PC 相差无几。如果不清楚某个命令的用法，随时可以使用命令名后加"/?"获得其对应的帮助信息。

（3）Web 浏览器（Web Browser）：用于模拟 PC 的浏览器功能，可以用于检测模拟的网络服务器提供的 Web 服务是否可行。

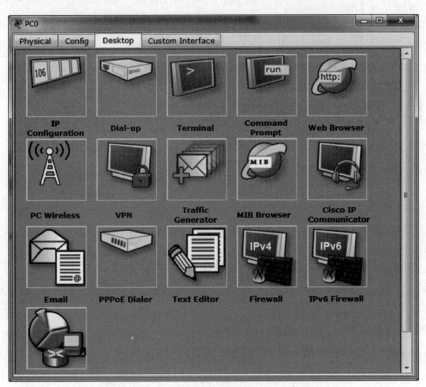

图 1.25　PC 功能窗口的"桌面"选项卡

2）服务器的模拟功能

单击图 1.23 中服务器 Server0 的图标，可以打开服务器 Server0 模拟的功能窗口，此功能窗口包含多个选项卡,其中的"物理"(Physical)选项卡、"桌面"(Desktop)选项卡的使用方法与普通 PC 的作用与用法基本相同,这里就不再重复介绍了。为了验证的需要,在服务器 Server0 的"桌面"选项卡中,单击 IP Configuration 图标,使用 192.168.1.200 作为其 IP 地址、255.255.255.0 作为其子网掩码。

服务器模拟的功能窗口中,不同于普通 PC 的选项卡是"服务"(Service)选项卡。使用鼠标单击功能窗口中的 Services 标签后,会出现类似图 1.26 所示的界面,此界面的左边是 PT 所能模拟的所有服务的列表,这些服务同样基本涵盖了与网络有关的绝大多数网络服务功能。通过鼠标单击列表中的特定服务名,可以进行相应网络服务的参数设置或修改,图 1.26 右边显示的就是服务列表中 FTP 服务的参数选项。这些服务大多数都已经被 PT 设置了初始值,有些服务(如 FTP、HTTP 等服务)是默认开启的,而有些服务(如 DHCP、DNS 等服务)默认是关闭的,请读者自行查看每项服务的默认参数并逐一了解。本节将使用 PT 默认的 FTP 与 HTTP 服务功能,不对其进行任何参数的设置或修改。

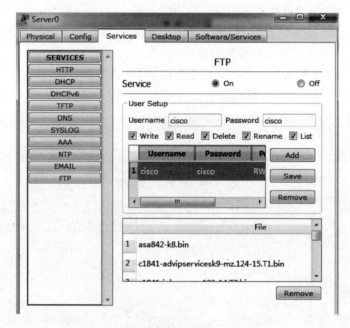

图 1.26　服务器功能窗口的 Service 选项卡

完成 PC0 及 Server0 两个设备的 IP 参数设置后,可以通过 PC0"桌面"选项卡中的命令行窗口图标与 Web 浏览器图标进行 FTP、HTTP 服务的测试,检查 Server0 能否向 PC0 提供相应的服务功能。具体的测试过程如下。

(1) 命令行窗口测试 FTP 服务

鼠标单击图 1.25 中的命令行窗口图标,在打开的窗口中使用键盘输入 ftp 命令: ftp 192.168.1.200,登录 FTP 服务器 192.168.1.200 时使用的用户名 cisco 及密码 cisco 均是 PT 默认设置的参数,详细的操作过程如图 1.27 中白色下画线所示。登录成功后,通过命令 dir 可以发现 PT 软件默认在其 FTP 根目录下保存有很多设备的 IOS 系统文件(思科设备使用的一种操作系统),这些文件的作用将在后续章节中展开介绍,本节暂不做讲解。

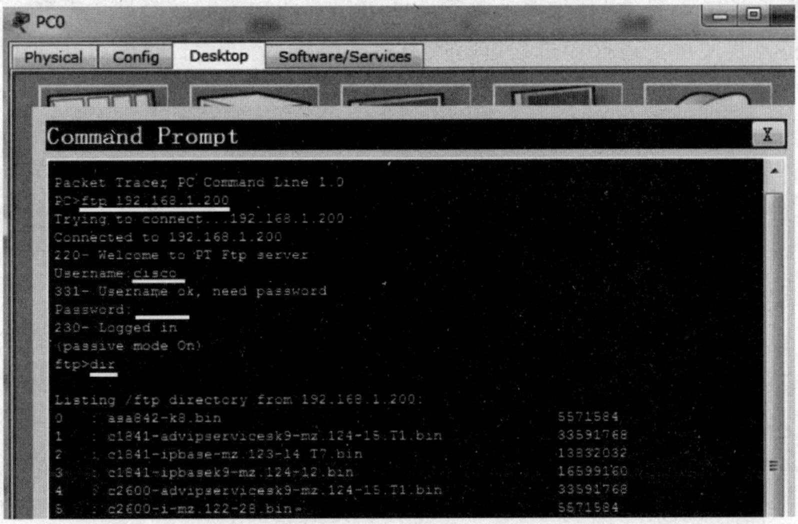

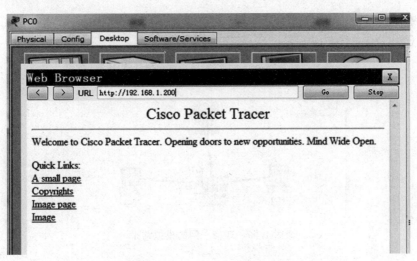

图 1.27　测试 FTP 服务的功能

（2）Web 浏览器测试 HTTP 服务

　　鼠标单击图 1.25 中的 Web Browser 图标，在打开的浏览器窗口地址栏中输入"http://192.168.1.200"后回车，可以发现 PT 服务器默认已经提供了 Web 服务及内容，如图 1.28 所示。如果对此页面内容需要进行修改，只需要在服务器 Server0 的"服务"选项卡左边的"服务"列表中选择 HTTP 服务，然后在对应的右边使用 HTML 进行修改即可，具体过程请读者自行实践。

图 1.28　测试 Web 服务的功能

　　通过上述模拟过程的操作，不仅验证了 PT 软件的服务器可以提供 FTP 与 HTTP 服务的网络功能，而且还了解了主机 IP 地址参数设置、命令行窗口、Web 浏览器等功能的使用。同时在上述操作中，不难发现网络拓扑图中的交换机 Switch0 并没有进行任何配置，但交换机却能为普通 PC 与服务器 Server0 提供网络的通信功能。交换机之所以具有如此特性,与其工作原理密不可分,有兴趣了解的读者可以查阅相关的网络理论书籍。在后续章节的学习中,将经常使用上述操作过程进行服务器的模拟,请读者自行练习并熟练掌握以上操作步骤及方法。

3. 通信子网的模拟

PT 软件模拟的重点是对通信子网的模拟,PT 软件可以模拟通信子网中涉及的绝大多数网络设备,比如路由器、交换机、集线器、无线通信设备、安全设备 ASA、常见广域网接入设备等。本节将以思科交换机与路由器的基本模拟过程为例,详细介绍在 PT 软件中通信子网的基本模拟过程。

在 PT 软件中模拟通信子网的通信设备时,需要在图 1.22 中的设备类别中选择需要模拟的设备类别,然后使用鼠标在图 1.22 右边将具体设备型号的图标拖到逻辑工作区中,即可实现此设备的模拟。在本例中,使用此方法将路由器型号 2811、交换机型号 2960 对应的图标分别拖到逻辑工作区中,此时在工作区中可以发现同类型设备的名称编号都是从 0 开始的,如第一个路由器的名称为 Router0,第一个交换机的名称为 Switch0;以同样的方法将终端设备中的 PC-PT 图标分别拖动两个到逻辑工作区中,它们的名称将分别是 PC0 与 PC1;使用连接线缆中的自动连接将 PC0、PC1 分别连接到交换机 Switch0 上;使用鼠标单击连接线缆中的直连双绞线图标后,将鼠标移动到工作区中单击路由器 Router0 的图标,在自动打开的菜单中选择 FastEthernet0/0 选项,然后将鼠标移动到交换机 Switch0 的图标上单击,同样在自动打开的菜单中选择 FastEthernet0/24 选项。此时在 Router0 与 Switch0 两个设备之间就会生成一条直连双绞线。与前面的线缆自动连接不同的是,这种连接方法可用于连接指定设备的指定端口。由此操作得到的最终网络拓扑结构如图 1.29 所示。

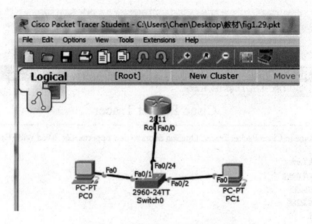

图 1.29　通信子网的模拟结果

仔细观察图 1.29 的工作区就会发现在经过 50s 时间后,交换机及 PC 的所有端口状态标识颜色均将变为绿色,但是路由器的端口 fa0/0 及交换机的端口 fa0/24 的端口状态标识颜色仍然是红色,说明这两个端口目前的工作是不正常的状态。出现这个现象的原因是:在默认情况下,路由器的所有端口是不工作的,只有正确完成路由器端口的参数配置后,其端口的状态标识颜色才有可能变为绿色;而交换机的端口 fa0/1 与 fa0/2 在经过生成树协议运行 50s 后,会自动变为绿色,表明其端口的工作状态正常。

为了后面验证操作的方便，在进行网络设备的后续操作之前，可以使用前面对主机（普通 PC）的操作方法将图 1.29 中的 PC0 与 PC1 分别配置 IP 地址为 192.168.1.100 与 192.168.1.200，它们的子网掩码均设置为 255.255.255.0、默认网关设置均为 192.168.1.1。下面将分别针对交换机与路由器，详细介绍各自在 PT 模拟过程中的基本操作方法及注意事项。

1) 交换机的模拟操作

严格来讲，对于通信子网的接入层交换机而言，在网络工程项目中一般都是使用廉价的二层交换机（普通交换机），这类交换机的功能基本只有二层交换功能，接入层一般也不需要其他功能。因此厂家在生产这些交换机时，会将很少量的协议及参数固化到交换机的硬件中，用户使用这些交换机时是不能进行任何配置及参数修改的。由于接入层的交换机数量众多，这样的做法可以极大地减少网络工程的造价。

PT 软件模拟的所有交换机型号除了可以提供基本的二层交换功能外，还能够提供其他的一些功能，如生成树协议配置、以太端口聚合、虚拟局域网配置等，因此这些交换机除了具有普通的以太网通信端口外，一般还提供了专用的配置端口（Console 端口）用于对交换机进行不同功能的配置。当然这些具有附加功能的交换机价格相比普通交换机而言更昂贵些，因此在网络工程的设计中，一般只在特殊的地方使用这些可配置的交换机，比如通信子网中需要进行 VLAN 划分、汇聚层实现以太端口聚合等地方。

在 PT 软件的模拟中，若要对交换机进行功能配置或操作，则需要单击图 1.29 中的 Switch0 图标，打开交换机的功能窗口即可。其功能窗口的界面如图 1.30 所示，其中有三个选项卡："物理"（Physical）选项卡、"配置"（Config）选项卡、"命令行端口"（Command Line Interface，CLI）选项卡。

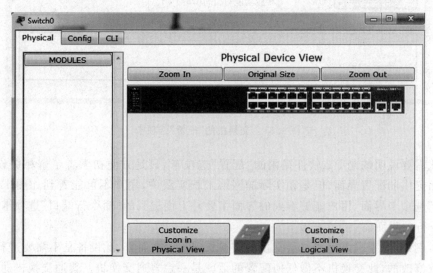

图 1.30 交换机的功能窗口

通过图 1.30 所显示的"物理"选项卡可以发现，交换机 2960 型号的模块列表是空的，即交换机 2960 型号在 PT 软件中不支持模块的添加与修改。如果在使用交换机进行模拟时，需要添加或修改其默认的模块或端口，则必须使用交换机类别中的 Switch-PT 等交换机型号。

"命令行端口"选项卡是进行交换机功能配置或修改时,经常使用的选项卡。该选项卡对应的界面实际上就是思科操作系统 IOS 实际的操作界面,在进行操作时必须使用 IOS 相关命令及参数,这些命令将在后面的章节中专门讲解。本节的重点在于了解并熟悉这些设备模拟的基本过程及界面,尤其是相关界面。

"配置"选项卡用于对交换机进行简单功能参数配置,"配置"选项卡的界面如图 1.31 所示,其中的功能列表可以分为以下三大类。

(1) 全局设置(GLOBAL):用于设置交换机在工作区中的相关名称。

(2) 交换机设置(SWITCH):用于设置与修改 VLAN 数据库的内容。

(3) 端口列表设置(INTERFACE):可以对每个交换机端口设置不同的 VLAN 属性。

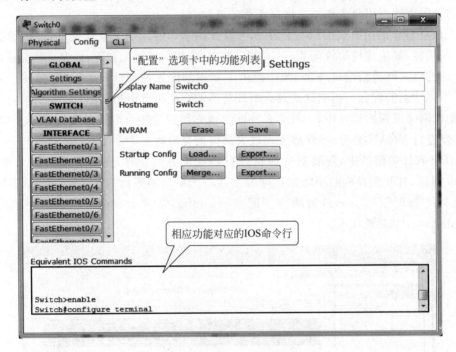

图 1.31　交换机的"配置"选项卡

在此需要说明的是 PT 软件提供的"配置"选项卡,只是方便初学者了解相关设备的基本功能而提供的配置界面,但是在实际的网络工程实践中,用户不可能看到如图 1.31 所示的"配置"选项卡界面,用户能够看到的界面主要是上面提到的"命令行端口"选项卡界面,即 IOS 命令行的界面。

在本例中,对于只需完成二层交换的交换机 Switch0 而言,此设备是不需要进行任何配置及参数修改的,此交换机不做任何配置的话就是一台普通交换机。普通交换机通电、连接线缆后,就可以实现二层交换机的基本交换功能。读者在本节需要熟悉的是上述交换机操作的过程及相关选项卡界面。

2) 路由器的模拟

路由器是通信子网的最高层,是网络工程设计中必须手工配置的网络设备。PT 软件对路由器的模拟相当全面,通过 PT 可以模拟网络工程应用中绝大多数路由器的功能,这些功能的应用及配置将在后面的章节中详细介绍,本节的重点是了解路由器的基本操作过程,并熟悉相关界面。

同其他所有设备一样,通过鼠标单击图 1.29 中的路由器 Router0 图标就可以打开路由器 Router0 的功能窗口,其界面如图 1.32 所示。该功能窗口与交换机一样具有三个选项卡:"物理""配置""命令行端口"选项卡,每个选项卡的作用与前面介绍的基本相同,这里就不再重复说明。

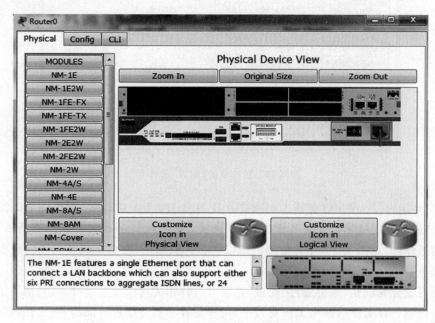

图 1.32　路由器的功能窗口

通过如图 1.32 所示的"物理"选项卡,不难发现路由器 2811 型号默认情况下,具有两个以太网通信端口和若干空的扩展插槽。如果使用不同的路由器型号,则将会发现不同型号所具有的通信端口及插槽个数、位置各不相同。图 1.32 左边是 2811 型号支持的模块列表,与前面图 1.24 介绍的 PC"物理"选项卡一样,用户可以通过关闭路由器的电源后,使用鼠标将不同的网络模块添加到 Router0 上空的插槽中,以便扩展路由器的功能;同样用户也可以通过鼠标将扩展插槽中已有的网络模块移除掉。其具体的操作过程请参考前面 PC 网卡更换的过程,这里就不再重复介绍了。

单击图 1.32 中的"配置"标签,可以打开路由器的配置选项卡界面,如图 1.33 所示。界面的左边是路由器简易功能配置的列表,主要有 4 类简易功能可以配置。

(1) 全局设置(GLOBAL):主要用于设置路由器在工作区中的相关名称。

(2) 路由配置(ROUTING):用于简单的静态路由、RIP 路由参数设置。

(3) 交换机设置(SWITCHING):用于设置与修改 VLAN 数据库的内容。

(4) 端口列表设置(INTERFACE):可以对每个路由器端口设置不同的参数(主要是 IP 地址参数)。

由于路由器 Router0 是通过 fa0/0 连接交换机的,因此为了使路由器能够与交换机所连的 PC 进行通信,在如图 1.33 所示界面中,需要使用鼠标单击图 1.33 左边的 FastEthernet0/0 端

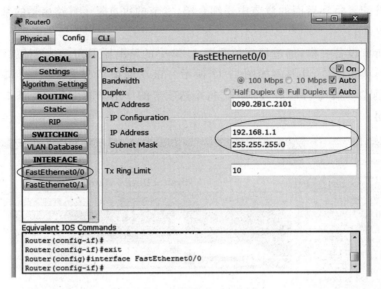

图 1.33 路由器的"配置"选项卡

口,然后在界面的右边使用键盘输入此端口的 IP 地址 192.255.1.1 与子网掩码 255.255.255.0 两个参数,最后使用鼠标勾选端口状态的 On 选项,如图 1.33 界面中的椭圆圈所示。此时,再次观察工作区(见图 1.29)中路由器的端口状态标识颜色,将会发现其颜色已经变为正常工作的绿色。

需要再次强调的是,这种通过"配置"选项卡进行相关功能设置的操作,只是为了简化用户模拟的过程。在实际的网络工程实践中,用户是看不到此配置界面的,用户在网络工程实践中能够看到的界面是其"命令行端口"选项卡的界面,即 IOS 命令行界面。

交换机与路由器配置完成后,一般都需要使用 PC 进行连通性等测试。测试的方法是打开 PC"桌面"选项卡中的命令行窗口,在此窗口中可能使用众多网络测试命令对拓扑图中设计的相关功能进行测试。比如本例中,可以在 PC0 的命令行窗口中使用 ping 命令测试 PC0 与 PC1、Route0 之间的连通性,测试结果如图 1.34 所示。图中白色下画线标识的就是测试的 ping 命令。第一个命令行用于测试与 PC1 的连通性,第二个命令行用于测试与路由器 Router0 的连通性,通过观察这两个命令的输出结果,不难发现 PC0 与这两个设备均能连通。

在 PC 的命令行窗口中,除了这里使用的 ping 命令外,还有其他实用的网络测试命令,请读者自行练习并熟记这些操作。

以上是对 PT 模拟的基本过程及相关配置界面的介绍,更具体的模拟操作,尤其是交换机、路由器的模拟操作过程将在后面的章节中具体讲解。对于初学者而言,本节重点是熟悉以上各种模拟过程中的常用界面及注意事项。

1.3.4 Dynagen 的模拟

思科的 Packet Tracer 软件对于初学者学习网络设备的功能及使用而言已经相当全面,但是随着学习的不断深入,该软件也存在着一些明显的缺点:首先 PT 软件对网络设备(如路由器、交换机)功能的模拟并不是使用思科真实的 IOS 操作系统进行的模拟,这点明显不

图 1.34　PC0 的命令行测试界面

同于前面介绍的 VMware 软件。PT 软件采用了一种类似 Flash 的设计方法（即按照指定的输入产生对应的输出）进行设备的模拟，而 PT 软件模拟的命令及参数多数是基于 CCNA或 CCNP 层次的网络功能。如果用户想要使用 CCNA 或 CCNP 并没有涉及的命令及功能时，则这些命令及功能将无法模拟；其次 PT 软件模拟的网络无论拓扑结构如何，始终都是一个全封闭式的逻辑网络，其模拟的网络不能与物理网络直接或间接地进行通信，在 PT 软件中配置相应设备的功能后，依然无法保证此功能的设计是否可以用于真实的物理网络，这点同样也不同于前面介绍的 VMware 软件。因此 PT 软件一般多用于初学者学习思科网络设备的使用，而很少用于网络工程的设计与测试阶段。

　　针对以上缺点，目前出现的一些模拟软件可以弥补 PT 软件的不足之处。这类软件的代表有 Dynagen、GNS3 等，它们都基于 Dynamips 模拟器。Dynamips 是一个基于虚拟化技术的开源模拟器软件，最初用于模拟思科公司的 7200 型号路由器，软件的作者是法国 UTC大学的 Christophe Fillot。Dynamips 的原始名称为 Cisco 7200 Simulator，源于 ChristopheFillot 在 2005 年 8 月开始的一个项目，其目的是在传统的 PC 上模拟思科的 7200 型号大型路由器。但随着 Dynamips 模拟器的不断发展，此模拟器还可以支持思科的 3600 系列（包括 3620,3640,3660），3700 系列（包括 3725,3745）和 2600 系列（包括 2610 到 2650XM，2691）等多种不同型号的路由器平台。

　　Dynamips 模拟器的主要目标是：使用思科真实的 IOS 操作系统构建一个学习和培训的平台，让人们更加熟悉思科公司的网络设备，并可以测试和实践思科 IOS 操作系统中数量众多、功能强大的命令及功能，可以在模拟的路由器上完成配置后，部署到真实的路由器上。

正是由于 Dynamips 使用了思科设备上真实的 IOS 操作系统来进行路由器设备的模拟,因此 Dynamips 模拟器通过模拟可以实现真实路由器中几乎全部的功能。该模拟器可以作为思科网络实验室硬件资源不足的一个补充,或者作为 CCNA、CCNP、CCIE 等系列考试的辅助学习工具。本教材后续章节涉及的绝大多数网络设备的实验均可以在 Dynamips 环境中实现,其实验效果及能力远超思科的 Packet Tracer 软件环境。

当然 Dynamips 模拟器也存在一些明显的问题:首先就是其使用的 IOS 操作系统文件属于思科公司的版权文件,虽然目前还未听说有因为用户使用盗版 IOS 而产生的侵权诉讼,但还是建议尽量使用来源合法的 IOS 文件;其次,Dynamips 模拟器对内存及 CPU 资源的占用非常大,进行模拟的计算机硬件必须具备较高的配置才能获得实时的模拟效果,当需要模拟的网络设备越来越多时,一台 PC 的硬件资源将明显不足;最后的一个问题是 Dynamips 模拟器是一个完全纯粹的命令行程序,进行模拟时需要使用众多不同的命令行参数,这些参数的选择及配置对于很多初学者而言是很一件相当复杂与困难的工作。

为了高效地使用 Dynamips 模拟器进行各种复杂的网络模拟任务,目前有很多由第三方或个人开发的前端工具软件来简化 Dynamips 的参数配置及选择过程。这其中最有名的前端工具软件是 Dynagen 软件,它是一个基于命令行界面的前端工具软件,将 Dynamips 模拟器中很多复杂的命令及参数封装了起来,初学者可以不用了解这些复杂参数的细节,只需使用非常简单的若干命令即可操作模拟的过程。本教材在进行各种复杂设备或复杂功能的网络模拟时,一般均会使用 Dynagen 作为模拟器来进行模拟。

由于各种原因,目前 Dynamips 及 Dynagen 的官方开源项目已经停止了更新,这两个项目的更新工作现在均由 GNS3 负责。严格来说,GNS3 只是 Dynagen 的图形化前端工具软件,而 Dynagen 则运行在 Dynamips 之上,真正进行网络设备模拟的软件其实还是 Dynamips 模拟器软件,使用 Dynagen 的目的是提供相对于 Dynamips 更友好的、更便于管理的字符命令行的界面。因此 GNS3 是一个基于 Dynamips 与 Dynagen 的图形化前端工具,其软件界面类似 PT 软件,可以通过图形化的界面进行各种网络设备的模拟与配置,但是其模拟与配置过程相对于初学者而言同样较为复杂,因此建议读者在充分熟悉 Dynagen 软件后,再去学习如何使用 GNS3 软件。读者如果需要下载 GNS3 软件,可以自行到 GNS3 的官方网站 http://www.gns3.com 下载。本教材的内容主要针对计算机网络工程应用与实践的初学者,因此本节将重点介绍 Dynagen 使用方法及注意事项,至于其他的前端工具如 GNS3,请读者自行查阅相关软件的介绍。

1. Dynagen 的介绍

正如前面所述,Dynagen 是一个基于 Dynamips 的前端工具软件,它同样使用命令行界面进行工作,并采用了超级监控模式与 Dynamips 进程进行通信,真正的模拟器仍然是 Dynamips。作为 Dynamips 的一个前端工具,Dynagen 在进行模拟时也是使用各种字符命令及参数,只是这些操作相对 Dynamips 软件而言更方便些。总的来说,Dynagen 软件具有以下特点。

首先,Dynagen 为简化 Dynamips 模拟器的操作过程,使用了一个文本文件来创建、配置、模拟各种设备及网络,这个文本文件也被称为网络文件,其文件扩展名为 .net。在这个文本文件中,用户可以使用非常简单的语法完成各种设备(如路由器、交换机)及网络的模拟需求。Dynagen 对这个文本文件采用了字符命令行的管理形式,用户可以在命令行中通过非常简单的命令操作设备,包括设备的启动、停止、重启、挂起、恢复及连接虚拟设备的Console 口。

其次,Dynagen 的模拟除了可以与 Dynamips 模拟器在同一台计算机上运行外,还可以工作在 C/S 模式下,让运行在普通工作站上的 Dynagen 进程和运行在其他计算机上的Dynamips 进程进行通信。这个特点让 Dynagen 可以使用多个分布式的 Dynamips 进程来运行一个非常大的虚拟网络,从而解决了一台计算机硬件资源不足以模拟太多设备的问题。

最后是 Dynagen 软件强大的跨平台能力,Dynagen 软件使用 Python 语言编写,任何支持 Python 解释器的操作系统上都可以运行此软件,目前几乎所有的平台都可以支持Python 解释器,因此可以认为 Dynagen 能够兼容所有的操作系统平台,无论是 Windows 还是 Linux 平台。

2. Dynagen 模拟前的准备工作

在使用 Dynagen 进行模拟前,必须完成一系列的准备工作才能真正开始模拟的操作,这点相对于前面介绍的 PT 软件而言要复杂一些。这些准备工作大体可以分为以下几步。

1) IOS 文件的准备

虽然 Dynagen 是一种模拟思科 IOS 操作系统的开源免费软件,但在前面的介绍中,已经提及 IOS 操作系统是属于思科公司的版权软件,因此 Dynagen 软件并不向用户提供任何涉及思科公司的软件(包括 IOS),用户必须自行解决 IOS 文件来源合法性的问题。目前互联网上存在很多能够提供 IOS 文件下载的网站,使用百度搜索可以发现非常多,但基本是没有思科公司授权许可的。幸运的是截止到目前,还没有发现思科公司因 IOS 文件被非法下载而导致的侵权诉讼,因此目前存在大量用户从互联网下载未授权的 IOS 文件现象。因此必须再次强调的是,用户使用 IOS 文件切不可涉及商业行为。

由于 Dynamips 模拟器只是针对思科路由器开发的软件,因此 Dynagen 支持的 IOS 操作系统仅限于思科 7200 系列、3600 系列、3700 系列、2600 系列路由器的 IOS 文件,且不支持思科交换机的 IOS 操作系统模拟。但幸运的是思科的某些路由器型号支持在扩展插槽中扩展以太交换模块,例如,3640 型号的路由器可以添加网络模块 NM-16ESW,此模块具有 16 个以太网端口,在路由器上应用此模块后,可以完成以太网交换机大部分交换功能的模拟。为了今后交换机实验的方便,建议读者使用能够支持以太交换模块(即 NM-16ESW)的路由器型号。

本节将使用 3600 系列中的 3640 型号路由器作为模拟对象,使用其 IOS 文件进行模拟。读者也可以根据自己的需要,选择合适型号的 IOS 文件进行模拟。需要注意的是即使是同一个路由器型号,在其上可以使用的 IOS 操作系统也存在多种不同的版本,这点很像在 PC上安装使用的 Windows 操作系统,即同一个 PC 上也可以安装不同版本的 Windows 操作系统。不同的路由器型号或不同的 IOS 版本号对应的路由器功能也各有不同,在选择路由器型号及 IOS 版本时,需要通过查阅思科公司的官方文档,选择适合自己模拟需求的型号及版本。本节将使用的 IOS 文件是 c3640-jk9o3s-mz. 124-13b. bin,IOS 文件扩展名如果是. bin,则说明这是一个压缩文件,Dynamips 进程在模拟时会自动解压此文件,但是为了在模拟时让 IOS 操作系统启动得更快些,建议使用 WinRAR 软件将其解压缩,同时也为了便于区分 IOS 文件是否已经被解压缩过,建议将解压缩过的文件扩展名改为. image,因此其完整的文件名为 c3640-jk9o3s-mz. 124-13b. image。

2) Dynagen 的安装

Dynagen 有多个基于不同操作系统平台的安装文件,本节将以最常见的 Windows 平台为例,介绍其安装及使用过程。Windows 环境的安装过程同样比较简单,此处只作注意事项的说明。

这里安装使用的版本为 Dynagen 0.11,在实际安装此软件之前,必须首先自行安装开源的以太网卡驱动程序 Winpcap,这个软件是 Dynamips 软件模拟的基础,这里安装的版本是 Winpcap 4.1.3。而 Dynamips 模拟器软件会在 Dynagen 的安装过程中被自动安装。

判断安装是否成功的最简单方法是在安装完成后,单击 Windows 操作系统的"开始"菜单,打开"所有程序"中的 Dynagen 级联菜单,单击其中的 Dynamips Server 菜单选项。如果能够出现如图 1.35 所示的界面,即表示当前 Dynamips 进程运行成功,此界面提示 TCP 端口 7200 服务启动成功。如果没有出现图中最后一行提示信息,就表明 Dynamips 进程运行失败。

图 1.35 Dynamips 运行成功的界面

最常见的安装失败原因是忘记了安装 Winpcap 软件,此时只需关闭 Dynagen 软件,重新安装 Winpcap 后再次运行即可解决;其次的可能原因是由于 Dynamips 进程在启用 TCP 端口 7200 时,该端口被计算机的安全软件(如 Windows 防火墙)拒绝开启,此时需要在安全软件中设置允许 TCP 端口 7200 的通信即可解决;如果不是以上问题,那么就需要根据 Dynamips 软件提示的错误原因及信息进行处理。如果严格按照上述步骤及注意事项进行操作,那么此时将会出现如图 1.35 所示的成功界面。

这里需要进一步强调的是,Dynamips 与 Dynagen 在进行网络及网络设备的模拟运行过程中,使用了很多不同的 TCP 或 UDP 端口来模拟相关设备的通信。因此在计算机上如果开启了某些安全软件,最好是暂时禁用其安全功能,或者在安全软件进行警示时及时设置允许操作。在整个网络模拟的操作过程中,如图 1.35 所示的命令行窗口必须保持打开,此窗口可以最小化,但是绝对不能关闭。Dynagen 软件对模拟设备的控制就是来自 Dynamips 进程的 7200 端口,只有在整个网络的模拟结束之后,才可以关闭此窗口。

在成功启动 Dynamips 进程后(如图 1.35 所示),可以在前面打开的 Dynagen 级联菜单中,继续单击 Dynagen Sample Labs 选项打开一个文件夹窗口,此文件夹窗口中包含多个子文件夹,每个子文件夹均表示一个特定的网络模拟案例,可以进入其中的任何一个文件夹(例如 simple1 文件夹),双击其中扩展名为 .net 的文件(即前面介绍的网络文件)。如果出现了如图 1.36 所示的命令行窗口,那么就表示 Dynagen 软件已经成功安装,图中提示的信息表明 Dynagen 在读取.net 网络文件时出现错误,这些错误是由于.net 文件还没有正确配置的缘故,当配置正确时是不会出现这些错误的提示信息的。

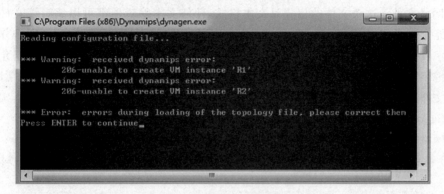

图 1.36　Dynagen 启动成功的界面

　　如果没有出现如图 1.36 所示的命令行窗口,就表明 Dynagen 安装失败。比较常见的失败原因是由文件关联引起的,现在很多计算机上都安装有类似 360 安全卫士等系统防护软件,这些软件有时会禁止安装程序修改文件关联。Dynagen 软件在安装时,会将扩展名为.net 的文件关联到自己的可执行程序,如果安全软件禁止了安装程序的关联操作,那么用户就需要手工进行此类文件的关联即可解决问题。操作的方法是使用鼠标右键单击前面的网络文件(.net 文件)图标,在右键菜单中选择"打开方式"级联菜单,然后单击其中的"选择默认程序"选项,在出现的"打开方式"对话框中选择 dg-local.cmd 程序作为始终使用的程序,需要操作的界面如图 1.37 中两个椭圆标识的位置所示。

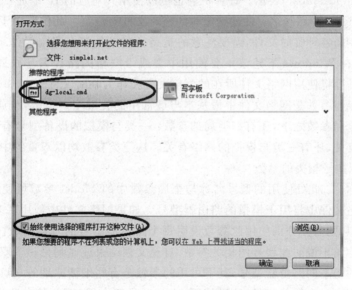

图 1.37　.net 文件的关联操作

　　在进行 Dynagen 软件的上述操作时,可以发现在 Dynamips 命令行窗口(如图 1.35 所示)中会不断出现各种信息提示,这些提示的信息对于解决网络模拟过程中出现的问题很有帮助,有兴趣的读者可以在今后的模拟操作过程中注意观察这些提示内容及操作。

3) Dynagen 的 .net 文件

Dynagen 作为 Dynamips 的前端工具,在进行网络模拟前必须首先建立一个扩展名为 .net 的网络文件。这个文件的格式是文本格式,任何文本编辑器都可以编辑该文件。为了统一功能定义及使用,Dynagen 在此文件中规定了一些特殊的关键字及参数,了解并熟悉这些关键字及参数的作用,对于今后自己动手进行模拟实践非常有用。这里将重点介绍最常用的关键字及参数,详细、全面的关键字及参数说明请读者参阅 Dynagen 软件的帮助文档,此帮助文件默认位于 C:\Program Files (x86)\Dynamips\sample_labs 文件夹中,文件名为 all_config_options.txt。

在网络文件中,下列符号或关键字在网络的模拟过程中使用较多,分别如下。

(1) ♯:网络文件中的注释符号,表示从♯开始的本行所有字符均为注释,对模拟无影响。

(2) autostart ＝ true ｜ false:设置模拟的网络设备是否自动启动。默认的参数为 true,如果设置为 false,那么 Dynagen 在启动后,所有设备处于停止运行的状态。

(3) model ＝路由器型号:设置本实验中所有路由器的默认型号。如果在局部参数中没有指定路由器的型号,则默认使用此参数指定的型号。可用的参数选项有 2610,2611, 2620,2621,2610XM,2620XM,2621XM,2650XM,2651XM,2691,3620,3640,3660,3725, 3745,7200。这里使用的型号必须与模拟使用的 IOS 操作系统型号保持一致。

(4) [计算机名:端口号]:设置此次模拟的计算机名称及其端口号。例如,[abc:7200] 表明此网络文件在名称为 abc 的计算机上模拟,并通过 7200 端口进行模拟的控制。7200 是 Dynamips 默认的控制端口,也可以不指定,如果在本机使用默认的控制端口进行模拟,则可以直接使用[localhost]表示。计算机名也可以使用其对应的 IP 地址。

(5) workingdir ＝路径名:设置模拟时的临时文件夹位置。此位置用于存放 Dynamips 进程工作时产生的各种临时文件,需要注意的是路径名必须符合当前操作系统对路径名的命名规范,但是在 Windows 下建议不要使用中文或带空格的路径名。如果没有指定此参数,Dynamips 进程将使用网络文件所在的当前文件夹作为临时文件夹。

以上关键字与参数是网络文件中最基本与最常用的关键字与参数,也属于网络模拟的全局参数。在全局参数之下,还有三类局部参数:一类与模拟的设备型号有关,一类与模拟的路由器设备有关,还有一类与模拟的网络有关。这三类参数均以双重的中括号标识开始。

(1) 与模拟型号相关的参数

[[型号名称]]:此处使用的型号名称与全局参数中的 Model 参数可使用的参数一样,用于表明在网络文件中将用于模拟的路由器型号。如果网络文件中使用了多个不同型号的路由器进行模拟,则需要分别使用此参数说明每个路由器型号的具体参数。此参数下方所有的参数设置均用于说明此型号的相关参数,直至文档结束或碰到另一个双重中括号为止。这里需要注意的是不同路由器型号,其下可用的参数是有些细微差别的,但这些差别对于本节的模拟影响不大。为简单起见,这里使用 3640 型号路由器,因此其参数为[[3640]]。型号参数之下常见的参数有以下几个。

image ＝路径名:用于指定上面型号对应的 IOS 文件位置。路径名使用的注意事项与上面的全局参数 workingdir 是相同的。

confreg ＝ 0x2102:设置路由器的配置寄存器数值。其作用请参见路由器章节。

idlepc = 0x12345678：设置 idle pc 值，此数值可以优化 CPU 的调度，提高 CPU 运行的效率。此参数建议使用 Dynagen 的命令进行设置，在网络文件中不建议手工指定。

configuration = ...：省略号为采用 BASE64 编码的 IOS 配置结果，此结果由 Dynagen 的相关命令生成，创建网络文件时不用手工指定。

（2）与模拟的路由器设备有关的参数

[[ROUTER 路由器名]]：此处双重中括号中使用关键字 Router 创建一个路由器实例，路由器名可以自行指定，如[[Router R1]]表示创建一个路由器 R1。需要注意的是，网络文件中关键字 Router 是不区分大小写的，但其定义的路由器名称 R1 是区分大小写的。在一个网络文件中，路由器名必须是唯一的，不能重名。此参数下方所有的参数设置均用于说明此路由器设备的相关参数，直至文档结束或碰到另一个双重中括号为止。网络文件中可以使用此参数创建多个路由器实例用于网络的模拟，每一个实例代表一台模拟中的路由器设备。其下常见的参数有以下几个。

model =路由器型号：指定路由器使用的具体型号，可使用的型号与全局参数 model 规定的型号是相同的。如果不指定，默认型号为 7200 路由器。

slotX =模块名称：设置当前路由器扩展插槽 slotX 上使用的指定模块。此处的 X 是扩展插槽的编号，不同路由器型号支持的编号个数及模拟类型各不相同，因此在使用此参数扩展路由器的插槽时，一定要查看 Dynagen 的参数说明或查阅思科官方文档。例如，slot0 = NM-4T 表明将在路由器的 slot0 插槽上使用网络模块 NM-4T 进行扩展。

在定义了路由器、型号、扩展插槽后，就可以进行网络设备之间的连接。在网络文件中，设备间的连接是通过端口名称完成的，一般有以下几种连接形式。

s0/0 = R2 s0/0 表示将本路由器的 s0/0 端口与路由器 R2 的 s0/0 端口连接。

f0/1 = LAN 1 表示将本路由器的 f0/1 端口与模拟 LAN 设备的 1 号端口连接。

f1/0 = NIO_gen_eth:\Device\NPF_{B00A38DD-F10B-43B4-99F4-B4A078484487}。

上面这行文本表示将本路由器的 f1/0 端口与真实计算机的物理网卡连接，大括号中的参数即物理网卡的参数，在 Windows 中可以使用 getmac 等命令可以获得此数值。

f2/0 = NIO_udp:10000:127.0.0.1:10001 表示将本路由器的 f2/0 端口与虚拟端口 NIO 连接，此虚拟端口用于与虚拟 PC 进行模拟通信。虚拟 PC 的使用方法将在后面详细介绍。

（3）与模拟网络有关的参数

Dynagen 可以模拟多种网络，包括 FramRelay、ATM、EthernetSwitch 等。其中以太网交换机的模拟使用最多，下面以以太网交换机为例说明其模拟参数。

[[ETHSW 交换机名]]：在双重中括号中通过关键字 ETHSW 创建交换机实例，需要注意的是此处模拟的交换机是纯粹的软件模拟，并不是使用思科交换机的 IOS 进行的模拟，同样也不同于使用 3640 的交换模块 NM-16ESW 进行的模拟。在网络模拟的过程中，如果设计的交换机只作简单的交换用途，那么就可以使用这种方法进行交换机的模拟，此方法不需要使用额外的硬件资源开销，效率更高；但是如果模拟的交换机需要进行除交换功能之外的配置，那么就不能使用这种方式。在交换机模拟的局部参数中，可以使用以下几种方式定义交换机端口的连接。

1 = access 1 表示将交换机的 1 号端口定义为 VLAN 1 的 access 端口，用于与普通 PC

连接。

2 = access 20 表示将交换机的 2 号端口定义为 VLAN 20 的 access 端口,用于与 VLAN 20 的其他 PC 连接。

3 = access 1NIO_udp:30000:127.0.0.1:20000 表示将交换机的 3 号端口与虚拟 PC1 进行连接。

4 = dot1q 1 表示将交换机的 4 号端口定义为 VLAN1 的 trunk 端口。

5 = dot1q 1 NIO_gen_eth:\Device\NPF_{0EFC2979-506B-4463-8CF0-74450C604D60}。

上面这行文本表示将交换机的 5 号端口与真实计算机的物理端口连接,大括号中的参数与前面路由器局部参数中的物理网卡参数作用相同。

3. Dynagen 的模拟

Dynagen 的模拟过程可以分为三步:首先根据网络模拟的需要创建 .net 网络文件,在网络文件中使用上面介绍的各种参数创建模拟所需的各种设备及连接;其次是在 Dynamips 模拟平台中,运行 .net 文件对应的网络文件,并在 Dynagen 程序窗口中进行模拟的相关操作;最后通过相应的终端工具连接不同的网络设备,进行网络功能配置及网络测试等事项。

这里从资源子网与通信子网两个方面分别介绍 Dynagen 的模拟过程及注意事项,这里模拟的路由器型号为 3640,使用的 IOS 文件是 c3640-jk9o3s-mz.124-13b.bin 文件,交换机直接使用 Dynagen 软件进行软件模拟,资源子网中的主机使用虚拟 PC 软件与真实的计算机。

1) 资源子网的模拟

前面介绍过,资源子网的主要设备是普通 PC 与服务器,Dynagen 并不具有模拟服务器的能力,因此 Dynagen 模拟资源子网时主要用于模拟普通 PC,如果 Dynagen 需要使用服务器的功能,可以通过其 NIO(网络端口)功能连接到真实的服务器或 VMware 模拟的服务器上。

普通 PC 的模拟可以用两种方式实现:虚拟 PC 与 NIO 端口。虚拟 PC 功能是 Dynagen 软件通过软件模拟方式实现的一种具有命令行测试功能的虚拟 PC,一般使用开源软件 VPCS 实现这些功能;而 NIO 端口可以用于与物理网络中的设备进行逻辑连接。

模拟的第一步是创建网络文件,在此文件中通过前面介绍的关键字及参数完成网络拓扑图的建立。这里使用的网络文件内容如图 1.38 所示,文件中每行参数的作用如图 1.38 中的 # 注释所示。

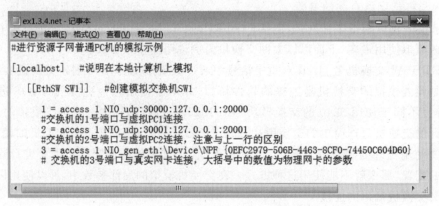

图 1.38 用于模拟普通 PC 的网络文件

此网络文件的模拟目标是通过软件模拟的交换机 SW1 连接了三个设备：交换机的前两个端口分别连接虚拟 PC1 与 PC2，交换机的 3 号端口通过 NIO 端口模拟方式连接到当前计算机真实的物理网卡，大括号中的数值在每台计算机中均不相同，具体的数值可以通过运行 Dynagen 程序级联菜单中的 Network device list 程序获得，该程序会找出本计算机通信的物理网卡所对应的 NIO 参数，在其程序窗口界面中复制显示出来的 NIO 参数到.net 网络文件中相应位置即可完成此操作。

将图 1.38 中的文本内容以扩展名为.net 的文件名格式保存到本地硬盘，并注意文件保存的路径中不能有中文名称或空格等字符。为了简单起见，建议在 C 盘建立一个文件夹如 C:\NET，将今后要使用的所有.net 网络文件都保存在此文件夹中。

确定.net 网络文件创建成功后，就可以进入最简单的第二步：运行 Dynamips 模拟器程序并确保其成功运行，方法请参见前面 Dynagen 安装的介绍。在 Dynamips 进程启动成功后，使用鼠标双击第一步中创建的网络文件图标。如果 Dynagen 启动成功，则会出现如图 1.39 所示的界面，此界面是 Dynagen 的主程序界面，仍然是字符命令行界面。

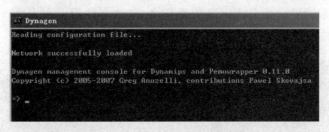

图 1.39　Dynagen 启动成功的界面

在图 1.39 中，当前光标位置前面的字符"=>"被称为 Dynagen 提示符，用户在提示符后可以通过键盘输入命令行进行网络及设备的模拟与配置。Dynagen 模拟工具提供的命令关键字及参数众多，本教材将只针对模拟实践过程中可能会使用到的命令进行说明，其他命令关键字请读者查阅 Dynagen 软件的帮助文档。与资源子网模拟有关的 Dynagen 常用命令有以下关键字。

（1）help/？：帮助命令可以查询当前 Dynagen 可以使用的命令名，使用 help 或 ？ 均可。

（2）list：查看当前的网络模拟中，各设备的名称、类型、状态、模拟端口、配置端口。

（3）show：查看当前网络模拟中，设备的 MAC 地址、设备的参数细节、网络文件内容、运行设备的配置参数。这些功能可以分别使用 show mac、show device、show start、show run 实现。

（4）start/stop：启动/停止模拟的 IOS 设备。此处的设备不包括软件模拟的设备，比如前面提到的模拟 PC 与软件模拟的交换机。

（5）exit：退出 Dynagen 模拟工具。

本例中的交换机 SW1 是通过 Dynagen 软件模拟出来的，因此在启动 Dynagen 成功后，在第二步中就不需要再进行更多的配置。如果模拟的设备是使用 IOS 的路由器，则在第二步中还需要进行其他命令的操作，具体细节将在后面通信子网的模拟中详细介绍。

模拟的第三步是通过终端工具登录到网络设备中进行网络功能配置与测试，本例模拟的设备只有两类：交换机与 PC。由于交换机 SW1 是使用软件方式模拟实现的，因此 SW1

不需要也不能进行配置与测试。这里可以配置与测试的设备只有虚拟 PC。

虚拟 PC 需要使用开源软件 VPCS 进行操作,VPCS 是 Virtual PC Simulator 的简称。在 Windows 环境下,该软件主要由两个文件组成:一个 EXE 执行文件与一个名为 cygwin1.dll 的文件。类似绿色软件,VPCS 软件不需要安装,只要确保这两个文件在同一个位置、运行其中的 EXE 文件即可。VPCS 软件可以模拟 PC 的网络功能,用于在 Dynamips 环境中模拟 PC 的各项网络测试。该软件最多可以模拟出 9 台 PC,每台 PC 均可以设置不同的 IP 参数,虚拟 PC 上可以使用常用的网络测试命令,如 ping、trace、arp、rlogin 等进行网络测试。这些功能对于网络模拟的需求而言已经足够。

VPCS 启动成功后的界面如图 1.40 所示,图中最下面一行为 VPCS 软件的命令提示符。所有虚拟 PC 的配置与测试命令均需要在此提示符后输入。当 VPCS 软件启动后,默认监听自 20000 到 20008 的 9 个 UDP 端口,并向 30000～30008 的 9 个 UDP 端口发送数据包。如果没有指定启动文件,且当前目录下存在默认的启动文件(其文件名为 startup.vpc),那么 VPCS 就会自动加载启动文件,并执行启动文件包含的命令。startup.vpc 是一个文本文件,可以包含的命令是 VPCS 的操作命令,此文件用于在 VPCS 软件启动后完成某些 PC 的 IP 地址参数初始化。

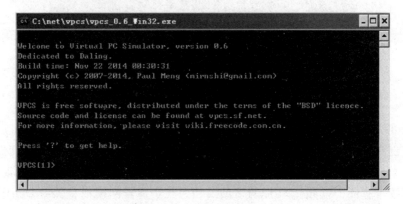

图 1.40　VPCS 程序窗口

在 VPCS 提示符后通过键盘输入 help 或 ? 可以获得 VPCS 使用的全部命令及其功能说明。除了帮助命令,VPCS 还提供了另外几个常用操作命令。

ip:设置当前虚拟 PC 的 IP 地址参数,包括 IP 地址、网关、掩码长度。例如,在默认的提示符后输入 ip 192.168.1.11 192.168.1.1 24,则表示在第一台虚拟 PC 上配置其 IP 地址为 192.168.1.11,默认网关为 192.168.1.1、子网掩码为 24 位即 255.255.255.0。

数字:通过在提示符后输入数字可以切换当前工作的虚拟 PC。VPCS 可以模拟 9 台虚拟 PC,启动后默认将虚拟 PC1 作为当前工作的虚拟 PC。若需要在其他虚拟 PC 上进行操作,可以直接在当前提示符后输入对应的 PC 编号(例如 2)后回车即可,此时 VPCS 提示符将变为"VPCS[2]>"。类似虚拟 PC1,在此提示符后输入 ip 192.168.1.12 192.168.1.1 24 回车可以设置虚拟 PC2 的 IP 地址参数。

show ip all:查看各虚拟 PC 的 IP 地址参数。show 命令后可以使用多种参数,这里的"ip all"只是其最常用的参数组合。show 命令的详细参数及功能请自行查阅其帮助文档。

在网络模拟的第一步中,从网络文件可以发现 PC3 是通过 NIO 方式与真实的物理网卡进行关联的,即此模拟过程中的 PC3 实际上是自己真实的计算机。将自己计算机的 IP 地址参数修改为 192.168.1.13、默认网关为 192.168.1.1、子网掩码为 255.255.255.0,就相当于完成了 PC3 的 IP 地址参数设置。

当在 VPCS 软件中对 PC1、PC2 完成 IP 地址参数设置、真实计算机(即 PC3)上完成 IP 地址参数设置后,就可以使用 ping 命令测试它们之间的连通性。如果上述步骤的操作正确,那么此时将会发现,从虚拟的 PC1 上可以 ping 通 PC2 及真实的 PC3(即当前真实的计算机)。若从 PC1 无法 ping 通 PC3,那么最可能出错的地方是.net 文件中的 NIO 参数选择错误;其次可能出错的地方是运行 Dynamips 前没有关闭 Windows 防火墙与安全保护软件。

通过这个例子不难发现,Dynagen 不仅可以通过软件模拟虚拟的网络,还可以与真实的计算机进行通信,这个特点是 PT 软件的模拟所不具备的。利用此特点,Dynagen 模拟的网络可以与真实计算机上运行的服务器操作系统或 VMware 中的虚拟机进行直接通信。

2) 通信子网的模拟

通信子网可以模拟的设备主要包括路由器、交换机、防火墙款等,本节重点说明路由器与交换机的模拟方法,至于设备配置细节及其他设备的模拟将在后续的章节中详细介绍。

与前面介绍的资源子网模拟类似,通信子网的模拟同样分为以下三步进行。

首先是根据网络模拟的需求编写.net 网络文件,本例中使用思科的 3640 型号进行路由器与交换机的模拟,网络文件内容如图 1.41 所示。此网络文件使用 3640 创建了两个路由器 R1 与 SW1,其中,R1 使用 3640 默认位于 slot0 上的快速以太网端口 F0/0 与 SW1 的 F0/0 端口连接,路由器 SW1 使用 F0/1 与 F0/2 端口分别与虚拟 PC1、PC2 连接。3640 路由器上如果不扩展 slot0 插槽,则默认会在 slot0 上扩展以太网模块 Leopard-2FE。SW1 路由器通过在 slot0 上扩展以太网模块 NM-16ESW 充当交换机使用,此处交换机的模拟功能来自 IOS 操作系统的模拟,与前面资源子网中交换机的软件模拟是不同的,IOS 模拟的交换机可以实现大多数交换机的功能,且可以自行配置,而前面资源子网中通过软件模拟的交换机除了基本的交换功能外,并不具备其他任何功能,且不可配置。

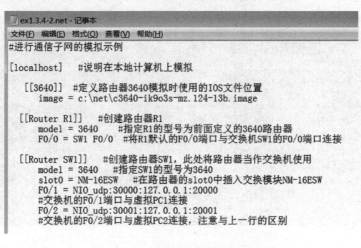

图 1.41　通信子网模拟的网络文件

模拟的第二步是运行第一步中编辑好的.net网络文件。方法是在启动Dynamips进程成功后，双击此文件图标，若网络文件没有错误、运行环境正常，则会出现如图1.42所示的界面。

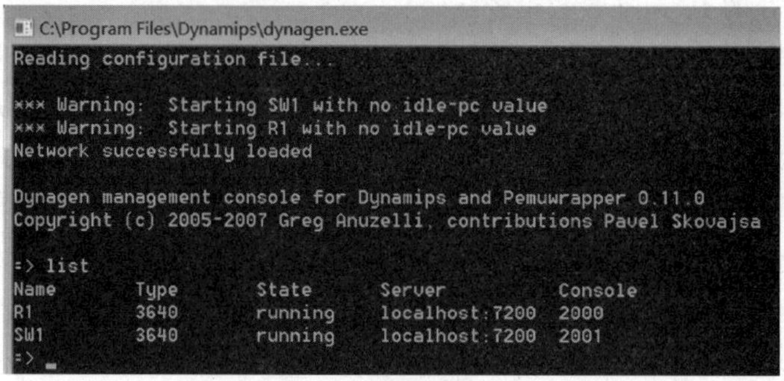

```
C:\Program Files\Dynamips\dynagen.exe
Reading configuration file...

*** Warning:  Starting SW1 with no idle-pc value
*** Warning:  Starting R1 with no idle-pc value
Network successfully loaded

Dynagen management console for Dynamips and Pemuwrapper 0.11.0
Copyright (c) 2005-2007 Greg Anuzelli, contributions Pavel Skovajsa

=> list
Name       Type       State      Server           Console
R1         3640       running    localhost:7200   2000
SW1        3640       running    localhost:7200   2001
=> _
```

图1.42　通信子网模拟成功的界面

在此界面中可以通过list命令查看当前模拟运行的网络设备有R1与SW1，默认情况下模拟的设备会自动运行。如果此时打开Windows任务管理器，可以发现Dynamips模拟器的进程几乎占用了CPU资源的100%。这是使用IOS文件进行模拟的一个明显缺点，为了减少Dynamips进程对CPU资源过度的占用，在第二步的操作中有两个方法均可以避免出现这个问题。

(1) 使用idlepc命令

为了让Dynamips进程合理使用当前CPU的资源，Dynagen提供了idlepc命令来解决此问题。在Dynagen提示符后输入命令“idlepc get R1”，Dynagen将自动进行统计与计算，并给出建议的idlepc值，如图1.43所示界面中*所标示的数值。使用者可以选择其中的一个参数作为建议值，如图1.43所示，选择第一个参数作为idlepc的数值。此数值在不同计算机、不同IOS中均需要重新计算，不可简单将其他计算机、其他IOS的idlepc数值复制过来使用。由于本例中的设备都是3640型号，因此可以使用“idlepc save R1 default”命令将R1的idlepc数值作为所有路由器当前默认的idlepc值，操作结果如图1.43所示。

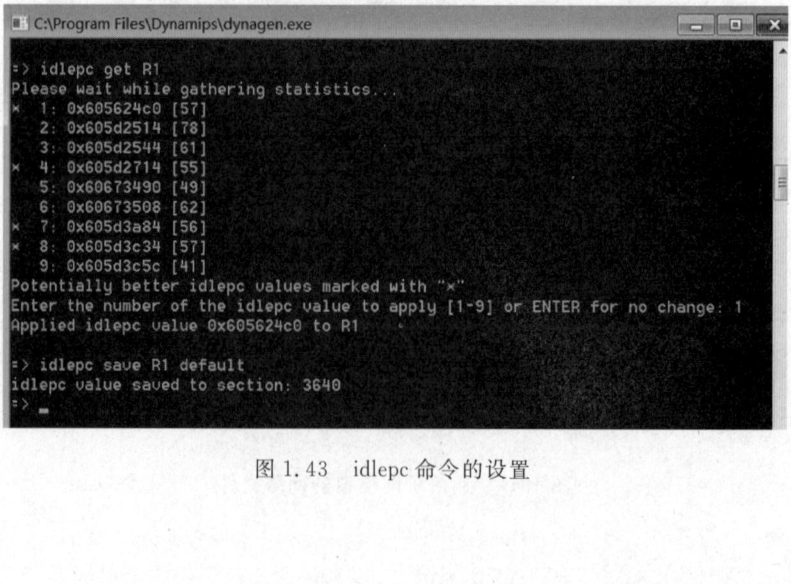

```
C:\Program Files\Dynamips\dynagen.exe

=> idlepc get R1
Please wait while gathering statistics...
*  1: 0x605624c0 [57]
   2: 0x605d2514 [78]
   3: 0x605d2544 [61]
*  4: 0x605d2714 [55]
   5: 0x60673490 [49]
   6: 0x60673508 [62]
*  7: 0x605d3a84 [56]
*  8: 0x605d3c34 [57]
   9: 0x605d3c5c [41]
Potentially better idlepc values marked with "*"
Enter the number of the idlepc value to apply [1-9] or ENTER for no change: 1
Applied idlepc value 0x605624c0 to R1

=> idlepc save R1 default
idlepc value saved to section: 3640
=> _
```

图1.43　idlepc命令的设置

执行上述操作后,在当前.net 网络文件中可以发现 Dynagen 软件自行在 3640 型号下添加了一行文本配置信息"idlepc = 0x605624c0"。此数值必须由 Dynagen 的 idlepc 命令获得,不能由用户自己随意设置。如果 idlepc 设置正确,此时查看 Windows 任务管理器会发现 Dynamips 进程对 CPU 资源的占用率会显著下降。

(2) 使用第三方软件

目前有很多控制进程对 CPU 占用的第三方软件,这里推荐使用开源的 BES 软件。BES(Battle Encoder Shirase)可以限制 Windows 进程对 CPU 的占用率,从而将 CPU 资源有效地分配给其他进程使用。

BES 的用法较为简单,在 Dynagen 启动后,可以单击 BES 程序主界面(如图 1.44 所示)中的 Target 按钮,从弹出的对话框列表中选择 Dynamips 进程并单击其右边的 Limit 按钮就可完成对选定进程的限制,控制结果如图 1.44 所示。BES 默认情况下会自动减少进程对 CPU 占用率的 33%,这个减少率是可以通过主程序界面的 Control 按钮随时进行手工调整。若要解除 BES 的限制,只需要单击主程序界面中的 Unlimit all 按钮。

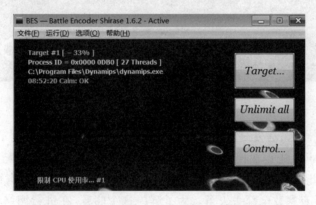

图 1.44　BES 控制 Dynamips 进程的 CPU 占用率

通信子网模拟的第三步是通过终端工具登录到特定设备的 IOS 系统中进行设备的配置与测试。这一步是整个网络模拟过程中最重要的一步,设备详细的配置将在后续章节中展开介绍,本节只重点讲述如何通过终端工具登录到设备的 IOS 系统中。

在 Windows 环境下,最简单的终端工具就是其自带的 Telnet 客户端。在 XP 环境下可以直接使用 telnet 命令打开此客户端程序,但在 Windows 7 之后的操作系统环境中,需要手工添加此程序。方法是在 Windows 的"控制面板"中,单击"程序"图标打开"程序"窗口,在此窗口中单击"打开或关闭 Windows 功能"图标,在打开的窗口列表中勾选"Telnet 客户端",为了后续章节实践的需要,建议将其后的"TFTP 客户端"选项也勾选。最后单击"确定"按钮即可。

当 Telnet 客户端程序可用时,就可以使用它登录到指定设备的 IOS 操作系统中。方法是在 Dynagen 的提示符(如图 1.42 所示)后直接输入命令"telnet R1"或"telnet SW1",便可以登录到路由器 R1 或 SW1 的 IOS 操作系统中。由于 IOS 操作系统是第一次启动,因此当前设备的 IOS 操作系统均处于初始状态,在 Telnet 登录后,IOS 会提示需要选择 Yes 或 No,若选择 Yes,则 IOS 进入对话框配置模式;若选择 No,则进行命令行配置模式(即 PT 软件中的 CLI)。这里建议使用 No,如图 1.45 中椭圆标注所示,图 1.45 是 Telnet 客户端登录到路由器 R1 的界面。

本例中路由器 SW1 通过其 NM-16ESW 模块当作交换机使用,但其与 R1 使用相同的 IOS,因此当使用 Telnet 登录到路由器 SW1 时,其界面实际上与图 1.45 也是相同的。如果想要开始 IOS 命令的配置,此时只需在如图 1.45 所示状态下,按回车键即可进入 IOS 的提示符,开始设备的 IOS 配置。

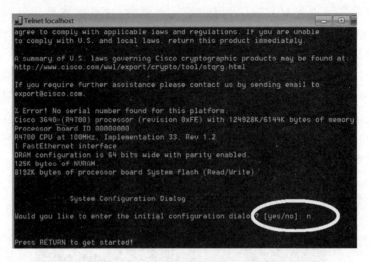

图 1.45　Telnet 登录 IOS 成功的界面

当用户登录成功后,会发现在.net 网络文件所在的文件夹中生成了大量的临时文件,这些文件是 Dynamips 进程在模拟过程中产生的,在 IOS 中对设备的配置参数就保存在这些临时文件中,因此在模拟完成后如果直接删除这些临时文件,那么当再登录到 IOS 后会发现之前配置的所有参数全部丢失了。为了解决这个问题,在进行网络设备的模拟操作完毕后,若配置参数需要保存,则可以在 IOS 的特权模式(Router#)下输入"copy run start"命令或"write mem"命令,将设备当前运行的配置参数保存到 NVRAM(非易失性内存)中,然后在 Dynagen 提示符后输入"save /all"命令。此时 Dynagen 会将 NVRAM 中的配置参数以 BASE64 编码的方式保存到.net 网络文件中,当用户再次运行此.net 网络文件时,Dynagen 可以将之前保存的参数直接恢复到设备当前运行状态中,以前成功完成的配置就不需要重新再次配置。

如果不想让 Dynamips 将临时文件生成在.net 网络文件所在的文件夹中,那么在.net 网络文件中需要加入 workingdir 关键字,如"workingdir = c:\net\temp"指定临时文件夹位于当前文件夹的子文件夹 temp 中(temp 子文件夹需要单独创建)。

一旦用户成功登录到 IOS,便可以使用命令行方式对设备进行相关配置与测试,具体的配置命令将在后续章节中介绍。本节强调的是模拟的过程、步骤及注意事项。

1.4　网络模拟的综合实践

前面介绍的网络模拟软件各有各的特点与作用,在具体网络模拟过程中需要针对不同需求合理使用这些工具。本节将以 VMware 与 Dynagen 两个模拟软件为例,介绍在网络工程设计与测试过程中,应该如何综合使用这些软件进行功能模拟与测试。

1.4.1 网络拓扑的说明

在网络工程项目的设计中,经常会引入一些以前没有实施过的新技术或新应用,因此设计者很难在工程项目实施之前判定这些新技术或新应用能否与现有网络技术相融合。有了网络模拟软件,项目的设计者就可以在设计之前通过这些模拟平台的模拟功能判定,将要引入的新技术或新应用能否适应现在的网络环境。

这里将以图 1.46 为例介绍这类模拟环境的实践过程。在网络模拟过程中,网络设备的使用一般较多,为了避免出现单个计算机资源不足的问题,本例将使用 Dynagen 的分布式模拟功能,在两台计算机(根据需要也可以是多台)中同时模拟如图 1.46 所示的网络。图中左边圆圈标注的设备在计算机 A 中模拟,右边圆圈标注的设备在计算机 B 中模拟;路由器R1、R2 使用 3640 型号的 IOS,模拟实现左右两个网络的互联;交换机 SW1、SW2 使用Dynagen 软件模拟,实现左右两个网络内部的互联;服务器 Server 使用 VMware 软件模拟Windows Server 虚拟机将要实现的新技术或新应用;PC1 使用 VPCS 模拟,用于普通的网络测试,PC2 使用真实的计算机 B 实现,用于客户端功能测试,为了不影响计算机 B 的物理通信,本例中将使用微软的 Loopback 逻辑网卡。同时为了模拟的方便,假设服务器 Server的 IP 地址为 10.1.1.11/24,网关地址为 10.1.1.1;PC1 的 IP 地址为 10.1.3.11/24,网关地址为 10.1.3.1;PC2 的 IP 地址为 10.1.3.12/24,网关地址为 10.1.3.1;R1 与 R2 互连的网络为 10.1.2.0/24。

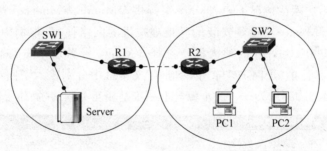

图 1.46　模拟的网络拓扑

1.4.2 需要准备的工作

本节模拟的功能涉及多种功能的综合应用,因此在展开实际模拟操作之前,需要首先完成以下若干准备工作。

1. 准备两台可以相互通信的计算机

这两台计算机的 IP 地址在实际应用中没有硬性规定,只要这两台计算机之间可以通过IP 地址相互通信即可。本例假设计算机 A 的 IP 地址为 192.168.1.11/24、计算机 B 的 IP地址为 192.168.1.12/24;计算机 A、B 均安装 Dynagen、Winpcap 等软件,并在 C 盘上建立用于模拟的文件夹,如 C:\NET 及 C:\NET\TEMP。

2. 在计算机 A 中安装 VMware 软件并建立虚拟机

这里使用 Windows Server 2003 虚拟机(虚拟机的创建方法参见 1.3.2 节),为了不影响其他虚拟机的使用,在此虚拟机的设置中,将其网络适配器的网络连接方式修改为"自定义"方式,并在其下的列表中选择 VMnet2 参数,如图 1.47 中椭圆标注所示。此虚拟机即图 1.46 中的服务器 Server,启动虚拟机后在虚拟机系统中将其 IP 地址设置为 10.1.1.11、子网掩码设置为 255.255.255.0、默认网关设置为 10.1.1.1。

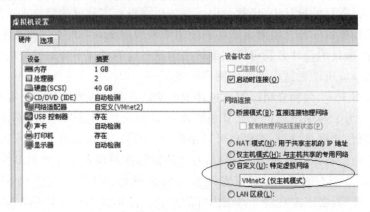

图 1.47 虚拟机设置 VMnet2 连接方式

3. 在计算机 A 的 VMware 软件中设置虚拟网络参数

这步操作的目标是使上一步中创建的虚拟机能够通过 VMware 的逻辑网卡 VMnet2 与 Dynagen 进行通信。操作方法是使用 Windows 的"开始"菜单打开"所有程序"中 VMware 的级联菜单,单击其中的"虚拟网络编辑器"菜单选项,打开"虚拟网络编辑器"对话框,如图 1.48 所示。默认情况下,VMware 只提供 VMnet0、VMnet1、VMnet8 三个虚拟网络。为了不影响 VMware 中已经安装的其他虚拟机的网络使用,本例中通过单击图 1.48 中的"添加网络"按钮,在打开的列表框中选择 VMnet2 参数后单击"确定"按钮,然后在图 1.48 下面椭圆标注的"子网 IP"与"子网掩码"文本框中分别输入子网参数为 10.1.1.0、子网掩码参数为 255.255.255.0。此步骤与上一步是相互关联的,操作上不分先后。

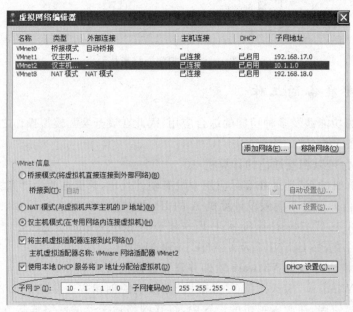

图 1.48 虚拟网络编辑器

1.4.3 创建网络文件

本节模拟的核心就是 Dynagen 使用的 .net 网络文件,根据 1.3.4 节介绍的 Dynagen 知识及如图 1.46 所示的网络拓扑图,可以建立如下的网络文件。假设文件名为 ex1.4.net,其内容如下。

```
[192.168.1.11]
   workingdir = C:\NET\TEMP
   [[3640]]
     image = c:\net\c3640 - ik9o3s - mz.124 - 13b.image
   [[Router R1]]
     model = 3640
     slot1 = NM - 1FE - TX
     F0/0 = SW1 1
F1/0 = R2 F1/0
   [[EthSW SW1]]
     1 = dot1q 1
     2 = access 1 NIO_gen_eth:\Device\NPF_{9B4FEEF3 - EA64 - 42CD - BC7E - 60DD750E91E7}
[192.168.1.12]
workingdir = C:\NET\TEMP
   [[3640]]
     image = c:\net\c3640 - ik9o3s - mz.124 - 13b.image
   [[Router R2]]
     model = 3640
     slot1 = NM - 1FE - TX
     F0/0 = SW2 1
   [[EthSW SW2]]
     1 = dot1q 1
     2 = access 1 NIO_udp:30000:127.0.0.1:20000
     3 = access 1 NIO_gen_eth:\Device\NPF_{6ACC6118 - 7F30 - 4AFE - 9D6D - 77A2B822C974}
```

以上大多数的参数在 1.3.4 节中已经介绍,本节只详细说明前面没有涉及的参数及相关的注意事项。

1. [192.168.1.11]

说明下面的模拟(到下一对中括号为止)均在 IP 地址为 192.168.1.11 的计算机上进行,即在计算机 A 上模拟;后面的[192.168.1.12]说明从此处开始、到下一对中括号为止的参数在 IP 地址为 192.168.1.12 的计算机上模拟,即在计算机 B 上模拟。

2. 在[[EthSW SW1]]下的参数

交换机 SW1 与 SW2 的 1 号端口均使用了"1 = dot1q 1"参数,此参数的作用是将交换机的 1 号端口设置为 trunk 模式,并使用 IEEE 802.1q 协议,其默认 VLAN 为 1。如果交换机的某个端口与其他交换机或路由器相连接,那么此端口就必须配置为 trunk 模式,否则在进行交换机的 VLAN 应用时会出现错误;如果交换机的端口只是与 PC 或服务器连接,那么此端口就必须配置为 access 模式,例如,参数"2 = access 1"就说明 2 号端口使用 access 模式,其 VLAN 为 1。

在[[EthSW SW1]]下的参数中,交换机 SW1 的 2 号端口与真实计算机的物理网卡连接,但需要注意的是,其 NIO 参数中大括号的数值来自于计算机 A 中 VMware 软件创建的逻辑网卡 VMnet2。此数值需要通过 Dynagen 的查找程序进行查找，方法是在 Windows 的"开始"菜单中打开 Dynagen 程序的级联菜单，单击其中的 Network device list 菜单选项，在打开的窗口中复制名为 VMware Network Adapter VMnet2 对应的数值，如图 1.49 中下画线标注的数值所示。

图 1.49　Network device list 窗口

将图 1.49 中下画线标注的数值复制并粘贴至网络文件 NIO 后的大括号中即可实现与真实计算机的物理网卡相连。本例中计算机 A 的 VMnet2 网卡的数值为 9B4FEEF3-EA64-42CD-BC7E-60DD750E91E7，此数值在不同的计算机上是肯定不相同的，因此在读者自己的计算机上必须按照此方法自行查找。

3. 在[[EthSW SW2]]下的参数

在交换机 SW2 中，3 号端口使用 NIO 参数与计算机 B 的网卡进行连接。为了不影响计算机 B 的正常通信，在本例的模拟中使用了微软的 LoopBack 逻辑网卡，即 3 号端口后的 NIO 数值是计算机 B 中 MS LoopBack 逻辑网卡的数值，所有 Windows 系统均可生成此逻辑网卡。

以 Windows 7 操作系统为例，在 Windows 的"设备管理器"程序窗口中鼠标右键单击窗口右边的计算机名称，在出现的右键菜单中选择"添加过时硬件"命令，会打开"添加硬件向导"对话框，在这些对话框中通过鼠标依次分别选择"安装我手动从列表选择的硬件""显示所有设备""厂商 Microsoft""型号 Microsoft Loopback Adapter"等选项。完成此逻辑网卡添加后，使用上一步相同的方法查找到此网卡（描述为 MS LoopBack Driver）对应的数值。本例中计算机 B 的 MS LoopBack 网卡数值为 6ACC6118-7F30-4AFE-9D6D-77A2B822C974。与前面的注意事项一样，此数值在不同的计算机中是不相同的，因此读者添加此逻辑网卡后，必须按照前面的方法自行查找此数值。

4. 配置微软的逻辑网卡参数

在计算机 B 中将上面创建的 MS LoopBack 网卡的 IP 地址设置为 10.1.3.12、子网掩码为 255.255.255.0、默认网关为 10.1.3.1。此逻辑网卡用于模拟图 1.46 中的 PC2，即拓扑图中的 PC2 由计算机 B 实现，这样做的好处在于：可以在真实的计算机 B 上运行各种客户端软件，从而可以进行各种网络应用软件的测试。而 VPCS 只能进行常规的网络测试，不能安装各种应用软件。

1.4.4　网络模拟的过程

1. 模拟的运行

当创建完 1.4.3 节中的网络文件后，就可以进行网络模拟的运行了。首先在计算机 A 与计算机 B 上分别启动 Dynamips Server 程序（此程序打开方法请参见 1.3.4 节）；然后在计算机 A 中使用鼠标双击网络文件即可启动模拟的运行。当 Dynagen 软件启动成功后,可以通过 list 命令发现图 1.46 中的主要设备 R1、R2、SW1、SW2 的模拟情况,如图 1.50 所示。此结果表明网络模拟的环境已经成功建立。如果没有出现如图 1.50 所示结果,则表示出现了错误,请参看 1.3.4 节中分析的原因,并从中找出错误原因、加以修正。

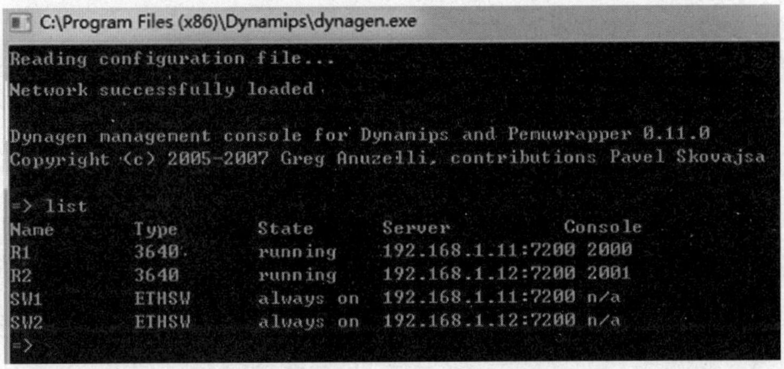

图 1.50　Dynagen 的综合模拟

2. 网络的配置

为了测试在计算机 A 与计算机 B 之间进行网络模拟是否成功,此时需对路由器及虚拟 PC 进行必要的配置,其中虚拟 PC 的配置方法较为简单,在计算机 B 中启动 VPCS 软件,在其中的虚拟 PC1 中配置 IP 参数为 10.1.3.11、子网掩码为 255.255.255.0、默认网关为 10.1.3.1,对应的 VPCS 配置命令为"ip 10.1.3.11 24 10.1.3.1"。而路由器则需要进行 IOS 配置,这些 IOS 配置命令将在后续章节中详细介绍,本节只做举例、不展开说明。

在计算机 A 启动的 Dynagen 窗口中,输入"telnet R1"命令进入路由器 R1 的 IOS 提示符 Router >,方法请参看 1.3.4 节中关于图 1.45 的介绍。为了区分两个不同的路由器,可以通过 IOS 命令将其提示符中的 Router 修改为 R1。配置序列如下所示,其中需要配置的命令行使用下画线标注,下画线前面的字符是由 IOS 自动给出的提示符,用户不能通过键盘输入这些提示符。

```
Router >enable
Router # configure terminal
Router(Config) # hostname R1
R1(Config) #
```

为了让路由器 R1、R2 相互之间可以通信,每个路由器还需要配置路由、端口 IP 参数,完成这些配置的 IOS 命令行序列如下所示。

```
R1(config) # ip route 0.0.0.0 0.0.0.0 f1/0
R1(config) # interface FastEthernet0/0
R1(config - if) # ip address 10.1.1.1 255.255.255.0
R1(config - if) # no shutdown
R1(config - if) # interface FastEthernet1/0
R1(config - if) # ip address 10.1.2.1 255.255.255.0
R1(config - if) # no shutdown
```

路由器 R2 的配置与 R1 类似,在计算机 A 的 Dynagen 窗口中输入"telnet R2"命令可以进入路由器 R2 的 IOS 提示符。与 R1 不同的是命令行中的参数,其命令行序列如下。

```
Router >enable
Router # configure terminal
Router(config) # hostname R2
R2(config) # ip route 0.0.0.0 0.0.0.0 f1/0
R2(config) # interface FastEthernet0/0
R2(config - if) # ip address 10.1.3.1 255.255.255.0
R2(config - if) # no shutdown
R2(config - if) # interface FastEthernet1/0
R2(config - if) # ip address 10.1.2.2 255.255.255.0
R2(config - if) # no shutdown
```

完成上述配置后,可以在计算机 B 上使用 VPCS 虚拟的 PC1 测试其与服务器 Server、PC2 的连通性,会发现这些计算机之间是能够相互 ping 通的。在 PC2(即计算机 B)上使用同样的方法测试与服务器 Server、PC1 的连通性,也能发现是可以 ping 通的。因此通信子网与资源子网之间通过模拟软件实现了相互通信。

网络工程的设计者可以在虚拟机中安装新的应用或在路由器上使用新的技术,并通过此模拟环境评估这些新应用或新技术是否可行,这也是网络工程实践中之所以需要使用模拟软件的根本原因。

3. 可能出现的问题

本节的模拟案例对于初学者而言可能较为复杂,第一次运行这么大的网络模拟环境可能会因为操作失误而出现各种各样的问题。学会解决模拟过程中出现的各种问题,是初学者必须掌握的一种经验。这里罗列了几个常见的错误及处理方法。

(1) 在计算机 A 上运行 ex1.4.net 网络文件不成功。

首先确定计算机 A 与计算机 B 是否都安装、运行了 Dynamips Server 程序,此程序窗口在整个网络的模拟期间是不能关闭的;其次是查看两个计算机的 IP 地址与 ex1.4.net 网络文件中的参数是否一致,计算机 A 是运行 Dynagen 的计算机,计算机 B 上是不需要,也不能运行 Dynagen 程序的;然后检查两个计算机的 C 盘根目录是否按前面的要求都建立了模拟的文件夹(例如 C:\NET 与 C:\NET\TEMP),且 C:\NET 中是否存在前面指定的 IOS 文件(c3640-ik9o3s-mz.124-13b.image);如果此时仍然不能解决问题,就必须仔细查看计算机 A 与计算机 B 中运行的 Dynamips Server 程序窗口中的提示信息,这些信息一般会指出出错的其他原因。

(2) 在计算机 A 或 B 中查找不到 NIO 参数对应的数值或 NIO 参数错误。

Dynagen 软件通过 NIO 参数与真实计算机的物理网卡进行连接时,需要特定网卡的 NIO 数值。这个数值在不同计算机中是完全不同的,必须严格按照前面介绍的方法自行查找。对于计算机 A 而言,如果在"虚拟网络编辑器"程序中添加 VMnet2 后,通过 Dynagen 的 Network device list 命令查找不到如图 1.49 所示的数值,那么就需要将计算机 A 重启一次;对于计算机 B 而言,首先需要确保其 MS LoopBack 网卡是否添加成功,Windows 的设备管理器中可以查看是否存在此逻辑网卡。如果存在此逻辑网卡仍然查找不到,那么同样需要重启计算机 B;最后仔细核对 ex1.4.net 网络文件中两个 NIO 参数的数值与 Network device list 命令显示的是否相同,第一个 NIO 的数值来自计算机 A 的 VMnet2 网卡、第二个

NIO 的数值来自计算机 B 的 MS LoopBack 网卡。

（3）配置路由器的 IOS 命令出错。

对于初学者而言，在第（2）步进行 IOS 命令行的配置时一般都会出现键盘输入错误，这是一个很常见的问题。IOS 系统在判定用户输入的 IOS 命令行中有命令或参数错误时，是不会执行此命令行的，即错误的 IOS 命令一般对设备是没有影响的，用户只需要在出错的地方重新输入正确的 IOS 命令行即可；如果 IOS 命令行中命令没有错误、只是参数错误，那么 IOS 很有可能会执行此命令行，并设置错误的参数。因此当用户发现参数错误时，需要回到发生错误的提示符后将正确的 IOS 命令行重新输入一次即可。在对照第（2）步输入 IOS 命令行时，一定要注意其前面的 IOS 提示符必须与第（2）步中每个命令行前写明的提示符相同。若不同就必须使用 exit 命令返回上一级提示符或使用 enable、configure terminal 等命令进入下一级提示符环境，当提示符相同时才能重新输入对应的 IOS 命令行。

（4）在网络拓扑图的各个计算机上无法 ping 通其他计算机。

如果所有参数均配置正确、Dynagen 正常运行，却仍然无法连通其他计算机，那么最有可能的问题就是计算机 A 或计算机 B 上运行的安全软件或防火墙阻拦了数据通信。建议在网络模拟期间，将两个计算机上的安全软件及防火墙关闭。

（5）网络模拟过程很慢。

对于本节的例子，如果在模拟过程中，发现所有的操作均很缓慢，那么说明进行模拟的这两台计算机性能较差。解决的方法有两个：一是换两台性能更好的计算机重新进行模拟；二是通过计算 idlepc 数值或运行 BES 软件优化 CPU 资源的使用，方法参见 1.3.4 节中通信子网的模拟部分。

（6）不想重复输入复杂的 IOS 命令行。

此模拟环境对于初学者掌握模拟过程及步骤而言，可能需要重复进行多次模拟操作练习。如果用户不想每次模拟练习时都重复进行 IOS 命令行的输入，那么可以在完成路由器的正确配置后，将配置成功的参数保存到 .net 网络文件中，方法可以参见 1.3.4 节中通信子网的模拟部分。

第 2 章 Windows Server 的 常用配置

Windows Server 是网络工程应用中较为常见的网络操作系统,其服务的常用配置在网络工程的管理与测试中也常常使用,了解并掌握 Windows 服务器的常用配置是网络管理员必备的一项基本技能。本章将以 Windows Server 2012 R2 为例,介绍网络工程中常用的各种网络服务配置。

2.1 Windows Server 2012 简介

微软推出的 Windows Server 操作系统版本较多,一般情况下建议使用微软版本比较新的操作系统,版本太低往往意味着技术落后,甚至已经不再被微软更新支持,如 Windows Server 2003 已经被微软停止更新。但是从网络工程的实践来说,最新的版本往往并不一定最适合企事业网的需要,因为在企事业网中通常会存在大量的应用系统,如办公管理系统、数据库管理系统等,而这些应用软件的开发平台一般都不是最新版本的操作系统,因此使用最新版本的操作系统可能会面临应用软件兼容性的严重问题。目前微软最新的网络操作系统是刚刚推出的 Windows Server 2016,但从网络应用的兼容性与可靠性而言,不建议在网络工程设计的资源子网中使用刚刚发布的最新操作系统,最新往往意味着该系统可能存在着大量未知的漏洞及问题没有被发现,从技术上来讲,网管可以学习这些新系统,但在网络工程项目中部署的操作系统往往应该使用更成熟的版本。微软目前比较成熟且稳定的网络操作系统是 Windows Server 2012 R2。

2.1.1 Windows Server 的版本

Windows Server 2012 在最初发布时,有标准版与数据中心版两个版本。每个版本又可以分为服务器核心(Server Core)版与图形用户界面(GUI)版本。Windows Server 2012 R2 是 Windows Server 2012 的升级版本,增加了基础版与精华版两种版本。这些不同的版本不仅功能上有区别,在其软件授权的许可价格上也有明显的不同,用户可以根据自身的需要选择这些版本。

1. 标准版

标准版本属于一款企业级的云服务器,是旗舰版的操作系统,因此也是最受欢迎的版本,本章的服务器配置也将使用标准版本进行 Windows 服务器的介绍。该版本的服务器功能丰富,几乎可以满足所有的一般组网需求,并可以用于多种用途,但其主要的限制是其虚拟化权限只能提供两个虚拟机。

2. 数据中心版

数据中心版最大的特点是其具有无限虚拟化实例的权限,属于微软重要的虚拟化服务器版本,同时也是价格最贵的版本,该版本最适合应用于需要高度虚拟化的网络环境中。

3. 基础版

基础版具有其他版本中的大多数核心功能,但是相对其他版本而言,其限制也最多。因此在网络中部署此版本之前必须先了解其所受的以下限制,才能选择最适合的 Windows 服务器的版本。

(1) ActiveDirectory 证书服务角色仅限于证书颁发机构。

(2) 最大用户数为 15。

(3) 最大服务器信息块(Server Message Block,SMB)连接数为 30。

(4) 最大路由和远程访问(Routing and Remote Access,RRAS)连接数为 50。

(5) 最大 Internet 验证服务(Internet Authentication Service,IAS)连接数为 10。

(6) 最大远程桌面服务(Remote Desktop Services,RDS)网关连接数为 50。

(7) 仅支持一个 CPU 套接字。

(8) 既不能作为虚拟机主机使用,也不能作为访客虚拟机使用。

4. 精华版

精华版能提供的用户数最多为 25 名、服务的连接设备最多为 50 个,此配置主要为小型企事业网提供高性价比的选择,其虚拟化权限只有一个虚拟机或一个物理服务器,且不可以同时使用。

2.1.2 安装 Windows Server 2012 R2

1. 安装前的注意事项

本章所有配置均使用 Windows Server 2012 R2 的标准版,但在具体部署此操作系统之前,必须明确强调:Windows Server 2012 R2 只提供 64 位产品!它已经不再提供 32 位或 x86 版本,因此在部署此系统前,必须注意计算机的硬件与应用软件对 x64 的支持。

计算机的硬件供应商在多年前就已经开始销售 64 位的处理器及其相应的硬件,因此在现在的计算机上部署此系统,从硬件支持上来说多数应该不成问题。如果不确定硬件是否支持 64 位,最好向相应硬件供应商查询,确保其是否支持 64 位操作系统。但是由于历史的原因,相当多的应用软件都是基于 32 位操作系统开发的,在 64 位操作系统中运行这些 32 位应用程序时,有可能面临大量兼容性的问题。因此建议使用 32 位应用软件的企事业网络在部署 Windows Server 2012 R2 前,应该进行严格的软件测试,以确保在新的 64 位操作系统中可以兼容、正确地运行这些 32 位应用软件,这些测试均可以在 VMware 模拟软件中进行。

微软建议安装 Windows Server 2012 R2 的最低要求:CPU 在 1.4GHz(x64)以上,RAM 在 512MB 以上,磁盘空余容量在 32GB 以上;而推荐的要求更高些:CPU 在 2GHz(x64)以上,RAM 在 2GB 以上,磁盘空余空间在 40GB 以上。这些要求对于目前的计算机配置而言多数均都能满足。

2. 安装操作系统

本节将使用 VMware 虚拟机软件模拟安装 Windows Server 2012 R2 的标准版本,这种安装方法是学习与熟悉 Windows 服务器配置的最佳方式。在真实计算机上进行 Windows Server 部署时一般有两种不同的安装过程：全新安装与升级安装。全新安装适用于初次建立网络时使用，升级安装适用于对已有网络平台的升级，但微软的建议是应该尽量避免升级安装。

在 VMware 中安装 Windows Server 的过程主要涉及以下步骤。

1）选择 VMware 虚拟机安装来源的参数

运行 VMware 虚拟机软件，在打开的 VMware 软件窗口上，选择"文件"菜单中的"新建虚拟机"选项，在打开的对话框中单击"下一步"按钮，将出现如图 2.1 所示的"安装来源"对话框，在其中选择"安装程序光盘映像文件"选项，并通过"浏览"按钮选择 Windows Server 2012 R2 操作系统的 ISO 文件。

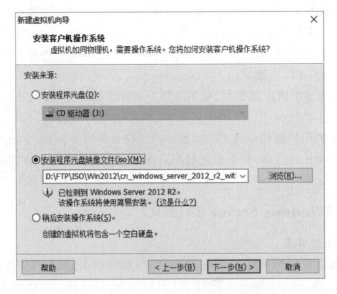

图 2.1　配置 VMware 虚拟机的安装来源

如图 2.1 所示，当选择的操作系统 ISO 文件正确时，VMware 软件将自动提示"已检测到 Windows Server 2012 R2"，这也同时表明 VMware 软件可以对当前系统进行简易安装。单击图 2.1 中的"下一步"按钮进入下一个环节。

2）设置简易安装的信息

此时将出现如图 2.2 所示的"简易安装信息"对话框，此界面用于配置 VMware 虚拟机的简易安装信息。在图 2.2 中，需要依次配置 Windows 产品密钥、选择要安装的 Windows 版本、配置用户名及密码（可选配置）。其中的 Windows 版本有两个选项：Windows Server 2012 R2 Standard 与 Windows Server 2012 R2 Standard Core，分别对应图形用户界面（GUI）版本与服务器核心（Server Core）版。如图 2.2 所示，这里的安装过程使用 GUI 版本，密码暂时不配置。服务器核心版本与图形用户界面的区别将在 2.1.3 小节中详细介绍，这里的安装过程以 GUI 版本为主。单击图 2.2 中的"下一步"按钮，进入下一环节。

3）命名虚拟机并指定安装位置

在图 2.3 中，设置当前虚拟机的名称及安装位置，如图 2.3 所示：本步骤使用 Windows Server 2012 作为虚拟机的名称，虚拟机的安装位置为"H:\Vmware 虚拟机\

Win2012"。这些参数均可以使用其默认值，以后如果需要进行修改，则可以在 VMware 软件的"编辑"菜单中通过"首选项"菜单进行修改。单击图 2.3 中的"下一步"按钮进入下一环节。

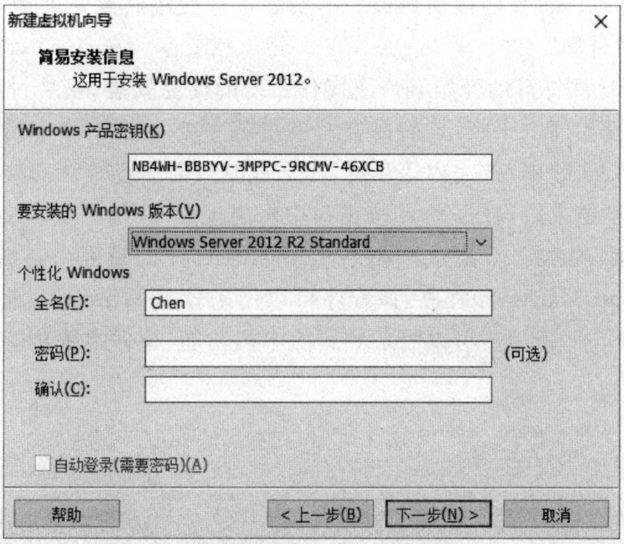

图 2.2　设置简易安装信息的参数

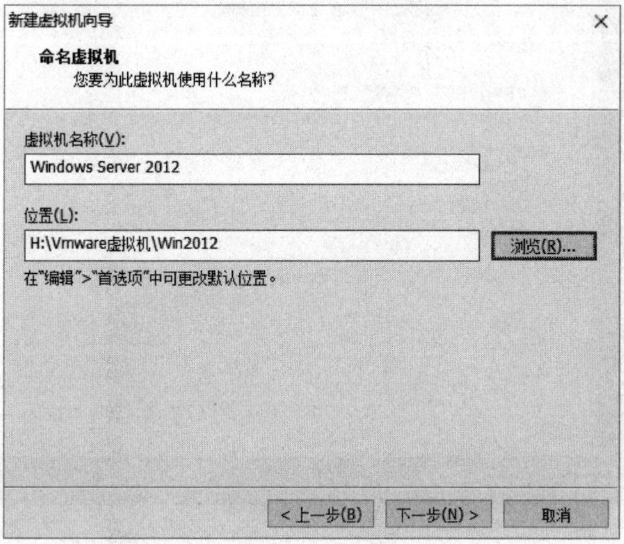

图 2.3　命名虚拟机

4）指定虚拟机硬盘容量

VMware 软件会根据当前计算机的实际磁盘容量及客户机操作系统的需求，自动给出默认的硬盘容量。一般情况下，此容量不需要进行修改。直接单击"下一步"按钮，进入下一环节。

5）自定义硬件

这是 VMware 软件新建虚拟机的最后一步，用于对模拟的计算机硬件进行最后的参数修改。如果需要修改硬件参数（如处理器个数、内存大小、网络连接方式等），则可以单击"自定义硬件"按钮进行硬件参数的最后修改；本安装过程使用其默认参数，可以直接单击"完成"按钮进入安装的过程。

此时 VMware 软件将自动开始客户机操作系统的简易安装，安装过程一般不再需要用户交互。其安装过程如图 2.4 所示，简易安装的过程主要有复制 Windows 文件、准备要安装的文件、安装功能、安装更新、完成等步骤，用户此时只需耐心等待安装完成即可。

当最后安装过程结束后，在 VMware 窗口中将出现 Windows Server 2012 R2 操作系统启动成功之后的界面，如图 2.5 所示。在 Windows Server 的桌面上，操作系统会自动运行服务器管理器（Server Manager）程序，该程序可以用来管理 Windows Server 2012 R2 操作系统。通过使用该程序，管理员可以添加和删除本机功能、管理本机功能以及诊断问题。

图 2.4　VMware 的简易安装

服务器管理器在每次 Windows 登录时都会自动弹出，这对于已经完成配置的操作系统而言，显得有些多余。如果需要禁止服务管理器程序在每次开机时自动运行，则可以通过编辑 Windows 注册表中的相关键值来实现，其名称是在 HKEY_LOCAL_MACHINE\SOFTWARE\Microsoft\Server Manager 中的 DoNotOpenServer-ManagerAtLogon，通过

图 2.5　安装成功后的界面

设置其 REG_DWORD 值，就可以控制服务器管理器程序的自动运行。当设置 DoNotOpenServerManagerAtLogon 的 REG_DWORD 值为 0 时（这是其默认值），将使得服务器管理器程序在每次 Windows 登录时都会自动运行；而将该值设置为 1 即可禁止其在每次 Windows 登录时的自动运行。

　　另一种禁止 Windows 登录时自动运行服务器管理器的方式是选择"服务器管理器"程序窗口右上角的"管理"下拉菜单，然后选择"服务器管理器属性"菜单选项，这时会弹出一个小窗口，其中有一个"在登录时不自动启动服务器管理器"复选框，通过勾选此选项也可以禁止服务器管理器程序的自动运行。

　　为了方便以后在 VMware 中进行 Windows 系统的恢复，在进行后面章节的实践操作之前，建议首先进行 VMware 软件的快照操作。快照可以保留虚拟机当前系统的各种状态，方便用户在以后能够返回到相同的状态。其操作方法是打开 VMware 软件窗口的"虚拟机"菜单，依次选择"快照"→"拍摄快照"菜单选项，在弹出的对话框中输入快照名称及描述信息后，单击"拍摄快照"按钮就可以完成快照的操作。在以后的操作中，如果需要返回到当前状态，只需要在"虚拟机"菜单中使用"快照"级联菜单中的"快照管理器"就可以返回到任何一个之前保存的状态（也叫快照）。

2.1.3 GUI 与 Server Core 模式

在 2.1.2 节的安装过程中，Windows Server 使用的是图形用户界面(GUI)模式，这种模式通过图形界面进行服务器的相关配置与管理工作，非常适用于初学者学习与使用，在此模式下的功能组件安装也较为齐全；而服务器核心(Server Core)模式是从 Windows Server 2008 开始启用的一种全新系统模式，在服务器核心模式下，操作系统删除了 GUI 的图形界面、Windows Exploere 桌面、Internet Exploere 浏览器及其他一些独立的功能组件，只提供了基于 PowerShell 的命令环境，用于配置与管理系统。由于服务器核心模式下安装的组件均是最小化的，因此操作系统可受攻击的目标也是最小的。所有服务器的功能及角色可以根据实际需要进行手工安装，从而可以极大地减少不必要的代码，其所需的更新也将是最少的。服务器核心模式下，操作系统只需要占用较少的 CPU 资源及磁盘空间，同时可以为服务提供更多的硬件资源，而不是像 GUI 模式那样占用更多的硬件资源。

因此在完成服务器的配置与部署后，一般建议使用服务器核心模式，通过这种模式对服务器进行后期的管理与维护。但是对于初学者而言，服务器核心模式下的命令是很难理解与使用的，所以本章在介绍相关服务的配置时，均使用 GUI 方式进行说明。所有 GUI 模式下配置的功能及角色，在服务器核心模式下也都能通过 PowerShell 命令完成。

在 Windows Server 2012 R2 下，这两种系统模式可以在相互之间进行切换，用户可以根据自身的需要使用这两种模式之一对操作系统进行配置与管理。

1. 从 GUI 切换到 Server Core 模式

在多数情况下，用户是通过 GUI 模式完成系统的初始安装及配置后，再切换到 Server Core 模式进行管理与维护工作。最简单且可靠的切换方法是使用微软官方提供的脚本完成模式切换的操作，这个脚本既可以实现从 GUI 切换到 Server Core 模式，也可以用于从 Server Core 切换回 GUI 模式。此脚本目前的下载地址为：

https://gallery. technet. microsoft. com/scriptcenter/Switch-between-Windows-9680265d/file/107247/1/SwitchGUIServerCORE. zip

这个文档是一个压缩文件，下载到本地后将其解压到 C 盘根目录上便于后面的操作。

在桌面任务栏左边的 PowerShell 程序图标上使用鼠标右键单击，选择"以管理员身份运行"选项，在打开的 PowerShell 程序窗口中，输入以下命令：

```
PS C:\Windows\system32 > cd C:\SwitchGUIServerCORE          改变当前目录到脚本所在目录
PS C:\SwitchGUIServerCORE > .\SwitchGUIServerCORE.ps1       运行脚本
=============================================================
                 Switch between GUI and server Core
=============================================================
[1] Switch to server CORE
[2] Switch to GUI
[3] Install GUI from online resource
Enter the number to select an option:1
```

上述信息中，下画线上的字符是键盘输入的命令，下画线前的字符是 PowerShell 的命令提示符。运行微软的这个脚本后，在最后一行的提示信息后输入数字 1 回车，就可以进入切换到 Server Core 模式的操作过程中。此时需要耐心等待系统的执行，经过一段时间的操作后，PowerShell 窗口中将接着提示下列信息：

```
Success  Restart  Needed  Exit  Code    Feature Result
----     ---------  -------         ----------
True     Yes                        SuccessRest... {Windows PowerShell ISE, 图形管理工具和基...
```

警告：必须重新启动此服务器才能完成删除过程。

```
It Will take effect after reboot, do you want to reboot?
[Y] Yes [N] No (default is 'N'): y    输入 y 确认脚本的操作
```

在进行确认后，操作系统将重新启动，并开始配置功能的操作将系统模式切换到 Server Core 模式，在操作系统配置功能的过程中不能关闭计算机，耐心等待配置过程完成。

当操作系统成功切换到 Server Core 模式后，GUI 模式下的桌面、任务栏等图形元素都将看不到了，此时的系统只有一个命令提示符窗口。如果是初次配置服务器，在此命令提示符后还可以通过 sconfig 命令进行服务器的常规配置，如网络配置、Windows 激活、关闭服务器、重新启动服务器等；当然也可以通过启动 PowerShell 环境，在 PowerShell 命令提示符下进行服务器的功能配置与管理。

2. 从 Server Core 切换回 GUI 模式

从 Server Core 切换回 GUI 模式最简单且可靠的方法同样是使用微软官方提供的脚本，此脚本仍然是上一步中使用的脚本。操作方法是在命令提示符中启动 PowerShell，然后在 PowerShell 环境中运行脚本，具体操作如下：

```
C:\Users\Chen>powershell    在当前命令提示符环境中启动 PowerShell 的命令环境
Windows PowerShell

版权所有(C) 2014 Microsoft Corporation。保留所有权利。

PS C:\Users\Chen > cd C:\SwitchGUIServerCORE              切换工作目录到脚本所在目录
PS C:\SwitchGUIServerCORE > .\SwitchGUIServerCORE.ps1     运行脚本
================================================================
            Switch between GUI and server Core
================================================================
[1] Switch to server CORE
[2] Switch to GUI
[3] Install GUI from online resource
Enter the number to select an option: 2
```

在最后一行的提示信息后输入数字 2 并回车，选择切换到 GUI 模式。此时操作系统将开始 GUI 图形模式的安装过程，同样请耐心等待安装结束。当安装完成后，操作系统将会出现下列提示信息：

```
Success  Restart  Needed  Exit  Code    Feature Result
----     ---------  -------         ----------
True     Yes                        SuccessRest... {图形管理工具和基础结构,服务器图形 Sh...
```

警告：必须重新启动此服务器才能完成安装过程。
警告：未启用 Windows 自动更新。为确保自动更新最新安装的角色或功能，请启用 Windows 更新。

```
It Will take effect after reboot, do you want to reboot?
[Y] Yes  [N] No   (default is 'N'): y
```

使用键盘输入 y 并回车确认此次切换操作后,在接着出现的 PowerShell 提示符后输入下面的命令重新启动计算机:

```
PS C:\SwitchGUIServerCORE >Restart-Computer
```

当服务器重新启动后,操作系统将进入配置功能的操作过程,此过程请耐心等待,同样不要关闭计算机。当配置功能操作完成后,系统将重新进入到 GUI 模式。本章后续章节的配置案例均将使用 GUI 模式,此模式将更方便初学者了解并掌握服务器上常用服务的配置与管理。对 Server Core 模式感兴趣的读者可以查阅微软官方网站,了解 Server Core 模式下的服务器配置命令与方法,本教材不做这方面的介绍。

2.2　DHCP 服务的配置

在 TCP/IP 构建的网络中,每台 PC 或网络层设备都需要至少一个 IP 地址,当企事业网中的计算机越来越多的时候,手工配置 IP 地址的工作将异常烦琐且没有效率,而 DHCP (Dynamips Host Configuration Protocol,动态主机配置协议)服务可以动态地为客户端的计算机分配 IP 地址参数,此服务不仅提高了效率,而且不容易出现分配错误,是网络中较为常见的服务。

2.2.1　DHCP 的工作原理

DHCP 是互联网的传统协议,通过 Client/Server 方式向客户端提供动态 IP 地址参数的配置服务。在一个使用 DHCP 分配 IP 地址的网络中,一般包括一台 DHCP 服务器与多台 DHCP 客户端,DHCP 服务的工作过程大致如下。

1. DHCP 客户端广播 DHCP DISCOVER 包

当 DHCP 客户端首次启动时,客户端将向网络广播一个 DHCP 发现包,此数据包中包括客户端的 IP 租用请求信息。

2. DHCP 服务器回送 DHCP OFFER 包

当 DHCP 服务器收到某个 DHCP 客户端发送的 DHCP 发现包后,就从其事先定义的地址池数据库中选择一个当前未使用的 IP 地址及其子网掩码、默认网关等信息一起以 DHCP OFFER 包的方式返回给 DHCP 客户端。

3. DHCP 客户端广播 DHCP REQUEST 包

当 DHCP 客户端所在网络中存在多个 DHCP 服务器时,DHCP 客户机将有可能收到多个 DHCP 服务器返回的回应包,DHCP 客户端将只对第一个收到的 DHCP 回应包进行响应,并向 DHCP 回应包对应的服务器发送一个关于 IP 参数使用的 DHCP 请求包。

4. DHCP 服务器回送 DHCP ACK 包

DHCP 服务器收到上一步中的 DHCP 请求包后,将向客户端发出一个 DHCP 确认包。

至此,一个 DHCP 客户端就获得了 DHCP 服务器分配的 IP 地址参数,此参数一般会有一个默认的租用时间,当客户端使用 IP 地址时间达到一定时间后,DHCP 客户端将启动

DHCP 续租的过程。其过程大致如下。

　　DHCP 客户端在租约期限时间的 50％到期之后，将向 DHCP 服务器发送 DHCP REQUEST 包，正常情况下 DHCP 服务器将响应一个 DHCP ACK 包同意 DHCP 客户端的续租请求，DHCP 客户端的租约时间自动延长；但是如果 DHCP 客户端由于各种原因没能收到 DHCP 服务器发送的 DHCP ACK 包，则客户端将继续使用当前 IP 地址，直至租约期限时间的 87.5％，此时 DHCP 客户端将以广播形式向 DHCP 服务器发送 DHCP REQUEST 包来续租 IP 地址。如果 DHCP 客户端成功收到 DHCP 服务器发送的 DHCP ACK 包，则按相应时间延长其 IP 地址租期；如果 DHCP 客户端没有收到 DIICP 服务器发送的 DIICP ACK 包，则 DHCP 客户端将继续使用这个 IP 地址，直到 IP 地址使用的租期到期。IP 地址租用时间到期后，DHCP 客户端将向 DHCP 服务器发送 DHCP Release 包来释放当前 IP 地址，并重新开始 IP 地址服务请求的过程。

2.2.2　DHCP 服务的安装

　　Windows Server 的默认安装是不会配置 DHCP 服务的角色，如果需要使用此服务，则需要在服务器上安装 DHCP 服务，其安装过程如下。

1. 启动"添加角色和功能向导"对话框

　　单击任务栏左边的"服务器管理器"程序图标，在打开的"服务器管理器"窗口中，单击"仪表板"界面（如图 2.5 所示）中的"2 添加角色和功能"超链接，将打开"添加角色和功能向导"窗口，如图 2.6 所示。

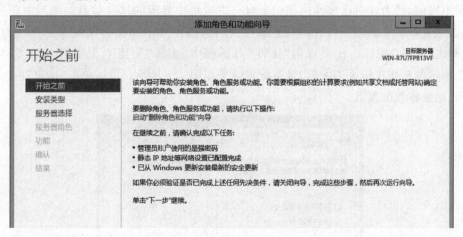

图 2.6　"添加角色和功能向导"窗口

　　在单击"下一步"按钮进入下一步骤前，需要明确以下三个事项已经完成。

　　（1）管理员账户使用的是强密码；

　　（2）静态 IP 地址等网络设置已配置完成；

　　（3）已从 Windows 更新安装最新的安全更新。

　　这里需要强调的是第二个事项，由于本章的实践操作均使用 VMware 虚拟机进行，因此在 VMware 虚拟机的默认安装过程中，所有虚拟机（包括 2.1 节安装的 Windows Server 服务器）都使用了 VMware 软件提供的动态 IP 地址参数。此时需要对虚拟机的 IP 地址参数进行手工配置,完成静态 IP 地址参数等网络设置。其操作方法如下。

在 Windows 的"控制面板\网络和 Internet\网络连接"窗口中双击 Ethernet0 图标打开网络连接的状态对话框,单击其中的"详细信息"按钮,打开如图 2.7 所示的"网络连接详细信息"对话框。

图 2.7　"网络连接详细信息"对话框

如图 2.7 所示的对话框中详细记载了当前网卡 Ethernet0 的 IPv4 地址参数信息：IP 地址为 192.168.8.128、子网掩码为 255.255.255.0、默认网关为 192.168.8.2、DNS 服务器为 192.168.8.2。需要注意的是上述 IP 参数信息在不同的 VMware 虚拟机中分配的结果是有所不同的,读者在自己操作时须记下自己虚拟机中显示的这些信息。然后关闭此对话框,单击"Ethernet0 状态"对话框中的"属性"按钮,选择"Internet 协议版本 4(TCP/IPv4)"项目,单击"属性"按钮。在出现的"属性"对话框中,选择"使用下面的 IP 地址",并按如图 2.7 所示的参数进行手工配置,最终配置结果如图 2.8 所示。最后单击"确定"按钮,完成静态 IP 地址参数的配置。

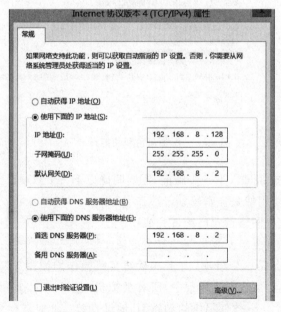

图 2.8　手工配置的 IP 地址参数

当确认以上三个事项均已实现后,就可以回到如图 2.6 所示的界面,单击图 2.6 中的"下一步"按钮进入下一环节。

2. 在出现的对话框中选择安装类型

这里选择"基于角色或基于功能的安装"选项,直接单击"下一步"按钮进入下一环节。

3. 在出现的对话框中选择安装的服务器

这里配置的服务器就是本地服务器,因此使用默认识别的本地服务器,直接单击"下一步"按钮进入下一环节。

4. 在出现的对话框中选择服务器角色

在出现的列表中勾选"DHCP 服务器",此时会自动弹出一个对话框,单击其中的"添加功能"按钮回到之前的界面。然后单击"下一步"按钮进入下一环节。

5. 确认安装

在后续的对话框界面中连接单击"下一步"按钮,进入最后的确认环节,如图 2.9 所示:

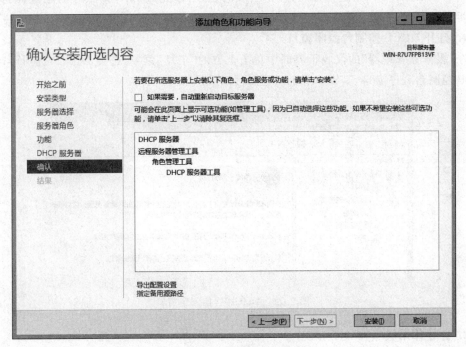

图 2.9　DHCP 服务安装的确认界面

单击图 2.9 中的"安装"按钮进行 DHCP 服务的安装,耐心等待安装结束。当安装过程全部结束后,Windows 服务器将在服务器管理器的仪表板上通知一个注意事项,单击如图 2.10 所示的通知图标,然后选择其中的"完成 DHCP 配置"超链接。

在出现的"DHCP 安装后配置向导"对话框中单击"提交"按钮。此时 Windows 服务器将创建 DHCP 相关的安全组。完成此项工作后,需要重新启动 Windows 服务器以完成 DHCP 相关服务的配置。

2.2.3　DHCP 服务的配置

DCHP 服务器向网络提供 IP 地址的服务主要通过作用域的形式进行,因此完成 DHCP

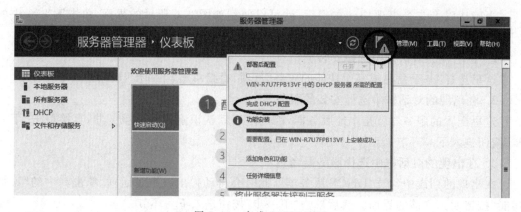

图 2.10　完成 DHCP 配置

服务的安装后,必须首先进行 DHCP 作用域的创建,以完成 DHCP 服务的配置,其具体的操作步骤如下。

1. 打开 DHCP 控制台程序窗口

在"服务器管理器"的仪表板界面中单击上方的"工具"菜单,选择 DHCP 选项可以打开DHCP 控制台程序窗口,其窗口界面如图 2.11 所示。

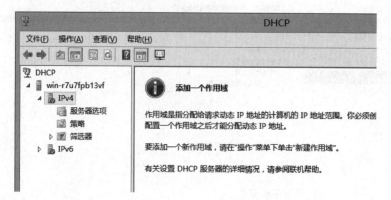

图 2.11　DHCP 的控制台窗口

2. 创建作用域

鼠标右击图 2.11 中的 IPv4 节点,选择右键菜单中的"新建作用域"选项打开"新建作用域向导"对话框,单击"下一步"按钮进行作用域相关参数的配置。

1)配置作用域名称

在"新建作用域向导"中首先配置的是作用域名称,此名称用于识别不同的作用域,如图 2.12 所示,此作用域名称为"机房1"。网络中的 DHCP 服务器可以通过配置不同的作用域,向不同的网络提供不同的 IP 地址分配服务。

完成名称及描述的参数配置后,单击"下一步"按钮进入下一环节。

2)配置分配的 IP 地址范围

此处配置的 IP 地址范围是将要分配给 DHCP 客户端使用的 IP 地址,本例配置的 IP地址范围如图 2.13 所示。在图 2.13 中除了配置可用 IP 地址范围外,还需要指定 DHCP 客

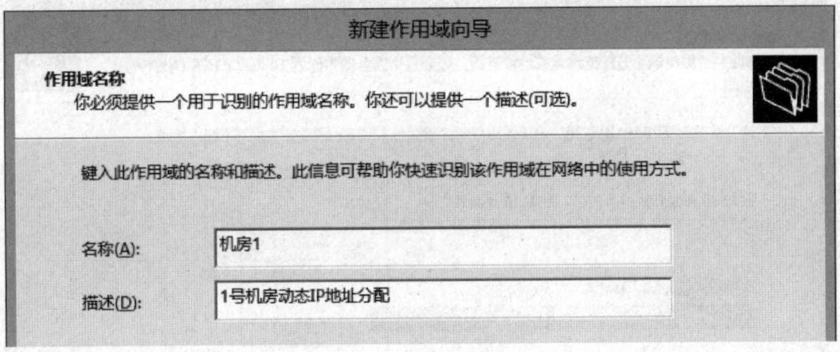

图 2.12　配置作用域名称

户端对应的子网掩码,由图 2.13 可以发现,此作用域的可用 IP 地址范围为 192.168.8.1～192.168.8.200,子网掩码为 255.255.255.0。

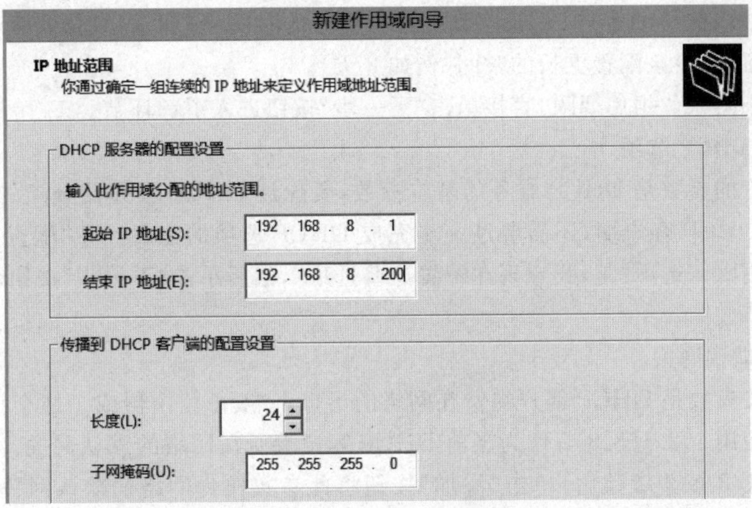

图 2.13　配置的 IP 地址范围

由于 ICANN(负责互联网 IPv4 地址分配的机构)的 IPv4 地址在多年前已经变得稀缺,因此现在的企事业网内部分配的 IP 地址一般都是基于 RFC 1918 文档建议的私有 IP 地址,这些私有 IP 地址不需要到 ICANN 去申请,网络管理员只需要在网络边界配置 NAT 技术(此技术将在第 6 章介绍)即可。

完成上述参数配置后,单击“下一步”按钮进入下一环节。

3) 配置排除的 IP 地址

排除的 IP 地址将不被 DHCP 服务器分配,这些地址一般用于网络内的服务器或网络设备。其配置结果如图 2.14 所示:将 IP 地址从 192.168.8.1 到 192.168.8.10 的 10 个 IP 地址排除在分配的范围之外,这 10 个 IP 地址将用于网络内的其他服务器或网络设备使用,不分配给 DHCP 客户机使用。在地址栏中输入起始 IP 地址与结束 IP 地址后,单击“添加”按钮可以将这 10 个 IP 添加到排除范围中。

完成上述参数配置后,单击“下一步”按钮进入下一环节。

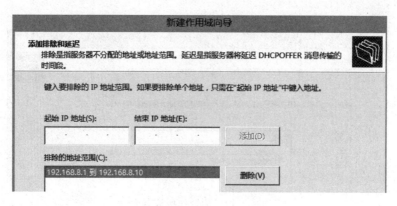

图 2.14　配置排除的 IP 地址范围

4）配置租用期限

DHCP 默认的租用期限是 8 天,但是对于不同的 DHCP 客户而言,此参数应该有所不同。例如网络内的移动客户,一般应该配置为更短的时间(例如 8 小时);而对网络内固定的台式计算机,则应该配置更长的时间(例如 8 天)。

这里使用其默认租用期限,直接单击"下一步"按钮进入下一环节。

3. 配置 DHCP 选项

前面配置的参数是 DHCP 服务的基本参数,要想让 DHCP 服务器分配的 IP 参数服务于网络内的 DHCP 客户端,还需要进一步完成 DHCP 选项的配置。在"配置 DHCP 选项"对话框中使用默认选项"是,我想现在配置这些选项",然后单击"下一步"按钮就进入这些选项的配置环节。

1）配置默认网关

默认网关参数是 DHCP 客户端所在网络的出口,一般由路由器或三层交换机的端口实现。本例中使用 192.168.8.2 作为当前 DHCP 客户端所在网络的默认网关。在 IP 地址栏中输入 192.168.8.2 参数后,单击"添加"按钮将此参数作为网络的默认网关。单击"下一步"按钮进入下一环节。

2）配置域名称和 DNS 服务器

默认情况下,配置向导将使用当前 DHCP 服务器配置的 DNS 服务器地址作为 DHCP 作用域内的 DNS 服务器参数。例如本例使用的虚拟机中,DNS 服务器的 IP 地址为 192.168.8.2,因此配置对话框中将此 IP 地址作为作用域内默认的 DNS 服务器,用于进行 DHCP 客户端的域名解析。

如果需要使用其他 DNS 服务器进行域名解析,可以在相应的文本框中输入新的 IP 地址(包括名称),并单击"添加"按钮将其加入到作用域中。

本例不做修改,直接单击"下一步"按钮进入下一环节。

3）配置 WINS 服务器

WINS 服务器用于早期 Windows 环境中,实现将 NetBIOS 协议使用的计算机名称转换为 IP 地址的功能。但是由于 NetBIOS 协议的安全问题,在现在的网络工程应用中,一般不建议使用 NetBIOS 协议。因此在这一步的配置中,不建议配置任何参数,直接单击"下一步"按钮进入下一环节。

4）配置激活作用域

此处使用默认的选项"是，我想现在激活作用域"，直接单击"下一步"按钮即可完成DHCP 作用域的创建。其操作的最终结果如图 2.15 所示。

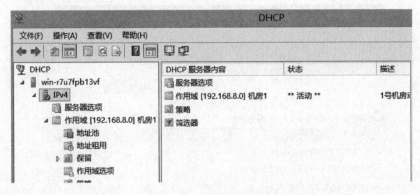

图 2.15　DHCP 配置的作用域

4. DHCP 测试

在 VMware 虚拟机中进行 DHCP 测试前，需要进行一些前期的准备工作。

1）确定 DHCP 测试的方式

本节使用 VMware 虚拟机完成了 DHCP 服务的安装与配置，此虚拟机服务器既可以向真实的物理网络提供 DHCP 服务，也可以在虚拟机构成的虚拟网络中提供模拟的 DHCP服务。

如果需要虚拟机向真实的物理网络提供 DHCP 服务，则此虚拟机的网络参数应该配置为桥接模式（即 Bridge 模式），通过物理网络中的真实计算机进行 DHCP 的测试；如果虚拟机只在虚拟网络中向其他虚拟机提供模拟的 DHCP 服务，则需要新建另一个虚拟机用于DHCP 的测试。但是需要注意的是：用于测试的虚拟机的网络模式必须与虚拟机服务器的网络模式相同。在本节的配置中，由于虚拟机服务器使用的网络模式是 NAT 模式，因此新建的虚拟机的网络模式必须也使用 NAT 模式。

本节将使用 VMware 软件提供的虚拟网络进行 DHCP 测试。

2）关闭 VMware 软件的 DHCP 服务

由于本节配置的 DHCP 服务是在 VMware 软件模拟的虚拟机中实现的，因此在进行DHCP 测试前，必须首先将 VMware 软件自带的 DHCP 服务关闭后，才能完成 DHCP 测试的功能，如果不关闭 VMware 自带的 DHCP 服务，那么在其他虚拟机中进行 DHCP 测试时，其他虚拟机所获得的 IP 地址参数将来自 VMware 软件提供的 DHCP 服务，而不是前面在虚拟机服务器中配置的 DHCP 服务。

关闭 VMware 软件的 DHCP 服务的操作方法是打开 VMware 软件中的"虚拟网络编辑器"程序，将 VMnet8 项目（即 NAT 模式）下的本地 DHCP 服务关闭，共操作界面如图 2.16 所示。

在如图 2.16 所示界面中，选取当前虚拟机使用的 NAT 模式（即 VMnet8 项目），然后在图的下方将圈示的选项前的勾去掉，单击"确定"按钮。此时 VMware 软件将停止提供DHCP 服务。

Windows Server 的常用配置

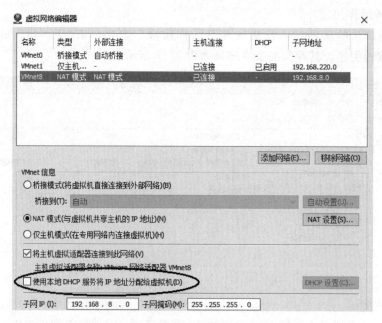

图 2.16　关闭 VMware 软件自带的 DHCP 服务

在完成上述准备工作后,就可以通过其他计算机进行 DHCP 服务的测试。本节中的 DHCP 服务器已经通过虚拟机实现,在需要使用 DHCP 服务的计算机上将其 IP 地址参数配置为自动。操作方法如图 2.17 所示,在 TCP/IP 属性对话框中,选择"自动获得 IP 地址"与"自动获得 DNS 服务器地址"两个选项,单击"确定"按钮后,此计算机将成为当前网络中的 DHCP 客户端。

此时 DHCP 客户端将向网络中广播 DHCP 发现包,如果配置的 DHCP 服务正确,则此计算机将通过 DHCP 服务器获得正确的 IP 地址参数。图 2.18 是 DHCP 客户端正确获得 IP 参数的结果信息。

图 2.18 的信息表明当前的计算机通过 IPv4 DHCP 服务器 192.168.8.128(即之前配置的 DHCP 服务器)获得了正确的 IP 地址参数。此计算机获得的 IP 地址为 192.168.8.11、子网掩码为 255.255.255.0、网关为 192.168.8.2、DNS 服务器为 192.168.8.2。

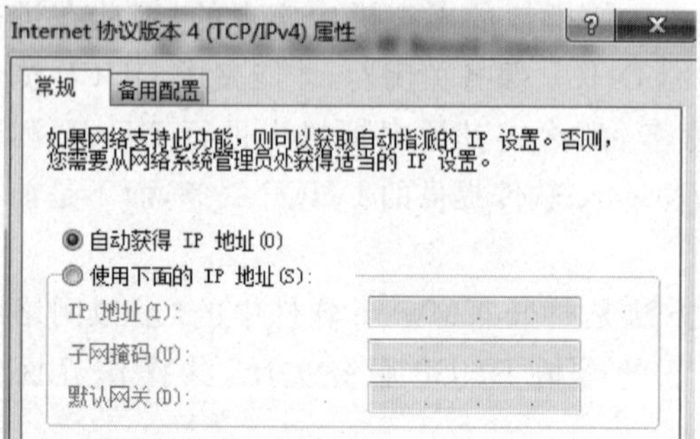

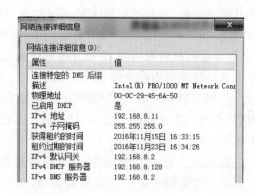

图 2.17　配置 IP 地址自动获得　　　　图 2.18　DHCP 客户端的 IP 地址信息

如果到 DHCP 服务器上查看,可以在 DHCP 管理控制台中发现:前面建立的作用域 192.168.8.0 的"地址租用"栏中有计算机名为 WIN-KPI2HU2Q3E1 的客户端获得的 IP 地址为 192.168.8.11,其详细信息如图 2.19 所示。图 2.19 中的信息表明,当前 DHCP 服务器已经成功为网络中的某个计算机(其名称为 WIN-KPI2HU2Q3E1)提供了 IP 地址分配服务,其地址租用的截止时间为 2016 年 11 月 23 日 12:06:15。

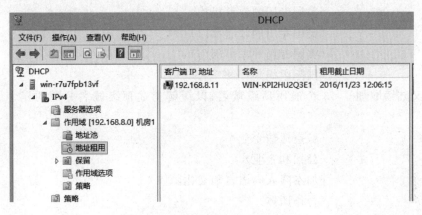

图 2.19　DHCP 服务器的地址租用

2.3　DNS 服务的配置

在目前的网络通信中,无论是互联网还是局域网均在使用统一的 IP 地址进行相互访问,但是由于 IP 地址采用了点分十进制的数字形式表示,因此记忆众多不同的 IP 地址对于普通用户而言是非常困难的一件事。为此在应用层中,TCP/IP 体系结构提供了专门的域名系统(Domain Name System,DNS)来为特定的 IP 地址分配容易记忆的域名(Domain Name),以方便用户访问互联网。能够提供域名服务的计算机也被称为域名服务器(Domain Name Server,DNS),DNS 可以向客户提供 IP 地址与域名之间的双向解析服务。

2.3.1　DNS 的工作原理

在配置 DNS 服务之前,应该首先了解与 DNS 有关的一些基本概念及工作原理。

1. DNS 域名

互联网对域名使用了层次树状结构的命名方法,为任何一个连接在互联网上的主机或路由器分配一个唯一的层次结构的名字,即域名。域名的结构由标识符序列组成,各标识符之间用点隔开,例如以下形式:

……三级域名.二级域名.顶级域名

各标识符分别代表不同级别的域名,这些域名长度可变,一般使用便于记忆的字符串。其中的顶级域名一般有以下三类。

1)国家顶级域名

这些域名用于表示某个国家或地区,例如使用.cn 表示中国、使用.us 表示美国、使用.jp 表示日本、使用.kr 表示韩国等。

2）通用顶级域名

这些顶级域名用于表示域名对应的机构类别,最早的顶级域名主要有以下这些。

. com	（公司和企业）
. net	（网络服务机构）
. org	（非赢利性组织）
. edu	（美国专用的教育机构）
. gov	（美国专用的政府部门）
. mil	（美国专用的军事部门）
. int	（国际组织）

后来又陆续增加了 13 个通用顶级域名,以缓解上述顶级域名分配的压力。它们分别是:

. aero	（航空运输企业）
. biz	（公司和企业）
. cat	（加泰隆人的语言和文化团体）
. coop	（合作团体）
. info	（各种情况）
. jobs	（人力资源管理者）
. mobi	（移动产品与服务的用户和提供者）
. museum	（博物馆）
. name	（个人）
. pro	（有证书的专业人员）
. travel	（旅游业）

但这些新增加的顶级域名由于各种原因,目前并没有被广泛使用。大家平时上网看到最多的顶级域名可能还是最早定义的顶级域名。

3）基础结构域名

这种顶级域名只有一个,即. arpa,用于反向域名解析,因此又称为反向域名。这种域名一般用于 ISP 进行客户来源验证,普通用户在上网时一般看不到这类域名。

在顶级域名之下的其他级别域名由相应的国家或机构自行规定,一般没有统一规则。例如,顶级域为. jp 的日本,将其二级域名中的教育机构命名为. ac,而不是. edu,如日本的京都大学网站域名为 www. kyoto-u. ac. jp;而在中国一般使用. edu,如湖北工程学院的域名为 www. hbeu. edu. cn。

域名最左边的标识符一般为 www,对应该机构某个主机的名称,之所以使用 www 是由于历史原因造成的。在早期互联网应用中,www 表示该网站使用的技术是基于 Web 的技术(即 World Wide Web),需要使用支持 Web 技术的浏览器打开,但是随着互联网的发展,现在的互联网应用绝大多数都已经是基于 Web 的技术,所有客户端的浏览器也都支持这种技术,因此最左边的字符串也可以不是 www 的形式。例如,网易邮箱的 Web 网站域名为 mail. 163. com,最左边就没有使用 www 字符串。但是为了延续传统,多数企事业网的官方主网站域名均使用了 www 作为其域名最左边的主机名称。

2. DNS 服务模式

DNS 服务器可以提供的服务主要有两种：解析域名为 IP 地址、解析 IP 地址为域名。

普通客户使用的服务主要是解析域名为 IP 地址。客户在浏览器的地址栏中输入完整的域名后，浏览器将向本机设置的 DNS 服务器发送域名解析请求；DNS 服务器将解析后的 IP 地址回送给客户浏览器，浏览器再通过得到的 IP 地址进行网络通信。

将 IP 地址解析为域名的服务主要是 ISP 在使用，用于 ISP 根据 IP 地址反向查询信息的来源是否可信。普通客户一般不会使用这种服务。

3. DNS 区域

DNS 区域是 DNS 系统中包含 DNS 资源记录的特定部分。根据服务模式的不同也分为以下两种。

1）正向查找区域

此区域用于建立从域名到 IP 地址解析的各类资源记录，这些记录主要有：A、MX、NS、SOA、CNAME 等。不同的资源记录用于记录不同的信息，例如，其中的 A 记录保存有域名到 IP 地址的对应关系，用于向 DNS 客户端提供域名到 IP 地址的解析服务。

2）反向查找区域

此区域用于建立从 IP 地址到域名解析的资源记录，主要是 PTR 记录，用于记录 IP 地址与域名的对应关系。

4. DNS 查询模式

DNS 服务器进行域名查询时有两种不同方式：递归查询与迭代查询。

DNS 客户端提交给本地域名服务器的查询一般都采用递归查询。在进行递归查询时，如果主机所询问的本地域名服务器不知道被查询域名对应的 IP 地址，那么本地域名服务器就会以 DNS 客户端的身份，向其他域名服务器发出查询请求报文，其他域名服务器如果也不知道结果，同样会继续向另一个域名服务器查询直至找到结果或报错。在递归查询过程中，本地域名服务器只提交一次查询请求。

但是本地域名服务器向其他域名服务器的查询通常是采用迭代查询，而不是递归查询。在进行迭代查询时，当根域名服务器收到本地域名服务器的迭代查询请求时，要么给出所要查询的 IP 地址，要么告诉本地域名服务器下一步应当向哪一个域名服务器进行查询，然后让本地域名服务器自己进行后续的查询。在迭代查询过程中，本地 DNS 服务器需要多次向不同的域名服务器提交查询请求。这两种查询模式的特点与区别如图 2.20 所示。

图 2.20 中左边虚线框表示的是本地域名服务器使用递归查询的方式，右边虚线框表示的是本地域名服务器使用迭代查询的方式，DNS 客户端均使用递归查询方式。

以图 2.20 右边的迭代查询为例，当本地域名服务器 dns.hbeu.cn 中没有任何记录时，DNS 客户端查询 www.qq.com 域名的过程将有如下步骤。

(1) DNS 客户端向本地域名服务器（假设是 dns.hbeu.cn）提交查询 www.qq.com 的请求。

(2) 本地域名服务器向互联网的根域名服务器查询.com 顶级域名服务器的 IP 地址。

(3) 根域名服务器向本地域名服务器提供.com 顶级域名服务器对应的 IP 地址列表。

(4) 本地域名服务器向.com 顶级域名服务器查询 qq.com 对应的 IP 地址。

(5) .com 顶级域名服务器向本地域名服务器返回下一级域名 qq.com 的域名服务器

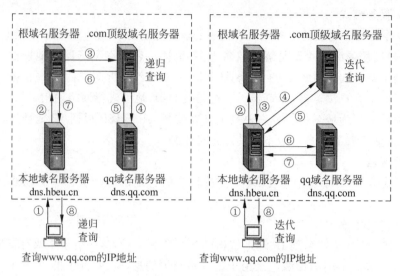

图 2.20　递归查询与迭代查询的区别

（假设是 dns. qq. com）对应的 IP 地址。

（6）本地域名服务器向 qq. com 的域名服务器（假设是 dns. qq. com）提交查询 www. qq. com 的请求。

（7）qq. com 的域名服务器向本地域名服务器返回其管理的域名 www. qq. com 对应的 IP 地址。

（8）本地域名服务器向 DNS 客户端返回 www. qq. com 对应的 IP 地址。

最终 DNS 客户端获得了 www. qq. com 域名所对应的 IP 地址。

为了提高 DNS 查询的效率并减少 DNS 请求的流量，DNS 系统中的域名服务器及 DNS 客户端均广泛使用了 DNS 高速缓存，用来保存最近查询过的域名结果。当进行域名查询时，若发现本地 DNS 高速缓存中保存有相应的域名记录时，则 DNS 系统会直接使用这些记录进行响应，而不是向其他域名服务器请求查询，这种缓存机制可以极大地减少网络中的 DNS 流量。

在 Windows 操作系统中，为了减少 DNS 查询的次数及流量，Windows 使用了 DNS 缓存及 hosts 文件两种方式保存经常使用的域名所对应的 IP 地址。所有 DNS 查询的结果都会被自动保存到 DNS 缓存中，用户可以在命令提示符下使用 ipconfig/displaydns 命令查看 DNS 缓存的结果，也可以使用 ipconfig/flushdns 命令清除当前的 DNS 缓存；hosts 文件是一个文本文件，默认情况下存放在 C:\Windows\System32\drivers\etc 文件夹中，通过编辑此文本文档，可以将常用的域名及其对应的 IP 地址记录在此文件中，而 Windows 系统也会自动将 hosts 文件中的域名记录加载到 DNS 缓存中。一旦发现需要查询的域名存在 DNS 缓存中，则 Windows 系统将直接使用 DNS 缓存中对应的 IP 地址，而不必向本地域名服务器进行上述查询的过程，从而极大地提高了 DNS 查询的效率并减少了不必要的查询流量。

2.3.2　DNS 服务的安装

在 Windows Server 2012 R2 中安装 DNS 服务可以有多种形式，既可以选择在一台没有加入域的计算机上安装独立的 DNS 服务,也可以在已经加入域的成员服务器或 Active Directory 域控制器上安装 DNS 服务。本节采用第一种独立的安装形式说明 DNS 服务的安装过程。

1. 安装前的准备工作

与 2.2 节配置 DHCP 服务前的准备工作类似,需要配置 DNS 服务的计算机必须使用静态 IP 地址参数,具体配置过程请参看 2.2.2 节内容。在完成静态 IP 地址参数配置后,Windows Server 2012 R2 建议添加主 DNS 后缀配置。主 DNS 后缀并不是必需的参数配置,因为当将 DNS 服务器加入到某个域后,其主 DNS 后缀会被自动修改。但是如果 DNS 服务器是独立配置(例如本章节的配置)的,则需要添加主 DNS 后缀,以便使 DNS 服务器可以在 DNS 的组织结构中定位其自己,也可以在安装 DNS 服务的过程中正确地对其进行配置。

配置主 DNS 后缀的操作方法是打开"Internet 协议版本 4(TCP/IPv4)属性"对话框(参见图 2.8),在如图 2.8 所示的界面中单击"高级"按钮,在打开的"高级 TCP/IP 设置"对话框中选择 DNS 选项卡,操作的界面如图 2.21 所示。在图中圈示的地方输入主 DNS 后缀的名称,如图 2.21 所示输入了 hbeu.cn 作为此服务器的主 DNS 后缀。

2. 安装 DNS 服务

(1)启动"添加角色和功能向导"对话框。

打开"服务器管理器"程序,在打开的"服务器管理器"窗口中,单击"仪表板"界面(如图 2.5 所示)中的"2 添加角色和功能"超链接打开"添加角色和功能向导"对话框(如图 2.6 所示)。由于在前面章节中已经完成了添加角色和功能所需的准备工作,因此在本节安装 DNS 服务时,可以直接单击"下一步"按钮进入下一环节。

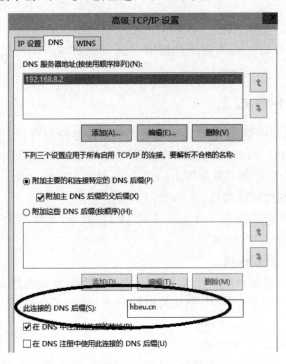

图 2.21 配置主 DNS 后缀

（2）在出现的对话框中选择安装类型。

这里选择"基于角色或基于功能的安装"选项，直接单击"下一步"按钮进入下一环节。

（3）在出现的对话框中选择安装的服务器。

这里配置的服务器就是本地服务器，因此使用默认识别的本地服务器，直接单击"下一步"按钮进入下一环节。

（4）在出现的对话框中选择服务器角色。

在出现的列表中勾选"DNS 服务器"，此时会自动弹出一个对话框，单击其中的"添加功能"按钮回到之前的界面。然后单击"下一步"按钮进入下一环节。

（5）确认安装。

在后续的对话框界面中连续单击"下一步"按钮，进入最后的确认环节，如图 2.22 所示。

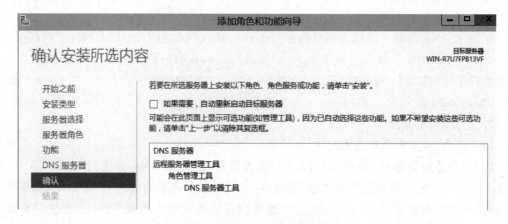

图 2.22　DNS 服务安装的确认界面

单击图 2.22 中的"安装"按钮进行 DNS 服务的安装，耐心等待安装结束。安装全部结束后，Windows 服务器将在服务器管理器的仪表板上通知一个注意事项，提示安装已经成功。

2.3.3　DNS 服务的配置

DNS 服务器可以向网络提供 IP 地址与域名的双向解析服务，这些服务可以通过 DNS 区域中的资源记录实现。因此 DNS 服务的主要配置是在 DNS 区域中进行的，本节以二级域名 hbeu.cn 为例，介绍在独立服务器上配置 DNS 服务的大致过程。

1. 打开 DNS 控制台程序窗口

在"服务器管理器"的仪表板中单击上方的"工具"菜单，选择 DNS 选项可以打开"DNS 管理器"程序窗口，如图 2.23 所示。

2. 创建 DNS 正向查找区域

前面提到过，DNS 服务器提供的域名到 IP 地址解析服务是由其正向查找区域实现的。因此若要在网络中提供从域名到 IP 地址的解析服务，则必须创建正向查找区域，其操作步骤如下。

1）打开"新建区域向导"对话框

鼠标右击图 2.23 中的"正向查找区域"节点，选择右键菜单中的"新建区域"选项。在随

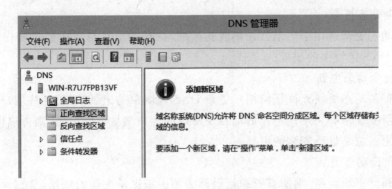

图 2.23　DNS 管理器

后打开的"新建区域向导"对话框中,直接单击"下一步"按钮进入下一环节。

2）选择区域类型

独立配置的 DNS 服务器可以选择三种不同的区域类型。

（1）主要区域

此区域包含相应 DNS 系统内所有的资源记录,可以对区域中所有资源记录进行读写,即 DNS 服务器可以修改此区域中的数据,默认情况下区域数据均以文本文件格式存放。

（2）辅助区域

此区域是对主要区域的备份,从主要区域直接复制而来。同样包含相应 DNS 系统内所有的资源记录。与主要区域不同之处是 DNS 服务器不能对辅助区域中的资源记录进行任何修改,即辅助区域是只读的,辅助区域数据只能以文本文件格式存放。

（3）存根区域

存根区域是 Windows Server 2003 以后版本新增加的功能。此区域只是包含用于分辨主要区域权威 DNS 服务器的记录,有以下三种记录类型。

① SOA（起始授权机构）：此记录用于识别该区域的主要 DNS 服务器和其他区域属性。

② NS（名称服务器）：此记录包含此区域的权威 DNS 服务器列表。

③ A（A 记录）：此记录包含此区域的权威 DNS 服务器的 IP 地址。

由于这是网络中配置的第一台独立服务器,因此本节选择默认的"主要区域"选项。单击"下一步"按钮进入下一环节。

3）配置区域名称

在"新建区域向导"对话框中输入区域的名称：hbeu. cn,单击"下一步"按钮进入下一环节。

4）配置区域文件名称

这里使用系统默认的区域文件名,因此这一步可以直接单击"下一步"按钮进入下一环节。也可以在对话框中的文本栏中输入自定义的文件名称。

5）选择动态更新的类型

DNS 的动态更新是指当计算机对应的主机名及 IP 地址发生变动时,DNS 系统能自动更新 DNS 服务器上的 A 记录或 PTR 记录。

DNS 服务的动态更新有以下三种类型。

Windows Server 的常用配置

（1）安全动态更新

安全的动态更新适用于活动目录集成的区域，只有在活动目录中经过身份验证的用户才能够更新 DNS 区域中的记录。

（2）非安全动态更新

这种类型的动态更新允许任何用户更新 DNS 区域中的记录，不管这些用户是否经过活动目录的身份验证。如果想让不在活动目录中内的客户端也可以更新，则可以使用此类型，但同时这种更新也是最不安全的更新。

（3）不允许动态更新

如果选择此更新类型，则所有资源记录都必须手工更新变动的数据记录。

由于本节使用独立服务器配置 DNS 服务，因此为了安全可靠，这里建议使用"不允许动态更新"选项，单击"下一步"按钮进入下一环节。

6）完成配置

在"新建区域向导"向导对话框中单击"完成"按钮完成 DNS 正向查找区域的配置。配置完成后，将出现如图 2.24 所示的界面。

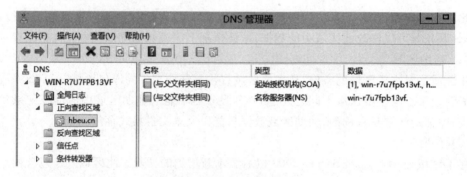

图 2.24　DNS 配置的正向查找区域

从图 2.24 中可以发现，当创建正向查找区域 hbeu.cn 后，DNS 管理器在此区域中会自动建立两个资源记录，分别是 SOA 记录与 NS 记录。SOA 记录表明了谁是这个区域的所有者，NS 记录表明谁对这个区域有解释权，即谁是权威 DNS。

3. 创建对应的反向查找区域

正向查找区域创建完成后，为了向网络提供 IP 地址到域名的解析服务，还需要接着创建反向查找区域。其操作步骤与正向查找区域的操作类似。

1）打开"新建区域向导"对话框

鼠标右击图 2.24 中的"反向查找区域"节点，选择右键菜单中的"新建区域"选项。在随后打开的"新建区域向导"对话框中，直接单击"下一步"按钮进入下一环节。

2）选择区域类型

反向查找区域的类型与正向查找区域相同，也是有三种类型。这里同样选择"主要区域"选项，单击"下一步"按钮进入下一环节。

3）选择 IP 地址是 IPv4 还是 IPv6

本教材中涉及的所有网络均是 IPv4 网络，因此在出现的对话框中选择默认的"IPv4 反向查找区域"选项。单击"下一步"按钮进入下一环节。

4）配置反向查找区域对应的名称

反向查找区域的名称可以通过网络 ID 或 2.3.1 节所介绍的基础结构域名.arpa 表示。

为了简单起见,这里使用网络 ID：211.85.1 表示反向查找区域的名称,如图 2.25 所示。图中输入的网络 ID 是属于 hbeu.cn 区域对应的 IP 地址的网络部分。单击"下一步"按钮进入下一环节。

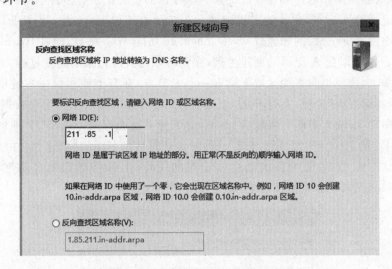

图 2.25　配置反向查找区域的名称

5）配置反向查找区域文件的名称

DNS 系统默认会以反向的网络 ID 创建反向查找区域的文件名称。例如本例中,DNS 系统默认创建的区域文件名为：1.85.211.in-addr.arpa.dns。这里建议使用默认的名称。单击"下一步"按钮进入下一环节。

6）选择动态更新的类型

反向查找区域的动态更新类型与正向查找区域的动态更新是相同的,这里选择使用"不允许动态更新"选项,单击"下一步"按钮进入下一环节。

7）完成配置

在"新建区域向导"向导对话框中单击"完成"按钮完成 DNS 反向查找区域的配置。配置完成后,将出现如图 2.26 所示的界面。

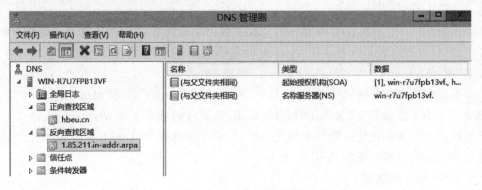

图 2.26　反向查找区域

Windows Server 的常用配置

与正向查找区域一样,在完成反向查找区域的创建后,DNS 管理器也会自动创建 SOA 与 NS 两个默认的资源记录。

4. 建立资源记录

完成正向及反向区域的创建完成后,DNS 服务器若要向所属域(例如 hbeu.cn)提供域名解析服务,则必须接着创建其他资源记录。区域内的资源记录有多种不同的类型,其中最基本的资源记录是 A 记录,也称为主机记录。在二级域名 hbeu.cn 中,Web、FTP 等站点的域名就需要使用主机记录,例如通过 www.hbeu.cn 访问 Web 站点,通过 ftp.hbeu.cn 访问 FTP 站点等。本节以此 A 记录的创建为例,介绍区域内资源记录的建立过程。

在图 2.26 中选择正向查找区域下的 hbeu.cn 节点,在其上使用鼠标右键单击,选择右键菜单中的"新建主机"选项,在打开的"新建主机"对话框中输入相关记录数据,如图 2.27 所示,在"名称"栏中输入当前二级域名 hbeu.cn 下的主机名称 www、在"IP 地址"栏中输入主机 www 对应的 IP 地址"211.85.1.3"。同时勾选对话框下面的"创建相关的指针(PTR)记录"选项,此选项可以在正向区域创建 A 记录的同时,让 DNS 管理器自动创建反向区域中对应的 PTR 记录(也称为指针记录)。

图 2.27 新建主机记录

单击图 2.27 中"添加主机"按钮即可完成主机记录的创建,此时在正向查找区域 hbeu.cn 节点下,可以发现出现了一个名称为 www 的主机记录,其对应的 IP 地址为 211.85.1.3,如图 2.28 所示。

如果转到反向查找区域下的节点"1.85.211.in-addr.arpa",同样也可以发现 DNS 管理器创建了一个名称为 211.85.1.3 的 PTR 记录,其对应的域名正是 www.hbeu.cn。

其他资源记录的创建过程基本与此类似,本节不再重复介绍,请有兴趣的读者自行创建其偶资源记录与其他主机的 A 记录。

5. DNS 服务的测试

与 DHCP 服务的测试一样,本节配置的 DNS 服务同样建立在 VMware 虚拟机中,因此

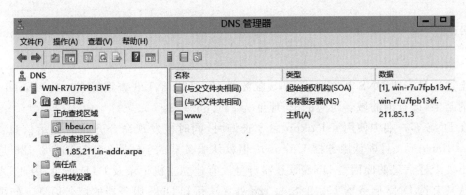

图 2.28　创建成功的主机记录

若要向真实的物理网络提供 DNS 服务,则需要将虚拟机的网络模式更改为桥接模式(即 Bridge 模式);如果只是在 VMware 提供的虚拟网络中进行测试,则建议将虚拟机的网络模式设置为 NAT 模式,使用另一个虚拟机作为 DNS 客户端进行 DNS 服务的测试。

本节使用虚拟机(Windows 7)作为 DNS 客户端进行 DNS 服务的测试。在虚拟机中打开"Internet 协议版本 4(TCP/IPv4)属性"对话框,并设置其 IP 地址参数,如图 2.29 所示。

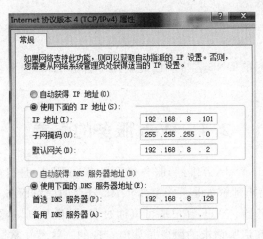

图 2.29　DNS 客户端的配置

图 2.29 中,"首选 DNS 服务器"设置为 192.168.8.128 的原因是前面配置的 DNS 服务器的 IP 地址为 192.168.8.128。单击此对话框中的"确定"按钮后,此虚拟机即客户机操作系统 Windows 7 将成为 DNS 服务器的客户端。此时在 Windows 7 的命令提示符下可以使用 nslookup 命令检测 DNS 服务器的解析是否成功,其命令操作的过程如下所示。

```
C:\Users\HBEU>nslookup          //nslookup 为域名查询命令
DNS request timed out.
    timeout was 2 seconds.
默认服务器: UnKnown
Address: 192.168.8.128
> www.hbeu.cn                    //查询域名 www.hbeu.cn 对应的 IP 地址
服务器: UnKnown
Address: 192.168.8.128
```

Windows Server 的常用配置

```
名称:     www.hbeu.cn
Address: 211.85.1.3
>
```

上述信息表明 DNS 客户端从 DNS 服务器 192.168.8.128 查询域名 www.hbeu.cn 时得到的结果,即查询的域名对应的 IP 地址为 211.85.1.3。

在 DNS 客户端中使用 nslookup 命令查询时,同时也发现命令开始时提示信息: DNS request timed out 且默认服务器 Unkown,但默认服务器的 IP 地址 192.168.8.128 是正确的。出现上述信息的原因是 DNS 服务器自身没有建立主机记录及 PTR 记录,因此 DNS 客户端从其首选 DNS 服务器 192.168.8.128 处无法得知 DNS 服务器的域名信息。如果需要让 DNS 客户端获得 DNS 服务器的具体域名信息,则必须使用上面介绍的配置方法为 DNS 服务器自身建立相关的主机记录及 PTR 记录。

例如,为 DNS 服务器创建主机记录(假设 DNS 服务器的主机名为 dns.hbeu.cn)及对应的 PTR 记录(反向区域的网络 ID 为 192.168.8.)后,再到 DNS 客户端(Windows 7)上进行测试时,就会发现 DNS 客户端成功查询到 DNS 服务器的域名信息,其测试结果如下。

```
C:\Users\chen>nslookup
默认服务器: dns.hbeu.cn
Address: 192.168.8.128
>
```

上述信息表明,此时的 DNS 客户端已经获得了首选 DNS 服务器 192.168.8.128 对应的域名信息为 dns.hbeu.cn。

2.4 Web 服务的配置

WWW(World Wide Web,万维网)服务也简称 Web 服务,是目前网络中最常见的信息服务。Web 服务可以简单理解为是一个基于 URL 资源的信息服务,一般将提供 Web 服务的计算机称为 Web 服务器。Web 客户端可以通过各种 Web 浏览器请求得到 Web 服务器的信息服务,而不需要知道所请求的服务是如何实现的。熟悉并掌握 Web 服务的基本配置对于网络工程中的 Web 测试非常重要。

2.4.1 Web 的工作原理

Web 服务是典型的基于客户/服务器模式的应用,客户端主要通过 Web 浏览器使用 Web 服务,而服务器端则通过 HTML(HyperText Markup Language,超文本标记语言)来组织各种信息资源,并形成各种网页,网页中可以包含文本、图像、音视频等信息。当 Web 客户端通过浏览器向 Web 服务器提交一个 URL 请求时,Web 服务器将根据 URL 将对应的 HTML 文件通过 HTTP(HyperText Transfer Protocol,超文本传输协议)传送给客户端的 Web 浏览器,Web 浏览器对所获得的 HTML 文件进行解析,并将结果显示在浏览器的窗口中,这就是 Web 服务的基本过程。

1. HTML

HTML 是一种标记语言,通过定义的一系列标记来说明网页的内容及其格式。使用

HTML 编写的文件即网页文件,网页中的文本、表格等信息可以直接放在 HTML 文件中,但其他的非文本信息(例如图片、音视频等)则单独存放在其他文件中,HTML 文件只保存这些非文本文件的位置(即 URL)。在 HTML 编写的网页文件中,还包含一些指向其他服务器资源的指针,这些指针称为超链接(Hyperlink),也可简称为超链。正是通过这些超链,Web 客户端可以从一个 Web 站点跳转到另一个 Web 站点,并不断获得新的信息。

下面是一个使用 HTML 编写的简单网页内容。

```
<html>                         <!-- HTML 文档的开始 -->
<head>                         <!-- 首部开始 -->
<title>简单的 HTML 网页</title>   <!-- 文档的标题 -->
</head>                        <!-- 首部结束 -->
<body>                         <!-- 主体开始 -->
<h1>以下是网站超链接</h1>         <!-- 使用 h1 表示一级标题 -->
<p>这是一段普通的段落.</p>        <!-- 使用<p>与</p>表示段落 -->
   <a href = "http://www.qq.com">访问腾讯网站</a><br>  <!-- 使用<a>与</a>表示超链接 -->
   <a href = "http://www.hbeu.cn">访问湖北工程学院网站</a>
</body>                        <!-- 主体结束 -->
</html>                        <!-- HTML 文档的结束 -->
```

上述内容中,注释标签<!-- 与 -->用于在 HTML 文档中插入注释,浏览器不会显示这些注释,但这些注释对于阅读 HTML 文档很有帮助。至于上述内容中的其他标签,请有兴趣的读者参阅其他资料。将上述内容使用文本编辑器保存到扩展名为. html 的文档中(例如 index. html),就可以使用浏览器打开它并测试其显示效果。如果文档编辑没有错误,则浏览器打开后显示的效果应该如图 2.30 所示。

图 2.30　index. html 网页显示的效果

2. URL 地址

为了准确描述互联网中各类资源的位置,Web 服务使用 URL(Uniform Resource Locator,统一资源定位符)来精确定位。URL 由字符串组成,可以分为三个部分:第一个部分是访问资源使用的协议,目前最常见的协议是 HTTP 与 FTP;第二部分是资源所在的计算机名称或 IP 地址;第三部分是资源在计算机中的具体路径名称。URL 的通用格式如下所示。

<协议>://<主机>:<端口>/<路径>

此格式中的端口如果是默认端口,则可以不写。例如,某个 Web 服务器的默认端口为80,则在访问此服务器时:80 可以不写,Web 的这种访问方式最为常见。

Windows Server 的常用配置

3. HTTP

HTTP 是 Web 客户端浏览器与 Web 服务器之间的应用层协议,此协议定义了浏览器如何向 Web 服务器请求 Web 文档,以及 Web 服务器应该如何将 Web 文档发送给客户端的浏览器。HTTP 使用了面向连接的传输层协议 TCP,保证了数据的可靠传输,但 HTTP 自身是无连接的应用层协议,Web 客户端与服务器之间在进行 HTTP 传输前不需要建立 HTTP 连接。

当用户在 Web 客户端的浏览器中单击一个超链接后,HTTP 将首先与 Web 服务器建立 TCP 连接,与其他 TCP 连接的"三次握手"不同的是:当前两次握手完成后,Web 浏览器将把 HTTP 请求报文捎带进第三次握手的报文中。因此 Web 客户端请求一个文档的时间等于该文档的传输时间加上两倍的往返时间,而同时 HTTP 是无状态的协议,即每次 HTTP 请求对于服务器而言,都是一次全新的请求,每次 HTTP 连接都需要重新建立 TCP 连接,这种连接方式很容易使 Web 服务器的负担变重。

在 HTTP/1.1 版本的协议中,还使用了持续连接功能。持续连接是指 Web 服务器在发送响应文档后,仍然在一段时间内保持此 TCP 连接不释放,同一个 Web 客户端的浏览器与 Web 服务器可以继续在这条 TCP 连接上传输后续的 HTTP 请求或响应报文。

目前流行的 Web 浏览器(如 IE 等)还使用流水线方式进行 HTTP 报文的传输,在这种方式下,Web 客户端的浏览器在收到 HTTP 的响应报文之前就可以连续发送新的 HTTP 请求报文,浏览器的请求报文一个接一个地发送到 Web 服务器,Web 服务器同样可以连续发送响应报文。因此使用流水线方式的 HTTP 可以让客户访问所有文档时,只需花费一个往返时间,同时 TCP 连接的利用率可以大大提高。

上述概念是有关 Web 工作原理的基本内容,至于 Web 服务的技术细节,本教材不做介绍。作为网络工程实践类的教材,本节的目的是让读者了解网络工程测试中经常使用的 Web 服务,并掌握建立 Web 服务平台的能力,至于 Web 技术更深入的内容,如网站设计、网页开发等,请读者阅读其他网络编程类教材。

2.4.2 Web 服务的安装

在 Windows Server 2012 R2 版本中,Web 服务及 2.5 节将要介绍的 FTP 服务均被集成到了 IIS(Internet Information Service)中,为了安装 IIS,需要在服务器上添加"Web 服务器"角色。进行 Web 服务安装前的准备工作与前面其他服务的要求类似(如图 2.6 所示),这里不再重复介绍。

准备工作完成后,就可以按照下面的步骤进行操作。

1. 启动"添加角色和功能向导"对话框

打开"服务器管理器"程序,在打开的"服务器管理器"窗口中,单击"仪表板"界面(如图 2.5 所示)中的"2 添加角色和功能"超链接打开"添加角色和功能向导"对话框(如图 2.6 所示)。由于在前面章节中已经完成了添加角色和功能所需的准备工作,因此这里可以直接单击"下一步"按钮进入下一环节。

2. 在出现的对话框中选择安装类型

这里选择"基于角色或基于功能的安装"选项,直接单击"下一步"按钮进入下一环节。

3. 在出现的对话框中选择安装的服务器

这里配置的服务器就是本地服务器,因此使用默认识别的本地服务器,直接单击"下一步"按钮进入下一环节。

4. 在出现的对话框中选择服务器角色

在出现的列表中勾选"Web 服务器(IIS)"选项,此时会自动弹出一个对话框,单击其中的"添加功能"按钮回到之前的界面。然后单击"下一步"按钮进入下一环节。

5. 确认安装

在出现的安装界面上连续单击"下一步"按钮,直至出现如图 2.31 所示对话框。

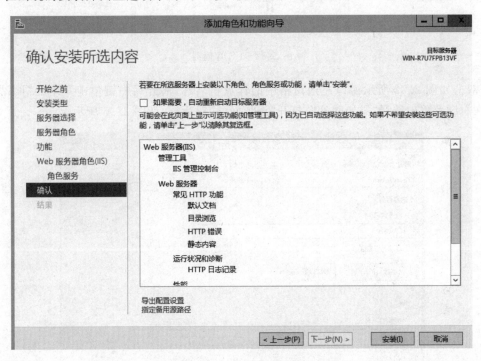

图 2.31　Web 服务器(IIS)的安装

单击图 2.31 中的"安装"按钮进行"Web 服务器(IIS)"的安装,耐心等待安装结束。安装全部结束后,Windows 服务器将在服务器管理器的仪表板上通知一个注意事项,提示安装已经成功。此时在服务器管理器程序窗口的"工具"菜单中将出现一个名为"Internet Information Service(IIS)管理器"的选项,单击此菜单选项将打开"IIS 管理器"程序,Windows Server 的 Web 服务及 FTP 服务均在此程序中进行配置与管理。

2.4.3　Web 服务的配置

Web 服务是网络工程中常见的测试对象,熟悉并掌握 Web 服务的配置是一项基本技能。在配置 Web 服务之前,一般需要将编辑好的众多网站文档存放到特定的文件夹内。本节为简单起见,使用 2.4.1 节中编辑的 HTML 文档 index.html 作为网站文档,存放到虚拟机服务器的 C:\web 文件夹中。

在"服务器管理器"的仪表板中单击上方的"工具"菜单,选择"Internet Information

Services(IIS)管理器"选项可以打开"IIS 管理器"程序窗口,其界面如图 2.32 所示。

图 2.32　IIS 管理器

　　双击如图 2.32 所示窗口左边窗格中的计算机名称,展开后右键单击其中的"网站"节点,在右键菜单中选择"添加网站",打开"添加网站"对话框,如图 2.33 所示。

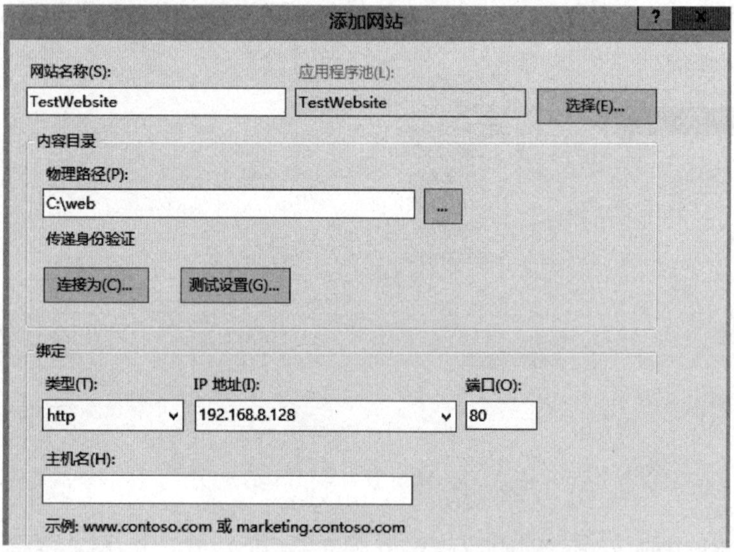

图 2.33　"添加网站"对话框

　　在图 2.33 所示界面中输入网站名称(例如 TestWebsite)、指定网站所在的物理路径(例如 C:\web)、绑定 IP 地址为 192.168.8.128、默认端口为 80。完成这些参数的配置后,单击对话框的"确定"按钮即可完成 Web 服务的配置。此时"IIS 管理器"程序窗口左边的导航窗格中将出现刚刚创建的网站 TestWebsite 节点,如图 2.34 所示。

　　在图 2.34 所示界面的中间,管理员可以根据需要双击其中的功能图标,打开相对应的对话框进行诸如默认文档、身份验证、日志、SSL 设置等功能操作;也可以通过图 2.34 所示界面最右边的操作选项进行诸如绑定、基本设置、高级设置等功能操作。这些功能都是在进行 Web 网站管理与维护过程中,可能会使用到的功能,请有兴趣的读者自行操作练习。

图 2.34　创建成功的站点 TestWebsite

2.5　FTP 服务的配置

　　FTP(File Transfer Protocol,文件传送协议)是互联网上使用最早的、用于文件传输的协议。通过使用 FTP,服务器可以为客户提供文件上传、下载服务,FTP 服务是早期互联网中使用最广泛的文件传输应用。但随着互联网技术的发展,目前在互联网中进行文件传输时,使用得更多的是一些 P2P 类软件,例如迅雷、QQ 旋风等下载软件。FTP 服务目前更多地出现在企事业网内部,用于在内部网络中进行文件的共享或发布。在 Windows Server 2012 R2 版本中,FTP 服务与 2.4 节介绍的 Web 服务都被集成到同一个功能模块,即 Web 服务器(IIS)功能模块中。

2.5.1　FTP 的工作原理

　　FTP 服务器通过客户/服务器方式为 FTP 客户端提供文件传输服务,一个 FTP 服务进程可以同时为多个 FTP 客户进程提供文件传输服务。FTP 服务进程默认打开熟知端口(端口号默认为 21),使 FTP 客户进程可以主动发起对 FTP 服务器的连接,这个连接称为控制连接。控制连接在整个会话期间一直保持打开,FTP 客户进程发出的文件传输请求通过控制连接发送给 FTP 服务端的控制进程,但是控制连接并不用来传输文件,实际用于传输文件的是其数据连接。FTP 服务端的控制进程在接收到 FTP 客户发送来的文件传输请求后就会自动创建数据传输进程及数据连接,用来完成文件的传输过程。数据传输进程实际完成文件的传输,在传输任务完毕后自动关闭数据连接。FTP 的这两种不同的连接如图 2.35所示。

　　需要注意的是 FTP 在进行控制连接时的默认端口为 21,但是进行数据连接的端口并不一定是默认的 20 端口。这与 FTP 的连接模式有关,FTP 的连接模式有两种:PORT 和 PASV。PORT 模式是一个主动连接模式,而 PASV 是被动连接模式,这里的主动和被动均是相对于 FTP 服务器而言的模式。

图 2.35　FTP 的两个连接

在 PORT 模式下,FTP 的连接过程是:客户端先用随机 X 端口与 FTP 服务器默认的 21 号端口建立连接,FTP 服务器同意连接后就可以建立一条控制连接。在数据传输时 FTP 客户端从与 21 号端口建立的控制连接中发送一个 PORT 命令要求建立主动模式连接,并通知服务器自己的某个随机端口(例如 Y)已经准备好了,接下来 FTP 服务器通过从默认的 20 号端口向 FTP 客户端的 Y 端口发送数据连接请求。这种由服务器主动发出数据连接请求的模式即称为主动模式。

在 PASV 模式下,FTP 的连接过程是:客户端先用随机 X 端口与 FTP 服务器默认的 21 号端口建立连接,与 PORT 模式一样,当 FTP 服务器同意连接后就可以建立一条控制连接。在数据传输时 FTP 客户端从与 21 号端口建立的控制连接中发送一个 PASV 命令要求建立被动式连接,而 FTP 服务器选择一个随机端口 Y,并利用控制连接通道通知 FTP 客户端自己的端口 Y。FTP 客户端使用随机端口 Z 向 FTP 服务器的 Y 端口发出数据连接请求。这种由 FTP 客户端主动发出数据连接请求、FTP 服务器被动接收连接的模式称为被动模式。

FTP 服务中之所以会出现 PASV 模式的原因是由于现在的网络边界已经大量出现防火墙之类的边界设备,防火墙在默认情况下是不允许来自外部网络的计算机主动发起对内网计算机的连接,而一般情况下是允许内部计算机主动与外部网络中其他计算机进行连接。因此 FTP 服务器只有使用 PASV 模式,让处于防火墙内部的计算机主动发起数据连接后,才能实现其数据传输。

目前 Windows 操作系统的 IE 浏览器默认使用 PASV 模式进行 FTP 的文件传输。如果需要改变其默认的连接模式,可以打开 IE 浏览器的“工具”菜单,选择“Internet 选项”菜单,在“Internet 选项”对话框中选择“高级”选项卡,在出现的设置列表中取消或勾选“使用被动 FTP”选项,就可以设置当前计算机 FTP 连接的模式为主动模式 PORT 或被动模式 PASV,其设置界面如图 2.36 所示。

2.5.2　FTP 服务的安装

Windows 系统将 FTP 服务与 Web 服务统一到了 Internet 信息服务(IIS)中,因此在 Windows 服务器中安装 FTP 服务的前提是要安装 Web 服务器(IIS),IIS 的核心服务是 Web 服务,FTP 服务器默认情况下并没有安装,因此安装 FTP 服务时需要一并安装 Web 服务器功能。

安装前的准备工作与前面介绍的 DHCP、DNS、Web 服务类似,这里不再重复说明。安装 FTP 服务的基本操作过程如下。

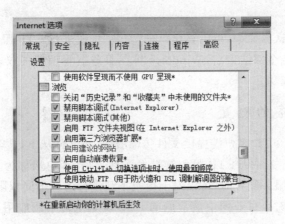

图 2.36 设置 IE 浏览器的 FTP 连接模式

1. 启动"添加角色和功能向导"对话框

打开"服务器管理器"程序,在打开的"服务器管理器"窗口中,单击"仪表板"界面(如图 2.5 所示)中的"2 添加角色和功能"超链接打开"添加角色和功能向导"对话框(如图 2.6 所示)。由于在前面章节中已经完成了添加角色和功能所需的准备工作,因此在本节安装 FTP 服务时,可以直接单击"下一步"按钮进入下一环节。

2. 在出现的对话框中选择安装类型

这里选择"基于角色或基于功能的安装"选项,直接单击"下一步"按钮进入下一环节。

3. 在出现的对话框中选择安装的服务器

这里配置的服务器就是本地服务器,因此使用默认识别的本地服务器,直接单击"下一步"按钮进入下一环节。

4. 在出现的对话框中选择服务器角色

在出现的列表中展开"服务器角色"选项,勾选其下的"FTP 服务器"选项,如图 2.37 所示。然后连续单击"下一步"按钮进入最后的确认环节。

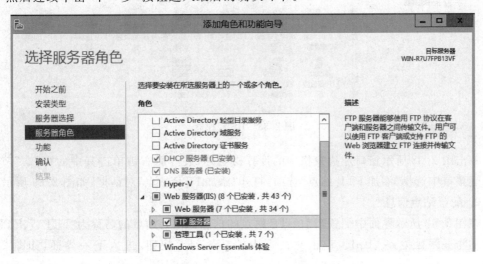

图 2.37 安装 Web 服务器(IIS)的 FTP 服务器

5. 确认安装

在最后的功能确认界面中,可以直接单击"安装"按钮进行 FTP 服务器的安装。耐心等待安装结束,功能安装全部结束后,Windows 将在服务器管理器的仪表板上通知一个注意事项,提示安装已经成功。

2.5.3 FTP 服务的配置

FTP 服务可以向 FTP 客户端提供文件传输服务,将文件从 FTP 客户端发送到 FTP 服务器端称为上传,而将文件从 FTP 服务器端发送到 FTP 客户端称为下载。根据网络应用的需求,在进行 FTP 服务配置时,可以对上传及下载进行各种不同权限的配置,以达到不同的管理需求。本节针对企事业网中最常见的 FTP 匿名上传下载应用,说明 FTP 服务配置的一般过程。

FTP 匿名传输服务的应用适用于不需要对文件进行安全控制的情形,网络中的任何用户都可以使用资源管理器作为自己的 FTP 客户端对 FTP 服务器进行上传或下载的文件传输操作。在进行 FTP 服务配置之前,需要在 FTP 服务器的磁盘空间中建立一个用于 FTP 上传下载的文件夹(也称为 FTP 根目录),例如在 C:\FTP1,此文件夹中将保存 FTP 传输的所有文件,是 FTP 服务器的根目录。

1. 添加 FTP 站点

在"服务器管理器"的仪表板中单击上方的"工具"菜单,选择"Internet Information Services(IIS)管理器"选项可以打开"IIS 管理器"程序窗口,如图 2.38 所示。

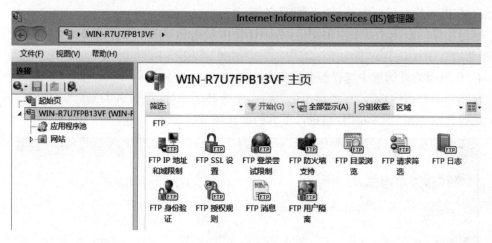

图 2.38 IIS 管理器

双击图 2.38 所示窗口左边窗格中的计算机名称,展开后右键单击其中的"网站"节点,在右键菜单中选择"添加 FTP 站点"选项,打开"添加 FTP 站点"对话框,如图 2.39 所示。

2. 配置站点信息

在图 2.39 所示界面中配置当前 FTP 站点的信息:FTP 站点的名称为"FTP1"、FTP 根目录的物理路径为 c:\ftp1。单击对话框中的"下一步"按钮,进入下一界面,如图 2.40 所示。

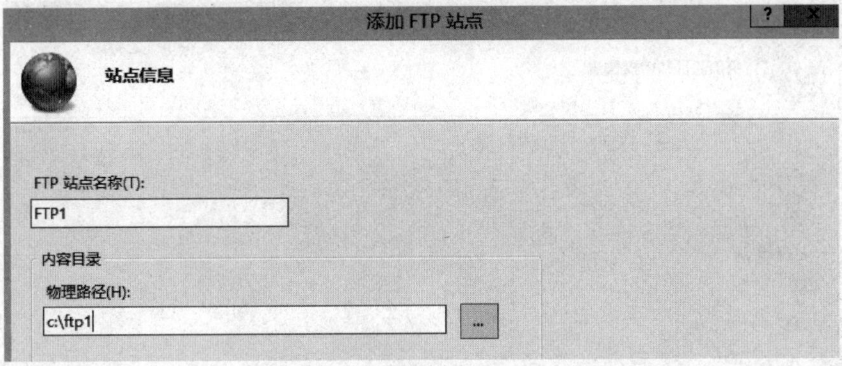

图 2.39 "添加 FTP 站点"对话框

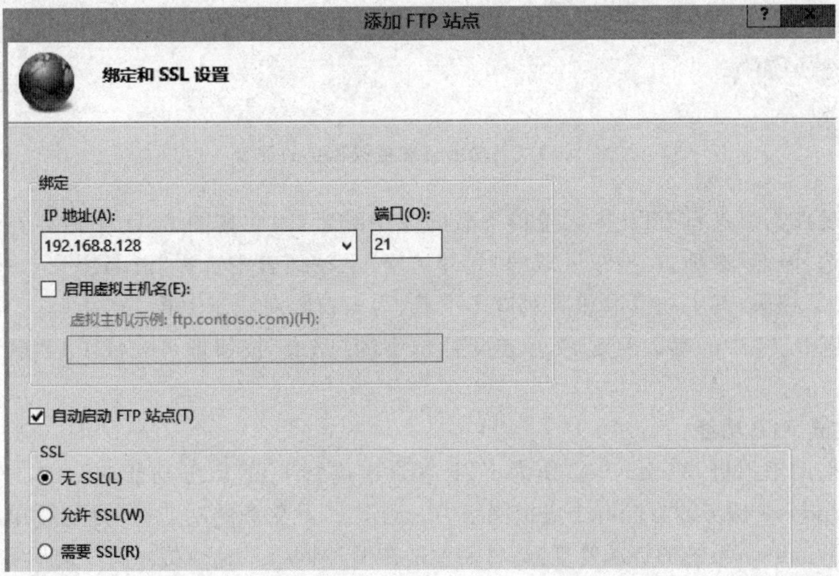

图 2.40 绑定和 SSL 设置

3. 绑定和 SSL 设置

在图 2.40 中,单击绑定区域中的"IP 地址"下拉菜单,选择当前服务器的 IP 地址即 192.168.8.128,其后的默认端口 21 一般不需要修改,此端口号如果进行修改,则在 FTP 客户端中进行访问时,必须使用此端口号才能进行访问。

在 SSL 区域中,选择"无 SSL"选项。进行 SSL 配置需要使用 SSL 证书,由于本节的 IIS 配置与证书无关,因此选择"无 SSL"选项。SSL 协议可以为 IIS(包括 FTP 与 Web 服务)提供更安全的网络加密服务,本章的后续章节将介绍其应用,本节实验均不使用 SSL 功能。

完成图 2.40 中的设置后,单击对话框中的"下一步"按钮进入下一环节。

4. 身份验证和授权信息的配置

在此步中需要完成身份验证和授权信息的配置,其配置界面如图 2.41 所示。

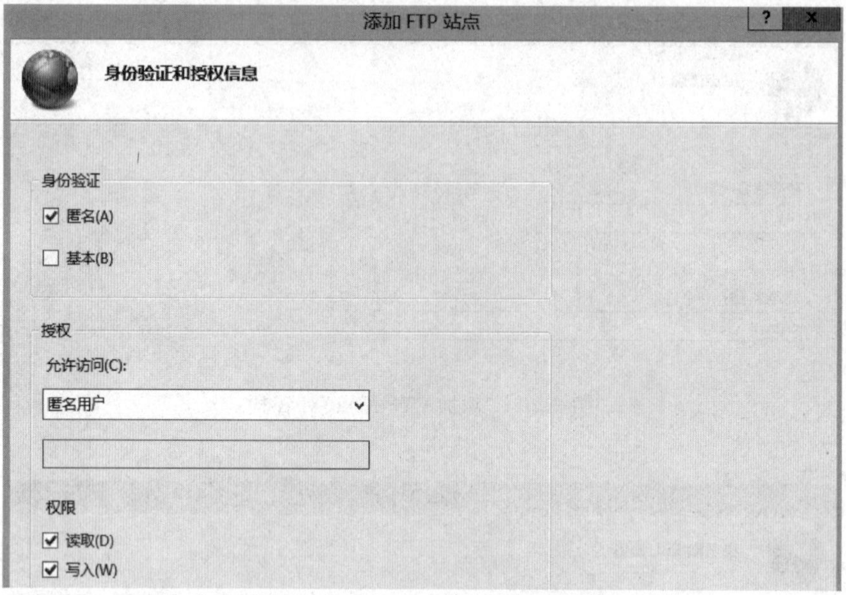

图 2.41　身份验证和授权信息的配置

　　由于现在需要进行 FTP 匿名上传下载的应用配置,因此在图 2.41 中需要在身份验证区域中勾选"匿名"选项,在授权区域的"允许访问"下拉列表中选择"匿名用户",并勾选"读取"与"写入"权限,其中的读取权限对应于下载、写入权限对应于上传。

　　完成图 2.41 中的参数配置后,单击对话框中的"完成"按钮即可完成 FTP 匿名访问服务的配置。

5. 测试 FTP 功能

　　本节采用虚拟机 Windows 7 作为 FTP 客户端进行 FTP 服务功能的测试,Windows 7 与当前 Windows 服务器在同一个虚拟网络中。测试 FTP 服务的功能有两种不同的方法:一种是使用 Windows 系统的资源管理器,另一种是在 Windows 的命令提示符中使用 ftp 命令。

　　最简单的测试方式是第一种,在桌面上打开 Windows 资源管理器程序,在其窗口的地址栏中输入 URL ftp://192.168.8.128 即可打开目标 FTP 服务器,其操作界面如图 2.42 所示。在资源管理器右边的内容窗格中,用户可以像操作本地磁盘文件一样,进行各种文件或文件夹的操作(包括上传、下载、删除、重命名等)。图 2.42 的内容窗格目前为空,原因是当前 FTP 的根目录还没有上传任何文件或文件夹。

　　另一种方式需要打开命令提示符窗口,在命令提示符后选定工作目录后,输入"ftp 192.168.8.128"命令即可打开目标 FTP 服务器,操作过程如下所示。

```
C:\Users\HBEU>ftp 192.168.8.128          //ftp 命令用于同 FTP 服务器进行文件传输操作
连接到 192.168.8.128.
220 Microsoft FTP Service
用户(192.168.8.128:(none)): anonymous    //输入匿名用户名称
331 Anonymous access allowed, send identity (e-mail name) as password.
密码:                                      //匿名用户的密码为空,这里直接回车
230 User logged in.                        //此信息表明,当前用户已经成功登录到目标 FTP 服务器
ftp> dir                                   //查看 FTP 服务器的根目录
```

```
200 PORT command successful.
125 Data connection already open; Transfer starting.
226 Transfer complete.
ftp>
```

上述信息中,下画线上标明的是键盘输入数据。其中,anonymous 是 FTP 客户端匿名登录 FTP 服务器时使用的默认名称,此用户名对应的密码为空。dir 命令用于查看当前 FTP 根目录中的文件信息,显示的结果表明当前 FTP 根目录是空的。在此命令提示符(ftp>)后,用户还可以通过 get 命令进行文件的下载、put 命令进行文件的上传等操作,其他操作命令这里不一一列举。如果需要退出此环境,则可以使用 quit 命令。

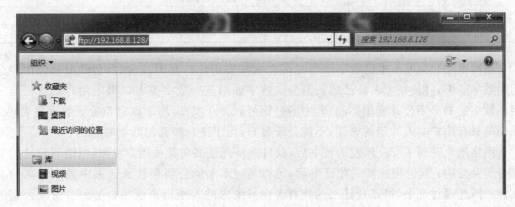

图 2.42　使用资源管理器访问 FTP 服务器

2.6　CA 服务的配置

互联网发展到今天,其连接问题已经基本解决,但不断出现的安全问题已经成为当前互联网面临的主要问题。这些问题中,最重要的是如何在不可信的互联网中保证通信双方之间的信任,并确保传输的信息具有完整性、机密性、不可否认性。目前,解决这类问题的基础技术是应用 PKI(Public Key Infrastructure,公钥基础设施)技术,PKI 技术是一种密钥管理体系,可以为网络应用提供加密和数字签名等安全服务,并提供密钥与证书的管理与维护。PKI 是信息安全技术的核心,同时也是当前流行的电子商务、电子政务平台的基础技术。在PKI 体系中,通常需要一个可信的第三方提供密钥的管理及数字证书的颁发、仲裁等服务,这个角色一般由专门的 CA(Certificate Authority,证书授权中心,也称认证中心)充当。本节主要介绍 CA 服务在 Windows Server 2012 上的实现,完整的 PKI 体系请读者参阅其他安全类书籍。

2.6.1　CA 的工作原理

CA 是一个向个人、计算机或任何其他申请实体颁发数字证书(也可简称为证书)的可信实体。CA 受理证书的申请,并根据该 CA 的策略验证申请人的信息,然后使用其私钥将其数字签名应用于证书。然后 CA 再将此证书颁发给该证书的主体,作为 PKI 体系中的安全凭据。

CA 颁发的证书均遵循 X.509 标准,此标准已经广泛应用于许多网络安全协议中。

Windows Server 的常用配置

表 2.1 描述了 X.509 数字证书主要字段域的含义。

表 2.1　X.509 数字证书主要字段域的含义

字 段 域	含 义
Version	证书版本号，不同版本的证书格式略有不同
Serial Number	序列号，同一认证机构签发的证书序列号唯一
Algorithm Identifier	签名算法，包括必要的参数
Issuer	认证机构的标识信息
Period Validity	有效期
Subject	证书持有人的标识信息
Subject's Public Key	证书持有人的公钥
Signature	认证机构对证书的签名

当网络用户向 CA 申请数字证书时，CA 在核实用户的真实身份后，会颁发包含用户公钥的数字证书，并使用 CA 自己的私钥为该数字证书进行数字签名以绑定用户的身份与公钥。数字证书采用公开密钥体制，其中的公钥可以公开发布，用于加密与验证数字签名；而私钥是只有用户本人知道的密钥，不能公开发布，用于进行解密与数字签名。

网络用户获得了 CA 颁发的证书后，就可以将此证书向其他用户发布，以表明自己的真实身份及公钥；其他用户拿到此证书后，可以通过 CA 的公钥来验证证书中数字签名的真实性。因此通过证书，可以让证书的拥有者向系统内的其他用户证明自己的身份及公钥的真实性。

由于不同的 CA 使用不同的方法验证公钥与主体之间的关系，因此在选择信任该 CA 之前，理解该 CA 的策略是非常重要的。CA 在受理证书请求以及颁发证书、吊销证书和发布时所采用的一套标准被称为 CA 策略。

2.6.2　CA 服务的安装

在 Windows Server 2012 R2 中，CA 服务以"Active Directory 证书服务"的角色出现。本节将详细介绍此角色的安装过程。

1. 启动"添加角色和功能向导"对话框

打开"服务器管理器"程序，在打开的"服务器管理器"窗口中，单击"仪表板"界面（如图 2.5 所示）中的"2 添加角色和功能"超链接打开"添加角色和功能向导"对话框（如图 2.6 所示）。由于在前面章节中已经完成了添加角色和功能所需的准备工作，因此在本节安装服务时，可以直接单击"下一步"按钮进入下一环节。

2. 选择安装类型

这里选择"基于角色或基于功能的安装"选项，直接单击"下一步"按钮进入下一环节。

3. 选择安装的服务器

这里配置的服务器就是本地服务器，因此使用默认识别的本地服务器，直接单击"下一步"按钮进入下一环节。

4. 选择服务器角色

在出现的列表中（如图 2.43 所示）勾选"Active Directory 证书服务"选项，此时会自动弹出一个对话框，单击其中的"添加功能"按钮回到之前的界面。然后连续单击"下一步"按钮进入下一环节(如图 2.44 所示)。

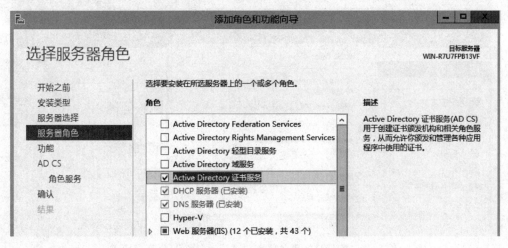

图 2.43 选择"服务器角色"

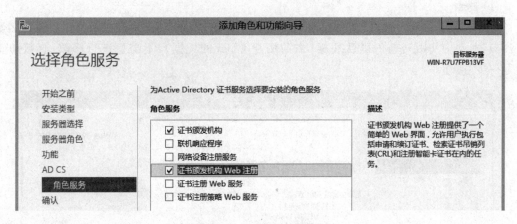

图 2.44 选择"角色服务"

5. 选择角色服务

在图 2.44 所示的界面中,勾选"证书颁发机构"与"证书颁发机构 Web 注册"两个角色服务。其中的"证书颁发机构"服务用于实现前面所介绍的 CA 功能,而"证书颁发机构 Web注册"服务可以为网络用户提供一个简单的 Web 界面,用户在这个 Web 界面上可以进行证书的相关操作。

6. 完成安装

单击图 2.44 所示对话框中的"下一步"按钮,在最后的功能确认界面中,直接单击"安装"按钮进行安装。安装全部结束后,服务器管理器的仪表板上将通知一个注意事项,如图 2.45 所示,此信息表明还需要继续配置目标服务器上的 Active Directory 证书服务(可以简称 AD CS),才能完成最后的安装。

单击图 2.45 界面中的"目标服务器上的 Active Directory 证书服务"超链接,可以打开如图 2.46 所示的"AD CS 配置"窗口。

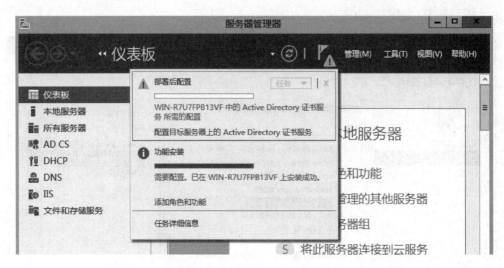

图 2.45　配置目标服务器上的 Active Directory 证书服务

1）选择凭据

在图 2.46 中可以通过单击"更改"按钮选择不同的凭据（具有用户权限的用户账户名及密码），本例中使用当前的默认凭据（当前用户 Chen 的凭据），不需要进行修改，直接单击"下一步"按钮。

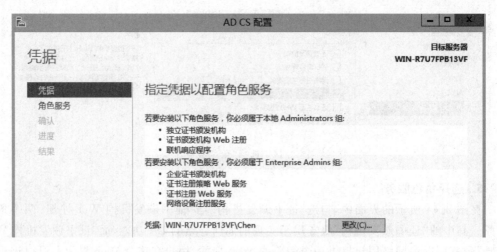

图 2.46　"AD CS 配置"界面

2）选择角色服务

在出现的对话框中，再次勾选"证书颁发机构"与"证书颁发机构 Web 注册"两个角色服务，如图 2.47 所示。单击"下一步"按钮。

3）指定 CA 的设置类型

在图 2.48 所示的界面中，可以指定 CA 的设置类型。Windows Server 中可以有两种不同的设置类型：企业 CA 与独立 CA。企业 CA 应用在域中，需要 Active Directory 域服务（简称 AD DS）支持，但在本章的服务器角色配置中并没有使用 AD 服务，因此在图 2.48 中"企业 CA"选项是灰色不可选项。这里只能选择"独立 CA"选项，独立 CA 类型不需要

AD DS。单击"下一步"按钮进入下一环节(如图 2.49 所示)。

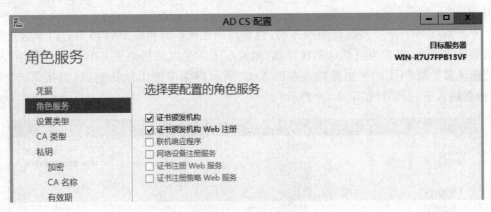

图 2.47　选择角色服务

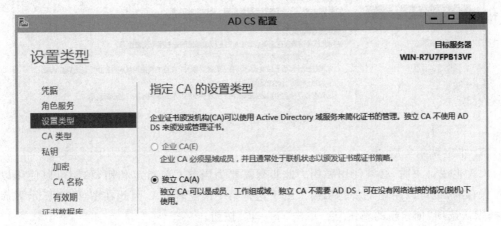

图 2.48　指定 CA 的设置类型

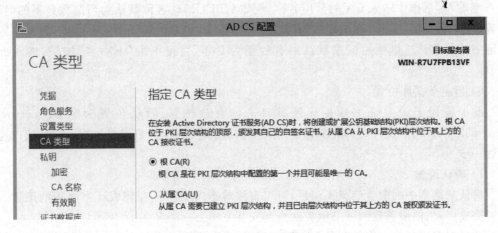

图 2.49　指定 CA 类型

4) 指定 CA 类型

CA 类型有两种：根 CA 与从属 CA。根 CA 是 PKI 体系中的第一个 CA,位于 PKI 体系的顶端,可以颁发自己的自签名证书。而从属 CA 必须从位于其上的 CA 授权才能颁发证书。

Windows Server 在安装证书服务时,会自动创建或扩展相应 PKI 体系。由于这是第一次安装证书服务,因此当前默认的选项是"根 CA";如果以后再建立 CA,则可以使用"从属 CA"选项来扩展 PKI 的层次结构。在图 2.49 所示界面中使用默认选项,直接单击"下一步"按钮进入下一环节(如图 2.50 所示)。

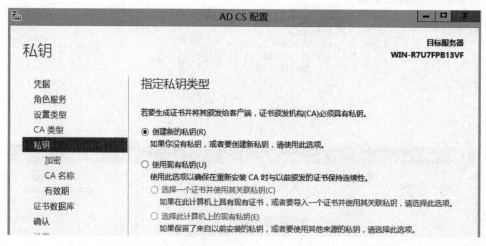

图 2.50　指定私钥类型

5) 指定私钥类型

CA 生成证书时,必须使用私钥。此步骤需要为当前 CA 指定私钥,私钥可以使用以前 CA 保存的,也可以建立全新的私钥。由于这是第一次配置 CA,因此在图 2.50 所示界面中选择默认选项"创建新的私钥"后,单击"下一步"按钮。

在随后出现的"加密选项"对话框中使用默认参数,直接单击"下一步"按钮;在出现的"CA 名称"对话框中输入 CA 的公用名称(例如 HBEU),此名称默认为当前服务器的名称,接着单击"下一步"按钮;在出现的"有效期"对话框中,可以设置证书的有效期,超过有效期后证书将失效。这里使用证书默认的有效期为 5 年,直接单击"下一步"按钮,进入下一环节。

6) 指定数据库位置

此步骤用于设置证书数据库及其日志的存放位置,默认位置为"C:\Windows\system32\CertLog"文件夹。此步骤使用系统默认的存放位置,直接单击"下一步"按钮进入最后一步。

7) 确认配置

确认对话框中的配置信息无误后,可以直接单击"配置"按钮完成证书服务的配置。此配置完成后,当前服务器的证书服务就全部安装完毕。

此时证书服务将在当前服务器上建立一个受信任的根证书 HBEU。此证书可以在服务器上通过 Windows 控制台进行查看,其操作的步骤如下。

(1) 打开 Windows 控制台

在 Windows 任务栏最左边的"开始"按钮上鼠标右键单击,选择右键菜单中的"运行"菜单项,在打开的"运行"对话框中输入命令"mmc"后回车,就可以打开 Windows 控制台程序窗口。此时的控制台窗口是空的,没有任何管理单元。

（2）添加"证书"管理单元

在控制台程序窗口中打开"文件"菜单,选择"添加/删除管理单元"菜单项打开其对话框,在对话框左边的"可用的管理单元"列表中选择"证书"项,单击中间的"添加"按钮,在弹出的"证书管理单元"对话框中选择"我的用户账户"选项,单击"完成"按钮回到"添加/删除管理单元"对话框。此时"证书"项将被添加到对话框右边的"所选管理单元"列表中,单击"确定"按钮回到控制台窗口。

（3）查看根证书

此时控制台窗口左边的导航窗格将出现"证书"节点,在此窗格中依次双击"证书""受信任的根证书颁发机构""证书"可以打开当前计算机信任的根证书列表,如图 2.51 中间窗格所示。

图 2.51　受信任的根证书

在图 2.51 所示界面中,中间窗格显示的是当前计算机(即当前配置的服务器)信任的所有根证书。其中的 HBEU 即前面创建的根 CA 自己颁发的根证书,其他证书则是 Windows 系统默认安装的其他受信任的根证书。这里的每一个根证书均代表着一个 PKI 系统中根 CA。双击图 2.51 界面的根证书 HBEU,可以进一步查看此证书的详细信息。

2.6.3　CA 服务的配置

CA 服务安装成功后,主要的操作是实现客户端的证书申请与颁发。客户端向 CA 申请证书最方便的方式是通过 Web 浏览器方式进行,下面以 Windows 7 作为客户端,说明使用 Web 浏览器进行证书申请的主要步骤。

1. CA 服务器上配置 Web 服务

在服务器上按 2.6.2 节的步骤安装证书服务后,CA 服务将自动创建一个用于证书申请与颁发的 Web 站点。打开服务器上的 IIS 管理器,展开其左边的节点,可以在 IIS 默认站点中发现有一个虚拟目录 CertSrv,如图 2.52 所示。虚拟目录 CertSrv 提供的正是用于证书申请与颁发的 Web 服务,但由于在前面的章节中,已经建立过其他 Web 站点(如 TestWebsite),这些新建立的 Web 站点已经使用了 Web 服务默认的 80 端口,所以现在的 CA 服务器还不能向客户端提供证书申请与颁发服务。CA 服务器上需要配置 Web 服务后才能向客户端提供正常的证书服务。

图 2.52　CA 服务的 Web 站点

1) 临时关闭其他 Web 站点

在 IIS 管理器的程序窗口中,鼠标右键单击其他 Web 站点(例如图 2.52 中的 TestWebsite 站点),在打开的右键菜单中选择"管理网站"菜单项,在其级联菜单中选择"停止"项停止 Web 服务。这样操作的目的是让 IIS 中默认的 Web 站点(即图 2.52 中的 Default Web Site 站点)可以使用 Web 服务的默认端口 80,这样其他申请证书的计算机就可以使用默认的 80 端口访问当前 CA 服务。

但是需要注意的是,在 Windows 7 等安全要求较高的操作系统中,为了保证数据传输的安全性,在进行 Web 浏览器申请证书时,系统均要求 CA 服务器提供 HTTPS 的连接,因此此时的端口将不再是 80 端口,而是 HTTPS 使用的 443 端口。80 端口现在只能用在一些较早的操作系统中,例如 Windows XP。

2) 配置默认 Web 站点的绑定参数

在图 2.52 所示界面左边选择 IIS 的默认网站 Default Web Site,单击图 2.52 界面右边的"绑定"链接,在打开的"网站绑定"对话框中单击"添加"按钮打开"添加网站绑定"对话框,如图 2.53 所示。在对话框中的"类型"列表中选择 https、"IP 地址"列表中选择 192.168.8.128(即当前服务器的 IP 地址),端口使用 HTTPS 协议默认的 443 端口,"SSL 证书"列表中选择根 CA 自己的根证书 HBEU。单击"确定"按钮回到"网站绑定"对话框后,单击"关闭"按钮结束配置。

此时 IIS 将可以使用虚拟目录 CertSrv 的 HTTPS 向其他客户端提供证书服务。

2. 客户端申请证书

在需要申请证书的计算机(例如 Windows 7)上使用 Web 浏览器打开 https://192.168.8.128/CertSrv 站点,可以看到如图 2.54 所示的界面。此界面的信息表明当前计算机对网站 192.168.8.128 上的安全证书不信任,其原因是客户端的 Windows 7 系统中并

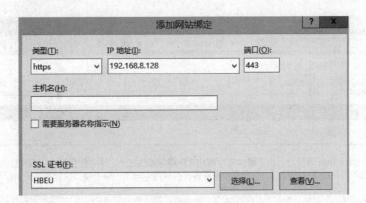

图 2.53　添加 HTTPS 连接

没有安装 192.168.8.128 服务器上的根证书 HBEU,因此浏览器建议关闭这个网页。对于这个信息有两种处理方式:一种是不管警告,直接单击"继续浏览此网站"超链接继续网页浏览;另一种是将 192.168.8.128 服务器上的根证书 HBEU 安装到当前系统中。为了后面实验操作的方便,这里建议使用第二种方式。

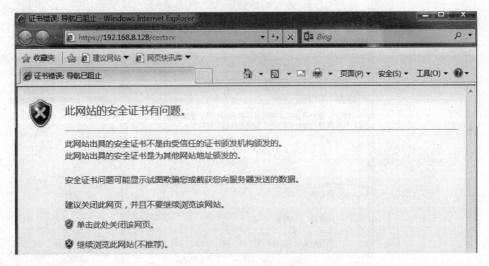

图 2.54　浏览器的安全警告

　　直接单击"继续浏览此网站"超链接进入证书申请的第一个页面,如图 2.55 所示。

　　单击图 2.55 所示页面中的"下载 CA 证书、证书链或 CRL"超链接,此时将弹出一个"Web 访问确认"对话框,单击对话框中的"是"按钮继续进入下一个页面,单击页面中的"下载 CA 证书"超链接,将相继弹出文件下载等警告对话框,单击"允许"按钮,最后客户端浏览器将打开一个从 CA 服务器 192.168.8.128 下载的根证书 HBEU,如图 2.56 所示。

　　为了让当前客户端信任 CA 服务器 192.168.8.128 所颁发的证书,需要安装 CA 服务器的根证书 HBEU。单击图 2.56 对话框中的"安装证书"按钮,打开"证书导入向导"对话框,单击"下一步"按钮。在出现的"证书存储"步骤中,选择"将所有的证书放入下列存储"选项,然后单击其后的"浏览"按钮,打开"选择证书存储"对话框,在此对话框所示列表中选择"受信任的根证书颁发机构",然后单击"确定"按钮回到上一对话框,其结果如图 2.57 所示。

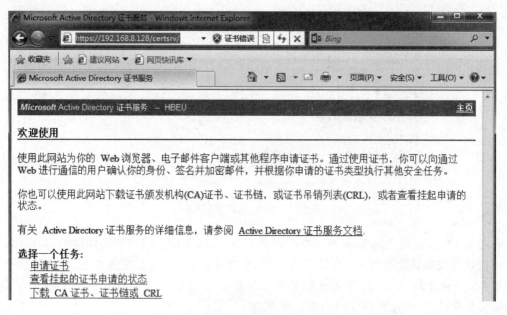

图 2.55 客户端申请证书的 Web 界面

图 2.56 根证书 HBEU

单击图 2.57 所示界面中的"下一步"按钮,进入最后的完成界面,单击界面中的"完成"按钮。此时将弹出安全性警告对话框,选择"是"完成证书的导入操作。

至此,在客户端上完成了将 CA 服务器 192.168.8.128 作为受信任的根证书颁发机构的配置。在客户端上使用 Web 浏览器重新打开 https://192.168.8.128/CertSrv 站点,将会发现浏览器仍然会给出警告信息,但仔细观察可以发现警告信息的内容与图 2.54 所示不同,此时的警告信息是提醒用户,当前网站出具的安全证书是为其他网站地址颁发的。任何网站使用没有获得 Windows 授权的根证书,都将会出现这类警告信息。

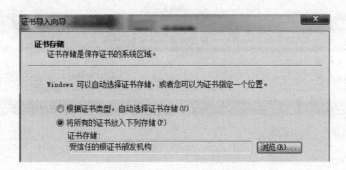

图 2.57　证书存储

直接单击"继续浏览此网站"超链接进入证书申请的第一个页面,如图 2.55 所示。单击图 2.55 所示网页中的"申请证书"超链接,可以打开下一个网页,如图 2.58 所示。

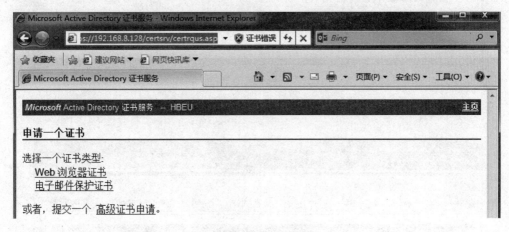

图 2.58　申请证书界面

此时需要选择申请证书的类型,共有三种证书类型:Web 浏览器证书、电子邮件保护证书、高级证书申请,如图 2.58 所示。其中的第一个证书类型是 Web 服务过程中使用较多的类型,本章节就以 Web 浏览器证书为例说明证书的申请与颁发过程。

单击图 2.58 中的"Web 浏览器证书"超链接,打开下一个页面,如图 2.59 所示。在图 2.59 中输入申请的识别信息,确认这些输入信息无误后单击页面中的"提交"按钮。如果上述步骤操作正确,则此时浏览器将向 CA 服务器 192.168.8.128 提交证书申请信息,并返回一个页面,如图 2.60 所示。

图 2.60 显示的信息表明,CA 服务器 192.168.8.128 已经收到当前浏览器提交的证书申请,但申请的证书被挂起,等待 CA 服务器的管理员颁发此证书。客户端申请证书的第一步至此结束,客户端需要在 CA 管理员颁发证书后,才能获得此证书。

3. CA 服务器颁发证书

CA 服务器颁发证书的操作需要在"证书颁发机构"程序中进行。在 CA 服务器上打开"服务器管理器"程序,选择"工具"菜单中的"证书颁发机构"选项,可以打开如图 2.61 所示的程序窗口。在图中选择左边窗格中的"挂起的申请"节点,将会在右边窗格中看到上一步操作中,客户端浏览器提交的证书申请记录,如图 2.61 所示,此申请的请求 ID 被 CA 服务

图 2.59 输入证书识别信息

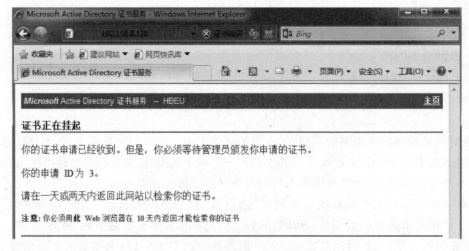

图 2.60 证书申请后的提示信息

器标记为 3。

如果管理员对申请信息确认无误后,认为可以颁发则可以对申请证书进行颁发操作;如果认为不能颁发,则可以进行拒绝操作。操作方法是鼠标右键单击图 2.61 中的请求 ID(本例为 3),在右键菜单中选择"所有任务"级联菜单,单击级联菜单中的"颁发"或"拒绝"选项。本例选择"颁发"选项。

颁发成功后,申请的证书信息将从图 2.61 所示窗格中消失。如果单击图 2.61 左边窗格中的"颁发的证书"节点,将发现刚才的证书将出现在此节点对应的窗格中。

至此,CA 服务器的证书颁发操作完成。

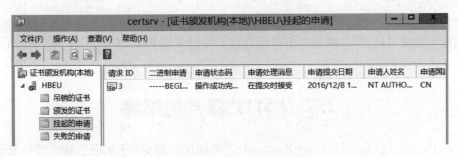

图 2.61 "证书颁发机构"程序窗口

4. 客户端安装证书

当 CA 服务器的管理员完成证书的颁发后,客户端就可以重新访问 https://192.168.8.128/CertSrv 站点进行证书的安装操作。

单击图 2.55 所示界面中的"查看挂起的证书申请的状态"超链接,在打开的页面中选择要查看的证书(即前面提交的申请),这些证书申请均有对应的日期时间,如图 2.62 所示。

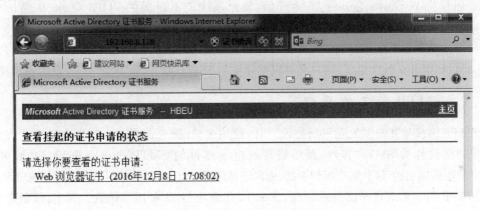

图 2.62 选择要查看的证书申请

单击图 2.62 中的"Web 浏览器证书(2016 年 12 月 8 日 17:08:02)"超链接,此时会弹出一个"Web 访问确认"对话框,单击对话框中的"是"按钮,将出现如图 2.63 所示的界面。

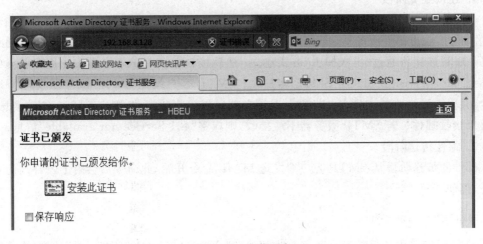

图 2.63 安装证书

单击图 2.63 所示页面中的"安装此证书"超链接,可以将 CA 服务器颁发的证书安装到当前系统中。此时的 Web 浏览器将可以通过 CA 服务器 192.168.8.128 向其他站点表明自己的真实身份。

2.7 SMTP 服务的配置

SMTP(Simple Mail Transfer Protocol,简单邮件传输协议)是用于电子邮件发送的应用层协议,其目标是向用户提供高效、可靠的邮件发送服务。而电子邮件的接收则由 POP3 协议实现,SMTP 与 POP3 服务是电子邮件系统的重要组成部分。网络系统只要具备了 SMTP 服务和 POP3 服务,就可以组成电子邮件系统。在 Windows Server 的系列版本中,SMTP 服务从 Windows 2000 Server 开始,就集成在其"Internet 信息服务"组件中,但只能提供 SMTP 服务(即发送邮件的服务)。而 Windows Server 2003 操作系统中内置了 POP3 服务。通过 SMTP 和 POP3 服务,Windows Server 2003 服务器可以组成简单的电子邮件系统。但是从 Windows Server 2008 开始,操作系统就不再提供 POP3 服务,在 Windows Server 2012 版本中甚至连 SMTP 服务也不提供了。微软的建议是使用其专业的 Exchange Server 邮件服务器系统进行电子邮件的接收与发送处理。然而在 Windows Server 2012 R2 版本中,SMTP 服务又再次出现,用户又可以继续使用 SMTP 服务,但 POP3 服务依然不再提供。

2.7.1 SMTP 的工作原理

SMTP 协议与其他多数应用层协议一样,使用客户/服务器方式。负责发送电子邮件的 SMTP 进程被称为 SMTP 客户,而负责接收电子邮件的 SMTP 进程就是 SMTP 服务器。SMTP 使用传输层的 TCP 实现端到端的、面向连接的通信,SMTP 服务器默认的服务端口为 25。

SMTP 为了实现电子邮件的发送,定义 14 条命令与 21 种应答信息。其中,每条命令使用 4 个字母组成,而每一种应答信息一般只有一行信息,由一个三位数字的代码表示,并在后面附上(也可不附上)相应很简单的文字说明。本节将结合 SMTP 的工作原理,简要介绍 SMTP 的常见命令及应答信息。SMTP 的工作原理可以分为以下三个阶段。

1. 连接建立阶段

当发件人的邮件到达发送方的邮件服务器后,此邮件服务器将作为 SMTP 客户端使用 25 端口与接收方邮件服务器(即 SMTP 服务器)建立 TCP 连接;若 SMTP 服务器同意连接,则 TCP 连接将通过"三次握手"方式建立;然后接收方 SMTP 服务器发出服务就绪的应答信息"220 Service ready"给 SMTP 客户端;SMTP 客户端向 SMTP 服务器发送 HELO 命令,并附上发送方的主机名;若 SMTP 服务器可以接收此邮件,则应答"250 OK"信息,表示可以接收邮件。若 SMTP 服务器不能接收,则应答"421 Service not available"信息。

2. 邮件传送阶段

邮件的传送阶段从 SMTP 客户端发送 MAIL 命令开始,此命令后会附上发件人的邮件地址,例如:

MAIL FROM: <admin@hbeu.cn>

如果 SMTP 服务器已经准备好接收邮件,则会应答"250 OK"信息;否则会应答其他代码,如 451(处理时出错)、452(存储空间不足)等错误原因。

SMTP 客户端在发出 MAIL 命令之后会接着发送一个或多个 RCPT 命令,其命令格式为:

RCPT TO: <收件人邮件地址>

每个 RCPT 命令都会从 SMTP 服务器得到一个对应的应答信息,例如:"250 OK"表明收件人邮件地址存在,而"550 No such user here"信息表明 SMTP 服务器无此收件人的邮件地址。RCPT 命令的作用只是用于了解 SMTP 服务器是否已经做好了接收邮件的准备,并不用于电子邮件的发送。真正用于电子邮件发送的是随后的 DATA 命令。

当 SMTP 客户端向 SMTP 服务器发送 DATA 命令后,即表明电子邮件的内容随后将真正开始发送,若 SMTP 服务器可以接收,则 SMTP 服务器将应答"354 Start mail input; end with < CRLF >.< CRLF >"信息(< CRLF >表示"回车换行");否则将应答诸如 421、500 等信息表明错误原因。当 STMP 服务器应答 354 信息后,SMTP 客户端将发送电子邮件的内容。邮件内容发送完毕后,SMTP 客户端将发送< CRLF >.< CRLF >表示电子邮件发送结束。若 SMTP 服务器成功接收了电子邮件,则应答"250 OK"信息,否则应答其他表示错误的代码信息。

3. 连接释放阶段

邮件发送完毕后,SMTP 将释放 TCP 连接。此时由 SMTP 客户端发送 QUIT 命令,若 SMTP 服务器应答 221 信息,则表明 SMTP 服务器同意释放 TCP 连接。邮件发送至此全部结束。

在上述工作过程中,SMTP 存在一个非常严重的缺点:发送电子邮件的发送方不需要身份验证。因此在发送 MAIL 命令时,FROM 后的电子邮件地址可以任意填写,这就造成了目前互联网的垃圾邮件横行的现状,任何 SMTP 客户端都可以向其他 SMTP 服务器发送虚假的电子邮件。为了防范 SMTP 的这个缺陷,现在大多数 SMTP 服务器均会检查发送方的身份(尤其是商用域名),若 SMTP 服务器发现发送方的主机名(一般通过 DNS 的 MX 记录查询)属于垃圾邮件服务商或不可信的主机,则会拒绝接收。因此在进行 SMTP 服务器的实验时,必须确保 SMTP 客户端的域名及其 IP 地址可以被接收方邮件服务器通过 DNS 正确查询到。

为了说明上述问题的解决方法,现在假设某单位 SMTP 服务器 IP 地址为 61.183.22.150,邮件服务器的域名为 hbeu.cn。如果希望此邮件服务器可以作为 SMTP 客户端向互联网中的其他 SMTP 服务器成功发送电子邮件,则必须在域名注册机构配置 MX 记录,将域名 hbeu.cn 的 MX 记录指向 61.183.22.150;当此单位的 SMTP 服务器作为 SMTP 客户端向其他 SMTP 服务器发送 MAIL 命令时,其他 SMTP 服务器将通过 DNS 系统检查 FROM 后的主机域名对应的 MX 记录,如果 MX 记录指向的 IP 地址与当前 TCP 连接中的源 IP 地址相同,则 SMTP 服务器信任此客户端,否则就会认为此邮件的发送者是假冒的,从而拒绝接收。

2.7.2　SMTP 服务的安装

在 Windows Server 2012 R2 中安装 SMTP 服务时,需要强调的是 SMTP 服务只是 Web 服务器(IIS)角色的一项功能,且此功能依赖 Web 服务器角色中的"IIS 6 管理兼容性"。因此在安装 SMTP 服务时,需要首先安装 Web 服务器(IIS)角色,并勾选"IIS 6 管理兼容性"选项,如图 2.64 所示。图 2.64 所示界面是通过"服务器管理器"程序中的"2 添加角色和功能"超链接打开的,其中间步骤可以参照前面章节说明的步骤实现,本节不再重复介绍。

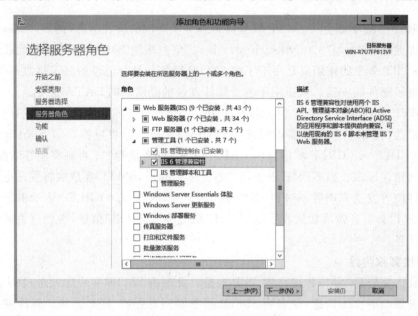

图 2.64　选择"IIS 6 管理兼容性"

单击图 2.64 中的"下一步"按钮将进行"选择功能"环节,如图 2.65 所示。勾选图 2.65 所示界面中的"SMTP 服务器"选项,此时将弹出一个对话框,单击其中的"添加功能"按钮添加必需的默认功能,回到图 2.65 所示界面后,单击"下一步"按钮进入其后的安装过程。后续操作步骤与前几节类似,本节不再重复介绍。

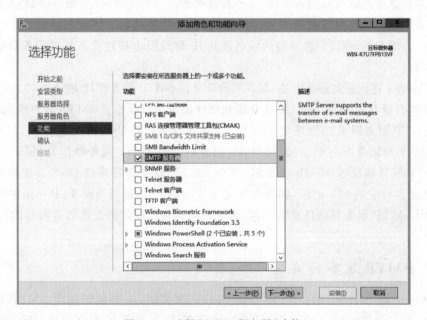

图 2.65　选择"SMTP 服务器"功能

当 SMTP 服务安装成功后,在服务器管理器程序窗口的"工具"菜单中将出现"Internet Information Services(IIS)6.0 管理器"选项,单击此菜单选项,可以打开"IIS 6.0 管理器"程序,如图 2.66 所示。SMTP 服务的所有配置都在"IIS 6.0 管理器"程序中进行。

图 2.66　IIS 6.0 管理器

2.7.3　SMTP 服务的配置

1. SMTP 服务的基本配置

打开"Internet 信息服务(IIS) 6.0 管理器"程序,如图 2.66 所示。在图 2.66 的左边窗格中展开计算机名,鼠标右键单击"[SMTP Virtual Server ♯1]"节点,在打开的右键菜单中选择"属性"选项,可以打开其属性对话框,如图 2.67 所示。

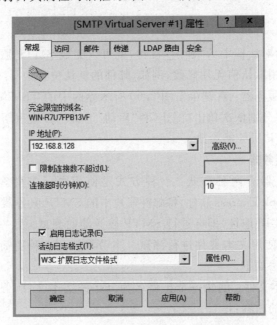

图 2.67　SMTP 属性对话框之"常规"选项卡

在图 2.67 所示的"常规"选项卡中,单击"IP 地址"列表框,选择其中的 IP 地址 192.168.8.128,此 IP 地址即当前服务器的 IP 地址;勾选图 2.67 下方的"启用日志记录"复选框,可以对 SMTP 服务的活动进行日志记录,日志文件的默认位置为"C:\Windows\System32\LogFiles"文件夹。

完成以上参数选择后,在图 2.67 所示界面中打开"访问"选项卡,如图 2.68 所示。单击

图 2.68 中的"中继"按钮,打开"中继限制"对话框,选择其中的"以下列表除外"选项,然后单击"确定"按钮回到图 2.68 所示界面。此操作的目的是让当前 SMTP 服务器允许其他计算机通过其中继电子邮件,默认情况下,SMTP 服务器不允许其他计算机通过自己中继电子邮件。

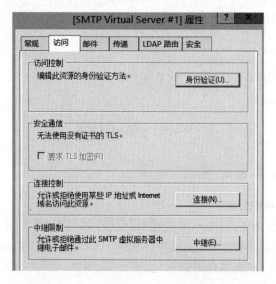

图 2.68　SMTP 属性对话框之"访问"选项卡

　　单击图 2.68 所示对话框中的"确定"按钮,就可以完成 SMTP 服务的基本配置。其他选项卡及参数可以使用默认值无须修改,例如,邮件的默认位置为 C:\inetpub\mailroot。

　　重新启动 SMTP 服务器:右键单击图 2.66 所示界面中的"[SMTP Virtual Server #1]"节点,在其右键菜单中分别依次单击"停止"和"启动"选项。必须重新启动 SMTP 服务才能应用上述配置的 SMTP 服务器参数。

2. 测试 SMTP 服务器

　　测试 SMTP 服务器有两种方式:一种方式是使用电子邮件客户端软件测试,例如Windows 自带的 Outlook Express 软件,将邮件账户中的 SMTP 服务器配置为 192.168.8.128(即上面配置的服务器 IP 地址)即可进行 SMTP 服务器的测试;另一种更简单的方式是在SMTP 服务器上直接使用文本文件进行测试。本节将使用这种更简单的方式测试 SMTP服务器的功能。其方法如下。

　　(1) 建立一个文本文件:创建一个扩展名为 .txt 的文本文件,假设文件名为 123. txt,在此文件中编辑以下的内容:

```
From:admin@hbeu.cn
To:hbeucs@163.com
Subject:testing mail

This is the test mail's body.
```

以上内容的第一行表明发件人的电子邮件地址为 admin@hbeu. cn。
第二行内容表明收件人的电子邮件地址为 hbeucs@163. com。

第三行内容表明发送的邮件主题为"testing mail"。

第四行是一个空行,此行是电子邮件主体内容与前面字段的区分标记,此空行必须有,否则接收方的邮件中将不能显示电子邮件的内容。

最后一行为电子邮件的主体内容,即字符串"This is the test mail's body."。

(2)把文本文件 123.txt 复制到 C:\Inetpub\mailroot\Pickup 文件夹中,如果 SMTP 服务器正常,则复制操作后不久,此文件将会自动消失,这表明 SMTP 服务器进行了转发。

(3)检查接收邮箱 hbeucs@163.com 是否收到邮件,如果发现收到来自 admin@hbeu.cn 的电子邮件,则表示 SMTP 服务器 192.168.8.128 成功将此电子邮件发送到 hbeucs@163.com。

图 2.69 所示的界面为接收方邮箱 hbeucs@163.com 中接收到的电子邮件,此邮件显示发件人为 admin@hbeu.cn,邮件主题为"testing mail",邮件内容为"This is the test mail's body."此邮件表明 SMTP 服务器 192.168.8.128 成功地发送了刚才测试的电子邮件,接收方邮箱 hbeucs@163.com 同样也成功地接收到了测试的电子邮件。

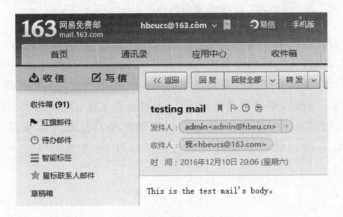

图 2.69　接收方的邮箱

3. 测试失败的原因

读者如果按照上述步骤进行测试,在自己指定的接收邮箱中并没有接收到当前 SMTP 服务器发送的电子邮件,则需要从以下两个方面检查发送失败的原因。

首先查看 SMTP 服务器的文件夹 C:\inetpub\mailroot\Pickup 中,上面复制的文件 123.txt 是否存在。若此文件存在,则说明当前 SMTP 服务器没有发送邮件,出现此问题的最大可能是当前 SMTP 服务没有启动。在 Windows Server 2012 R2 中,SMTP 服务默认情况下不随计算机启动而启动,此服务属于手动服务。因此如果在 C:\inetpub\mailroot\Pickup 文件夹中发现有文本文件存在,则表明 SMTP 服务没有启动,此时只需依次打开 Windows 服务器的"控制面板""管理工具""服务"窗口,如图 2.70 所示。在图 2.70 中双击右边窗格中的"简单邮件传输协议(SMTP)"服务,在打开的对话框中单击"启动"按钮,即可启动 SMTP 服务。最后打开 IIS 6.0 管理器,重新启动其中的"[SMTP Virtual Server #1]"。

如果上面提到的文件夹中没有文本文件,则需要检查的第二个方面是 SMTP 服务器的 C:\inetpub\mailroot\Queue 文件夹,此文件夹用于保存传送过程中的邮件,SMTP 服务器可能会因网络繁忙、目标服务器无响应等原因不能一次发送成功的邮件都会暂存在此等待继续发送。因此在此文件夹中若存在文件，则表明 SMTP 服务器出现上述问题。此时需要检查当前网络状态是否正常、接收邮件的目标服务器是否无响应。如果以上问题全部都检查过、不存在问题，则发送不成功最可能的原因是目标服务器拒绝接收 SMTP 服务器发送的电子邮件。

图 2.70 启动"简单邮件传输协议（SMTP）"服务

本节例子中发件人的电子邮件地址（即 admin@hbeu.cn）明显系伪造，但依然可以成功发送的原因是因为发件人的邮件域名为 hbeu.cn，此域名并不是商用域名，因此接收方邮件服务器（即 163.com）并没有严格检查发件人的来源。如果将发件人的邮件地址改为商用域名（例如 admin@qq.com），则会发现当前 SMTP 服务器 192.168.8.128 仍然可以将此邮件发送出去，但是接收邮箱始终不会收到此邮件，原因就是目标邮件服务器 163.com 过滤掉了此邮件，所有没有发送成功的邮件将被放在 SMTP 服务器的"C：\inetpub\mailroot\Badmail"文件夹中。

第3章 | 无线局域网技术

无线局域网(Wireless LAN,WLAN)技术是计算机网络与无线通信技术相结合的产物,WLAN 以自由空间中的无线电波取代了有线电缆中的电磁波或光缆中的光波,可以不受有线电缆或光缆束缚、自由移动,因此可以解决因有线电缆或光缆布线困难所带来的布线问题,具有组网灵活、扩容方便等优点。无线局域网非常适合移动办公用户的需要,具有广阔的应用市场,目前无论是在家庭,还是在工作单位,无线局域网的使用已经越来越普及。因此在现在的网络工程实践中,应用 WLAN 技术已经成为一项基本的工程设计任务,本章将重点讲解 WLAN 中的 IEEE 802.11 标准及其应用。

3.1 无线局域网概述

无线局域网中的通信标准有很多,主要有 HiperLAN、蓝牙技术、HomeRF、IEEE 802.11等。从现在的应用市场来说,IEEE 802.11 标准在性能、价格等各方面均已超过了蓝牙、Home RF 等技术标准,在以太网的无线接入应用中成为使用最为广泛的标准。

3.1.1 HiperLAN 技术

HiperLAN 是欧盟在 1992 年提出的一个 WLAN 标准。在 IEEE 制定 802.11 系列WLAN 标准的同时,欧洲通信标准学会(ETSI)则在大力推广 HiperLAN1/HiperLAN2 标准。HiperLAN1 发布于 1996 年,它工作于 5GHz 频带,数据速率最高可达 25Mb/s。整体上看,HiperLAN1 与 IEEE802.11b 是相当的。HiperLAN2 是 HiperLANl 的第二代版本,于 2000 年年底通过 ETSI 批准成为标准。它对应于 IEEE 的 802.11a,工作在 5GHz 频带,支持最高数据速率为 54Mb/s。HiperLAN2 标准也是目前较完善的 WLAN 协议,支持HiperLAN2 标准的厂商主要集中在欧洲地区。

3.1.2 蓝牙技术

蓝牙(Bluetooth)技术是由爱立信、诺基亚、Intel、IBM 和东芝 5 家公司于 1998 年 5 月共同提出开发的。蓝牙技术的本质是设备间的无线连接,主要用于通信与信息设备。由于使用低功率的无线电传输技术,让不同产品(例如打印机、PDA、PC、传真机、键盘、Notebook)于短距离进行数据传输及沟通,因此蓝牙不必使用任何有线的传输线路(例如电线或缆线),就能连接各种数字设备,让所谓的移动通信成为事实。蓝牙技术已经成为移动通信领域的基本技术,也是移动电话、个人计算机、笔记本型计算机和其他电器设备的标准功能。

蓝牙技术与红外光无线传输技术(IrDA)相似,皆为短距离的无线传输。但是红外光无线传输装置在进行数据传输时需将两传输装置对准,而蓝牙为"点"传输技术,在进行传输时,数据从发射点以球状向四面八方进行传输,故在应用性及方便性上,蓝牙技术优于红外光无线传输技术。

3.1.3　HomeRF 技术

HomeRF 技术是专为家庭用户设计的无线传输技术,由微软、英特尔、惠普、摩托罗拉和康柏等公司提出,其主要目标是为家庭用户建立具有互操作性的话音和数据通信网,工作频段为 2.4GHz。HomeRF 技术基于共享无线接入协议(Shared Wireless Access Protocol,SWAP),SWAP 使用 TDMA+CSMA/CA 方式,适合语音和数据业务。在进行语音通信时,它采用数字增强无绳电话(DECT)标准,DECT 使用 TDMA 时分多址技术,适合于传送交互式语音和其他时间敏感性业务。在进行数据通信时它采用 IEEE 802.11 的 CSMA/CA 协议,CSMA/CA 适合于传送高速分组数据。

3.1.4　IEEE 802.11 技术

IEEE 802.11 技术标准是 IEEE 制定的无线局域网标准,主要对物理层与媒体访问控制子层(MAC 子层)进行了相关规定,物理层定义了工作在 2.4GHz 的 ISM 频段上的两种扩频作调制方式和一种红外线传输的方式,总数据传输速率设计为 2Mb/s。两个设备之间可以自行构建临时网络,也可以在基站(Base Station,BS)或者接入点(Access Point,AP)的协调下相互通信。为了在不同的通信环境下取得良好的通信质量,采用 CSMA/CA(Carrier Sense Multiple Access/Collision Avoidance)协议。目前使用的 IEEE 802.11 标准主要有 4 种,分别是 802.11a、802.11b、802.11g、802.11n。

1. IEEE 802.11a

IEEE 802.11a 是对 IEEE 802.11 原始标准的一个修订标准,使用与原始标准相同的核心协议,工作频率为 5GHz,采用了 52 个正交频分多路复用载波技术,最大原始数据传输率为 54Mb/s。随着传输距离的增加或背景噪声的增大,数据传输率会不断递减。

需要注意的是此标准与其他标准如 802.11b/g/n 不兼容。

2. IEEE 802.11b

IEEE 802.11b 工作于 2.4GHz 频率,支持最高为 11Mb/s 的传输速率,在低速率 2Mb/s 或 1Mb/s 下与 IEEE 802.11 标准兼容。此标准最大的贡献是增加了两个新的速率:5.5Mb/s 与 11Mb/s,为了更好地支持有噪声的环境,802.11b 使用了动态速率调节技术,允许用户在不同的环境中自动使用不同的连接速率。在理想环境下,用户可以 11Mb/s 速率传输,而当用户环境恶化后,802.11b 可以将速率自动按序降低到 5.5Mb/s、2Mb/s、1Mb/s;而当用户环境改善后,其速率可以反向增加到 11Mb/s。这些变化及调节均在物理层自动实现,对用户及上层协议没有任何影响。

3. IEEE 802.11g

IEEE 802.11g 标准工作于 2.4GHz 频率,并具有两个明显特征:高速率、兼容 802.11b。IEEE 802.11g 使用了与 802.11a 相同的正交频分多路复用载波技术,因此可以实现最高为 54Mb/s 的数据传输速率。在同样 54Mb/s 的数据传输速率下,802.11g 可以提供大约两倍于 802.11a 的距离覆盖；802.11g 同时保留了 802.11b 的编码技术，可以实现与 IEEE 802.11b 的兼容。

4. IEEE 802.11n

IEEE 802.11n 标准是 802 系列标准中最新的标准，此标准具有向下兼容的能力，能够与 802.11b/g 混合通信。802.11n 的数据传输速率可以达到 100Mb/s 以上，最高可以达到 600Mb/s，是 802.11g 标准的 10 倍左右。此标准使用智能天线技术，可以通过多组独立天线组成天线阵列系统，动态调整无线电波的方向，保证用户可以接收到稳定的无线信号，其覆盖范围可以扩大到几平方千米。

3.2　基于 IEEE 802.11 的无线局域网

在如今的网络工程应用中，基于以太网进行无线接入的需求越来越多，使用 IEEE 802.11 标准体系组建 WLAN 的应用也越来越普及，因此了解基于 IEEE 802.11 标准的 WLAN 对于网络工程应用的设计非常重要。本节将从无线局域网使用的调制技术、CSMA/CA 协议、安全协议等方面介绍 IEEE 802.11。

3.2.1　调制技术

根据无线电标准的定义，调制是改变载波的特性使其与承载信息的信号相一致的过程或过程的结果，调制的目的是将信号覆盖到载波上。调制的基本方法主要有调幅、调频、调相，大多数通信系统都部分或组合地使用这三种基本调制技术。这些通信技术在极端情况还会使用幅移键控、频移键控、相移键控等技术。在 IEEE 802.11 的无线标准中同样使用了多种不同的调制技术，根据数据率的不同，这些具体标准使用了不同的调制技术。

1. 802.11a

802.11a 使用了三种必需的和一种可选的调制技术。

(1) 二进制相移键控(BPSK)：对于一位的二进制数据，用一个相位来代表二进制的 1，用另一个相位代表二进制的 0。

(2) 正交相移键控(QPSK)：载波有 4 种相位的变化，因而它可以表示两个二进制位的数据。通常用于在 2Mb/s 的速率下发送数据。

(3) 16 位的正交调幅(16QAM)：每 Hz 编码 4 位，数据率可达 24Mb/s。

(4) 64 位的正交调幅(64QAM)：此调制技术为可选技术，每个周期编码 8 位或 10 位，相当于每个 300kHz 的信道编码最多 1.125Mb/s 的数据，数据率可达 54Mb/s。

2. 802.11b

802.11b 使用了三种不同类型的调制技术。

(1) 二进制相移键控：通常用于在 1Mb/s 速率下发送数据。

(2) 正交相移键控：通常用于在 2Mb/s 的速率下发送数据。

(3) 补码键控(CCK)：使用一个称为补码的复杂函数来发送更多的数据。CCK 比类似的调制技术有一个优势，那就是它可以避免多路干扰。CCK 用于在 5.5Mb/s 和 11Mb/s 的速率下发送数据。

3. 802.11g

802.11g 使用与 802.11a 相同的调制技术,同时也支持 CCK 调制技术。这就是 802.11g 支持 54Mb/s 的客户端并后向兼容 802.11b 客户端的原因。

4. 802.11n

802.11n 使用了 OFDM(Orthogonal Frequency Division Multiplexing,正交频分复用技术)技术,此技术是 MCM(Multi-Carrier Modulation,多载波调制)技术的一种,其核心思想是将信道分成许多进行窄带调制和传输正交子信道,并使每个子信道上的信号带宽小于信道的相关带宽,用以减少各个载波之间的相互干扰,同时提高频谱的利用率的技术。OFDM 还通过使用不同数量的子信道来实现上行和下行的非对称性传输。802.11n 在使用 OFDM 技术的同时,还融入了 MIMO(多入多出)天线技术,从而使 802.11n 的有效传输速率有质的提升,其数据传输速率最高可以达到 600Mb/s。

3.2.2 CSMA/CA 协议

IEEE 802.11 的各类标准一般都工作在 2.4GHz 或 5GHz 频段中,这些频率都属于 ISM 频段,是未加管制的频段。这意味着在无线电信号覆盖的空间中,不同站点之间同时发送数据可能会引起信号叠加即冲突,因此在无线局域网中必须采取措施来解决信号冲突的问题,目前在 IEEE 802.11 标准中使用的解决技术被称为 CSMA/CA(Carrier Sense Multiple Access with Collision Avoidance,带冲突避免的载波监听多路访问),此协议与以太网中的 CSMA/CD 协议类似,都是用于共享信道的通信协议,但又有明显的不同:CSMA/CD 协议用于在共享以太网中检测冲突,而 CSMA/CA 则用于无线信道中避免冲突。

CSMA/CA 使用的载波监听机制与共享以太网使用的 CSMA/CD 协议类似,站点在发送数据前监听信道,若信道忙则需要等待一个随机时间后继续监听;但与 CSMA/CD 协议不同的是当 CSMA/CA 协议监听到信道空闲后,并不是立即开始数据帧的发送,而是等待一个随机的时间后再发送,这样做的目的是使发送的无线电信号发生碰撞的概率减至最小,这种机制也被称为 CSMA/CA 的随机退避机制。

虽然使用了随机退避机制,但冲突仍然可能出现,因此 CSMA/CA 为了保证协议工作的稳定性,专门设置了 ACK 应答帧用来指示是否发生了冲突,同时还使用虚拟载波检测机制:发送方在发送的数据帧中加入持续期字段,该字段存放有一个称为网络分配矢量(NAV)的持续时间。持续期字段用于通知其他站点在此时间段内不必监听信道,其他站点通过 NAV 设置计时器并进行倒计时,计时器不为零表示信道有载波不空闲(即使此时信道空闲)。

3.2.3 安全技术

WLAN 最基本的特点是在数据通信过程中使用无线电信号传输数据,而在无线电信号覆盖的空间中,任何站点均可对通信的数据进行窃听或伪造。因此如何在无线局域网中提高用户的通信安全,是 WLAN 必须考虑的重要问题。不断改进并提高 WLAN 的安全,是 WLAN 在安全领域内的重要内容,本节重点介绍当前 WLAN 中常见的几种安全技术。

1. 配置 SSID

SSID(Service Set Identifier,服务集标识)是相邻无线网络区分的标志,这个标志通常使用字符串表示,是当前无线局域网中唯一的字符串,通常 SSID 被配置在无线接入点(AP)或无线路由器(WRouter)中。使用 SSID 可以将一个无线空间分为几个需要不同身份验证的 WLAN,每一个 WLAN 都可以使用独立的身份验证,只有通过身份验证的用户才可以进入相应的 WLAN,从而可以防止未被授权的用户进入网络。任何用户在连接 WLAN 时,都必须提供这个唯一的 SSID 字符串,但是由于无线电信号广播的特性,此 SSID 字符串在无线空间中是很容易被窃听到的,因此配置 SSID 只是 WLAN 中最基本、同时也是最不安全的技术手段。

2. MAC 地址过滤

MAC 地址过滤技术可以在 AP 或 WRouter 中配置一个允许用户接入的用户 MAC 地址清单,接入用户的 MAC 地址若不在当前 MAC 地址清单中,则 AP 或 WRouter 将拒绝其接入请求。这种安全技术一般只适用于用户数量很少的轻量级 WLAN(例如家庭使用的 WLAN),在用户数较多或安全要求较高的 WLAN 中,一般不建议使用 MAC 地址过滤技术。其原因在于用户的 MAC 地址在 WLAN 中属于明文传输形式,攻击者只要监听无线信道便可获得相应用户的 MAC 地址,并可以轻易将自己无线网卡的 MAC 地址改为此 MAC 地址,从而可以伪装成另一个用户进入 WLAN。这种 MAC 地址控制属于硬件认证,对于网管而言,一旦用户数达到一定规模,通过 MAC 地址进行过滤的工作量将非常巨大且无效率。真正具有应用价值的安全认证还是需要使用更高层次的用户认证。

3. WEP 协议

WEP(Wired Equivalent Privacy,有线等效保密)协议是对两台设备间无线传输的数据进行加密的协议,用来防止非法用户窃听或入侵 WLAN,可以提供访问控制、数据加密和安全性检验等功能,是 IEEE 802.11 中的第一个安全协议,同时也是一种可选的链路层安全机制,其加密技术来源于 RSA 数据安全公司的 RC4 对称加密技术,可以满足用户更高层次的安全需求。RC4 用在 IEEE 802.11 的数据链路层中,只有当用户的加密密钥与 AP 的密钥相同时,用户才能获取网络资源。

WEP 的工作原理是通过一组 40 位或 128 位的密钥作为认证口令,当 IEEE 802.11 启用 WEP 功能时,每个合法站点使用这个认证口令,将要发送的明文数据进行加密形成密文数据,并通过无线电传输;其他接收站点同样使用此认证口令对接收的密文数据进行解密,从而可以获得明文数据。

由于 WEP 加密技术自身的技术缺陷,目前这种安全技术已经很少被使用,也不建议在 IEEE 802.11 的 WLAN 中使用 WEP 加密技术。

4. WPA 协议

WPA(Wi-Fi Protected Access,Wi-Fi 保护性接入)协议是继承了 WEP 基本原理、同时又解决了 WEP 自身缺陷的一种全新加密技术。WPA 的基本原理是根据通用密钥,配合站点的 MAC 地址和分组信息的序列号,为每个分组生成不同的加密密钥。然后使用与 WEP 一样的方式,将此加密密钥用于 RC4 协议进行加密处理。通过这种技术,所有站点发送的分组都将使用不同的加密密钥进行加密,可以防止数据被中途篡改,并实现认证功能。

目前有 WPA 和 WPA2 两个标准,WPA2 是 WPA 的升级版,与 WPA 的主要差别在于其使用了更安全的 AES 加密技术。因此建议在 IEEE 802.11 的 WLAN 中使用最新的 WPA2 协议。

3.2.4 Wi-Fi 联盟与 WAPI

IEEE 802.11 的相关协议及技术标准还有很多,本章只是有针对性地进行了一些简单介绍与说明。在深入学习与了解 WLAN 的标准时,将不得不了解与 WLAN 标准有着非常密切关系的 Wi-Fi 联盟及 WAPI。

Wi-Fi 联盟(Wi-Fi Alliance,WFA)是一个商业联盟,拥有 Wi-Fi 的商标,负责 Wi-Fi 认证及商标授权的工作。该联盟的成员有来自世界各地的公司及厂家,其成员的产品通过认证后,有权标明这些产品的 Wi-Fi 标志。认证过程简单来说是测试产品是否符合 IEEE 802.11 标准的相关规定,以及 WPA 和 WPA2 等安全标准的实现。因此 Wi-Fi 认证是建立在 IEEE 802.11 标准上的认证技术,目前在 WLAN 领域内的影响力非常大,在网络工程中使用的无线设备也基本都来自 Wi-Fi 联盟(即通过 Wi-Fi 认证的产品)。

WAPI(WLAN Authentication and Privacy Infrastructure,无线鉴别和保密基础结构)是一个关于无线局域网的中华人民共和国国家标准(GB 15629.11—2003)。虽然它被设计为基于 Wi-Fi 运行,但其与 IEEE 802.11 的 WLAN 标准所用安全协议存在兼容性问题。WAPI 起初是为了解决 WEP 协议中的安全漏洞而设计的,主要由 WAI(WLAN Authentication Infrastructure,无线局域网鉴别基础结构)和 WPI(WLAN Privacy Infrastructure,无线局域网保密基础结构)两部分组成。WAI 定义了 WLAN 中身份鉴别和密钥管理的安全方案,WPI 定义了 WLAN 中数据传输保护的安全方案,包括数据加密、鉴别和重放保护等。WAPI 标准中使用了 SM4 分组密码算法、ECDSA 椭圆曲线数字签名算法以及 ECDH 密钥交换算法,其中,SM4 分组密码算法由国家商用密码管理办公室发布,根据不同的情况,也可以使用 AES 来替代 SM4 算法。2006 年 3 月,ISO 通过 802.11i 加密标准,并驳回 WAPI 提案;2009 年 6 月,中国重新提交 WAPI 标准申请,但在 2011 年 11 月 21 日,将此申请撤回,ISO 随即将 WAPI 项目取消。

3.3 常见的无线设备

无线设备是组建 WLAN 时必须使用的设备,目前无线产品的种类及功能众多,为了保持网络最大的兼容性及后期网络管理的统一性,在选择无线设备产品时,应当尽量选用支持以太网技术的同一厂商、同一系列或同一标准的产品。本节将介绍 WLAN 中最常见的三类无线设备:无线网卡、无线 AP、无线路由器,这些无线设备在网络工程实践中经常使用。

3.3.1 无线网卡

无线网卡是无线用户接入 WLAN 的必备设备,现在绝大多数移动设备(例如笔记本、智能手机等)都通过集成方式内置了无线网卡,没有集成无线网卡的设备(例如台式计算机)可以通过安装无线网卡接入 WLAN。这些可安装的无线网卡根据接口类型的不同,可以将无线网卡分为以下三种。

USB 无线网卡:通过 USB 接口连接设备,适用于没有内置无线网卡的笔记本或普通台式计算机,具有支持热插拔、兼容性强的特点,是目前网络工程应用中最为简便的无线网卡解决方案。

PCI 无线网卡：适用于普通的台式计算机，通过主板的 PCI 插槽连接 PCI 无线网卡。在网络工程应用中的缺点是需要打开计算机的机箱进行操作，不仅工作量大，而且对于某些在保修期内的计算机而言，机箱是不能打开的。

PCMCIA 无线网卡：仅用于早期没有集成无线网卡的笔记本，同样支持热插拔功能，但目前在网络工程应用中几乎看不到这类无线网卡了。

如图 3.1 所示的是 TP-LINK 公司的三种无线网卡，从左到右分别是 USB、PCI、PCMCIA 无线网卡。其他厂商的无线网卡形状与此基本类似。

图 3.1　三种不同的无线网卡

3.3.2　无线 AP

无线 AP(Access Point)是无线网络与有线网络之间的节点设备，无线客户端通过无线网卡接入无线 AP 设备后，就可以通过 WLAN 相互访问，还可以通过无线 AP 与有线以太网相互通信。

无线 AP 根据管理方式的不同，可以分为胖 AP 与瘦 AP 两种。

胖 AP 相当于功能较强的无线路由器，除了可以提供无线接入功能外，一般还支持 DHCP、DNS、VPN、防火墙等功能。胖 AP 的应用场合仅限于小型无线网络(例如家庭无线网络)，对于大规模无线部署，如大型企业网无线应用、行业无线应用以及运营级无线网络，则不适合使用胖 AP。

瘦 AP 属于轻型无线 AP，必须借助无线网络控制器进行配置和管理，瘦 AP 不能独立工作。通过无线网络控制器加瘦 AP 的组网模式，可以将密集型的无线网络(例如大型企业网无线应用)及安全控制功能从无线 AP 转移到集中的无线网络控制器中，进行统一的配置和管理；而瘦 AP 只负责无线数据的发送与接收，基本可以做到零配置。

无论是胖 AP 还是瘦 AP，其工作模式都是共享背板总线带宽，因此当接入无线 AP 的用户数量增加到一定数量时将严重影响无线 AP 的数据传输速率。一般建议无线 AP 实际接入的无线用户数量控制在 30 个左右。

有些无线 AP 的生产厂家为了方便客户的使用，在生产无线 AP 时会将胖、瘦两种 AP 融合在一起，由客户在使用时自己决定无线 AP 的管理方式；有些无线 AP 也会使用一些附加的功能，如以太网供电(PoE)功能，这样客户就可以简化掉无线 AP 在网络工程施工中的电源布线工程。例如，TP-LINK 的无线 AP 产品 TL-AP450I-PoE 就采用了这种胖瘦一体、PoE 供电的设计模式，其产品形状如图 3.2 所示。

图 3.2　胖瘦一体无线 AP(型号 TL-AP450I-PoE)

3.3.3 无线路由器

无线路由器属于扩展型的无线 AP,一般融合了宽带路由器与无线 AP 两者的功能。其中的宽带功能用于接入互联网,为 WLAN 中的用户提供上网功能;而无线 AP 用于将无线客户端接入到有线的以太网中。无线路由器在提供无线接入功能的同时,也会提供若干个有线以太网接口(一般有 4 个以太网接口)用于连接有线网络中的计算机。此设备是小型无线局域网应用(例如家庭无线网络)中最常见的无线设备,这种设备既可实现无线客户端的接入,也可以实现有线客户端的接入,同时还能为这些客户端提供接入互联网的服务。

如图 3.3 所示图片为无线路由器常见的形状,无线路由器一般使用独立电源适配器供电,有显式的天线用于无线电信号的发送与接收,有的设备可能配备两根或 4 根天线以增加无线电信号的覆盖范围;图 3.3 中的第一个 RJ-45 端口用于连接小区宽带进来的以太网线,实现互联网的接入功能;后面的 4 个 RJ-45 端口用于连接有线的计算机网卡,这 4 个端口连接的计算机构成一个小型的 LAN。

图 3.3 无线路由器的一般形状

3.4 WLAN 的配置及应用

WLAN 中使用的设备型号虽说众多,但不同产品的配置方法大同小异。为了实验的方便,本节将使用思科的 Packet Tracer 软件模拟 WLAN 中常见的无线 AP 与无线路由器的配置。

3.4.1 无线 AP 的配置

为了说明无线 AP 的配置及其应用模式,本节使用思科的 Packet Tracer 软件设计了如图 3.4 所示的网络拓扑结构。图中的路由器端口 f0/0 连接以太网交换机,用于模拟当前以太网的网关 10.1.1.254/24,路由器同时为当前 LAN 提供 DHCP 服务;交换机分别连接一台计算机 PC1 与无线 AP 的以太网端口;计算机 PC2 用于模拟使用无线网卡的客户端;PC1 与 PC2 均使用路由器的 DHCP 服务。

图 3.4 所描述的拓扑图在实际网络工程应用中很常见,本节就以此拓扑为例详细说明无线 AP 的具体配置与应用,其操作的基本过程如下所示。

1. 首次连接无线 AP

在模拟软件 Packet Tracer 中,计算机默认都是使用以太网网卡进行网络的连接。为了连接无线 AP,必须将 PC2 中的以太网网卡移除,并添加一个无线网卡。其操作的方法(可以参考 1.3 节)如下。

单击图 3.4 所示界面中的 PC2 图标,打开 PC2 的配置窗口;选择其中的 Physical 选项卡,在 Physical Device View 视图区中单击计算机的电源开关,关闭计算机的电源后,将计算机下方的以太网网卡移除;选择 Modules 列表中的第一个选项"WMP300N 选项"(此选项表示 Linksys 的无线网卡型号),使用鼠标将配置窗口右下角的无线网卡图示拖到

Physical Device View 视图区中计算机的网卡位置；单击计算机的电源开关，打开计算机的电源。此时仔细观察 Packet Tracer 模拟软件的工作区，将会发现图 3.4 中的 PC2 会自动与无线 AP 设备建立一条无线连接的示意线。

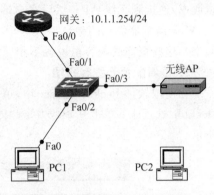

图 3.4 中的 PC2 之所以能够自动连接无线 AP，是因为此时的无线 AP 没有进行任何配置，无线 AP 上也没有使用任何安全措施，任何无线客户端均可以自动连接到此无线 AP 上。在实际的无线 AP 产品中，一般也都会使用默认无安全措施的参数，以便让无线客户端可以很方便地连接到无线 AP 上进行首次配置。即使部分厂商为了安全，使用了 Web 登录的安全措施，但登录的用户名与密码一般也会使用简

图 3.4 无线 AP 的配置及应用

单的字符串，例如使用 admin 作为用户名及密码。因此在实际的网络工程应用中，对于新的无线 AP 设备，计算机一般通过无线网卡都可以很方便地连接到无线 AP 上；如果不能成功连接到无线 AP 设备，可以长按无线 AP 设备上专门设置的 Reset 按钮 5s 以上，则无线 AP 会自动重新初始化所有参数回到默认值。等待无线 AP 重新启动成功后，无线客户端就可以自动连接到使用默认参数的无线 AP 设备上。

2. 配置无线 AP 的安全参数

当计算机 PC2 连接到无线 AP 后，紧跟着必须马上实施的一项配置是为无线 AP 配置安全技术参数及网络参数。在模拟软件 Packet Tracer 中，单击图 3.4 中的无线 AP 图标，打开无线 AP 的配置窗口，打开其中的 Config 选项卡，在左边的列表中选择 Interface 中的 Port1 选项，在配置窗口右边配置无线 AP 相关的参数，其配置界面如图 3.5 所示。

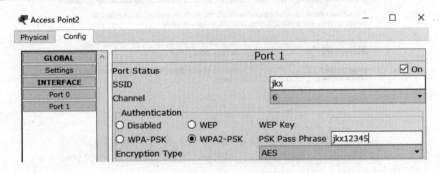

图 3.5 无线 AP 的参数

在图 3.5 中，分别配置 SSID 为 jkx、Authentication 方式选择 WPA2-PSK 选项、密钥短语为"jkx12345"。完成以上参数后，仔细观察图 3.4 中的 PC2，会发现 PC2 与无线 AP 之间的无线连接已经断开。原因是此时的无线 AP 已经被配置了安全参数，网络中的无线客户端必须使用这些安全参数才能接入到此无线 AP，没有这些安全参数则不能接入到无线 AP。

需要说明的是在实际的网络工程应用中，如图 3.5 所示的界面多数通过无线 AP 设备上的 Web 服务提供。当无线客户端通过默认没有安全参数的方式首次连接无线 AP 时，可

135

第3章

无线局域网技术

以使用一个默认的 IP 地址参数(一般使用 192.168.1.*/24 形式,具体参数需要查阅产品说明书)连接到无线 AP。然后客户端用户就可以使用 Web 浏览器打开无线 AP 的 Web 页面,Web 浏览器浏览的地址一般为 192.168.1.1(代表无线 AP 的 IP 地址需要查阅产品说明书),这些页面的内容虽说各不相同,但基本都具有如图 3.5 所示的类似参数。

3. 重新配置无线客户端

在模拟软件 Packet Tracer 中,单击图 3.4 中的 PC2 图标,打开 PC2 的配置窗口;打开 Desktop 选项卡;单击选项卡中的 PC Wireless 图标打开无线 AP 的配置界面,如图 3.6 所示。

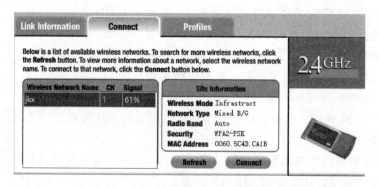

图 3.6　无线客户端的配置界面

在图 3.6 中,打开 Connect 选项卡,PC2 将自动识别出当前的无线 AP 名称,即 SSID 为 jkx 的无线 AP。单击下方的 Connect 按钮,打开如图 3.7 所示的界面。

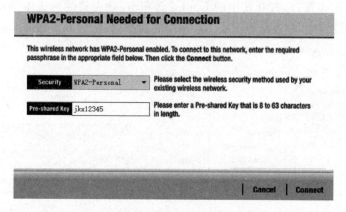

图 3.7　设置 WPA2 的密钥短语

在图 3.7 中使用默认的安全协议 WPA2-Personal,并输入无线 AP 中已经配置的密钥"jkx12345",然后单击 Connect 按钮进行连接。如果图 3.7 中配置的参数与无线 AP 中配置的安全参数相同,则会发现图 3.4 中 PC2 与无线 AP 之间的无线连接再次出现。这表明 PC2 作为无线客户端已经成功连接到了无线 AP。

在图 3.6 所示界面中配置无线客户端参数时,也可以使用 Profile 选项卡配置客户端,其操作的过程如下。

单击对话框下方的 Edit 链接打开 Available Wireless Networks 对话框;继续单击对话

框下方的 Advanced Setup 链接，打开 Wireless Mode 对话框；此时有两个选项：Infrastructure Mode 与 Ad-hoc Mode，其中的 Infrastructure Mode 用于连接无线网络，并要求存在一个无线 AP，加入 WLAN 的无线 AP 和所有的无线客户端都必须配置相同的 SSID；而 Ad-hoc Mode 是一种专为无线设备设计，让它们可以直接互相进行通信的模式，运行于 Ad-hoc 模式下，允许所有无线设备在彼此的射程之内发现对方并进行点对点的通信，而无须通过中心访问点。若要建立一个 Ad-hoc 无线网络，则每个无线设备都必须配置为 ad-hoc 模式而不是 infrastructure 模式，并且使用相同的 SSID 和 channel 号。

这里使用默认的 Infrastructure Mode，并在下方的文本框中输入无线 AP 的 SSID：jkx，然后连续单击 Next 链接，在配置 WPA2 密钥短语的文本框中输入无线 AP 配置的密钥：jkx12345，单击 Next 链接直至完成操作。

3.4.2 无线路由器的配置

无线路由器设备在企事业单位的部门科室应用较多，它不仅可以提供无线客户端接入有线以太网的服务，还可以用于连接少量使用有线网卡的 PC，如图 3.8 所示的网络拓扑图是此类应用常见的拓扑结构。

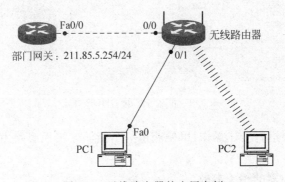

图 3.8　无线路由器的应用案例

在图 3.8 中：左边的路由器充当部门网关设备，与无线路由器的 WAN 端口连接，用于将无线网络接入到单位的现有网络中，其网关地址为 211.85.5.254/24；无线路由器是 Cisco Packet Tracer 模拟软件模拟的设备，其型号为 WRT300N；计算机 PC1 连接无线路由器的 LAN 端口 0/1，模拟使用有线网卡的计算机通过无线路由器接入网络的情形，而计算机 PC2 安装无线网卡连接到无线路由器，模拟无线客户端通过无线路由器接入网络的情形。

本节以图 3.8 所示的拓扑结构为例，详细说明无线路由器在应用时会使用的常规配置，其操作过程大致如下。

1. 首次连接无线路由器

无线路由器设备与前面介绍的无线 AP 一样，在没有配置安全参数前，任何无线客户端都可以直接接入无线路由器，如图 3.8 所示，PC2 就已经自动连接到了无线路由器。对于多数的无线路由器设备而言，一般在提供无线接入的功能之外，还会提供 4 个以太网 RJ-45 端口（有的无线路由器产品可能还会提供更多的端口），用于连接使用有线网卡的普通计算机，这些端口连接的计算机与无线接入的计算机共同构成了此无线路由器本地的小型局域网。

因此在首次连接无线路由器时,除了使用无线客户端进行无线接入配置外,还可以通过网线连接普通计算机到无线路由器上进行配置,且这种方式相对更简单。

无论是通过有线的 PC1、还是无线的 PC2,首次连接无线路由器时,只需要将计算机的 IP 地址参数设置为自动获得即可(也称为 DHCP 方式)。在 PT 模拟软件中,单击 PC1 图标,打开 PC1 的配置窗口,选择 Desktop 选项卡,单击其中的 IP Configuration 图标,打开 IP Configuration 对话框,如图 3.9 所示。在图 3.9 所示界面中,单击 DHCP 选项,此时 PC 将通过无线路由器默认提供的 DHCP 服务获得一个动态 IP 地址参数: 192.168.0.103/24,如图 3.9 所示。PC 获得的 IP 地址一般均为 RFC 1918 文档中定义的私有 IP 地址,不同的无线路由器产品分配的私有 IP 地址可能会有些不同,有的产品使用 192.168.0.0/24,也有的产品使用 192.168.1.0/24 地址。

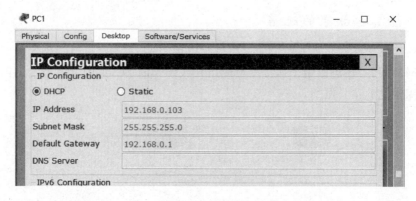

图 3.9　配置 PC 的 DHCP 方式

在 PC2 同样需要进行上述操作,以便获得一个能够连接无线路由器 Web 页面的 IP 地址参数。

2. 配置无线路由器的相关参数

当 PC 通过上一步得到相应的 IP 地址参数后,计算机就可以通过自己的 Web 浏览器打开无线路由器提供的 Web 页面。打开方法是在 Desktop 选项卡中单击 Web Browser 图标,在弹出的 Web 浏览器地址栏中输入代表无线路由器的 IP 地址,此 IP 地址一般为计算机通过 DHCP 获得的 IP 地址参数中的网关地址(例如本例的网关为 192.168.0.1)。打开 Web 页面后,无线路由器会要求输入用户名与密码,默认的用户名与密码都是 admin,如果输入后不正确,则需要查阅相应的产品说明书。此时在计算机上打开的 Web 页面一般会与图 3.10 所示的界面基本类似。

1) 配置外网端口的 IP 地址参数

图 3.10 中所示的页面是默认的 Setup 选项卡界面,此页面用于设置无线路由器连接外网的端口 IP 参数。由于网络拓扑结构中,无线路由器连接的网关为 211.85.5.254/24(如图 3.8 所示),因此在图 3.10 中需要选择 Internet Connection Type 列表中的 Static IP 选项,并在其下的选项中依次输入 IP 地址为 211.85.5.100、子网掩码为 255.255.255.0、默认网关为 211.85.5.254、DNS 为 211.85.1.1。这些参数在不同的网络拓扑设计中,肯定会有所不同,无线路由器的 WAN 端口参数必须与其外连的网络 IP 规划保持一致。

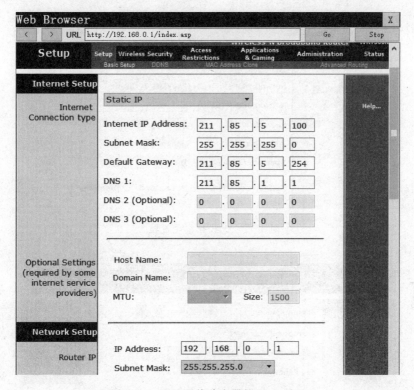

图 3.10　配置无线路由器的 Web 页面

2）配置内网的网关地址参数

无线路由器通过 LAN 端口及无线连接的计算机形成了一个小型的 LAN 环境，这个 LAN 必须配置一个网关参数才能使 LAN 中的 PC（无论是 PC1 还是 PC2）能够与其他网络通信。

图 3.10 所示界面下方的 Router IP 区域就是配置 LAN 网关参数的位置，PT 模拟软件使用的默认参数为 192.168.0.1/24，即当前内网的网关为 192.168.0.1/24；如果需要修改默认的网关参数，可以直接在此区域输入新的 IP 地址及子网掩码参数。这个操作不是必需的操作步骤，这里可以不进行修改。

3）配置无线参数

完成内外网参数配置后，就可以接着配置无线参数，其配置界面对应图 3.10 中的 Wireless 选项卡。打开此选项卡后，将出现如图 3.11 所示的界面。在图 3.11 所示的 Basic Wireless Settings 界面中，选择 Network Mode 列表中的 Wireless-N only 选项，在 SSID 文本栏中输入"jkx"。最后单击页面下方的 Save Settings 按钮保存以上参数。在图 3.11 所示界面中单击 Wireless 选项卡下的 Wireless Security 项，可以打开 Wireless Security 配置界面，如图 3.12 所示。

在图 3.12 中首先选择 Security Mode 列表中的 WPA2 Personal 选项，Encryption 列表中选择 AES 选项，然后在 Passphrase 文本栏中输入无线密码串"jkx12345"，最后单击界面下方的 Save Settings 按钮保存以上参数。此时无线路由器的基本配置已经完成，其他参数如 MAC 地址过滤、防火墙等，本节不做介绍。

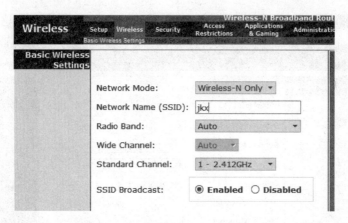

图 3.11 无线参数设置界面

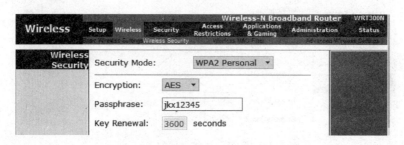

图 3.12 无线安全参数设置界面

3. 重新配置无线客户端

此时仔细观察网络拓扑图中的 PC2,会发现 PC2 与无线路由器的无线连接已经消失。其原因与上一节中出现的现象是一样的,因为无线路由器在上一步操作中已经使用了新的安全参数及密钥,无线客户端没有这些参数将不能连接到无线路由器。因此在完成无线路由器的参数修改后,需要重新配置无线客户端 PC2 的参数,以便让其可以再次连接到无线路由器。需要注意的是有线客户端 PC1 不需要重新配置任何参数,因为上一步中所修改的只是有关无线的参数,对于通过 LAN 端口连接的有线计算机而言是没有任何影响的。无线客户端 PC2 的配置过程与 3.4.1 节中的第 3 步完全一样,这里就不再重复介绍其操作步骤了。

第4章　以太网组网技术

本章将简要概述局域网的发展、以太网的由来，详细介绍以太网常用的相关协议，重点讲解以太网交换机的各种应用与配置技术。通过本章内容的学习，读者将能够掌握进行以太网组网时可能会使用到的各种技术。

4.1　以太网概述

以太网是局域网的典型代表，是目前组网过程中经常使用到的网络。本节将以以太网技术为目标，简要介绍其特点，并阐明以太网交换机的工作原理，分析以太网中常用的几个协议的功能。

4.1.1　局域网的现状

局域网(LAN)是一种局限在较小范围内提供通信服务的网络，采用适宜于小范围内数据传送的技术，为计算机网络应用提供基本的数据传输服务。LAN 是计算机网络的重要组成部分，大量的企业、校园、政府及住宅小区内的计算机都可以通过 LAN 连接起来，以达到资源共享、信息传递和数据通信的目的。

局域网的发展始于 20 世纪 70 年代夏威夷大学的 ALOHA 系统，传统以太网使用的 CSMA/CD 协议实际就是来源于 ALOHA 系统的技术。进入 20 世纪 80 年代后，在以太网技术发展的同时，也出现了多个不同于以太网的 LAN 技术，如令牌环、FDDI 等。但是从 20 世纪 90 年代开始，LAN 中的以太网技术开始快速发展并逐步取代了其他 LAN 技术。在目前的组网过程中，用户可以使用的 LAN 技术就只剩下了以太网技术，其他 LAN 技术如 FDDI 等在历史的发展中已经被淘汰，本节也不打算介绍这些 LAN 技术，有兴趣的读者可以自行查阅计算机网络的理论教材了解其他的 LAN 技术。因此严格来讲，本章介绍的以太网只是众多 LAN 技术中的一个，但却是目前组网中最重要的技术。在本教材中，可以将以太网等同于局域网。

以太网技术涉及两个标准：IEEE 802.3 与 DIX Ethernet V2。IEEE 的标准是官方标准，而 DIX 的标准是行业标准却是实际使用的标准，它们的区别请参阅 1.2.2 节的内容。由于商业推广等一系列原因，目前计算机使用的以太网网卡均在使用 DIX Ethernet V2 标准，IEEE 的 802.3 标准更多是一种参考的标准。

以太网技术从网络体系结构来讲，对应 OSI 7 层模型的下两层：物理层与数据链路层。但需要注意的是网络工程应用中使用的 DIX 标准实际上只对应了 1.5 层，即物理层和数据链路层中的 MAC 子层。DIX 标准并不实现数据链路层中的 LLC 子层，这点与 IEEE 802

标准中的定义是不同的；另一个需要注意的是传统以太网使用 CSMA/CD 协议（内容请查看 1.2.2 节）进行通信，但随着以太网交换机的应用与发展，目前使用的全双工交换式以太网已经不再需要 CSMA/CD 协议，这种以太网技术的核心是其交换技术。

目前的以太网存在众多不同的物理层标准，并对应着不同的 IEEE 802.3 标准。表 4.1 罗列了其中最有代表性的一些标准，完整的标准列表可以查阅 IEEE 802.3 分委员会的官方网站 http://www.ieee802.org/3。

表 4.1　以太网常见标准分类

分类及简称	IEEE 标准名	物理层标准	通 信 介 质
传统以太网 E	802.3	10Base-5	同轴粗电缆
	802.3a	10Base-2	同轴细电缆
	802.3i	10Base-T	3 类双绞线
	802.3j	10Base-F	多模光缆
快速以太网 FE	802.3u	100Base-T	5 类双绞线
		100Base-F	多模/单模光缆
吉比特以太网 GE	802.3ab	1000Base-T	超 5 类双绞线
	802.3z	1000Base-SX	使用短波驱动的多模光缆
		1000Base-LX	使用长波驱动的多模/单模光缆
10 吉比特以太网 TE	802.3ae	10GBase-SR	850nm 短波光缆
		10GBase-LR	1310nm 长波光缆
		10GBase-ER	1550nm 长波光缆

表 4.1 中的物理层标准名如 100Base-T 中各符号具有不同含义，如 100 表示网络的数据传输速率为 100Mb/s；Base 表示网络使用基带信号传输；减号"-"后表示使用的传输介质，如 T 表示传输介质是双绞线。表 4.1 中的第一类以太网即传统以太网（Ethernet）目前基本已经淘汰不用，在组网工程中最常见的以太网标准是后三类，其中的 100M 标准一般多用于连接用户的普通 PC；1000M 标准多用于企事业网的汇聚层或核心层互连；10G 标准虽然可以用于 LAN 内，但由于其工程造价较高，目前多用于城域网（MAN）中。

目前最新的 IEEE 802.3 标准已经达到了 100G，但这种标准主要应用于运营商建立的广域网或城域网中，企事业网中基本没有使用。

通过以上内容不难发现，随着以太网技术的不断发展与变化，现在网络工程中使用的以太网技术已经不再单纯用于局域网，在部分 MAN 甚至 WAN 中也已经开始使用以太网技术，如 10G 以太网技术、100G 以太网技术等。但从网络工程来说，LAN 内的以太网技术才是学习的重点。MAN 或 WAN 中的以太网技术应用涉及运营商的运营网络，其组网模式较为复杂，本教材不做介绍。

4.1.2　以太网的互连设备

以太网在组建过程中，需要使用各种不同的网络设备进行互连，从历史的发展来看，以太网的互连大致先后经历了以下几个阶段。

1. 同轴电缆

最早的以太网是通过一根同轴电缆（粗同轴电缆或细同轴电缆）作为总线，将网络中所有的设备连接在一起的。所有网络的通信均使用这根共享的同轴电缆传输,通信信号的"冲突"(即电信号在信道中的相互叠加)在早期的以太网中必然会发生,并导致通信的失败,所以以太网才会使用以前介绍的 CSMA/CD 协议来解决这种冲突带来的通信失败问题。

同轴电缆在连接少量计算机时,其性价比较高,在传统以太网时期也发挥过重要作用。但随着时间的推移,网络中连接的计算机越来越多,同轴电缆的"冲突"也越来越多,其通信可靠性不足的缺点也越发突出,因此这种通过同轴电缆进行以太网互连的技术已经在以太网后来的发展过程中被淘汰了。目前这种通信介质主要应用于有线电视网络(CATV)中,以太网的组网中已经看不到此类介质。

2. 集线器

集线器(Hub)设备主要用于传统以太网中,用于解决大量计算机密集接入的连接问题。Hub 在连接计算机时使用双绞线构建星状的物理拓扑结构,其主要功能是对从端口接收到的信号进行整形放大,然后在其他所有端口进行信号的广播。因此从实现的功能来说,Hub 通过双绞线连接的以太网虽然在物理上是星状的拓扑结构,但在逻辑上仍然还是一个总线型的网络,与使用同轴电缆的以太网一样会出现冲突的问题。

需要强调的是 Hub 只工作于 OSI 体系结构的第一层即物理层中,Hub 只做比特流信号的整形放大,并不能实现 CSMA/CD 协议来避免冲突。连接在 Hub 上的所有设备相当于都连接在同一根总线上,所有设备都处于同一个冲突域和广播域中,因此一般将由 Hub 或同轴电缆组建的以太网称为共享式以太网。在网络连接设备越来越多的情况下,设备之间的冲突将会很严重并最终会导致广播泛滥,严重影响网络的性能。

基于上面的介绍与分析,可以明确在现在的网络工程实践中,应该尽量避免使用 Hub 进行网络工程的组网及应用。

3. 网桥

网桥(Bridge)也叫桥接器,是连接两个局域网的一种存储/转发设备,它可以将两个以上的 LAN 互连为一个逻辑 LAN。网桥可以是专门的硬件设备,也可以由计算机加装多个网卡通过软件来实现。

网桥工作在 OSI 的第二层即数据链路层,可以识别网桥端口接收到的数据帧内容,这个功能也是其与 Hub 的根本区别。网桥在判断数据帧是否转发时,会查询一张通过"自学习"得到的站表(也称为转发表),该表由 MAC 地址、端口号、生存时间等表项组成。

网桥有多个种类,如透明网桥、源路由选择网桥等,在以太网中使用的网桥是透明网桥,本节所讲述的网桥均以透明网桥为例。透明网桥在工作时,会接收与之相接的 LAN 内出现的每一个数据帧,并通过自学习的方法获得属于自己的转发表。

其自学习的一般步骤为:网桥的某个端口 X 收到 LAN 内某计算机 Y 发送的一个数据帧后,先查看此帧的源 MAC 地址(此地址即 Y 的 MAC 地址,这里假设 MAC 地址为 Y),并查找转发表中有无与 Y 地址相同的表项,若没有,则在转发表中增加一个项目,一般由三项组成,即 Y、X、TTL(即生存时间);若有,则把原有的项目进行更新,即将对应的端口与生存时间项更新。

透明网桥一旦通过自学习获得了转发表后,就可以依据此表进行数据帧的转发或过滤。其工作过程大致为:网桥从端口 X 收到一个数据帧(假设其目的 MAC 地址为 Y)后,首先查找转发表中有无与 Y 地址相同的表项,若没有,则通过其他所有端口(端口 X 除外)进行广播式的转发；若有，则还需要检查此表项对应的端口是否为数据帧进入的端口 X，如果是 X，那么就将这个帧丢弃、不转发；如果不是 X，那么就从转发表中对应的端口进行转发。

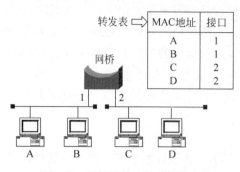

图 4.1 网桥的互连及其转发表

图 4.1 描述了网桥通过自学习得到的转发表及其互连 LAN 的示意图。图中左边的计算机 A、B 构成 LAN 与网桥的 1 号端口连接，右边的计算机 C、D 构成另一个 LAN 与网桥的 2 号端口连接。由于 MAC 地址有 48b 长，表述较为复杂，因此为了简单起见，在图 4.1 中使用 A、B、C、D 分别代表这 4 个计算机各自网卡的 MAC 地址。转发表省略了生存时间项，每个登记的表项都有一个默认的生存时间，若过了这个时间，此表项还没有更新，那么网桥就将删除此表项。

以图 4.1 为例，假设网桥已经通过自学习获得了图中所示的转发表。

若此时计算机 A 发送一个数据帧给计算机 B，那么网桥的端口 1 通过总线就会收到此帧（即帧的源 MAC 为 A、目的 MAC 为 B），根据上面所述的过程，网桥此时会做两个工作：一是自学习，二是判断是否转发数据帧。在自学习的过程中，网桥将发现自己的转发表中已经存在 MAC 地址为 A 的表项，因此网桥将进行此表项的更新工作；在随后的转发工作中，网桥将检查转发表中是否有 MAC 地址为 B 的表项，并很快发现自己的转发表中存在此表项，然后检查此表项后面的端口，发现端口为 1，而此数据帧是从端口 1 进入的，所以网桥将直接将此帧丢弃。

通过此例不难发现，同一个 LAN 内的通信流量不会被网桥转发到其他 LAN 中，即 A 与 B 的通信不会影响 C 与 D 的通信，因此网桥具有隔离冲突域的能力，不同 LAN 之间不会出现相互冲突。

若此时计算机 A 发送一个数据帧给计算机 C，则同样的原理，网桥首先更新转发表中 MAC 地址为 A 的表项；然后检查转发表中是否有 MAC 地址为 C 的表项，图中的转发表显示存在此表项且其对应的端口为 2，那么网桥就会将此数据帧从端口 2 进行转发，计算机 C 通过总线会接收到此数据帧。因此网桥互连不同 LAN 后，并不影响 LAN 之间正常的数据通信。

需要注意的是，以上例子均以网桥学习到了所有计算机的 MAC 地址为前提，但如果网桥因为某种原因没有学习到相关的表项或者收到的是一个广播帧，那么网桥在转发表中，肯定查找不到匹配的表项，为了保证通信的成功，网桥就会使用广播方式在其他所有端口上广播此数据帧。因此网桥并不具有隔离二层广播域的能力，当网桥连接的 LAN 越来越多时，其发生广播风暴的可能性也就越来越大。

网桥在早期 LAN 的互连中，还能完成其他一些功能，如不同 LAN 之间协议转换的工作，因此网桥在早期 LAN 发展中发挥过重要的组网作用。网桥相对于集线器而言，具有更强的网络互连及网络分隔的能力，但其协议转换处理时延较大，效率不高，所以在如今只有以太网技术存在的情况下，继续使用网桥已经不是明智之举。

4. 以太网交换机

以太网交换机(Switch，简称交换机)是目前以太网组网中使用较多的一种组网设备。

该设备属于 OSI 体系结构中的第二层即数据链路层设备,其工作原理类似于网桥,也需要自学习生成转发表,并根据此表进行数据帧的转发或过滤。与网桥明显不同的是:交换机一般具有多个端口,用于连接计算机与其他网络设备;其次交换机只用于以太网中,不需要像网桥那样实现不同 LAN 协议的转换,因此交换机的转发效率远高于网桥。

图 4.2 描述了以太网交换机的逻辑结构示意图,图中的交换机有 8 个端口,可以连接不同的计算机或网络设备,每个交换机端口都有自己相对独立的输入输出缓存,用于缓存将要发送或接收的数据帧。图中虚线框表示交换机的转发机构,该转发机构一般具有很高的背板总线带宽与内部高速交换矩阵,本图将其结构省略了。转发机构使用转发表进行数据帧的转发或过滤,转发表如图 4.2 右上方所示,主要由端口与 MAC 地址两个表项组成,一般在表中还有一项表示生存时间,其作用与网桥相同,因此本图也将此表项省略。图中的计算机 A、B、C、D 分别通过端口 1、3、6、8 与交换机相连接,4 台计算机网卡的 MAC 地址同样使用 A、B、C、D 简单表示,其他端口的连接情况在此省略。

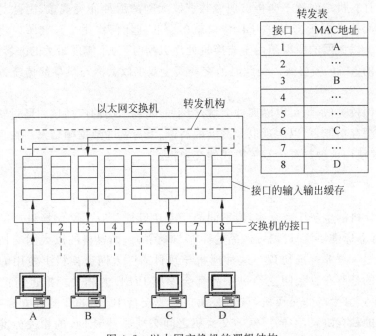

图 4.2 以太网交换机的逻辑结构

假设当图 4.2 中的交换机通过自学习得到自己的转发表(如图 4.2 右上方所示)后,计算机 A 向 C 发送一个数据帧,此时交换机将从 1 号端口接收到此帧,并将该数据帧存放在缓存中等待转发机构的操作。转发机构将提取缓存中的第一个帧的目的 MAC 地址(此时为 C),并在其转发表中查找有没有 MAC 地址为 C 的表项,图 4.2 表明此时 MAC 地址对应的端口为 6,因此交换机会立即判断出此端口与进入的端口不同,并立即将数据帧通过转发机构的总线快速交换到 6 号端口,然后利用 6 号端口的缓存向计算机 C 转发数据帧,此过程如图中 A 到 C 的指向所示。但是如果转发表中不存在 MAC 地址为 C 的表项时,那么交换机会采取与网桥相同的方法,在其他所有端口上转发此数据帧。

当计算机 A 向 C 发送数据帧的同时,计算机 D 也可以向计算机 B 发送数据帧。计算机 D 发出的数据帧首先通过端口 8 进入交换机 8 号端口的缓存中,交换机同样通过转发机构将缓存帧中的目的 MAC 地址与转发表进行比较,会发现 MAC 地址为 B 的表项对应的端口是 3 号端口。因此交换机的转发机构会将此帧通过总线快速交换到端口 3 的缓存中,通过 3 号端口的缓存向计算机 B 转发数据帧。由于交换机的转发机构具有并行工作能力,因此计算机 A 向 C 的通信可以与计算机 D 向 B 的通信并发进行,如图 4.2 中黑色箭头指向标示。

由于现在的计算机网卡多数都是使用双绞线作为传输介质,双绞线的发送与接收在快速以太网中分别使用 1、2 与 3、6 两对线进行传输。因此图 4.2 中的端口实际上都可以工作在全双工模式下,即交换机的每个端口可以同时发送与接收数据帧。假设标称 100M 的以太网交换机有 8 个端口,那么理论上可以实现 4 对计算机并行全双工通信,则其网络吞吐量可以达到 4×100M×2 即 800M 流量。这对于提高以太网的通信效率而言意义重大,这种由交换机及全双工模式组建的以太网被称为交换式全双工以太网。在交换式全双工模式下,计算机的数据发送与接收被分到不同的独立信道中,同时由于交换机具有的缓存能力,交换机连接的计算机之间就不会再出现像共享以太网的那种冲突现象,因此对于工作在全双工模式下的交换机而言,CSMA/CD 协议就不会起到任何作用了。之所以仍然将交换机组建的网络称为以太网的原因是由于交换机处理数据时,为了实现最大的兼容性,仍然使用了以太网定义的 MAC 帧格式。但此时的交换式全双工以太网与最早的传统以太网已经完全不同了。

交换机与网桥类似,均可以隔离冲突域,但不能隔离二层的广播域。通过转发机构的快速交换能力及缓存功能,可以实现以太网内的高速、大流量的数据帧转发。在现在的组网过程中,强烈建议使用这种具有全双工模式的交换机。

4.1.3　以太网交换机的选购

以太网交换机的生产厂家众多,但不同的厂家在设计其以太网交换机产品时会加入一些私有协议(即非标准协议)以增强产品的性能与竞争力,如思科的以太网交换机上可使用的 ISL 协议就是一个非标准协议。这种现状导致目前以太网交换机上使用的协议种类非常繁杂。幸运的是所有以太网交换机产品都会参照 IEEE 的相关标准进行产品的基本设计,即无论哪个厂家生产的交换机,它们必须首先要支持 IEEE 802 的官方标准,然后才能使用自己厂家的私有协议,不同厂家的交换机之间必须通过 IEEE 的相关标准进行相互通信。因此对于初学者而言,从 IEEE 802 的标准协议开始学习以太网交换机的使用,对于掌握以太网交换机的使用就非常关键,只有在掌握了这些最基本的协议及其使用后,才可能进一步了解各大厂家的私有协议。本章将以 IEEE 802 的相关标准介绍以太网交换机的使用,厂家的扩展协议及功能将留给读者自行查阅与练习。

在选购以太网交换机时,除了关注其支持的协议外,还需要注重其相关性能指标,这些性能指标同样也决定了组建的以太网能力。交换机的主要性能指标为以下几类。

1. 端口

端口即交换机的连接端口,端口的性能决定了交换机的连接及扩展能力。通常来说,端口的性能指标涉及端口个数的多少、使用介质的类别、是否支持自动翻转功能、数据传输速率大小等。这些指标支持得越多,交换机的价格也就会越高。

(1) 端口个数:端口的个数选择需要根据工程组网的实际需求判定。一般来说,对于小型办公网络或家庭网络,建议使用 4 端口或 8 端口的交换机即可;对于中小型网络,建议使用 16 端口或 24 端口的交换机;对于大型企事业网络,建议使用 24 端口或 48 端口的交换机。

(2) 端口使用的介质:目前的以太网组网中较为常见的介质是双绞线与光纤,对于小范围接入层的以太网组建,端口使用双绞线作为介质的交换机是性价比最高的首选;对于大范围核心层或汇聚层的连接,建议使用具有光纤端口的交换机。

(3) 自动翻转功能:目前多数交换机的端口都支持自动翻转功能(Auto MDI/MDIX),此功能允许在连接了错误的双绞线类型(参见 1.1.5 节)时,交换机可以自动进行跳线解决此常见错误。因此在选购交换机时,应该尽量选择具有这种功能的交换机。

(4) 端口的数据传输速率:目前企事业网出口的数据传输速率(即带宽)多数在 100M 到 1000M 之间,而内部用户的计算机网卡绝大多数已经具备 100M/1000M 自适应能力,因此在为大中型网络的接入层选购交换机时,100M/1000M 端口自适应交换机是必然选择,其核心层应用的交换机必须具有 1000M 端口交换的能力,汇聚层交换机可以根据需要选择 100M/1000M 自适应交换机或 1000M 交换机。由于现在很多家庭网络的出口带宽已经达到 20M 以上,因此在组建像家庭网络这样的小型以太网时,10M 交换机已经不合时宜,然而使用 1000M 交换机又太过浪费,所以在家庭网络中使用 100M 的交换机是性价比最高的选择。

2. 背板带宽

背板带宽是指交换机端口与交换机主板上的数据总线之间的最大数据吞吐量,以 b/s 为单位。一台交换机的背板带宽越大,其所能处理数据的能力也就越强,但同时其产品的成本也会越高。一般情况下,所选购的交换机上标示的背板带宽应该大于等于其端口个数×端口速率×2。例如,某台以太网交换机上有 8 个 100M 的端口,那么此交换机应该具有的背板带宽至少应该为 8×100M×2 即 1.6Gb/s,此时也称此背板带宽可以实现线速的交换;如果此交换机的背板带宽小于 1.6Gb/s,则意味着此交换机将成为网络的瓶颈,影响到以太网整体的通信效率。

3. 交换方式

以太网交换机使用较多的交换方式主要有存储转发、直通交换两种。

存储转发是计算机网络中应用广泛的一种方式,它将输入端口进来的数据帧先完整地缓存起来,然后进行数据的差错校验,校验没有错误后再根据帧的目的 MAC 地址进行前面所介绍的交换过程。这种交换方式的优点是数据传输的可靠性等到了保证,同时由于数据帧可以在交换机中进行缓存,因此这种交换机还支持不同速率的端口相互交换。其缺点是缓存带来的处理时延增大,影响交换机的数据交换速率。

直通交换方式是指交换机在输入端口接收到一个完整数据帧之前,就开始了数据帧的交换工作。具体来说,就是当数据帧的头部到达输入端口时,交换机就提取头部数据中的目的 MAC 地址,并随即开始查找转发表并进行转发。这种交换方式的优点是其不必存储完整的数据帧就可以完成帧的转发,因此这种交换机的转发速度很快。但相对存储转发方式而言,其缺点也很明显,由于没有完整的存储数据帧,这种方式不提供数据差错的检测能力,若存在残存帧或错误帧,也一样被转发出去;当输入与输出端口速率不同时,同样由于没有完整的存储数据帧,这种直通交换方式很容易引起数据帧的丢失。

在组建以太网络时,一般建议在端口速率相同的核心层或汇聚层使用直通交换方式的交换机;若端口连接速率不同,则一般建议使用存储转发方式的交换机,这种存储转发方式适合接入层网络的交换机使用。

4. 转发表容量

转发表容量也称为 MAC 地址容量,是指交换机的转发表中可以存储的最大 MAC 地址数量。交换机支持的 MAC 地址数量越多,其数据转发的效率也就越大。如果转发表容量较小,不能将所有网络中的 MAC 地址全部存储下来,就意味着没有存储进转发表中的 MAC 地址必须使用广播方式转发。广播方式转发的数据帧越多,网络吞吐量就必然越低,因此使用转发表容量更大的交换机可以提高以太网的转发效率。如果转发表容量较低,不仅会影响以太网的转发效率,更会成为很多黑客攻击的目标。

目前以太网的低端交换机使用的转发表容量在 2KB 左右,如果需要考虑以太网的效率及安全性,一般建议使用转发表容量在 8KB 以上的交换机。

5. 管理功能

交换机的管理功能可以允许管理人员对交换机实现管理与自定义配置,让交换机可以更好地、有针对性地完成交换工作。通常交换机支持的管理功能越多,其价格也相对越高。这些管理功能众多,一般包括 Web 浏览器管理、SNMP 管理、基于 Console 的 CLI 管理等。

为了节省网络工程的费用,多数情况下在接入层使用没有管理功能的交换机,而在需要进行网络管理与控制的地方才使用各种具有不同管理功能的交换机。

4.2 交换机的基本配置

从本节开始将对交换机的配置及应用展开详细的介绍与说明,同时为了网络实践的方便,将使用思科公司的 2960 系列二层交换机及 3560 系列三层交换机进行相关应用案例的操作讲解。这些操作过程虽说是针对思科的产品,但其配置的基本思想与过程同其他厂商大同小异。读者在充分了解思科产品的使用后,再去学习其他厂商产品的使用将会更加容易。

4.2.1 交换机的组成

交换机是组建以太网最常见的网络设备,根据其功能对应的层次,可以分为二层交换机与三层交换机。二层交换机就是 4.1 节所介绍的以太网交换机,三层交换机除了具有二层交换机的数据帧转发功能外,一般还能使用网络层的 IP 协议实现路由等功能。本节将以二层交换机为例说明以太网交换机的配置及基本使用,三层交换机将在 4.4 节中介绍。

交换机与普通计算机的组成类似,由软件系统与硬件系统两大部分组成。

思科为其交换机及路由器等硬件产品研发了专用的操作系统 IOS,并作为其相关硬件产品的操作系统。在 IOS 中,用户可以使用命令对相关的硬件进行配置、管理、测试等操作。这些命令多数都具有通用性,即在交换机 IOS 中使用的命令,同时也可以用在路由器的 IOS 中。用户可以使用交换机或路由器等硬件产品的控制端口(Console 端口)连接并访问硬件产品中的 IOS 系统。

交换机主要由处理器、内存、端口、控制端口等物理硬件和电路组成,它其实就是一种具有多个输入端口和多个输出端口的专用计算机,与一台普通计算机的硬件结构大致相同。交换机的端口类型主要有以太网端口(Ethernet 端口)、快速以太网端口(FastEthernet 端口)、吉比特以太网端口(GigabitEthernet 端口)和控制端口。

交换机主要使用 4 种类型的存储介质:只读存储器(ROM)、闪存(Flash)、非易失性随机存储器(NVRAM)、随机访问存储器(RAM)。

ROM:保存着交换机 IOS 操作系统的引导部分,负责交换机的引导和诊断。ROM 中存储的程序是交换机的启动软件,负责使交换机进入正常的工作状态。ROM 通常存放在一个或多个芯片上,或插接在交换机的主板上,其存储的数据一般在出厂时固化,即使设备断电,其数据内容也不会丢失。

Flash:保存 IOS 软件的扩展部分,相当于计算机硬盘上安装的操作系统。Flash 中存储的程序负责维持交换机硬件的正常工作。若交换机安装了 Flash,那么 Flash 就是引导交换机 IOS 操作系统的默认位置。Flash 的内容可擦写,用于对 IOS 进行升级操作。Flash 在设备断电后,其存储的内容同样不会丢失。

NVRAM:保存 IOS 在路由器启动时需要读入的启动配置参数。当交换机启动时,首先会寻找 NVRAM 中存储的配置参数,同时将这些配置参数加载到 RAM 中并执行相关配置。NVRAM 具有在系统断电后,内容不丢失的特点,因此在设备的相关配置成功后,就应该将配置成功的数据保存到此内存中。

RAM:存放 IOS 系统的运行配置数据及缓存数据,IOS 通过 RAM 满足其所有的常规存储的需要。在交换机启动或断电时,RAM 中的数据内容会丢失。由于对设备的现场配置参数均存储在 RAM 中,因此设备配置成功后一定要将 RAM 中的配置数据保存到 NVRAM 中,否则一旦出现断电或重启等意外,RAM 中所有的配置数据会全部丢失。

交换机启动时,首先运行 ROM 中的引导程序,进行系统自检及引导;然后运行 Flash 中的 IOS 系统软件;当 IOS 系统启动成功后,会在 NVRAM 中寻找配置数据,并将它装入到 RAM 中,同时根据配置参数执行相关的配置。

4.2.2　交换机 IOS 的连接

对交换机的访问与配置均需要通过其 IOS 实现,当用户访问交换机时,必须首先连接到 IOS 操作系统。连接的方法一般有三种:Console 口连接、Telnet 连接和 Web 浏览器连接。对于初学者而言,重点是掌握使用 Console 口的连接方法。其他两种连接方法都必须在使用 Console 口连接交换机,并成功配置后才能使用。因此本节只重点介绍基于 Console 口的连接方法,其他两种方法暂不做说明。

使用 Console 口对交换机进行连接并配置是网络工程应用中最常用、最基本的方式。当新的交换机购买回来进行第一次配置时,必须使用这种方式进行配置。只有使用这种方式配置成功后,才可能使用其他方式访问交换机。

为了本节实践操作的讲解更方便些,这里使用 PT 模拟了如图 4.3 所示的网络拓扑图进行说明。图 4.3 中的两个交换机(Switch1、Switch2)之间通过各自的 f0/11、f0/12 两个端口(f0/11 是 fastEthernet 0/11 的简称,其他端口同样使用简称)相互连接,每个交换机又通过各自的 f0/1、f0/2 端口连接两台计算机,其中的 PC1 作为配置交换机的控制台,PC2 作为服务器。

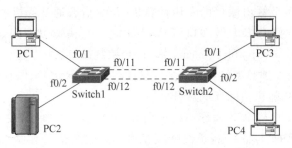

图 4.3　交换机的基本配置

以图 4.3 为例,在 PC1 上使用交换机 1(即 Switch1)的 Console 口进入其 IOS 操作系统的操作步骤可以归纳为以下步骤。

(1) 将控制线缆的 RJ-45 接头与交换机 1 的 Console 口连接、控制线缆的 DB-9 接头与计算机 PC1 的串口(假设是 COM1)连接,并开启 PC1 与交换机 1 的电源。

(2) 打开 PC1 的 Windows"开始"菜单,选择"所有程序"→"附件"→"通讯"→"超级终端"程序。如果是第一次运行此程序,将会出现如图 4.4 所示的"位置信息"对话框。在此对话框的区号中输入相应信息(例如图中所示的"0712")后,单击"确定"按钮后,将会出现"电话和调制解调器选项"对话框,此对话框不做任何设置,直接单击"确定"按钮。

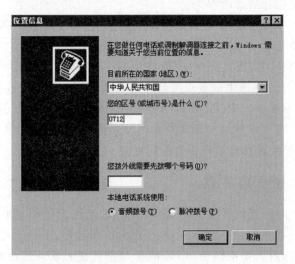

图 4.4　"位置信息"对话框

(3) 在出现的"连接描述"对话框中输入将要建立的连接名称,例如输入"Switch",选择此名称对应的图标后单击"确定"按钮。在随后出现的"连接到"对话框中选择第(1)步中连接计算机 PC1 的串口名称,例如 COM1。然后单击"确定"按钮。

(4) 在弹出的"COM1 属性"对话框中单击"还原为默认值"按钮,设置计算机的串口通信使用默认参数。最后单击"确定"按钮。

若上述步骤操作正确,此时将出现超级终端程序的主界面,如图 4.5 所示。此时显示的界面即交换机 1 的 IOS 操作界面,通过键盘输入 IOS 命令就可以对交换机进行各种配置、测试等操作。本节后续的操作均在此 IOS 环境中实现。

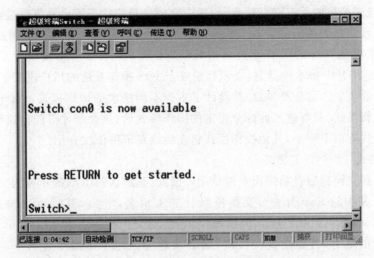

图 4.5 "超级终端"程序主界面

在上述操作过程中,有以下事项需要注意。

(1) 网络工程应用中,不是所有交换机都有 Console 口。一般接入层的普通交换机没有提供 Console 配置端口,这些交换机不能进行配置与管理。只有可配置的中高档交换机才会使用 Console 口。

(2) 交换机与计算机连接时使用的控制线缆建议使用原厂线缆。原厂线缆将全反双绞线与 DB-9 接头融合在一起,使用更加可靠。如果自己制作控制线缆,那么在制作完全反双绞线后,还需要使用 DB-9 与 RJ-45 的转换接头连接计算机的串口后,才能进行配置。这种自制控制线缆存在可靠性不高的弱点,原则上不建议使用。

(3) 微软从 Windows 7 版本开始就不再提供"超级终端"程序,因此如果计算机使用的操作系统是 Windows 7 以后的版本,则"超级终端"程序需要用户自行到互联网下载。当然用户也可以使用其他程序替代"超级终端"程序,例如非常有名的 Putty 开源程序就可以实现超级终端程序的功能。有兴趣的读者可以自行尝试 Putty 的应用,本教材对该软件不做说明。

(4) 使用 PT 进行模拟时,细心的读者应该会发现在拓扑图的设备连接过程中,所有设备相互连接的端口均会有一个用于链路状态指示的小圆点,这些状态指示点的颜色一般有红色、绿色、黄褐色、黑色 4 种,其中,红色表示此端口的链路被关闭;绿色表示此端口的链路在工作,若是闪烁的绿色则表明工作正常,若是常亮的绿色则表明此端口的某些协议配置存在问题;黄褐色表明此端口被生成树协议阻塞,只出现在交换机上。耐心观察会发现:图 4.3 中交换机 1 与交换机 2 的 f0/11、f0/12 相互连接后,开始的链路状态指示是黄褐色的,但经过大约 50s 后,交换机相互连接的 4 个端口中有三个会自动变为绿色,而其中某一个会仍然保持黄褐色不变。这个现象其实是交换机自动运行生成树协议的结果,有关生成树协议的内容将在后面的 4.5 节中进一步展开介绍;黑色表示 Console 端口连接正确。

4.2.3 交换机的操作模式

当用户连接到交换机的 IOS 操作系统后,在"超级终端"程序的窗口中将显示 IOS 的各种信息,用户与交换机的所有交互信息,包括交换机自身的状态信息都将通过此字符窗口显示。不同的提示信息表达的意义各不相同,读者在实验过程中需要逐步了解这些交互信息的含义,这对于提高自身的网管能力很有帮助。例如,图 4.5 所示窗口显示的最后一行"Switch>"就是其 IOS 提示符信息,表示当前处于 IOS 操作系统的用户模式下。

IOS 提供了众多的命令及参数,并设计了多个不同层次的操作模式。每个 IOS 命令都有其指定的操作模式,只有进入此命令指定的操作模式后,该命令才可能被执行。交换机最常见的操作模式有以下三个,其他操作模式将在后续章节中依次介绍。

1. 用户模式

初次连接到交换机后看到的模式即是用户模式,其默认的 IOS 提示符为"Switch>",如图 4.5 所示。其中的 Switch 表示交换机默认的主机名,>表示其后可以输入 IOS 命令。该操作模式下只能运行少数查看、测试命令,不能对交换机进行配置。简单来说,用户模式不具有配置的能力,若要配置交换机,则必须继续使用 IOS 命令进入下面的其他操作模式。

2. 特权模式

在用户模式下输入 enable 命令可以进入特权模式,方法如下所示。

```
Switch>enable
Switch#
```

下画线上的字符是键盘输入的 IOS 命令,Switch# 是特权模式的 IOS 提示符,所有 IOS 提示符都由 IOS 系统自动显示,不需要也不能通过键盘输入。

进入特权模式后,操作用户可以查询交换机所有的状态信息,并进行各种网络测试。只有进入特权模式后,才能使用相关的 IOS 命令进入其他可配置的操作模式。

3. 全局配置模式

在特权模式下输入 configure terminal 命令可以进入全局配置模式,方法如下。

```
Switch#configure terminal
Switch(config)#
```

同上一模式类似,下画线上是键盘输入的 IOS 命令,Switch(config)# 是全局配置模式的 IOS 提示符。configure terminal 命令必须且只能在特权模式下输入,才能进入全局配置模式。全局配置模式下可以进行交换机大多数的配置,也是进入其他几个操作模式的前提。

在进行操作模式的实验过程中,有以下事项需要注意。

(1) 如果想要退出某个操作模式,可以使用 exit 命令返回上一层次的操作模式。或者使用 end 命令,可以直接退回到特权模式。

(2) 所有的 IOS 命令或参数在不引起二义性问题的前提下,都可以使用简写。例如,用户模式下的 enable 命令就可以简写为 en,因为在用户模式下,以 en 开头的命令只有 enable 命令一个;但不能简写为 e,原因在于用户模式下以 e 开头的命令有多个。同样,特权模式下的 configure terminal 命令也可以简写为 conf t。

(3) 在使用键盘输入上一步中的简写命令或参数时,还可以通过按 Tab 键,让 IOS 系统自动完成命令或参数的完整输入。例如,在用户模式下输入 en 后 Tab 键,IOS 系统会自动将完整的命令 enable 显示出来,用户不需要输入命令或参数的全部符号。

（4）当用户忘记了某个命令或参数时，可以使用"?"获得 IOS 的提示信息。

例如，在特权模式下使用 configure 命令时忘记了其后的参数，则可以使用"configure ?"（问号前有空格）获得 IOS 的提示，操作方法如下所示。

```
Switch#configure ?
  terminal Configure from the terminal
  <cr>
Switch#configure
```

上述信息表明 configure 命令后可以使用的参数是 terminal 或者直接回车(cr)。

如果是忘记了命令或者参数的全称，也可以使用 ? 获得提示。例如，特权模式下的 conf 命令全称不清楚，就可以使用"conf?"（问号前没有空格）获得提示，方法如下。

```
Switch#conf?
configure
Switch#conf
```

上述信息表明 conf 命令的全称是 configure。

4.2.4 交换机的基本操作

交换机的功能配置众多，但常规的基本配置主要有以下几类功能操作。熟悉并掌握这些功能的配置与操作对于了解交换机、使用交换机至关重要，需要初学者不断反复地练习、熟能生巧。本节的操作同样可以使用前面图 4.3 所示的模拟环境进行练习。

1. 配置主机名称

默认情况下，所有交换机的 IOS 提示符都使用 Switch 作为主机名称。在大规模网络工程的配置过程中，为了避免产生混淆，建议对不同的交换机使用不同的主机名称以示区别。配置主机名称需要在全局配置模式下使用 hostname 命令，例如，将主机名称修改为 jk1 的用法如下所示。

```
Switch(config)#hostname jk1        //下画线为键盘输入
jk1(config)#                       //IOS 自动显示的 IOS 提示符中，主机名称变为 jk1 了
```

为了表述的方便，从本节开始使用"//"对相关命令行或信息进行注释。符号"//"及其后的字符仅用于注释说明，不是 IOS 命令或提示信息。

如果当前 IOS 提示符不是全局配置模式，那么就需要使用 4.2.3 节介绍的方法，将操作模式变换到全局配置模式后，才能使用此命令。例如，当前如果在用户模式下，那么就需要进行如下的操作步骤。

```
Switch>enable                      //从用户模式进入特权模式
Switch#conf t                      //从特权模式进入全局配置模式
Switch(config)#hostname jk1        //使用 hostname 命令将主机名称修改为 jk1
jk1(config)#                       // 此行由 IOS 自动显示,表明主机名称是 jk1
```

为了后续操作的方便，建议读者使用 hostname 命令将此交换机的主机名称改回到默认的名称 Switch。

2. 配置交换机的密码

为了防止未授权用户对交换机进行操作或配置，可以通过 IOS 设置三类密码，用于保

护交换机不被未授权用户访问。交换机在默认情况下,均未设置、使用这些密码。因此为了保护可配置交换机的安全,在第一次配置交换机时应该设置这些密码,这些密码的配置命令都需要首先进入 IOS 的全局配置模式后,才能够使用。

1) Console 密码

Console 密码是用户通过 Console 口进入交换机 IOS 时需要使用的密码。如果交换机配置了此密码,那么 IOS 就会在用户通过 Console 口进入 IOS 时验证此密码。若密码不正确,则不允许用户进入 IOS。在交换机上配置 Console 密码的操作步骤如下。

```
Switch(config)#line console 0          //使用 line 命令进入线路配置模式
Switch(config-line)#password hbeu
//在线路配置模式下使用 password 命令设置密码为 Console 密码为 hbeu
Switch(config-line)#login
//启用设置的 Console 密码.若不使用 login 命令,则设置的密码不会被使用
Switch(config-line)#exit               //exit 命令返回到上一层的操作模式
Switch(config)#
```

上述步骤操作完成后,可以通过 Console 口重新连接交换机的 IOS。此时将会发现,用户必须输入设置的密码 hbeu 才能进入 IOS 的用户模式,重新登录的完整过程如下所示。

```
Switch con0 is now available

Press RETURN to get started.          //重新登录时,按回车键开始登录过程

User Access Verification

Password:                             //输入设置的 Console 密码,键盘输入时屏幕没有回显,连 * 都不会显示
Switch>                               //此处的用户模式提示符表明用户已经进入 IOS 系统
```

2) enable 密码

enable 密码用于控制用户从用户模式进入特权模式。该密码的配置有两类命令,分别是 enable password 与 enable secret。

enable password 命令设置的密码在设备中以明文形式存储,其配置的过程及存储形式如下所示。

```
Switch(config)#enable password jkx1    //设置 enable password 密码为 jkx1
Switch(config)#end                     //直接回到特权模式,用于查看上一步配置的密码
Switch#show running-config             //查看设置当前运行的配置参数
Building configuration...

Current configuration : 1065 bytes
!
version 12.2
no service timestamps log datetime msec
no service timestamps debug datetime msec
no service password-encryption
!
hostname Switch
!
```

```
enable password jkx1                    //可以发现前面设置的密码 jkx 在此处以明文存储
!
...                                     //后面还有显示的内容,此处省略
```

正是由于 enable password 设置的密码是明文存储的,因此为了设备的安全性,思科现在建议使用另一个新的配置命令 enable secret。此命令设置的密码将以 MD5 算法加密存储,其配置的过程及存储形式如下所示。

```
Switch(config)♯enable secret jkx2       //设置 enable secret 密码为 jkx2
Switch(config)♯end                      //直接回到特权模式,以便查看配置结果
Switch♯show running-config              //查看设备当前运行的配置参数
Building configuration...

Current configuration : 1112 bytes
!
version 12.2
no service timestamps log datetime msec
no service timestamps debug datetime msec
no service password-encryption
!
hostname Switch
!
enable secret 5 $1$mERr$gqBf34L5TwETC4KpUZefZ1   //密码 jkx2 被加密
enable password jkx1                    //enable password 密码仍然是明文存储
...                                     //后面还有显示的内容,此处省略
```

当同时配置了 enable password 与 enable secret 两个命令时,IOS 将以 enable secret 命令设置的密码为判断是否允许用户从用户模式进入特权模式的依据。其验证过程如下所示。

```
Switch♯exit                             //从特权模式退出

Switch con0 is now available

Press RETURN to get started.            //使用回车键进入 IOS

User Access Verification

Password:                               //此处输入前面设置的 Console 密码 hbeu,屏幕没有回显

Switch>enable                           //从用户模式进入特权模式
Password:                               //此处键盘可以输入的密码只能是 jkx2,屏幕没有回显
Switch♯                                 //此处的特权模式提示符表明用户已经进入到特权模式
```

3) Telnet 密码

Telnet 密码用于控制用户从远程设备登录到 IOS。例如,网管可以在网络中心使用 Telnet 等工具直接登录到其他部门交换机的 IOS 上,而不用亲自跑到需要管理与维护的交换机那里,网管可以很方便地对远程设备进行管理与维护。实现这种功能的前提就是为设备配置 Telnet 密码,此密码的配置过程如下所示。

以太网组网技术

```
Switch(config)♯line vty 0 15              //进入终端线路 0 到 15 的线路配置模式
Switch(config-line)♯password jkx3         //配置 Telnet 密码为 jkx3
Switch(config-line)♯login                 //启用 password 设置的密码,作用与 Console 密码类似
Switch(config-line)♯
```

完成上面的配置过程后,就可以在此交换机所处网络中的任何 PC 上通过 Telnet 等工具进入其 IOS 中,实际的远程登录过程将在"配置交换机的管理信息"中详细介绍。

3. 配置交换机的管理信息

交换机作为接入层的常用网络设备,一般不需要进行参数配置。但是当需要进行某些特定功能应用时,如虚拟局域网等,就必须对交换机进行配置与管理。交换机是二层设备,其以太网端口均是数据链路层的端口,这些端口不可以配置网络层的 IP 地址。而远程管理一般使用 Telnet 等应用层软件实现,这些应用层软件都需要使用网络层的 IP 地址才可以进行通信连接。因此思科为了方便网管对这些二层设备的管理,使用了交换机的逻辑端口(即默认的 VLAN1)作为交换机网络层通信的端口,管理员可以在 VLAN1 的逻辑端口上配置 IP 地址参数,使交换机可以使用此 IP 与其他设备进行 IP 通信。

需要再次强调的是:交换机上配置的 IP 参数只是为了方便远程管理,与交换机的二层交换功能是没有任何关系的。管理交换机时,需要配置的管理信息主要是其用于远程连接的 IP 地址信息,其配置过程可以参考下面的步骤进行。

```
Switch(config)♯ip default-gateway 10.1.1.254       //设置交换机所在网络的网关地址
Switch(config)♯interface vlan 1            //进入逻辑端口 VLAN1 的端口配置模式
Switch(config-if)♯ip address 10.1.1.1 255.255.255.0
//为 VLAN1 设置 IP 参数,当前工作模式为端口配置模式
Switch(config-if)♯no shutdown             //启用 VLAN1 端口
Switch(config-if)♯end                     //直接回到特权模式
Switch♯                           //在特权模式下可以使用 ping 命令测试交换机与其他 PC 的连通性
```

在上面的配置过程中,假设交换机所在的网络为 10.1.1.0/24、网关为 10.1.1.254;逻辑端口 VLAN1 是交换机默认情况下自动生成的端口,可以用于交换机的管理,因此该端口也被称为管理端口,可以进行三层的配置与使用;三层端口在默认情况下是不工作的,因此配置完端口的相关参数后,如果需要参数发生作用,就必须接着使用 no shutdown 命令。如果不想某个端口工作,则可以在其端口模式下使用 shutdown 命令关闭。

当完成交换机管理信息的配置后,交换机就能够以一种主机的身份与网络中其他的计算机进行通信。例如,在网络中的计算机 PC1 就可以通过交换机的管理 IP 地址 10.1.1.1 远程登录到交换机的 IOS,其操作过程如下。

```
PC>telnet 10.1.1.1             // PC>是计算机 PC1 的命令行提示符
Trying 10.1.1.1 ...Open
User Access Verification
Password:                      //此处通过键盘输入前面设置的 VTY 密码,密码没有回显
Switch1>enable                 //进入交换机的用户模式后,使用 enable 命令进入特权模式
Password:                      //此处输入的密码是前面设置的 enable secret 密码
Switch♯                        //成功进入到交换机 1 的特权模式
```

4. 配置交换机的以太网端口

前面提到过,交换机的以太网端口工作在数据链路层,该层端口的配置主要涉及端口速

率、模式、描述等三个参数。在网络工程应用中,一般不需要对交换机的以太网端口进行配置,交换机所有的以太网端口均默认工作在自动适应模式。只有在考虑兼容性或为了管理时,才会对这些端口进行配置。

配置交换机端口的相关参数时,必须首先进入相应的端口模式。进入端口模式的命令是全局配置模式下的 interface 命令,此命令的用法为:

```
interface type mod/port
```

其中:

type 表示端口的类型,交换机的端口类型主要有 Ethernet、FastEthernet、GigabitEthernet三种参数,分别表示 10Mb/s、100Mb/s、1000Mb/s 端口类型。

mod 表示交换机端口所在的模块编号,第一个模块的编号为 0,后续模块编号依次递增。交换机的模块一般只有一个,因此交换机的 mod 参数多数为 0。

port 表示端口在模块中的编号,模块的第一个端口编号为 0,后续端口编号同样依次递增。端口 port 通常也被称为接口(interface),这两个术语在本教材中不做区别。

例如,现在需要进入交换机 1 的端口 f0/1,则从特权模式开始,需要通过以下步骤完成。

```
Switch#configure terminal          //从特权模式进入全局配置模式
Switch(config)#interface fastEthernet 0/1
//进入 fastEthernet 0/1 端口(简称 f0/1)的端口配置模式
Switch(config-if)#                 //IOS 的端口模式提示符
```

有时为了简单起见,进入端口模式前,可以在不产生二义性问题的前提下使用简化的命令,例如:

```
Switch(config)#int f0/1            //进入 f0/1 的端口配置模式
```

如果交换机的多个端口需要配置相同的参数,那么在使用 interface 命令时,还可以引入 range 参数简化配置的过程。若要同时对多个连续的端口配置相同参数,则可以在命令行中使用减号“-”进行连续端口的表示;若要同时对不连续的多个端口进行相同配置,则需要在命令行中使用逗号“,”进行不连续端口的表示。进行连续端口的操作过程如下所示。

```
Switch(config)#interface range fastEthernet 0/11-15
//对从 f0/11 到 f0/15 的 5 个连续端口进行相同配置
Switch(config-if-range)#           //多端口配置模式提示符
```

进行不连续端口的操作过程如下所示。

```
Switch(config)#interface range fastEthernet 0/1,fastEthernet 0/5
//对不连续的端口 f0/1、f0/5 进行相同配置
Switch(config-if-range)#           //多端口配置模式提示符
```

目前以太网主流速率为 100Mb/s 与 1000Mb/s、端口模式为全双工,交换机的端口及工作模式可以在这两种速率与模式间自动适应。即当 1000Mb/s 端口与 100Mb/s 的端口连接时,1000Mb/s 的端口会自动将速率降低到 100Mb/s,反之亦然;当全双工端口连接半双工端口时,全双工端口自动调整为半双式模式工作。但是当相互连接的两个设备中有一个不具有自动适应功能时(这种情况在现在的应用中已经很少见到),就必须通过手工配置使

端口使用最低速率、半双工模式工作。

在端口模式下,可以进行端口速率、模式、描述等操作,主要涉及以下三个命令。

1) speed

speed 命令用于设置端口速率,一般可以使用的参数分别为:10、100、1000、auto。其中的 auto 参数是交换机端口默认使用的 speed 参数,即所有端口均使用自动适应功能;前三个数字参数在实际应用中,由于端口类型的不同,speed 命令可能只支持某几个,具体支持的参数需要通过"speed ?"查看。例如,在思科 2960 交换机的端口模式中,查看的结果如下。

```
Switch(config)#interface gigabitEthernet 0/1    //进入千兆端口 0/1 的端口模式
Switch(config-if)#speed ?                        //查询 speed 命令可用的参数
    10 Force 10 Mbps operation
    100 Force 100 Mbps operation
    1000 Force 1000 Mbps operation
    auto Enable AUTO speed configuration
Switch(config-if)#speed 100                       //将端口速率手工设置为100Mb/s
```

在这个例子中,由于使用的端口是一个千兆以太网端口,所以 speed 支持的参数是三种速率都可以。如果进入的以太网端口是一个 100Mb/s 的端口,那么 speed 支持的速率就只有两种:10 与 100。

2) duplex

duplex 命令用于设置端口的全双工、半双工模式。同 speed 命令类似,交换机的端口默认均使用 auto 参数。在需要的时候可以手工设置端口工作在全双工或半双工模式下,下面是 duplex 命令的使用过程。

```
Switch(config)#interface fastEthernet 0/1        //进入快速以太网端口 0/1 的端口模式
Switch(config-if)#duplex ?                        //在端口模式下查看 duplex 支持的模式
    auto Enable AUTO duplex configuration
    full Force full duplex operation
    half Force half-duplex operation
Switch(config-if)#duplex full                      //将此端口手工设置为全双工模式
```

需要再次强调的是交换机端口的速率、模式一般无须手工配置,建议使用默认的 auto 参数。一旦手工设置了某个端口的速率或模式,就必须在与此端口相连接的另一个端口上配置相同的速率或模式,否则这两个端口将无法进行正常的通信。

3) description

description 命令用于对选定的端口进行描述,通过这些描述信息可以帮助网管在今后了解此端口的作用及安排等。此命令设置的参数为描述性的文本信息,其设置内容对交换机的工作无任何影响。例如,需要对某个交换机的千兆以太网端口进行描述,方便日后了解此端口的作用,则可以使用以下过程实现。

```
Switch(config)#interface gigabitEthernet 0/2     //进入端口模式
Switch(config-if)#description this port will be connected to ComputerScience's Lay3Switch
//在端口模式下使用 description 命令描述该端口的用途等信息
Switch(config-if)#end                             //直接回到特权模式
Switch#show running-config                        //通过 show 命令查看运行的配置数据
```

```
...                                        //此处显示的内容省略
interface GigabitEthernet0/2
description this port will be connected to ComputerScience's Lay3Switch
...                                        //之后显示的内容省略
```

在上面的操作过程中,通过 show 命令可以发现在端口 GigabitEthernet0/2 下保存有相关的描述信息:这个端口用于连接计算机学院的三层交换机。

5. 查看交换机的各种参数与状态

交换机完成配置后,经常需要进行各种参数及状态的检查,以确保配置的参数是成功、正确的。最常见的检查命令是 show 命令,此命令通过不同的参数可以查看的信息众多,不建议初学者全部了解,也并不打算将全部参数在此罗列。如果用户需要了解 show 命令可以使用的参数,则可以在特权模式下使用"show ?"命令获得 IOS 的详细帮助。但是一些经常使用的命令参数,初学者还是需要记忆并熟练操作。

经常使用的 show 命令参数及其功能如下。

```
show version                  //查看交换机 IOS 软件的版本及硬件配置等信息
show flash                    //查看交换机 Flash 闪存中的文件信息
show interface                //查看交换机端口及其状态信息
show running-config          //查看交换机当前在 RAM 中运行的配置参数
show startup-config          //查看交换机在 NVRAM 中备份的配置参数
show vlan                     //查看交换机的 VLAN 信息
show mac-address-table       //显示该交换机动态创建的地址转发表
```

需要注意的是以上 show 命令不仅在交换机 IOS 中使用,同样也可以在路由器的 IOS 中使用。这些 show 命令运行后,会在超级终端上生成不同的信息,初学者应该逐一了解这些文本信息的含义。这里以 show mac-address-table 命令为例说明其生成信息的含义。

```
Switch#show mac-address-table        //查看当前交换机的 MAC 地址转发表
         Mac Address Table
-------------------------------------------

Vlan    Mac Address      Type      Ports
----    -----------      ------    -----
   1    000b.be96.2c0b   DYNAMIC   Fa0/11
   1    0050.0f8b.eac4   DYNAMIC   Fa0/2
   1    00e0.b0db.0bc3   DYNAMIC   Fa0/1
```

上面的信息是交换机当前的地址转发表,表中有三项动态记录,分别记载 f0/1、f0/2、f0/11 端口的 MAC 地址,这三个端口同属于 Vlan 1。

4.2.5 交换机的备份与灾难恢复

1. 交换机的备份

交换机完成初次配置后,相关的配置参数将被保存在 RAM 中。为了防止配置参数因设备断电而丢失,通常需要将 RAM 中的配置数据保存到其他地方进行备份。同时 Flash 中存储的 IOS 软件也需要进行备份,以便在需要的时候重新恢复原始系统。

无论是配置数据的备份,还是 IOS 系统的备份,都需要使用特权模式下的 copy 命令。此命令用于将交换机中的重要数据或文件复制到其他地方,如 LAN 中另一台计算机中。

copy 命令的使用形式涉及以下几种情况。

1）将 RAM 中的运行配置数据复制到 NVRAM 中

```
Switch1#copy running-config startup-config
//参数 running-config 对应 RAM,参数 startup-config 对应 NVRAM
Destination filename [startup-config]?        //回车使用默认名称
Building configuration…
 [OK]
```

对交换机的配置成功后,一般建议使用这种方式进行配置参数的备份。完成此操作后,即使交换机碰到断电或重启,管理员也无须干预。交换机在重新启动过程中,会自动将 NVRAM 中存在的配置参数加载到 RAM 中,并执行 RAM 中的配置参数。

2）将 NVRAM 中备份的配置数据恢复到 RAM 中

```
Switch1#copy startup-config running-config
Destination filename [running-config]?        //回车使用默认名称
1086 bytes copied in 0.416 secs (2610 bytes/sec)
```

执行上面的 copy 命令后,NVRAM 中备份的配置数据将被复制到 RAM 中,并被立即执行。在对交换机现场配置时,若出现严重错误,想要恢复原来的启动配置参数,则可以使用此方式进行恢复。

3）将当前运行的配置数据复制到其他计算机

在交换机中存储的数据,无论是在 RAM 还是在 NVRAM 中,都可能会因为黑客入侵等原因造成数据被破坏或丢失。因此将交换机中的配置数据保存到其他计算机中,是一种更为安全可靠的做法。这种备份方式需要使用 TFTP 进行,交换机默认都可以运行 TFTP 客户端程序,但在计算机中需要别外安装 TFTP 服务器软件。这里建议使用开源的 Tftpd32 软件,其软件主界面如图 4.6 所示,此软件会自动使用当前计算机的 IP 地址(如 10.1.1.100)作为 TFTP 服务器的 IP 地址,其他的 TFTP 客户端可以通过此 IP 地址访问该服务器,并进行文件的简单上传或下载操作。

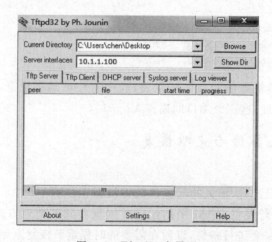

图 4.6　Tftpd32 主界面

本节仍然以图 4.3 所示的拓扑图为例,说明 TFTP 的使用方法。假设图 4.3 中的 PC2 已经安装 TFTP 服务器软件,其 IP 地址为 10.1.1.100。为了使交换机(Switch1)可以访问 TFTP 服务器,必须在交换机上进行管理信息的配置,配置过程请参见 4.2.4 节中的第 3 步。假设交换机的管理 IP 为 10.1.1.1,那么在交换机上可以通过以下步骤完成此备份操作。

```
Switch1♯ping 10.1.1.100                    //首先测试交换机 1 与 TFTP 服务器 10.1.1.100 是否连通
Type escape sequence to abort.
Sending 5, 100 - byte ICMP Echos to 10.1.1.100, timeout is 2 seconds:
!!!!!
Success rate is 100 percent (5/5), round - trip min/avg/max = 0/0/1 ms
//以上信息表明交换机与 10.1.1.100 是连通的
Switch1♯copy running - config tftp:          //将 RAM 中的运行参数复制到 TFTP 服务器
Address or name of remote host []? 10.1.1.100   //运行有 TFTP 服务器软件的计算机 IP 地址
Destination filename [Switch1 - confg]?         //直接按回车键,使用默认的文件名称
Writing running - config...!!
[OK - 1086 bytes]
1086 bytes copied in 0.006 secs (181000 bytes/sec)
```

以上信息表明 copy 的备份操作成功,此时可以到运行 TFTP 服务器软件的计算机(即 PC2)上查看,会发现 TFTP 服务器软件的当前目录中出现一个名称为 Switch1-config 的文件,此文件的内容即交换机当前 RAM 中运行的配置数据。

4) 将 Flash 中的 IOS 系统文件复制到其他计算机

Flash 中存储的最重要文件是 IOS 系统文件,通常以 .bin 作为文件的扩展名。为了在交换机出现严重故障时进行灾难恢复,需要在设备初次配置时,需要完成其 IOS 系统的备份操作。由于 IOS 文件容量较大,其备份的目的位置通常是运行 TFTP 服务器软件的计算机,如图 4.3 中的 PC2。使用 TFTP 备份 IOS 的过程如下所示。

```
Switch1♯show flash:                         //查看交换机 Flash 中 IOS 系统的完整名称
Directory of flash:/
 1  - rw-    4414921 < no date > c2960 - lanbase - mz.122 - 25.FX.bin  //这就是交换机的 IOS
                                                                        //文件
                                      //其他文件在此省略
64016384 bytes total (59600377 bytes free)
Switch1♯copy flash: tftp:                    //通过 copy 命令进行备份
Source filename []? c2960 - lanbase - mz.122 - 25.FX.bin      //键盘输入 IOS 文件名
Address or name of remote host []? 10.1.1.100   //键盘输入 TFTP 服务器 IP 地址
Destination filename [c2960 - lanbase - mz.122 - 25.FX.bin]?   //使用默认名称
Writing c2960 - lanbase - mz.122 - 25.FX.bin
!!!!!!!!!!!!!!!!!!!!!!!!!!!!!!!!!!!!!!!!!!!!!!!!!!!!!!!!!!!!!!!!!!!!!!!!!!!!!!!
[OK - 4414921 bytes]
4414921 bytes copied in 0.087 secs (1378778 bytes/sec)
```

以上信息表明 copy 命令执行成功,查看 TFTP 服务器软件所在目录,将会发现一个与 IOS 同名的文件存在,这个文件即交换机 1 上安装的 IOS 系统文件。

需要注意的是不同设备的 IOS 系统名称各不相同,但一般均是以 .bin 作为文件的扩展名。因此在执行 copy 命令前,最好先通过 show flash 命令查看一下当前设备上安装的 IOS

以太网组网技术

系统文件名称。

2. 交换机的灾难恢复

在交换机的使用过程中,如果管理员遗忘了 enable secret 等密码或 IOS 系统出现问题,那么将无法访问交换机的操作系统。此时交换机的灾难恢复过程就显得非常重要,网络管理员必须熟练掌握每个设备的灾难恢复方法,以应对日益增加的网络设备故障问题。

不同的厂家或者即使是同一个厂家的不同产品,都可能存在着不同的灾难恢复方法,因此灾难恢复的过程与步骤最好查看产品的使用手册或说明书等文档。本节以思科的 2960 型号交换机为例,介绍灾难恢复的一般方法与过程。

灾难恢复需要解决的问题主要有两类:一类是设备密码遗忘无法访问,另一类是设备 IOS 系统出错无法启动。下面分别针对这两类问题,介绍其对应的操作过程。

1) 重置交换机密码的操作步骤

(1) 使用 Console 线缆连接计算机的串口与交换机的 Console 端口。

(2) 打开计算机的超级终端程序,断开交换机的电源。

(3) 按住交换机前面板上的 Mode 按钮,打开交换机的电源。

(4) 等待交换机前面板上的 STAT 指示灯出现后的一两秒松开上一步中的 Mode 按钮,此时在计算机的超级终端程序窗口中,将会出现系统提示信息:

```
Base Ethernet MAC Address: 00:12:0d:59:9a:01
Xmodem file system is available.
The password-recovery mechanism is enable.
Initializing Flash...
flashfs[0]:filesystem check interrupted!
...done Initializing Flash.
Boot Sector Filesystem (bs) installed, fsid: 3

The system has been interrupted, or encountered an error
during initializion of the flash filesystem. The following
commands will initialize the flash filesystem, and finish
loading the operating system software:

    flash_init
    load_helper
    boot

switch:
```

上面提示信息的最后一行表明,现在已经进入交换机的密码恢复模式。

(5) 在上一步的提示符后输入命令 flash_init 初始化 Flash 文件系统。

(6) 初始化完成后,在提示符后接着输入 load_helper 命令加载 IOS 系统。

(7) IOS 系统加载完成后,在提示符后输入命令 rename flash:config. text flash: config. text. old,将交换机原来的配置文件改名。此文件保存有交换机配置数据。

(8) 在提示符后输入 boot 命令重启交换机,启动过程中由于交换机找不到配置文件,因此 IOS 会提示是否进入"配置对话框"模式,这里选择 N。最后将出现用户模式的提示符 Switch>。

（9）在交换机的用户模式下使用下列命令行，重置交换机的各种密码。

```
Switch>enable
Switch#copy flash:config.text.old system:running-config
//将第(7)步保存的配置数据复制到内存 RAM 中,并加载其配置
Switch#configure terminal
Switch(config)#enable secret hbeu              //重置 enable 密码
Switch(config)#line console 0                  //重置 console 密码
           …                     //其他密码的重置操作在此省略,具体过程请看 4.2.4 节的内容
Switch(config)#exit                            //回到特权模式
Switch#copy running-config startup-config      //将当前运行的配置参数备份到 NVRAM 中
Switch#reload                                  //重启交换机以验证上述恢复操作是否成功
```

2）恢复交换机 IOS 系统的操作步骤

（1）首先必须准备好需要恢复的 IOS 系统文件,此文件扩展名为.bin。如果以前没有备份,则需要在思科的官方网站下载一个。这里假设 IOS 文件名为 image.bin。

（2）使用控制线连接交换机 Console 口与计算机串口,并打开计算机上的超级终端软件,超级终端连接的串口参数使用默认值。断开交换机的电源,按住交换机前面板的 Mode 按钮,再次打开交换机电源,在交换机前面板指示灯 STAT 出现后一两秒后释放 Mode 按钮。超级终端程序的界面最后会给出"Switch:"提示信息。这步的操作过程与前面介绍的密码重置前 4 步类似。

（3）在超级终端显示的"Switch:"提示符后输入命令 flash_init 进行 Flash 文件系统的初始化。

（4）初始化完成后,继续输入命令 copy xmodem:flash:image.bin。此时交换机将提示开始传输的信息,单击超级终端程序的"传送"菜单,选择其中的"发送文件"菜单选项,在打开的对话框中,协议选项选择 Xmodem 或者 Xmodem-1K,然后选择第（1）步中准备好的 IOS 文件 image.bin,开始传送。

（5）文件传送完成后,系统会回到 Switch:提示符,此时需要输入 boot 命令重启交换机。

交换机重新启动完成后,将出现用户模式提示符"Switch>"。此提示符表明交换机已经使用新的 IOS 启动成功。用户可使用"reload"命令重新启动交换机,以验证上述 IOS 恢复操作是否成功。

4.3　VLAN 的配置及应用

VLAN(Virtual LAN,虚拟局域网)在 IEEE 802.1Q 中是这样定义的:虚拟局域网是一个由局域网网段构成的、与物理位置无关的逻辑组,而这些网段具有某些共同的需求。每一个 VLAN 的帧都有一个明确的标识符,指明发送这个帧的工作站是属于哪一个 VLAN。VLAN 从实质上来讲,只是 LAN 给用户提供的一种新技术或服务,VLAN 并不是一种新的局域网,而是一种基于局域网的二层技术而已。

4.3.1　VLAN 的作用

无论是共享以太网还是交换式以太网,局域网中所有连接的计算机都处于同一个广播

域之内。当广播域内的一台计算机发送广播帧时,广播域内的其他所有计算机都将收到此帧。这种广播一旦过多,对于网络的吞吐量必然会带来影响,然而在现在的以太网中,这种广播现象是非常常见的情况,例如,计算机使用的 ARP 就会产生广播帧。因此当以太网中的计算机达到一定数量时,频繁产生的广播流量终将严重影响整个网络的有效吞吐量,并最终引起"广播风暴"。VLAN 技术的实现可以在以太网中隔离二层的广播域,将一个大的广播域分隔为若干个小的广播域,从而减少广播流量对网络通信的冲击。

通过 VLAN 的划分,二层交换机可以将广播帧隔离在某一个特定 VLAN 之内,使得同一个 VLAN 内的设备可以相互广播、相互通信,而不同 VLAN 的设备之间默认情况下不能相互广播、相互通信。众所周知,以太网内的通信必须使用目的 MAC 地址,而目的 MAC 地址的获得同样需要通过广播帧实现。由于不同 VLAN 之间不能广播,所以一个 VLAN 内的计算机不能通过广播方式获得另一个 VLAN 中计算机的 MAC 地址,没有了对方的 MAC 地址,以太网内的计算机将不能相互通信。因此应用 VLAN 技术还可以实现另一个附加的功能,那就是安全隔离以太网的不同区域,使这些不同 VLAN 之间不同相互通信。但是需要注意的是这种安全隔离仅仅是在二层的隔离,如果通过三层技术或三层设备,不同 VLAN 之间仍然可以相互通信,虽然这种通信是建立在第三层的通信,但却无法实现任何安全隔离的功能,VLAN 能够隔离的只有二层的广播域!

如果确实需要实现对不同 VLAN 安全隔离的功能,那么就需要使用其他控制技术,例如 ACL(访问控制列表)技术,而不是 VLAN 技术。当前的网络工程应用中,基本上所有以太网内的计算机都有访问互联网的需求,因此目前在以太网中划分 VLAN 后,仍然需要为不同的 VLAN 配置网关及路由,以方便这些 VLAN 内的计算机可以访问互联网。此时 VLAN 技术的应用就绝不是为了安全隔离的目标,而是为了将以太网中一个大的广播域分隔成若干个小的广播域,从而减少产生广播风暴的可能性。

4.3.2 VLAN 的配置

1. VLAN 的配置方式

VLAN 的配置方式在历史上出现过两种:静态 VLAN 配置与动态 VLAN 配置。

静态 VLAN 配置方式是指直接在交换机的端口,设置其属于某个 VLAN 的配置方式。由于交换机一般放置于专用的交换机机柜中,交换机端口所连接的线缆具有一定的可靠性,因此这种方法较为安全、可靠,目前的 VLAN 配置主要使用这种静态配置方式。

动态 VLAN 配置方式是指通过使用智能管理软件,根据数据帧中的 MAC 地址进行 VLAN 划分的配置方式。但这种方式依据的 MAC 地址不太可靠,目前几乎所有的计算机均能非常容易地实现自身 MAC 地址的修改,因此 MAC 地址具有一定的欺骗性,使用这种配置方式不太可靠,现在很少使用这类方式。

2. 交换机端口的工作模式

交换机的以太网端口主要使用两种不同的工作模式:access 与 trunk。

交换机端口若工作在 access 模式(也称为接入模式或访问模式)下,那么此端口对应的链路将只允许某一个特定 VLAN 的数据帧通过。默认情况下 access 模式只允许 VLAN 1 的数据帧通过。接入层的交换机在连接用户计算机时,一般将其连接的端口配置为 access 模式,并设置允许通过的特定 VLAN 的编号。

交换机端口若工作在 trunk 模式（也称为干道链路或中继链路）下，那么此端口对应的链路可以允许多个不同 VLAN 的数据帧通过。默认情况下 trunk 模式的端口允许所有 VLAN 的数据帧通过，网管可以根据需要设置允许通过的 VLAN 是哪些。在以太网的应用中，一般都会使用到多台交换机或路由器，在交换机与交换机、交换机与路由器相互连接的端口上，都应该使用 trunk 模式。配置这些端口为 trunk 模式的目的是为了允许不同 VLAN 标记的数据帧能够通过这些端口。

以上两种端口模式是以太网交换机最常用的模式，在网络工程的应用中，不同厂家还会在交换机端口中使用其他一些特殊的工作模式以满足不同环境的需求。例如，思科的以太网交换机还可以使其端口工作在 dynamic 模式，这种模式允许其端口与相邻的其他交换机端口进行工作模式的协商，以决定最终是工作在 access 模式还是工作在 trunk 模式。

下面以配置交换机 FastEthernet 0/24 端口工作于 trunk 模式为例，说明其操作的步骤。

```
Switch(config)#interface fastEthernet 0/24     //进入交换机端口 f0/24 的端口配置模式
Switch(config-if)#switchport mode trunk        //配置端口工作模式为 trunk
Switch(config-if)#switchport trunk allowed vlan all   //配置端口允许所有 VLAN 标记的帧通过
Switch(config-if)#switchport trunk allowed vlan ?     //此处使用?可以查看其他可用参数
   WORD     VLAN IDs of the allowed VLANs when this port is in trunking mode
   add      add VLANs to the current list        //增加允许通过的 VLAN
   all      all VLANs                            //所有 VLAN 标记都允许通过
   except   all VLANs except the following       //除指定的 VLAN,其他 VLAN 都允许通过
   none     no VLANs                             //不允许任何 VLAN 通过
   remove   remove VLANs from the current list   //在允许通过的 VLAN 中,移除指定 VLAN
```

交换机的端口工作 trunk 模式下时，默认是允许所有 VLAN 标记的帧通过，网管可以根据需要使用上述不同的参数，配置交换机端口可以通过或不可以通过的 VLAN 标记号码。

3. VLAN 数据库的建立

交换机在进行 VLAN 应用时，会在 Flash 上生成一个数据库文件 vlan.dat，用以保存当前交换机的 VLAN 信息。如果交换机没有进行过 VLAN 数据库的创建，则此文件不存在；如果交换机以前进行过 VLAN 数据库的创建，则通过 show 命令可以找到此文件。操作过程如下所示。

```
Switch#show flash:                          //查看当前交换机 Flash 中的文件
Directory of flash:/
   1  -rw-       4414921       <no date> c2960-lanbase-mz.122-25.FX.bin
   2  -rw-       616           <no date> vlan.dat
64016384 bytes total (59600847 bytes free)
```

在上述信息中可以发现 Flash 根目录上存在一个 vlan.dat 文件，此文件保存有此交换机的 VLAN 信息。通过 show vlan brief 命令可以查看到交换机的 VLAN 信息内容，其操作结果如图 4.7 所示。

通过图 4.7 不难发现，交换机当前所有端口都属于 VLAN 1（即默认 VLAN 或管理 VLAN），VLAN 123 属于创建的 VLAN，而 VLAN 1002～1005 是思科交换机为了兼容与扩展而预留下来的 VLAN。

```
Switch#show vlan brief

VLAN Name                             Status    Ports
---- -------------------------------- --------- -------------------------------
1    default                          active    Fa0/1, Fa0/2, Fa0/3, Fa0/4
                                                Fa0/5, Fa0/6, Fa0/7, Fa0/8
                                                Fa0/9, Fa0/10, Fa0/11, Fa0/12
                                                Fa0/13, Fa0/14, Fa0/15, Fa0/16
                                                Fa0/17, Fa0/18, Fa0/19, Fa0/20
                                                Fa0/21, Fa0/22, Fa0/23, Fa0/24
                                                Gig1/1, Gig1/2
     123 VLAN0123                      active
    1002 fddi-default                 active
    1003 token-ring-default           active
    1004 fddinet-default              active
    1005 trnet-default                active
```

图 4.7　查看 VLAN 数据库的内容

如果需要对交换机进行 VLAN 的全新应用,建议首先删除 vlan.dat 文件,方法是使用 delete 命令。操作的过程如下所示。

```
Switch# delete flash:
Delete filename []?vlan.dat                    //指定将要删的文件名
Delete flash:/vlan.dat? [confirm]              //按回车键确认
Switch# reload                                 //必须重新加载 IOS
```

成功删除文件并重新加载 IOS 后,再使用命令 show vlan brief 查看当前交换机的 VLAN 信息,将会发现只有默认的 VLAN 1 及 VLAN 1002~1005,以前创建的 VLAN 123 已经不存在了。

VLAN 数据库的创建方法在目前的 IOS 中有两种方式可用: 特权模式下使用 vlan database 命令; 全局配置模式下使用 vlan 命令。

(1) 特权模式下的 VLAN 创建过程如下所示.

```
Switch# vlan database                    //从特权模式进入 VLAN 配置模式
% Warning: It is recommended to configure VLAN from config mode,
  as VLAN database mode is being deprecated. Please consult user
  documentation for configuring VTP/VLAN in config mode.
Switch(vlan)# vlan 10    //通过 vlan 命令创建 10 号 vlan 即 VLAN 10,但不指定名称,使用默认名称
VLAN 10 added:
    Name: VLAN0010
Switch(vlan)# vlan 20 name jkx //通过 vlan 命令及 name 参数创建 20 号 VLAN,并指定其名称为 jkx
VLAN 20 added:
    Name: jkx
Switch(vlan)# exit                       //退出 VLAN 配置模式,返回特权模式
APPLY completed.
Exiting....
Switch#
```

(2) 全局配置模式下创建 VLAN 的过程如下所示。

```
Switch(config)# vlan 30              //在全局配置模式下使用 vlan 命令创建 30 号 VLAN
Switch(config-vlan)# exit            //退出 VLAN 配置模式
Switch(config)# vlan 40              //创建 VLAN 40
Switch(config-vlan)# name cwc        //在 VLAN 40 的 VLAN 配置模式中指定其名称为 cwc
```

```
Switch(config-vlan)#exit                    //退出 VLAN 配置模式
Switch(config)#
```

在现在的网络工程应用中创建 VLAN 时,一般建议使用第二种方式。但是思科公司为了保证兼容性,在现在的 IOS 中仍然可以使用第一种方式,这种方式是以前老的交换机系统中使用的一种方式。两者的配置效果是相同的。

4. 交换机端口的划分

交换机完成 VLAN 数据库的创建后,还需进行端口的划分。交换机与交换机、交换机与路由器之间相连的端口一般配置为 trunk 模式,而其他端口则应配置为 access 模式,对于 access 模式的交换机端口可以根据需要划分到不同的 VLAN 中。

例如,将交换机 FastEthernet 0/1 端口划分到 VLAN 11 中的步骤如下。

```
Switch(config)#interface fastEthernet 0/1    //进入交换机的端口配置模式,对端口 f0/1 进行
划分
Switch(config-if)#switchport mode access    //配置此端口工作在 access 模式
Switch(config-if)#switchport access vlan 11    //配置此端口只允许 VLAN 11 标记的帧通过
```

5. VTP 的工作模式

所有应用 VLAN 技术的交换机都需要使用以上方法创建统一的 VLAN 数据库,但是当交换机的个数达到一定数量时,这种重复性的工作量对于网管而言将是非常痛苦的任务。尤其是当 VLAN 数据库的内容需要进行调整时,这种网管工作将是一项非常繁重的任务。为了减少网管的工作量,同时也是为了便于统一所有交换机的 VLAN 数据库,管理员可以在交换机上配置 VTP(VLAN Trunking Protocol),并利用 VTP 来协助网管完成 VLAN 数据库的统一、并减少网管的工作量。

VTP 也称为 VLAN 干道协议,是一个在建立了干道链路(trunk)的交换机端口之间同步并传递 VLAN 数据库信息的协议,用于在同一个 VTP 域内实现 VLAN 配置的一致性。当交换机使用 VTP 时,可以选择三种不同的工作模式:Server、Client、Transparent。

1) Server 模式

默认情况下交换机工作的 VTP 模式就是 Server 模式,具有此模式的交换机不仅可以对自己本地的 VLAN 数据库进行修改、删除、创建等操作,而且还能进行一些 VTP 域的参数配置,使同一个 VTP 域内工作于 Client 模式的交换机自动同步 Server 模式的 VLAN 数据库。

2) Client 模式

选择 Client 模式工作的交换机不能进行 VLAN 数据库的创建、修改、删除等操作,此交换机的 VLAN 数据库信息来自同一个 VTP 域中工作于 Server 模式的交换机。

3) Transparent 模式

工作于 Transparent 模式的交换机可以创建、修改、删除属于自己的 VLAN,但与另两种模式不同的是,此模式的交换机不会将自己的 VLAN 信息传播给其他交换机,也不会与其他交换机的 VLAN 数据库进行同步操作。

与 VLAN 数据库的创建类似,在交换机上配置 VTP 也有两种不同的方式:特权模式与全局配置模式。这里以全局配置模式为例,简单介绍交换机的 VTP 配置步骤,特权模式请读者自行实践。

```
Switch(config)#vtp domain jkx                    //创建 VTP 域,域名为 jkx
Changing VTP domain name from NULL to jkx
Switch(config)#vtp mode server                   // 设置此交换机的 VTP 模式为 Server
Device mode already VTP SERVER.
Switch(config)#end                               // 返回到特权模式
Switch#show vtp status                           // 查看此交换机的 VTP 状态
VTP Version                              : 2
Configuration Revision                   : 0
Maximum VLANs supported locally          : 255
Number of existing VLANs                 : 5
VTP Operating Mode                       : Server
VTP Domain Name                          : jkx
VTP Pruning Mode                         : Disabled
VTP V2 Mode                              : Disabled
VTP Traps Generation                     : Disabled
MD5 digest                               : 0x93 0x4F 0x2D 0x61 0xD5 0xC6 0xEE 0x1E
Configuration last modified by 0.0.0.0 at 0－0－00 00:00:00
Local updater ID is 0.0.0.0 (no valid interface found)
Switch#
```

6. VTP Pruning

VTP Pruning 也称为 VTP 裁剪,可以使交换机在 trunk 端口上不转发在其他交换机上并不使用的 VLAN 标记的帧,从而减少交换机之间不必要的流量。若要实现 VTP Pruning 功能,VTP 域内的交换机必须支持 VTP 版本 2,且只有在 VTP Server 模式下才能使用此功能。

启用的命令为 vtp pruning,可以在 VLAN 配置模式或全局配置模式中配置此命令。

4.3.3 VLAN 的应用案例

在使用 PT 对 VLAN 技术的模拟中,由于 PT 对某些特定命令及参数并不支持(如上面的 VTP 裁剪),因此本节将使用 DY 进行 VLAN 技术应用的模拟(模拟的方法可以参看 1.3.4 节),模拟使用的网络文件如下所示。

#交换机的 VLAN 配置模拟

```
[localhost]                                      #只在本机进行模拟
  [[3640]]                                       #定义路由器型号为 cisco 3640
  image = C3640.BIN                              #指定 3640 使用的 IOS 文件名为 C3640.BIN
  [[Router SW1]]                                 #创建路由器 SW1,使用其交换模块进行交换机的模拟
  model = 3640                                   #型号 3640
  slot0 = NM－16ESW                              #slot0 插槽连接模块 NM－16ESW,模拟交换机的功能
  f0/11 = SW2 f0/11                              #SW1 的端口 f0/11 与 SW2 的端口 f0/11 连接
  f0/12 = SW2 f0/12                              #SW1 的端口 f0/12 与 SW2 的端口 f0/12 连接
  f0/1 = NIO_udp:30000:127.0.0.1:20000           #f0/1 连接虚拟 PC1
  f0/2 = NIO_udp:30001:127.0.0.1:20001           #f0/2 连接虚拟 PC2
  [[router SW2]]                                 #创建路由器 R2
  model = 3640                                   #型号 3640
  slot0 = NM－16ESW                              #slot0 插槽连接模块 NM－16ESW,模拟交换机
  f0/1 = NIO_udp:30002:127.0.0.1:20002           #f0/1 连接虚拟 PC3
  f0/2 = NIO_udp:30003:127.0.0.1:20003           #f0/2 连接虚拟 PC4
```

此文档模拟的网络拓扑图如图 4.8 所示,左边是交换机 1、右边是交换机 2,4 个 PC 分别接入两台交换机。

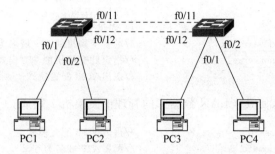

图 4.8　交换机的 VLAN 配置

图 4.8 中 PC1～PC4 的 IP 地址分别为 10.1.1.1～10.1.1.4/24,使用 VPCS 软件可以模拟这 4 台 PC 的网络功能,在 VPCS 中操作的过程如下所示。

```
VPCS[1]> ip 10.1.1.1 10.1.1.254 24
Checking for duplicate address...
PC1 : 10.1.1.1 255.255.255.0 gateway 10.1.1.254

VPCS[1]> 2
VPCS[2]> ip 10.1.1.2 10.1.1.254 24
Checking for duplicate address...
PC2 : 10.1.1.2 255.255.255.0 gateway 10.1.1.254

VPCS[2]> 3
VPCS[3]> ip 10.1.1.3 10.1.1.254 24
Checking for duplicate address...
PC3 : 10.1.1.3 255.255.255.0 gateway 10.1.1.254

VPCS[3]> 4
VPCS[4]> ip 10.1.1.4 10.1.1.254 24
Checking for duplicate address...
PC4 : 10.1.1.4 255.255.255.0 gateway 10.1.1.254

VPCS[4]> ping 10.1.1.1                    //在 PC4 上测试与 PC1 的连通性
84 bytes from 10.1.1.1 icmp_seq = 1 ttl = 64 time = 0.000 ms
84 bytes from 10.1.1.1 icmp_seq = 2 ttl = 64 time = 0.000 ms
84 bytes from 10.1.1.1 icmp_seq = 3 ttl = 64 time = 0.000 ms
84 bytes from 10.1.1.1 icmp_seq = 4 ttl = 64 time = 0.000 ms
84 bytes from 10.1.1.1 icmp_seq = 5 ttl = 64 time = 0.000 ms
```

由以上信息不难发现,从 PC4 上可以 ping 通 PC1。如果分别使用 ping 命令测试 PC4 与 PC2、PC3 的连通性,同样可以发现在 PC4 上也能 ping 通其他 PC。

现在需要将 PC1、PC3 划分到 VLAN 2 中,PC2、PC4 划分到 VLAN 3 中,并使用交换机 1 作为 VTP Server,进行 VLAN 数据库的统一。

实现上述需求的配置步骤如下所示。

(1) 在交换机 1 上创建 VLAN 2 及 VLAN 3,并设置其 VTP 模式为 server,域名

为 jkx。

```
Switch1#vlan database              //进入 VLAN 配置模式(也可以使用全局配置模式)
Switch1(vlan)#vlan 2               //创建 VLAN 2
Switch1(vlan)#vlan 3               //创建 VLAN 3
Switch1(vlan)#vtp domain jkx       //配置交换机的 VTP 域名为 jkx
Switch1(vlan)#vtp server           //指定此交换机的 VTP 模式为 Server
Switch1(vlan)#exit                 //退出 VLAN 配置模式
```

(2) 配置交换机 2,使其 VLAN 数据库的管理由交换机 1 完成。

```
Switch2#vlan database              //进入 VLAN 配置模式
Switch2(vlan)#vtp domain jkx       //配置 VTP 域名为 jkx
Switch2(vlan)#vtp client           //指定此交换机的 VTP 模式为 Client
Switch2(vlan)#exit                 //退出 VLAN 配置模式
Switch2#
```

(3) 在交换机 2 上查看 VLAN 数据库。

```
Switch2#show vlan-switch brief     //查看当前交换机的 VLAN 简要信息
```

此命令用于 Dynamips 模拟的交换模块上查看 VLAN 信息,如果使用 PT 模拟,则应该使用 show vlan brief 命令。通过查看显示结果,可以发现交换机 2 的 VLAN 数据库中并没有交换机 1 上创建的 VLAN 2 与 VLAN 3。其原因是此时两个交换机相互连接的端口上并没有配置 VTP 必须使用的 trunk 模式。

要使交换机 2 得到交换机 1 的 VLAN 信息,就必须进行 trunk 的配置。此配置需要在两个交换机相互连接的 fa0/11-12 端口上分别进行,命令配置如下所示。

交换机 Switch1 的配置命令:

```
Switch1(config)#interface range fastethernet 0/11 - 12
//使用 range 参数可以同时对多个端口进行同一配置
Switch1(config-if)#switchport mode trunk    //配置端口模式为 trunk
Switch1(config-if)#exit
```

交换机 Switch2 的配置命令:

```
Switch2(config)#interface range fastethernet 0/11 - 12    //交换机 2 也需要进行同样的配置
Switch2(config-if)#switchport mode trunk    //配置端口模式为 trunk
Switch2(config-if)#end
Switch2#show vlan-switch brief              //再次查看交换机 2 的 VLAN 简要信息
VLAN  Name                  Status   Ports
----  --------------------  -----    --------------------
1     default               active   Fa0/0, Fa0/1, Fa0/2, Fa0/3
                                     Fa0/4, Fa0/5, Fa0/6, Fa0/7
                                     Fa0/8, Fa0/9, Fa0/10, Fa0/13
                                     Fa0/14, Fa0/15
2     VLAN0002              active
3     VLAN0003              active
1002  fddi-default          active
1003  token-ring-default    active
1004  fddinet-default       active
1005  trnet-default         active
```

此时在交换机 2 上可以发现,交换机 1 上创建的 VLAN 2、VLAN 3 已经被交换机 2 所学习到,而交换机 2 上并没有进行 VLAN 数据库的创建操作,这些 VLAN 信息是通过 VTP 传送过来的。

但是如果在执行上述步骤的操作过程中,没有按照以上步骤的顺序进行命令配置,那么在交换机 2 上有可能仍然看不到交换机 1 上建立的 VLAN 2 与 VLAN 3。其可能的原因是由 VTP 的配置修订 ID(Configuration Revision)造成的结果,因为工作在 VTP Client 模式的交换机,只在其 VTP 的配置修订 ID 小于 VTP Server 模式的交换机时,VTP Client 才会更新自己的 VLAN 数据库。如果出现 VTP Client 交换机的配置修订 ID 大于或等于 VTP Server 的配置修订 ID,则 VTP Client 交换机不会更新自己的 VLAN 数据库。每一次 VLAN 数据库的操作都会使 VTP Server 的配置修订 ID 加 1。因此要使交换机 2 得到与交换机 1 一致的 VLAN 数据信息,则必须到交换机 1 上进行 VLAN 操作,使其配置修订 ID 数值大于 VTP Client 交换机上的配置修订 ID,例如:

```
Switch1(vlan)# vlan 222
Switch1(vlan)# no vlan 222
```

建立 vlan 222 后又删除的目的是增加配置修订 ID 的数值,使其值大于 VTP Client 的值。如果需要查看交换机上 VTP 的配置修订 ID,可以在特权模式下使用 show vtp status 命令。

(4) 将 PC1、PC3 划分到 VLAN 2 中,PC2、PC4 划分到 VLAN 3 中。

将 PC 划分到 VLAN 的实质是在交换机上将 PC 所连接的端口划分到指定的 VLAN 中,任何有 VLAN 划分需求的交换机都必须进行 VLAN 划分的操作,这个操作必须在相应的端口模式中进行。在端口模式中首先配置端口工作模式为 access,其次指定端口可以转发的 VLAN 标记 ID。

在本例中,交换机 1 与交换机 2 都要进行 VLAN 划分的操作。由于 PC1、PC2 分别连接到交换机 1 的 fa0/1 与 fa0/2 端口,因此交换机 1 的 VLAN 划分步骤如下所示。

```
Switch1# configure terminal
Switch1(config)# interface fa0/1              //进入交换机 fa0/1 的端口模式
Switch1(config-if)# switchport mode access    //配置此端口工作模式为 access
Switch1(config-if)# switchport access vlan 2  //指定此端口可以转发 VLAN 标记为 2 的帧
Switch1(config-if)# exit
Switch1(config)# interface fa0/2              //进入交换机 fa0/2 的端口模式
Switch1(config-if)# switchport mode access    //配置此端口工作模式为 access
Switch1(config-if)# switchport access vlan 3  //指定此端口可以转发 VLAN 标记为 3 的帧
Switch1(config-if)# end
```

同样,由于 PC3、PC4 分别连接到交换机 2 的 fa0/1 与 fa0/2 端口,因此交换机 2 上也要进行类似交换机 1 的配置。其配置的命令序列如下所示。

```
Switch2# configure terminal
Switch2(config)# interface fa0/1
Switch2(config-if)# switchport mode access
Switch2(config-if)# switchport access vlan 2
Switch2(config-if)# exit
```

以太网组网技术

```
Switch2(config)#interface fa0/2
Switch2(config-if)#switchport mode access
Switch2(config-if)#switchport access vlan 3
Switch2(config-if)#end
```

完成上述操作后,可以在特权模式下使用 show vlan-switch brief 命令检查结果是否正确。

```
Switch1#show vlan-switch brief
VLAN    Name                    Status    Ports
----    ------------------      -----     ------------------
1       default                 active    Fa0/0, Fa0/3, Fa0/4, Fa0/5
                                          Fa0/6, Fa0/7, Fa0/8, Fa0/9
                                          Fa0/10, Fa0/13, Fa0/14, Fa0/15
2       VLAN0002                active    Fa0/1
3       VLAN0003                active    Fa0/2
1002    fddi-default            active
1003    token-ring-default      active
1004    fddinet-default         active
1005    trnet-default           active
```

此结果表明在交换机 1 上,fa0/1 端口属于 VLAN2,fa0/2 端口属于 VLAN 3,其他没有划分的端口均属于默认的 VLAN 1。到交换机 2 上进行检测,也能得到类似的结果。

(5) 在 PC1 上测试与其他 PC 的连通性。

在 VPCS 中,可以在 PC1 上检测其与其他三台 PC 的连通性,检测命令如下所示。

```
VPCS[1]> ping 10.1.1.2
host (10.1.1.2) not reachable

VPCS[1]> ping 10.1.1.3
84 bytes from 10.1.1.3 icmp_seq=1 ttl=64 time=0.000 ms
84 bytes from 10.1.1.3 icmp_seq=2 ttl=64 time=0.997 ms
84 bytes from 10.1.1.3 icmp_seq=3 ttl=64 time=0.999 ms
84 bytes from 10.1.1.3 icmp_seq=4 ttl=64 time=1.001 ms
84 bytes from 10.1.1.3 icmp_seq=5 ttl=64 time=1.001 ms

VPCS[1]> ping 10.1.1.4
host (10.1.1.4) not reachable
```

由上述测试结果不难发现,在 PC1 上不能 ping 通同一个交换机下的 PC2,却可以 ping 通另一个交换机上的 PC3。其原因就是通过前几步的配置,已经将 PC1 与 PC3 划分到了同一个 VLAN2 中,而将 PC2 与 PC4 划分到了另一个 VLAN 3 中。VLAN 划分成功后,只有同一个 VLAN 内的 PC 才可以相互通信,而不同 VLAN 内的 PC 是不能进行通信的。

通过 VLAN 的划分,网管可以在以太网中进行二层广播域的隔离,并在一定程度上防止以太网内"广播风暴"的形成。如果在划分 VLAN 后,仍然希望不同 VLAN 内的 PC 能够进行相互通信,那么就需要使用到三层设备:路由器或三层交换机。

4.4　VLAN 的相互通信

4.4.1　VLAN 互访的意义

通过 4.3 节的介绍,不难发现 VLAN 技术的主要目标就是在同一个 LAN 内实现不同计算机的相互隔离,既可以实现广播域的隔离,又可实现安全的隔离。但在现在的以太网中,进行安全的隔离已经不再是 VLAN 技术的主要目标,严格的安全隔离仍然需要使用 ACL 或防火墙等专门的安全技术实现。因此在现今的以太网中,实现 VLAN 的主要目标就是隔离大的广播域,防止广播风暴的出现。同时为了使隔离之后的计算机之间仍然可以相互通信,就必须接着应用 VLAN 的互访技术。

VLAN 技术是一个标准的二层技术,用于进行二层的隔离,因此在二层设备上是不可能再实现隔离之后的互访。要实现 VLAN 隔离之后的相互通信,就必须使用三层设备:路由器或三层交换机。路由器实现的 VLAN 互访将在第 5 章中详细介绍,本节将以三层交换机为例详细说明其实现 VLAN 互访的步骤。

4.4.2　三层交换机的使用

三层交换机是一个集三层路由与二层高速交换两种功能于一体的网络互连设备,广泛应用于现在的企事业网内部。该设备可以基于三层的 IP 地址进行网络层的路由,也可以基于二层的 MAC 地址进行以太网帧的快速交换。与传统的路由器相比,三层交换机能够实现一次路由、多次交换,极大地提高了其分组转发速度,同时又没有路由器需要支持的、复杂的广域网协议,可以将设备的全部资源用于路由与交换;而与传统的二层交换机相比,三层交换机端口具有的三层功能,可以非常容易地实现二层广播域的隔离,并提供基于 IP 的路由能力,二层交换机无法进行 IP 路由等三层的功能操作。

默认情况下,新买回来的三层交换机是工作在二层交换状态下的,因此若不对三层交换机进行任何配置,则其与普通二层交换机的工作过程没有太大的区别。如果需要启用三层交换机的三层功能,则首先需要在全局配置模式下启用其路由功能,命令使用方法如下所示。

```
Switch(config)#ip routing          //启用路由功能
```

其次,如果需要使用三层交换机的物理端口用作三层端口进行路由,则需要启用其端口的三层功能,命令使用方法如下所示。

```
Switch(config)#interface fastEthernet 0/1  //进入交换机 f0/1 的端口模式
Switch(config-if)#no switchport            //关闭此端口的二层交换功能,即启用其三层功能
```

三层交换机的端口启用三层功能后,就可以像路由器的端口一样,配置 IP 地址等参数。其配置命令的使用方法如下。

```
Switch(config-if)#ip address 10.1.1.1 255.0.0.0   //在端口模式下配置 IP 地址参数为 10.1.1.1/8
```

如果以后需要将此端口改回到二层交换的功能,则只需要在端口模式下使用以下命令。

```
Switch(config-if)♯switchport        //启用二层交换功能,即关闭三层功能
```

4.4.3　三层交换机的 VLAN 虚端口

三层交换机实现不同 VLAN 之间的互访是通过 VLAN 虚端口(也称为 VLAN 逻辑端口)实现的,VLAN 虚端口实际上就是 VLAN 1、VLAN 2 等逻辑端口,但在传统的二层交换机中,一次只允许一个 VLAN 虚端口处于活动状态,而三层交换机可以同时启用多个 VLAN 虚端口为活动状态。这些活动的虚端口均可以配置网络层的 IP 地址,并将其用作对应 VLAN 的网关地址,VLAN 之间的相互通信就是通过这些逻辑网关间的路由来实现的。

下面以创建 VLAN 11 虚端口为例,详细说明其配置过程。

```
Switch(config)♯vlan 11          //创建 VLAN 11 数据库,只有创建了对应的 VLAN,其虚端口才会启用
Switch(config-vlan)♯exit        //返回全局配置模式
Switch(config)♯interface vlan 11    //进入 VLAN 11 虚端口
Switch(config-if)♯ip address 10.1.1.1 255.0.0.0    //配置 VLAN 11 虚端口的 IP 为 10.1.1.1/8
Switch(config-if)♯no shutdown   //激活此端口
```

4.4.4　三层交换机实现 VLAN 互访的案例

本节使用 Packet Tracer 模拟实现如图 4.9 所示的网络拓扑。

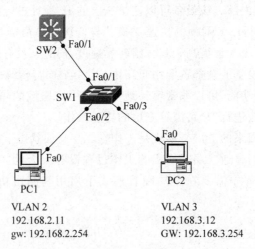

图 4.9　三层交换机实现 VLAN 互访

其中的 SW1 为二层交换机 2960,SW2 为三层交换机 3560；PC1、PC2 的 IP 地址分别为 192.168.2.11/24、192.168.3.12/24,它们的网关分别为 192.168.2.254、192.168.3.254。假设 PC1 与 PC2 的 IP 地址参数都已经完成配置,现要求将 PC1 划分到 VLAN 2、PC2 划分到 VLAN 3 中,并使 PC1 与 PC2 可以相互通信。

为了实现上述目标,首先需要在交换机 SW1 上完成 VLAN 的划分,然后再到三层交换机 SW2 上配置 VLAN 虚端口,使用不同的 VLAN 可以通过 VLAN 虚端口进行相互通信。详细的配置过程可以参考下列步骤顺序完成。

(1) 将 PC1 划分到 VLAN 2 中、PC2 划分到 VLAN 3 中。

① 配置 SW1 的 f0/1 为中继端口。

```
SW1(config)#interface fa0/1                        //进入交换机 SW1 端口 fa0/1 的端口模式
SW1(config-if)#switchport mode trunk               //设置该端口工作模式为 trunk
SW1(config-if)#switchport trunk allowed vlan all      //设置该端口允许所有 VLAN 标记帧通过
SW1(config-if)#exit
SW1(config)#
```

② SW1 上创建 VLAN 2 与 VLAN 3。

```
SW1(config)#vlan 2                        //在全局配置模式下创建 VLAN 2
SW1(config-vlan)#exit
SW1(config)#vlan 3                        //在全局配置模式下创建 VLAN 3
SW1(config-vlan)#exit
SW1(config)#
```

③ 将 PC1 与 PC2 分别划分到不同 VLAN 中。

```
SW1(config)#interface f0/2
SW1(config-if)#switchport mode access
SW1(config-if)#switchport access vlan 2
SW1(config-if)#exit
SW1(config)#interface f0/3
SW1(config-if)#switchport mode access
SW1(config-if)#switchport access vlan 3
SW1(config-if)#exit
SW1(config)#
```

上述 VLAN 划分的配置命令及作用可以参见 4.3.3 节的案例。

(2) 在交换机 SW2 上完成配置实现 PC1 与 PC2 不同 VLAN 间的通信。

① 启用三层交换机 SW2 的路由功能。

```
SW2(config)#ip routing
```

② 在 SW2 上创建 VLAN 2,VLAN 3。

```
SW2(config)#vlan 2
SW2(config-vlan)#exit
SW2(config)#vlan 3
SW2(config-vlan)#exit
SW2(config)#
```

③ 为不同的 VLAN 创建相应的虚端口,并设置其 IP 地址参数。

```
SW2(config)#interface vlan 2                        //进入三层交换机的 VLAN2 虚端口
SW2(config-if)#ip address 192.168.2.254 255.255.255.0      //设置 IP 地址用作 VLAN 2 的网关
SW2(config-if)#no shutdown                        //显式地启用虚端口
SW2(config-if)#exit
SW2(config)#interface vlan 3                        //进入三层交换机的 VLAN 3 虚端口
SW2(config-if)#ip address 192.168.3.254 255.255.255.0      //设置 IP 地址用作 VLAN 3 的网关
SW2(config-if)#exit
```

第 4 章

以太网组网技术

SW2(config)#

④ 配置 SW2 的 f0/1 为二层的中继端口。

```
SW2(config)#interface f0/1                       //进入端口模式,此端口连接二层交换机
SW2(config-if)#switchport trunk encapsulation dot1q      //设置 trunk 封装协议为 IEEE 802.1q
SW2(config-if)#switchport mode trunk              //设置端口工作于 trunk 模式
SW2(config-if)#switchport trunk allowed vlan all      //设置此端口允许所有 VLAN 标记的帧通过
SW2(config-if)#exit
SW2(config)#
```

⑤ 在 PC1 的 CMD 提示符下测试 PC1 与 PC2 能否 ping 通。

```
PC>ping 192.168.3.12
Pinging 192.168.3.12 with 32 bytes of data:

Reply from 192.168.3.12: bytes = 32 time = 0ms TTL = 127
Reply from 192.168.3.12: bytes = 32 time = 0ms TTL = 127
Reply from 192.168.3.12: bytes = 32 time = 0ms TTL = 127
Reply from 192.168.3.12: bytes = 32 time = 0ms TTL = 127

Ping statistics for 192.168.3.12:
    Packets: Sent = 4, Received = 4, Lost = 0 (0% loss),
Approximate round trip times in milli-seconds:
    Minimum = 0ms, Maximum = 0ms, Average = 0ms
```

上述信息表明,PC1 可以 ping 通 PC2,即以上步骤的配置实现了在属于不同 VLAN 的 PC1、PC2 之间相互通信的功能。

4.5　以太网的高级应用

以太网技术在网络工程的应用中,除了能够实现数据帧转发及 VLAN 划分的功能外,还有其他一些高级技术的应用。本节将深入讲解使用较多的生成树协议及以太通道技术的应用方法。

4.5.1　生成树协议概述

1. 生成树协议的介绍

生成树协议(Spanning Tree Protocol,STP)是专门针对以太网的协议,简单来说该协议用于在以太网络中建立逻辑上无环路的拓扑结构,防止出现通信环路。STP 之所以要防止环路的出现,是由于环路对以太网络的通信存在着很大的影响或破坏。因此在深入了解生成树协议之前,必须先认识环路对以太网会有什么样的影响,才能够理解生成树协议的工作目标。

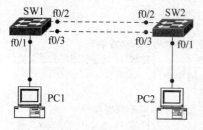

图 4.10　以太网环路出现的问题

在图 4.10 所示的网络拓扑中,两个交换机 SW1 与 SW2 之间通过两根双绞线相互连接 f0/2 与 f0/3 端口。从拓扑图中可以很明显发现,在两个交换机之间

出现了一个环路。当 PC1 发送一个广播帧到交换机 SW1 的端口 f0/1 时,根据透明网桥的工作原理,交换机 SW1 将在其他所有端口进行广播,即此广播帧将会从 f0/2 和 f0/3 两个端口被分别发送到交换机 SW2,因此通过此环路,PC2 就会收到两个重复的、来自 PC1 的同一个广播帧。

但问题并没有就此结束,交换机 SW2 从 f0/2 或 f0/3 收到此广播帧后,同样根据透明网桥的工作原理,交换机 SW2 也会从其他所有端口转发收到的广播帧,比如从 f0/2 收到广播帧后,该广播帧将被交换机 SW2 从 f0/3 端口广播回交换机 SW1 的 f0/3 端口,这样就产生了循环的、重复的广播帧问题;然而问题还没有结束,交换机 SW1 从端口 f0/3 收到广播帧后,同样会再次从 f0/2 端口将此广播帧转发回交换机 SW2,这样就形成了一个死循环,两个交换机之间会不断产生大量相同的、重复的广播帧,最后导致网络通信信道因为充斥着太多广播帧而无法正常工作,这个现象就叫"广播风暴"。也就是说,在存在环路的以太网中只需要一个广播帧就能使整个以太网络瘫痪。

正是由于以上问题的出现,STP 就应运而出了。最初的 STP 标准由 IEEE 制定,标准名称为 IEEE 802.1d,此标准适合所有厂商的交换机。虽然随后也出现了更多扩展的 STP 标准,但多数是以此标准为基础进行的功能扩展,本教材将主要以 802.1d 标准为主,介绍生成树协议的原理及应用,其他的标准请读者自行查阅相关资料。

IEEE 802.1d 可以在存在冗余链路即出现环路的情况下,使用图论中的生成树算法,在网络中标识出一条无环链路作为工作的逻辑链路,并临时关闭非工作链路中的其他端口,以防止出现环路;当网络中任何一条链路的状态发生变化时(例如线路断开),802.1d 将根据生成树协议的算法重新计算是否因为链路状态的改变而出现了新的环路,并重新决定哪些端口应该被关闭。

2. 生成树协议的工作过程

生成树协议的工作过程可以归纳为三个环节:选举根桥、选举根端口、选举指定端口与非指定端口。

1) 选举根桥

根桥是 STP 构造无环路网络拓扑的起点,用于防范环路的各种端口状态也是基于根桥计算出来的。根桥的选举在交换机启动时或网络拓扑发生变化时自动触发。

STP 在选举根桥时,会自动生成每台交换机(以前叫网桥)的标志"Bridge Identifier",也称桥 ID。桥 ID 由桥优先级(Bridge Priority)与交换机的 MAC 地址组成,其中的桥优先级可以由网管自行指定,默认值为 32 768,可配置范围从 0 到 65 535。桥 ID 数值最小的交换机将被 STP 选举为根桥(Root Bridge),完成根桥的选举后,剩下的其他交换机就被称为非根桥。根桥选举完成后,交换机仍然会持续每 2s 转发一次 BPDU 帧来向网络通告根桥的桥 ID。

2) 选举根端口

STP 完成根桥的选举后,将接着在每个交换机的端口上选举端口的角色。最先需要确定的角色是根端口(Root Port)。每台交换机(除根桥外)都需要指定一个根端口,这个端口到达根桥的路径开销(也称为 Cost)值最小。端口到达根桥的 Cost 等于此端口的 Cost 与所有经过的端口 Cost 之和。IEEE 根据交换机端口的速率规定了默认的路径开销 Cost(根桥所有端口的路径开销定义为零):

10Gb/s＝2　　1Gb/s＝4　　100Mb/s＝19　　10Mb/s＝100

如果交换机存在多个端口具有相同的根路径开销,那么将比较端口接收到的端口 ID,端口 ID 数值最小的端口被选举为根端口。端口 ID 由端口优先级(Port Priority)与端口编号组成,端口优先级的数值范围从 0 到 240,默认值为 128,也可由网管指定其数值(必须是16 的倍数)。如果端口的优先级都相同(例如都是默认的 128),那么就比较端口编号,端口编号数值最小的端口成为根端口。但由于交换机的端口编号一般是不能改变的,因此网管若想要改变根端口的选举结果,则可以通过减小端口的优先级来实现。

3) 选举指定端口与非指定端口

STP 确定根端口后,将在剩余的交换机端口中选举指定端口(Designated Ports)。指定端口的选举是在网段中进行的,每个网段有且只能有一个指定端口,指定端口到根桥的路径开销值最小。由于根桥所有端口的路径开销都为 0,因此根桥上所有端口均为指定端口。

在网段中若存在多个非根桥的多个端口的根路径开销相同,那么将比较各个端口收到的桥 ID,桥 ID 数值最小的端口选举为指定端口;若桥 ID 相同,即同一个交换机中有多个端口的根路径开销相同,则进一步比较端口 ID(比较方法同上一步),端口 ID 数值最小的端口将被选举为指定端口。

经过上述环节的选举后,此时的以太网中将有一个根交换机,根交换机的所有端口都是指定端口;每个非根桥的交换机有且只有一个根端口;每个网段有且只有一个指定端口。交换机上的根端口与指定端口可以转发(Forwarding)数据帧,而选举失败的其他端口(也称为非指定端口)将被 STP 阻塞,不能转发任何数据帧,只能接收和发送 BPDU 帧。

3. 交换机运行 STP 的过程

当交换机运行 STP 时,STP 会使用网桥协议数据单元(Bridge Protocol Data Unit,BPDU)帧进行相关信息的通告。为了避免网络产生环路,STP 会强迫交换机的端口经历以下 4 种不同的状态。

1) 阻塞(Blocking)

此时端口不能转发数据帧、不接收数据帧,也不获取 MAC 地址。只能接收并处理BPDU 帧。端口通过接收的 BPDU 帧来判断是否需要改变自己的状态。

2) 监听(Listening)

此时端口不能转发数据帧、不接收数据帧,也不学习 MAC 地址,但不仅可以接收BPDU 帧,还可以发送自己的 BPDU 帧。

3) 学习(Learning)

与监听类似,仍然不转发数据帧、不接收数据帧,但能够学习 MAC 地址并建立地址转发表,可以接收并转发 BPDU 帧。

4) 转发(Forwarding)

此时端口可以接收并转发所有的数据帧,自动学习 MAC 地址建立地址转发表,也可以接收和发送 BPDU 帧。进入这个状态后,此端口就是一个完全功能的二层端口。

交换机开机时或 STP 重新计算时,所有端口的状态都是阻塞状态,此状态持续的时间默认是 20s,以便 STP 有时间完成根桥选举及根路径开销等计算环节;当交换机根据接收到的 BPDU 帧确定自己为根端口或指定端口后,将进入监听状态,持续时间为 15s,如果在此期间通过接收到的 BPDU 发现自己不是根端口或指定端口,则自动回到阻塞状态;经过

15s 的监听后,如果确定端口是根端口或指定端口后,端口将进入学习状态,否则端口仍然回到阻塞状态,学习状态持续时间也是 15s,此时开始建立 MAC 地址转发表;在经过 15s 的学习后,一部分端口(即根端口与指定端口)进入转发状态,而另一部分端口(即非指定端口)被设置为阻塞状态。因此当 STP 达到收敛、稳定时,此收敛过程大约为 50s。如果网络拓扑因各种原因而发生任何变化时,STP 将自动重新启动,重新完成以上的过程。

网络工程中使用的交换机绝大多数都默认安装并自动运行基于 IEEE 802.1d 标准的 STP,网管可以结合需求对交换机配置其他扩展的 STP。

4.5.2 生成树协议的配置

本节将以思科交换机为例,介绍在生成树协议应用中相关命令的配置方法及功能。

1. 关闭/启用 STP

思科交换机默认开启 PVST(Per-VLAN Spanning Tree)协议,也就是开启每个 VLAN 内独立启用一个 STP。因此一般无须为交换机专门启用 STP,这类协议是交换机自动运行的协议。如果能够保证在 LAN 内不存在拓扑环路,那么就可以禁用此协议,以减少端口接入时等待的时间。

关闭方法:

```
Switch#configure terminal                //进入全局配置模式
Switch(config)#no spanning-tree vlan vlan-id  //关闭 vlan-id 内的 STP,配置时 vlan-id 使
                                         //用数字
```

启用方法:

```
Switch(config)#spanning-tree vlan vlan-id  //启用 vlan-id 内的 STP,配置时 vlan-id 使
                                         //用数字
```

2. 将交换机指定为根桥

指定交换机为根桥有以下两种方法。

一种简单的方法是在以太网中的某个交换机上配置 spanning-tree vlan vlan-id root primary 命令,此命令将使该交换机的优先级值自动减少,并保证比其他交换机的优先值更低,因此最后此交换机能够成为相应 Vlan-id 内的根桥。其中的 vlan-id 在实际配置时使用数字表示需要配置的 VLAN。使用方法如下所示。

```
Switch(config)#spanning-tree vlan 2 root primary
```

此命令用于将此交换机指定为 VLAN 2 内的根桥。

另一种方法是通过修改交换机默认的桥优先级,使其值比其他所有交换机的桥优先级都低。使用方法如下所示。

```
Switch(config)#spanning-tree vlan 1 priority 12345
```

此命令将该交换机在 VLAN 1 内的桥优先级设置为 12 345,该交换机若要成为 VLAN 1 中的根桥,必须确保 12 345 是所有交换机中桥优先级最小的数值。

3. 配置端口的开销

改变交换机端口默认的路径开销(Cost)可以影响 STP 选举的结果,网管可以根据需要

修改交换机端口的 Cost,以影响 STP 选举的结果。此配置需要进入交换机的端口模式进行
配置,应用案例如下所示。

```
Switch(config)# interface f0/2              //进入端口 f0/2 的端口配置模式
Switch(config-if)# spanning-tree cost 10    //指定在默认 VLAN 1 中,此端口的 Cost 值为
10
Switch(config-if)# spanning-tree vlan 3 cost 20  //指定在 VLAN 3 中,此端口的 Cost 值为 20
```

需要注意的是在 PT 中,目前还不支持端口开销 Cost 的修改配置,只有在 Dynagen 的
模拟中才可以使用上面的命令进行路径开销 Cost 的修改。

4. 配置端口的优先级

改变交换机端口默认的优先级同样可以影响 STP 选举的结果,网管可以根据需要修改
交换机端口的优先级以影响 STP 选举的结果。此配置需要进入交换机的端口模式进行配
置,应用案例如下所示。

```
Switch(config-if)# spanning-tree port-priority 120
```

此命令配置在默认 VLAN 即 VLAN 1 中,此端口的优先级为 120。配置的数值必须是
4 的倍数。优先级数值越小,被选举的成功性越大。

```
Switch(config-if)# spanning-tree vlan 5 port-priority 120
```

此命令指定在 VLAN 5 中,此端口的优先级为 120。

需要注意的是在 PT 模拟软件进行操作时,端口优先级的修改应该在对端交换机的对
应端口上进行配置,具体方法参见 4.5.3 节的应用案例。

4.5.3 应用生成树协议的案例

在图 4.10 中,由于 STP 的控制,两个交换机互连的 4 个端口中,肯定会有一个端口被
STP 阻塞,被阻塞的端口将不承载任何数据流量,这种结果显然非常浪费线路资源。为了
在保证无环路的前提下尽可能提高交换机间的通信流量,基于 STP 的 VLAN 负载均衡技
术在以太网中被广泛使用。

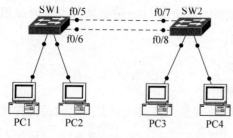

图 4.11 基于 STP 的 VLAN 负载均衡

由于 PT 对 STP 配置的模拟不是很全面,
因此本节的应用案例将使用 Dynagen 进行模
拟。为了说明 VLAN 负载均衡技术的应用,本
节模拟使用的网络拓扑图如图 4.11 所示:两个
交换机分别通过两个端口相互连接,左边交换机
SW1 通过 f0/1 与 f0/2 端口分别连接 PC1、
PC2,右边交换机 SW2 通过 f0/1 与 f0/2 端口分
别连接 PC3、PC4。

Dynagen 模拟使用的网络文件与 4.3.3 节模拟的文件类似,具体内容如下所示。

```
#基于 STP 的 VLAN 均衡负载配置
[localhost]                      #只在本机进行模拟
  [[3640]]                       #定义路由器型号为 Cisco 3640
    image = C3640.BIN            #指定 3640 使用的 IOS 文件名为 C3640.BIN
```

```
[[Router SW1]]                              #创建路由器 SW1,使用其交换模块进行交换机的模拟
  model = 3640                              #型号 3640
  slot0 = NM-16ESW                          #slot0 插槽连接模块 NM-16ESW,模拟交换机的功能
  f0/5 = SW2 f0/7                           #SW1 的端口 f0/5 与 SW2 的端口 f0/7 连接
  f0/6 = SW2 f0/8                           #SW1 的端口 f0/6 与 SW2 的端口 f0/8 连接
  f0/1 = NIO_udp:30000:127.0.0.1:20000      #f0/1 连接虚拟 PC1
  f0/2 = NIO_udp:30001:127.0.0.1:20001      #f0/2 连接虚拟 PC2
[[router SW2]]                              #创建路由器 R2
  model = 3640                              #型号 3640
  slot0 = NM-16ESW                          #slot0 插槽连接模块 NM-16ESW,模拟交换机
  f0/1 = NIO_udp:30002:127.0.0.1:20002      #f0/1 连接虚拟 PC3
  f0/2 = NIO_udp:30003:127.0.0.1:20003      #f0/2 连接虚拟 PC4
```

模拟环境的运行此处方法这里不再说明,如有不清楚的地方可以参看前面 1.3.4 节的操作过程启动模拟环境。

此模拟环境中的两个交换机间明显存在一条环路,即 SW1 的 f0/5、f0/6 与 SW2 的 f0/7、f0/8 之间。现在使用 VLAN 负载均衡技术可以使被阻塞的端口也能转发数据流量,具体的操作步骤如下所示。

1. 检查 STP 运行的结果

启动 Dynagen 模拟环境,等待 50s 时间让 STP 收敛后,分别到两台交换机的特权模式下使用 show 命令查看 STP 默认运行的结果。

```
SW1# show spanning-tree brief              //查看交换机 SW1 的 STP 简要信息
VLAN1
  Spanning tree enabled protocol ieee
  Root ID    Priority    32768
             Address     cc00.0dcc.0000
             This bridge is the root        //此信息表明当前交换机是根桥
             Hello Time  2 sec Max Age 20 sec Forward Delay 15 sec
  Bridge ID  Priority    32768
             Address     cc00.0dcc.0000      //桥 ID 由优先级与交换机 MAC 地址组成
             Hello Time  2 sec Max Age 20 sec Forward Delay 15 sec
             Aging Time 300

Interface                              Designated
Name             Port ID  Prio  Cost Sts   Cost Bridge ID          Port ID
------------     ----     ----  --- ---    --------------         -----
FastEthernet0/1  128.2    128    19  FWD    0 32768 cc00.0dcc.0000 128.2
FastEthernet0/2  128.3    128    19  FWD    0 32768 cc00.0dcc.0000 128.3
FastEthernet0/5  128.6    128    19  FWD    0 32768 cc00.0dcc.0000 128.6
FastEthernet0/6  128.7    128    19  FWD    0 32768 cc00.0dcc.0000 128.7
```

上述信息表明交换机 SW1 被选举为根桥,因此其本地的 4 个端口全是 FWD 状态即转发状态。同样在交换机 SW2 上也需要查看 STP 运行的结果。

```
SW2# show spanning-tree brief              //查看交换机 SW2 的 STP 简要信息
VLAN1
  Spanning tree enabled protocol ieee
  Root ID    Priority    32768
             Address     cc00.52cc.0000
```

以太网组网技术

```
            Cost          19
            Port          8 (FastEthernet0/7)      //此信息表明此交换机 SW2 不是根桥
                                                   //交换机 SW2 通过 f0/7 连接根桥
            Hello Time    2 sec Max Age 20 sec Forward Delay 15 sec
   Bridge ID Priority 32768
            Address       cc01.52cc.0000           //交换机 SW2 的桥 ID,比 SW1 的要大
            Hello Time    2 sec Max Age 20 sec Forward Delay 15 sec
            Aging Time 300
```

Interface Name	Port ID	Prio	Cost	Sts	Designated Cost	Bridge ID	Port ID
FastEthernet0/1	128.2	128	19	FWD	19	32768 cc01.52cc.0000	128.2
FastEthernet0/2	128.3	128	19	FWD	19	32768 cc01.52cc.0000	128.3
FastEthernet0/7	128.8	128	19	FWD	0	32768 cc00.52cc.0000	128.6
FastEthernet0/8	128.9	128	19	BLK	0	32768 cc00.52cc.0000	128.7

上面的信息表明交换机 2 不是根桥,其端口 f0/8 的状态是 BLK 状态即阻塞状态,其他端口都是 FWD 状态,即 STP 自动运行后,将交换机 SW2 的 f0/8 端口阻塞了,这样两个交换机之间就不存在逻辑环路。请注意观察最后两行信息,不难发现 f0/8 之所以被阻塞、而 f0/7 是转发状态的原因,是因为 f0/7 的端口 ID 比 f0/8 的端口 ID 要小。

由于 DY 在模拟过程中,对交换机 MAC 地址的分配是随机的,所以读者自行实验时看到的 MAC 地址估计与本例会有所不同,查看的结果也可能会与本例正好相反,即 SW2 是根桥而 SW1 不是根桥。如果是这种情况,那么下面步骤中的配置对象需要自己交换一下,将 SW1 的配置用于 SW2 中,而 SW2 中的配置用于 SW1 中。

2. 修改默认的优先级

(1) 配置非根桥的阻塞端口的优先级为 64 后,观察非根桥端口的状态有无变化。

本例中 SW2 为非根桥,其端口 f0/8 被阻塞。因此进入 SW2 的 f0/8 端口模式修改其优先级:

```
SW2(config)#int f0/8
SW2(config-if)#spanning-tree port-priority 64   //修改此端口的优先级为 64
SW2(config-if)#end
SW2#show spanning-tree brief                     //再次查看生成树协议运行的简要结果
…                                                //此处省略的信息与上一步的相同
```

Interface Name	Port ID	Prio	Cost	Sts	Designated Cost	Bridge ID	Port ID
FastEthernet0/1	128.2	128	19	FWD	19	32768 cc01.0dcc.0000	128.2
FastEthernet0/2	128.3	128	19	FWD	19	32768 cc01.0dcc.0000	128.3
FastEthernet0/7	128.8	128	19	FWD	0	32768 cc00.0dcc.0000	128.6
FastEthernet0/8	64.9	64	19	BLK	0	32768 cc00.0dcc.0000	128.7

此时可以发现:非根桥 SW2 的 f0/8 端口优先级已经修改为 64,但 f0/7、f0/8 端口状态并没有变化,与修改优先级前是完全一致的。这个实验的结果表明,在生成树协议的选举过程中,通过减少本地端口优先级的数值并不能改变本地阻塞端口的状态。

(2) 配置阻塞端口对接端口的优先级为 64 后,观察非根桥端口的状态有无变化?

本例中交换机 SW2 中被阻塞的端口 f0/8 对接的端口是交换机 SW1 的 f0/6 端口,因此这步的操作需要进入交换机 SW1 的 f0/6 端口,然后再进行配置,具体操作步骤如下所示。

```
SW1(config)♯ interface fastEthernet 0/6
SW1(config-if)♯ spanning-tree port-priority 64
SW1(config-if)♯ end
SW2♯ show spanning-tree brief        //耐心等待 50s 后,到 SW2 上查看 STP 的简要信息
…                                   //此处省略的信息与上一步的类似
Interface Designated
Name              Port ID   Prio   Cost Sts   Cost Bridge ID            Port ID
-----------       ----      ----   --- ---    ---------------           ------
FastEthernet0/1   128.2     128     19  FWD    19 32768 cc01.0dcc.0000 128.2
FastEthernet0/2   128.3     128     19  FWD    19 32768 cc01.0dcc.0000 128.3
FastEthernet0/7   128.8     128     19  BLK     0 32768 cc00.0dcc.0000 128.6
FastEthernet0/8   64.9      64      19  FWD     0 32768 cc00.0dcc.0000 64.7
```

可以看到 SW2 的 f0/7 端口的状态被 STP 变更为阻塞状态 BLK,而刚才被阻塞的 f0/8 端口的状态被 STP 变更为转发状态 FWD。此实验的结果表明,若要通过修改端口优先级改变 STP 的选举结果,需要在相应端口的对接端进行优先级修改的配置。

3. 修改路径开销 Cost

此时交换机 SW2 的 f0/7、f0/8 端口的 Cost 值都是默认的 19。现在修改阻塞端口 f0/7 的开销(Cost)为 10 后,观察非根桥 SW2 上端口的状态有无变化。

```
SW2(config)♯ interface fastEthernet 0/7
SW2(config-if)♯ spanning-tree cost 10
SW2(config-if)♯ end
SW2♯ show spanning-tree brief         //耐心等待 50s 后,查看 SW2 的 STP 简要信息
…                                    //此处省略的信息与上一步的类似
Interface Designated
Name              Port ID   Prio   Cost Sts   Cost Bridge ID            Port ID
---------         ------    ---    --- ---    -----  --------           ------
FastEthernet0/1   128.2     128     19  FWD    10 32768 cc01.0dcc.0000 128.2
FastEthernet0/2   128.3     128     19  FWD    10 32768 cc01.0dcc.0000 128.3
FastEthernet0/7   128.8     128     10  FWD     0 32768 cc00.0dcc.0000 128.6
FastEthernet0/8   64.9      64      19  BLK     0 32768 cc00.0dcc.0000 64.7
```

可以看到 SW2 的端口 f0/7 的 Cost 被修改为 10,而 f0/8 端口的 Cost 仍然是默认的 19。因此根据前面所述 STP 的选举原则,原来被阻塞的 f0/7 端口的状态再次变更为转发状态 FWD,而处于转发状态的 f0/8 端口再次被 STP 阻塞。此实验的结果表明,端口路径开销 Cost 的数值比端口优先级更能影响 STP 选举的结果,即当端口的路径开销 Cost 值如果已经区分,那么 STP 将不会再进行端口优先级的比较。

4. 基于 STP 的 VLAN 负载均衡

在前几步的操作过程中,交换机相互连接的 4 个端口中总有一个处于阻塞状态,即不能转发数据帧的状态,因此 STP 的这种运行结果对网络连接资源总会造成浪费。为了在保证以太网无环路的前提下,尽可能提高资源利用效率,这里将引入思科的 PVST 技术,实现基

于 STP 的 VLAN 负载均衡配置。此技术应用的基本思想是通过 VLAN 技术将交换机间可能的流量划分到不同的 VLAN 中,利用 PVST 技术让不同 VLAN 的流量经过不同的物理端口,从而在充分利用现有的物理端口的基础上,同时保证不同 VLAN 中不会出现逻辑环路。

为了实验的需要,本例使用了两个 VLAN,分别是 VLAN 2、VLAN 3,使 VLAN 2 的流量使用交换机间 f0/5 到 f0/7 的物理线路,VLAN 3 的流量使用交换机间 f0/6 到 f0/8 的物理线路。

1) 应用 VLAN 技术

根据上面的分析,在 SW1、SW2 上分别创建 VLAN 2 与 VLAN 3,并将交换机互连的端口模式设置为 trunk 模式。具体的操作步骤如下所示。

```
SW1#vlan database
SW1(vlan)#vlan 2
SW1(vlan)#vlan 3
SW1(vlan)#exit
SW1#conf ter
SW1(config)#int range f0/5 - 6
SW1(config-if)#switchport mode trunk
SW1(config-if)#end
```

SW2 的配置与 SW1 的操作类似。

```
SW2#vlan database
SW2(vlan)#vlan 2
SW2(vlan)#vlan 3
SW2(vlan)#exit
SW2#conf ter
SW2(config)#int range f0/7 - 8
SW2(config-if)#switchport mode trunk
SW2(config-if)#end
```

2) 查看非根桥 SW2 上端口 f0/7、f0/8 的状态

由于现在的交换机上已经创建了两个新的 VLAN,加上默认的 VLAN1,一共有三个 VLAN。因此如果还通过前面的 show 命令查看 STP 的信息,那么显示的信息量将是前面的三倍(思科交换机使用的是 PVST),这将会显得非常烦琐。所以这里建议使用下面的命令直接查看相关端口的 STP 状态。

```
SW2#show spanning-tree interface fastEthernet 0/7 brief

Vlan                                    Designated
Name           Port ID    Prio    Cost Sts   Cost  Bridge ID       Port ID
-------        ----       ---  ---  ---  --------------   ----
VLAN1          128.8      128     10   FWD   0 32768 cc00.0dcc.0000 128.6
VLAN2          128.8      128     10   FWD   0 32768 cc00.0dcc.0001 128.6
VLAN3          128.8      128     10   FWD   0 32768 cc00.0dcc.0002 128.6
```

可以看到 SW2 上的 f0/7 端口在 VLAN 1、2、3 中的状态全是 FWD 转发状态,接着查看非根桥 SW2 上端口 f0/8 的状态。

```
SW2#show spanning-tree interface fastEthernet 0/8 brief
Vlan                                    Designated
Name            Port ID    Prio    Cost Sts   Cost   Bridge ID          Port ID
—————  ————  ———  ———  ————————  ————
VLAN1           64.9       64      19   BLK    0 32768 cc00.0dcc.0000 64.7
VLAN2           64.9       64      19   BLK    0 32768 cc00.0dcc.0001 64.7
VLAN3           64.9       64      19   BLK    0 32768 cc00.0dcc.0002 64.7
```

可以看到交换机 SW2 的 f0/8 端口在 VLAN 1、2、3 中均为 BLK 阻塞状态。

上面两个 show 的结果表明,所有 VLAN 的流量默认都通过交换机 SW2 的 f0/7 端口转发,而另一个端口 f0/8 完全不转发任何数据帧。

3) 修改端口的路径开销 Cost 值

为了说明 VLAN 负载均衡的作用,本例中假设需要让 VLAN 1、VLAN 2 的流量使用上面的物理线路(即 f0/5~f0/7),而 VLAN3 的流量使用下面的物理线路(即 f0/6~f0/8)。实现此目标的操作就是减少相应 VLAN 内阻塞端口的路径开销或优先级的数值,这里建议修改阻塞端口的路径开销,因为端口的路径开销在 STP 选举中要优先于端口的优先级,操作的配置命令如下所示。

```
SW2(config)#interface fastEthernet 0/8
SW2(config-if)#spanning-tree vlan 3 cost 10
SW2(config-if)#end
SW2#show spanning-tree interface fastEthernet 0/7 brief        //耐心等待 50s 后,再使用此命令
Vlan                                    Designated
Name            Port ID    Prio    Cost Sts   Cost   Bridge ID          Port ID
—————  ————  ———  ———  ————————  ————
VLAN1           128.8      128     10   FWD    0 32768 cc00.0dcc.0000 128.6
VLAN2           128.8      128     10   FWD    0 32768 cc00.0dcc.0001 128.6
VLAN3           128.8      128     10   BLK    0 32768 cc00.0dcc.0002 128.6
SW2#show spanning-tree interface fastEthernet 0/8 brief
Vlan                                    Designated
Name            Port ID    Prio    Cost Sts   Cost   Bridge ID          Port ID
—————  ————  ———  ———  ————————  ————
VLAN1           64.9       64      19   BLK    0 32768 cc00.0dcc.0000 64.7
VLAN2           64.9       64      19   BLK    0 32768 cc00.0dcc.0001 64.7
VLAN3           64.9       64      10   FWD    0 32768 cc00.0dcc.0002 64.7
```

从上面两个 show 命令的信息可以发现 VLAN 3 的流量在 f0/7 端口的状态是被阻塞的,而在 f0/8 端口中,VLAN 3 的流量是允许 FWD 转发的。即原来全部阻塞的 f0/8 端口现在可以转发来自 VLAN 3 的帧,此端口没有被全部阻塞。仔细分析可以发现出现这个选举结果的原因是因为 f0/7 与 f0/8 两个端口在 VLAN 3 内进行选举时,它们的 Cost 值都是 10,但是 f0/8 端口的对端端口 f0/6 的优先级更低,在前面的操作过程中已经被设置为 64,低于 f0/7 端口的对端端口 f0/5 的默认优先级 128。

因此通过合理地配置 VLAN 及 STP,可以在存在冗余物理线路的以太网交换机之间,充分提高线路资源的利用率,同时还可以防止逻辑环路的出现。

4.5.4 以太通道概述

生成树协议的负载均衡虽然可以提高线路资源的利用率,但其技术功能的实现过于依

赖 VLAN,若网络应用中不涉及 VLAN 或不同 VLAN 的流量不对等,那么基于 STP 的这种负载均衡技术将无法充分发挥作用。因此当网络应用中不涉及 VLAN 时,建议使用本节介绍的以太通道技术。

1. 以太通道的介绍

以太通道(EtherChannel)是一种端口链路聚合技术,此技术可以将交换机、路由器或服务器之间的多个物理端口进行逻辑绑定,为用户提供高速且容错的逻辑通信链路。配置以太通道成功后,通道两端的带宽可以成倍增加,并且在部分物理链路失效的情况下,可以使用其他未失效的物理链路来维持通信的逻辑连接,负载流量在各个链路上的分布可以根据源 IP 地址、目的 IP 地址、源 MAC 地址、目的 MAC 地址、源 IP 地址和目的 IP 地址组合,以及源 MAC 地址和目的 MAC 地址组合等来进行动态分布。

以太通道技术最早用于思科的交换机,后来该技术思想被 IEEE 采用,并形成了 IEEE 802.3ad 的开放标准。因此目前市场中存在两个不同的以太通道协议:一个是思科专有的端口聚合协议(Port Aggregation Protocol,PAgP),只有思科的设备可以使用此协议;另一个是 IEEE 制定的链路聚合控制协议(Link Aggregation Control Protocol,LACP),此协议属于开放标准,所有 IT 厂商均可使用(包括思科)。但这两个协议并不兼容,因此以太通道的两端必须配置相同的协议,要么都是 PAgP,要么都是 LACP。

2. 以太通道协议的模式

PAgP 协议与 LACP 的模式在配置过程中涉及以下 5 种。

1) auto 模式

此模式将端口置于 PAgP 的被动协商状态,可以对接收到的 PAgP 做出响应,但是不能主动发送 PAgP 包进行协商。

2) desirable 模式

此模式将端口置于 PAgP 的主动协商状态,无条件启用 PAgP。并通过发送 PAgP 包,主动与其他端口进行协商。

3) active 模式

此模式将端口置于 LACP 的主动协商状态,通过发送 LACP 包,与其他端口进行主动协商。

4) passive 模式

此模式将端口置于 LACP 的被动协商状态,可以对接收到的 LACP 做出响应,但是不能主动发送 LACP 包进行协商。

5) on 模式

此模式既不属于 PAgP,也不属于 LACP。用于将端口强行指定至某个通道,但只有通道两端的模式都是 on 时,EtherChannel 才可用。

在以太通道模式的配置中,如果通道两端配置的模式都是 auto 或都是 passive,那么以太通道将不能成功建立。因此在配置过程中,应提前规划通道两端的模式以避免出现这种情况。

4.5.5 以太通道的配置

以太通道的配置包括多个方面的内容,主要有以太通道的建立、以太通道的移除、以太通道端口的移除、以太通道的负载均衡等配置。相应配置的操作步骤如下。

1. 以太通道的建立

1) 进入端口模式

通过 interace 命令或 interface range 命令选择将要配置为 EtherChannel 的物理接口。在 PAgP 中,以太通道最多可以容纳 8 个(4 对)同一类型和速度的端口;在 LACP 中,以太通道最多可以容纳 16 个(8 对)相同类型的端口,其中 8 个(4 对)活动端口,以及最多 8 个(4 对)备用端口。配置命令如下所示。

```
Switch(config)#interface range FastEthernet 0/1 - 3   //进入端口 f0/1,f0/2,f0/3 的端口配置
                                                       //模式
Switch(config-if-range)#
```

2) 指定端口的工作模式

将上一步选定的端口指定为同一 VLAN 内的访问端口(即 access 模式),或者配置为 trunk 模式。如果配置为 access 模式,则只能指定到一个特定的 VLAN。具体命令用法如下所示。

```
Switch(config-if-range)#switchport mode access        //指定当前端口工作于 access 模式
Switch(config-if-range)#switchport access vlan 1      //指定当前选定的端口属于 VLAN 1
或者: Switch(config-if-range)#switchport mode trunk   //指定当前端口工作于 trunk 模式
```

3) 指定以太通道的模式

对于思科交换机,以太通道使用的协议可以是 PAgP 或者 LACP,配置命令 channel-protocol 可以指定当前端口使用的以太通道协议,使用方法如下所示。

```
Switch(config-if-range)#channel-protocol { pagp | lacp }
```

也可以直接通过 channel-group 命令后的参数指定对应的协议及模式。其配置命令格式如下所示。

```
Switch(config-if-range)#channel-group port_channel_number mode {{auto | desirable | on} |
{active | passive}}
```

其中的 port_channel_number 是以太通道编号,范围是从 1 到 6 的整数,这个编号只有本地有效,因此链路两端的编号可以不一样;后面的模式只能是 PAgP 或 LACP 中的某一个模式,通过模式参数,交换机将自动使用对应的协议。

2. 以太通道的移除

此操作在全局配置模式下通过 no 命令实现:

```
Switch(config)#no interface port-channel port_channel_number
```

其中的 port_channel_number 为前面所建立的以太通道编号。

3. 以太通道端口的移除

使用 interface 或 interface range 命令进入需要移除的端口,然后使用 no 命令移除,操作方法如下所示。

```
Switch(config)#interface fastEthernet 0/2             //进入 f0/2 的端口模式
Switch(config-if)#no channel-group                    //取消以太通道
```

计算机网络工程与实践

188

4. 以太通道的负载均衡

以太通道还具有负载均衡与线路冗余的作用。所谓负载均衡是指当交换机之间或交换机与服务器之间在进行通信时,以太通道的所有链路将同时参与数据的传输,从而使传输任务能在极短的时间完成,网络传输的效率更高,当部分以太通道的链路出现故障时,并不会导致通信连接的中断,其他链路将能够不受影响地正常工作,从而增强了网络的可靠性。

在全局配置模式下使用 port-channel 命令可以实现负载均衡:

```
Switch(config)#port-channel load-balance 参数
```

其中的参数可以是 dst-ip、src-ip、dst-mac、src-mac、src-dst-mac、src-dst-ip 等参数之一。表示负载均衡是基于进入分组的源、目的 IP/MAC 地址等信息进行链路资源的分配。

5. 三层以太通道的配置

思科的三层交换机除了可以实现二层以太通道外,还可以启用以太通道的三层功能。三层以太通道的配置方法与二层以太通道基本相同,主要的区别在于建立的以太通道中需要单独指定一个 IP 地址,通过此 IP 地址,三层以太通道可以运行路由协议,并转发 IP 分组。

下面以思科 3560 三层交换机为例,说明三层以太通道的建立方法。在默认情况下,三层交换机的所有端口默认都是二层端口,因此首先需要将三层交换机的二层端口改为三层端口,操作命令如下所示。

```
3560(config)#interface range fastEthernet 0/1 - 2    //进入需要配置以太通道的端口
3560(config-if-range)#no switchport                   //关闭端口的二层模式,即启用三层功能
```

然后再建立以太通道。

```
3560(config-if-range)#channel-group 1 mode desirable
3560(config-if-range)#exit
```

最后进入建立的以太通道的逻辑端口配置 IP 地址。

```
3560(config)#interface port-channel 1              //进入以太通道 1
3560(config-if)#ip address 100.1.1.1 255.255.255.0  //指定此通道的 IP 地址
```

6. 配置以太通道的注意事项

以太通道在应用中需要注意以下事项。

(1) 思科最多允许 EtherChannel 绑定 8 个端口;

(2) EtherChannel 不支持 10M 端口;

(3) EtherChannel 编号只在本地有效,链路两端的编号可以不一样;

(4) EtherChannel 默认使用 PAgP;

(5) EtherChannel 默认情况下是基于源 MAC 地址进行负载均衡;

(6) 一个 EtherChannel 内所有的端口都必须具有相同的端口速率和双工模式,而 LACP 只能是全双工模式;

(7) channel-group 逻辑端口会自动继承最小的物理端口或最先配置的端口的工作模式;

(8) 思科的三层交换机不仅可以支持第二层 EtherChannel,还可以支持第三层

EtherChannel，三层以太通道需要配置 IP 地址。

4.5.6　应用以太通道的案例

　　为了进一步说明以太通道在网络中的应用，本节使用 PT 模拟图 4.12 所示的网络拓扑，并通过此拓扑图介绍二层与三层以太通道的建立过程及其综合应用的方法。图 4.12 所示网络中：SW1 与 SW2 是三层交换机 3560、SW3 与 SW4 是二层交换机 2960；SW1 通过端口 f0/1、f0/2 分别连接服务器 Web1、Web2，通过端口 g0/1、g0/2 分别与 SW2 的端口 g0/1、g0/2 连接；SW2 通过端口 f0/1、f0/2 分别与 SW3 的端口 f0/23、f0/24 连接，通过端口 f0/3、f0/4 分别与 SW4 的端口 f0/23、f0/24 连接；Web1、Web2 的 IP 地址分别为 10.1.1.1～10.1.1.2/24，网关为 10.1.1.254/24；PC1～PC4 的 IP 地址分别为 20.1.1.1～20.1.1.4/24，网关为 20.1.1.254。

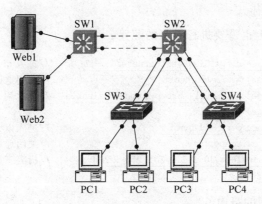

图 4.12　以太通道的综合应用

　　现在需要在 SW1 与 SW2 之间建立三层以太通道，通道两端的三层 IP 地址分别为 30.1.1.1/24 与 30.1.1.2/24；SW2 与 SW3 之间建立基于 PAgP 的二层以太通道；SW2 与 SW4 之间建立基于 LACP 的二层以太通道。

1. 配置逻辑网关

　　本例中，由于两个服务器的 IP 地址规划在同一个网络 10.1.1.0/24 中，因此这两个服务器需要使用相同的网关，即规划中的 10.1.1.254/24。同时这两个服务器通过两个端口连接了三层交换机 SW1，SW1 中的这两个端口若是使用三层模式，则这两个端口的网络 ID 必须不同，这显然与规划中要求具有相同网络 ID 的要求不符，因此这两个端口只能使用二层模式。服务器的网关只能通过三层交换机中的逻辑端口实现。通常使用逻辑 VLAN 1（即本征 VLAN）的端口作为逻辑网关，当然也可以像 4.4 节 VLAN 互访中使用其他 VLAN 作为逻辑网关也是可以的。本例使用 VLAN 1 作为服务器的逻辑网关，配置步骤如下所示。

```
SW1(config)# interface range fastEthernet 0/1 - 2      //配置服务器连接的交换机端口 f0/1、f0/2
SW1(config-if-range)# switchport access vlan 1         //指定这两个端口属于 VLAN 1
SW1(config-if-range)# switchport mode access           //指定这两个端口工作在二层 access 模式
SW1(config-if-range)# exit
SW1(config)# interface vlan 1                           //进入 VLAN 1 的逻辑端口
SW1(config-if)# ip address 10.1.1.254 255.255.255.0    //指定此逻辑端口的 IP 地址，即网关地址
```

```
SW1(config-if)#no shutdown                    //激活端口
SW1(config-if)#exit
```

2. 配置 SW1 与 SW2 之间的三层以太通道

以太网通道需要在两端分别进行配置,下面是三层交换机 SW1 的三层以太通道配置步骤。

```
SW1(config)#interface range GigabitEthernet0/1 - 2         //进入 g0/1、g0/2 端口模式
SW1(config-if-range)#no switchport                         //关闭这两个端口的二层交换功能
SW1(config-if-range)#channel-group 1 mode desirable        //将这两个端口加入以太通道 1 中
SW1(config-if-range)#exit
SW1(config)#interface port-channel 1                       //进入以太通道 1 的端口模式
SW1(config-if)#no switchport                               //关闭通道的二层交换功能
SW1(config-if)#ip address 30.1.1.1 255.255.255.0           //指定三层以太通道本端的 IP 地址
SW1(config-if)#exit
```

三层交换机 SW2 上也需要进行类似的配置。

```
SW2(config)#interface range GigabitEthernet0/1 - 2         //进入 g0/1、g0/2 端口模式
SW2(config-if-range)#no switchport                         //关闭这两个端口的二层交换功能
SW2(config-if-range)#channel-group 1 mode desirable        //将这两个端口加入以太通道 1 中
SW2(config-if-range)#exit
SW2(config)#interface port-channel 1                       //进入以太通道 1 的端口模式
SW2(config-if)#no switchport                               //关闭通道的二层交换功能
SW2(config-if)#ip address 30.1.1.2 255.255.255.0           //指定三层以太通道本端的 IP 地址
SW2(config-if)#exit
```

3. 启用三层交换机的路由

由于此网络拓扑规划中涉及多个不同的网段,因此路由是此例中必须配置的一个功能。路由属于网络层设备特有的功能,三层交换机与路由器均可完成路由功能。路由器的路由将在第 5 章介绍,本例将使用最基本的默认静态路由完成三层交换机的路由功能。具体的配置过程如下。

```
SW1(config)#ip routing                                //启用三层交换机 SW1 的路由功能
SW1(config)#ip route 0.0.0.0 0.0.0.0 30.1.1.2         //配置默认静态路由
//ip route 后的参数分别指定路由的目标网络 ID、对应的掩码、下一跳 IP 或本地转发端口
SW2(config)#ip routing                                //启用三层交换机 SW2 的路由功能
SW2(config)#ip route 0.0.0.0 0.0.0.0 30.1.1.1         //配置默认静态路由
SW2(config)#exit
SW2#ping 30.1.1.1                        //如果前面配置正确,则此时在 SW2 上将可以 ping 通对端
Type escape sequence to abort.
Sending 5, 100-byte ICMP Echos to30.1.1.1, timeout is 2 seconds:
!!!!!
Success rate is 100 percent (5/5), round-trip min/avg/max = 0/0/1 ms
```

4. 配置 SW2 与 SW3 之间的二层以太通道

二层以太通道需要在通道两端分别完成配置,先在三层交换机 SW2 上完成以下配置。

```
SW2#configure terminal
SW2(config)#interface range FastEthernet0/1 - 2        //进入 f0/1、f0/2 的端口模式
SW2(config-if-range)#switchport trunk encapsulation dot1q //指定 trunk 封装协议为 802.1q
```

```
SW2(config-if-range)#switchport mode trunk          //指定端口工作在二层的 trunk 模式
SW2(config-if-range)#channel-protocol pagp          //显式指定以太通道协议为 PAgP
SW2(config-if-range)#channel-group 2 mode desirable //建立通道 2 并指定模式为 desirable
SW2(config-if-range)#exit
SW2(config)#interface port-channel 2                //进入通道 2 的端口模式
SW2(config-if)#switchport trunk encapsulation dot1q //指定 trunk 封装协议为 802.1q
SW2(config-if)#switchport mode trunk                //指定端口工作在二层的 trunk 模式
SW2(config-if)#exit
```

二层交换机 SW3 需要完成以下配置。

```
SW3(config)#interface range FastEthernet0/23 - 24   //进入 f0/23、f0/24 的端口模式
SW3(config-if-range)#switchport mode trunk          //指定端口工作在二层的 trunk 模式
SW3(config-if-range)#channel-protocol pagp          //显式指定以太通道协议为 PAgP
SW3(config-if-range)#channel-group 1 mode desirable //建立通道 1 并指定模式为 desirable
SW3(config-if-range)#exit
SW3(config)#interface port-channel 1                //进入通道 1 的端口模式
SW3(config-if)#switchport mode trunk                //指定端口工作在二层的 trunk 模式
```

5. 配置 SW2 与 SW4 之间的二层以太通道

三层交换机 SW2 的配置如下。

```
SW2(config)#interface range FastEthernet0/3 - 4     //进入 f0/3、f0/4 的端口模式
SW2(config-if-range)#switchport trunk encapsulation dot1q //指定 trunk 封装协议为 802.1q
SW2(config-if-range)#switchport mode trunk          //指定端口工作在二层的 trunk 模式
SW2(config-if-range)#channel-protocol lacp          //显式指定以太通道协议为 LACP
SW2(config-if-range)#channel-group 3 mode active    //建立通道 3 并指定模式为 active
SW2(config-if-range)#exit
SW2(config)#interface port-channel 3                //进入通道 3 的端口模式
SW2(config-if)#switchport trunk encapsulation dot1q //指定 trunk 封装协议为 802.1q
SW2(config-if)#switchport mode trunk                //指定端口工作在二层的 trunk 模式
SW2(config-if)#exit
```

二层交换机 SW4 的配置如下。

```
SW4(config)#interface range FastEthernet0/23 - 24   //进入 f0/23、f0/24 的端口模式
SW4(config-if-range)#switchport mode trunk          //指定端口工作在二层的 trunk 模式
SW4(config-if-range)#channel-protocol lacp          //显式指定以太通道协议为 LACP
SW4(config-if-range)#channel-group 1 mode active    //建立通道 1 并指定模式为 active
SW4(config-if-range)#exit
SW4(config)#interface port-channel 1                //进入通道 1 的端口模式
SW4(config-if)#switchport mode trunk                //指定端口工作在二层的 trunk 模式
```

6. 配置 PC 的逻辑网关

网络规划中，4 个 PC 均在同一个网络 20.1.1.0/24 中，因此必须在三层交换机 SW2 中使用逻辑端口用做这 4 个 PC 的网关。本例中仍然使用 VLAN 1 作为逻辑网关。

```
SW2(config)#interface vlan1                          //进入 VLAN 1 的逻辑端口模式
SW2(config-if)#ip address 20.1.1.254 255.255.255.0  //配置 IP 地址用做 PC 的网关
SW2(config-if)#no shutdown                           //激活端口
```

7. 测试网络连通性

为了测试以上技术应用是否成功,需要在 PC 上进行 ping 测试。测试前需要完成各 PC 及服务器的 IP 地址参数配置,具体操作这里不再说明。PC1 进行测试的结果如下所示。

```
PC>ping 10.1.1.1
Pinging 10.1.1.1 with 32 bytes of data:
Reply from 10.1.1.1: bytes = 32 time = 1ms TTL = 126
Reply from 10.1.1.1: bytes = 32 time = 0ms TTL = 126
Reply from 10.1.1.1: bytes = 32 time = 1ms TTL = 126
Reply from 10.1.1.1: bytes = 32 time = 0ms TTL = 126
Ping statistics for 10.1.1.1:
    Packets: Sent = 4, Received = 4, Lost = 0 (0% loss),
Approximate round trip times in milli-seconds:
    Minimum = 0ms, Maximum = 1ms, Average = 0ms
```

在其他 PC 上进行 ping 测试也能得到以上结果,表明网络中的以太通道已经正确建立。

第5章　路由器及其配置

本章介绍企事业网络中路由器的基本知识及其相关的常规配置,主要内容包括路由器概述、路由器的基本配置与管理、静态与动态路由配置、热备份路由器协议及应用等。从入门的角度来说,读者在本章学习的重点是掌握路由器的基本使用,如路由器的基本配置与管理、静态路由配置等。

5.1　路由器概述

路由器在互联网中对网络之间的互联起到了非常重要的作用,通信子网中的异构网络之间多数是通过路由器实现互连。从理论上讲,路由器属于三层设备即网络层设备,它根据分组的目的 IP 地址选择本地端口进行分组的转发,但随着网络技术的不断发展与变迁,目前在网络工程实践中使用的某些路由器的功能实际上已经不仅局限于网络层,这些设备在实现网络层功能的同时,可能还具有一些高层(如传输层)的功能。在企事业网的工程应用中,由于以太网技术的成功,路由器上的复杂应用(如动态路由等)实际上已经使用得不多,很多以前在企事业网络边界路由器上实现的功能,现在要么使用其他设备实现,要么不建议使用(如 OSPF 动态路由等)。

5.1.1　路由器的组成

路由器的种类虽然众多,功能也多少不一,但一般都以网络层的路由功能为其核心功能,在学习路由器的路由功能前,需要大致了解路由器的物理组成。

路由器的物理组成与计算机硬件类似,具有自己的硬件及软件系统。与第 4 章介绍的交换机一样,思科为其路由器硬件配置了 IOS 操作系统;而硬件主要由处理器、内存、输入输出端口、控制端口等物理硬件和电路组成。

1. 路由器的处理器

路由器的 CPU 负责完成处理分组时所需的工作任务,例如协议转换、维护路由表、选择最佳路由和转发分组等。不同型号的路由器,其 CPU 的能力也不尽相同,路由器处理分组的速度在很大程度上取决于处理器的性能,当然路由器的处理器性能越强,其价格也越贵。

2. 路由器的内存

同第 4 章介绍的交换机一样,路由器也采用了 4 种不同类型的存储器,分别如下。

ROM(只读存储器):保存着路由器 IOS 操作系统的引导部分,此部分软件负责路由器的硬件诊断和系统引导,它是路由器的启动软件,负责使路由器进入正常的工作状态。

ROM 通常存放在一个或多个芯片上，或插接在路由器的主板上，其上的内容只能读取不能写入。

Flash RAM(闪存)：相当于计算机的硬盘，该存储器保存有 IOS 操作系统软件，此软件负责维持路由器的正常工作。当路由器中安装了闪存，则此存储器就是路由器 IOS 软件的默认位置。Flash 的内容可读写，即可以对 IOS 操作系统进行升级，其内容在系统断电后也不会丢失。

NVRAM(非易失性 RAM)：保存 IOS 在路由器启动时将要读入的启动配置数据。当路由器启动时，IOS 首先寻找此配置数据，若有配置数据，则将其加载到 RAM 中并运行其配置功能。NVRAM 的内容在系统断电后也不会丢失，因此在进行了设备的相关配置成功后，就应该将配置数据保存到此内存中。

RAM(随机存取内存)：主要存放 IOS 系统的路由表和缓冲数据(如运行配置数据等)，IOS 通过 RAM 满足其所有的常规存储需要。RAM 在路由器启动或断电时，内容会丢失。由于现场配置的参数均存储在 RAM 中，因此配置成功后一定要将 RAM 中的配置数据保存到 NVRAM 中。

路由器在启动时，首先运行 ROM 中的程序，进行系统自检及引导；然后加载 Flash 中的 IOS；IOS 启动成功后，在 NVRAM 中寻找配置数据，并将它装入到 RAM 中运行相关配置。

3. 路由器的物理端口

与以太网交换机不同的是路由器早期主要用于连接异构的网络，实现异构网络之间的互联，但是这些异构网络相互连接的标准各异，因此路由器的生产厂家为了保证路由器设备最大的适应能力，往往会为路由器设计种类众多的物理端口。但是对于企事业网络中使用的路由器而言，其使用的物理端口主要是以太网端口。简单来说，路由器上可使用的端口可以分为以下三大类。

1) 局域网使用的端口

AUI 端口：即粗缆口，用于连接早期 10Base-5 的以太网络。目前这种端口及其使用的同轴电缆在计算机网络中已经被淘汰，现今的路由器已经基本不提供此类端口。

RJ-45 端口：双绞线以太网端口，是企事业网路由器连接中较为常见的端口类型。路由器一般使用 Eth(有时简称 E)标识 10Base-T 端口即 10Mb/s 以太网端口；使用 FE 标识 100Base-TX 端口即 100Mb/s 以太网端口；使用 GE 标识 1000Base-TX 端口即 1000Mb/s 以太网端口。

SC 端口：光纤端口，用于连接快速以太网或千兆以太网交换机。一般使用"100b FX"标识 100Mb/s 以太网光纤端口；使用"1000b FX"标识 1000Mb/s 以太网光纤端口。

2) 广域网使用的端口

Serial 端口：高速同步串口，可用于连接 DDN、帧中继和 X.25 等网络，是早期互联网中路由器使用较多的端口类型。在网络工程应用中，Serial 端口主要出现在电信级网络中，现在的企事业网通常使用以太网光纤连接 ISP 的接入网，串口使用很少。

ASYNC 端口：同步/异步串口，用于早期互联网中 Modem 或 Modem 池的连接，可实现远程计算机通过公用电话网拨入网络。现在已经很少使用此类型的端口。

ISDN BRI 端口：ISDN 基本速率端口，路由器通过此端口可以使用 ISDN 线缆与互联网或其他远程网络进行连接,实现 128kb/s 的通信速率。ISDN 技术从 20 世纪末期开始,已经逐步被淘汰了,现在的网络工程中已经很难找到此端口的应用。

3）配置使用的端口

AUX 端口：该端口为异步端口,主要用于远程配置、拨号备份、Modem 连接,是配置路由器功能及参数的多个方式之一。

Console 端口：该端口为异步端口,主要连接终端或支持终端仿真程序计算机,用于在本地配置路由器功能及其参数。在网络工程应用中,网管第一次配置路由器时,必须通过 Console 端口进行首次配置。完成首次 Console 配置后,才可以使用其他方式(如 AUX 端口、Telnet 等)对设备进行后续配置。

5.1.2 路由器的选购

生产路由器的厂家众多,其生产的路由器型号也是五花八门,从家用的无线路由器到电信运营商使用的电信级路由器,其功能及价格也是千差万别。因此在网络工程应用中选购路由器时,必须明确两点：性能与预算。性能越强的路由器,其价格一般也越高；价格越低的路由器,其性能一般也越低。预算影响路由器性能的选择,而路由器的性能一般也决定了设备的大致预算经费。网管在选购路由器时,这两点是需要反复权衡的因素。原则上,网管在预算范围内应该尽可能选购性能更强的路由器,如果预算范围内无法找到符合网络性能要求的路由器,那么就必须重新预算。

当两个不同型号的路由器价格相当时,路由器所支持的网络标准、功能也基本相当,而具体的选择可以从以下几个性能指标来进行权衡。

1. 包转发率

也称为端口吞吐量,是指路由器在其端口进行的数据包转发能力,同时也是路由器综合性能的首要指标,其单位通常使用 PPS(Packet Percent Second,包每秒)来衡量,其中的 Packet 一般指 64B 大小的最小包。多数情况下,低端路由器的包转发率只有几 KPPS 到几十 KPPS,而高端路由器则能达到几十 MPPS 甚至上百 MPPS。如果是小型 LAN 内的办公用途,则建议选购包转发速率较低的低端路由器即可,但如果是大中型企事业网络中的应用,则要严格选择能够实现线速的路由器型号。

实现线速的前提是包转发率大于等于端口对应的最大包转发率,以 100Mb/s 的以太网端口为例,当计算包转发率的包是 64B 大小时,每个数据包要加上 8B 的帧头和 12B 的帧间隙,总共是 $64+8+12=84$B。

$$100\text{Mb/s 的以太网端口最大包转发率} = \frac{100\,000\,000(\text{b/s})}{84 \times 8(\text{b/packet})}$$

$$= 148\,809.5(\text{PPS})$$

$$\approx 0.1488\text{MPPS}$$

因此当路由器 100Mb/s 以太同网端口的包转发率大于等于上面的参数时,此以太网端口才能以线速的方式进行包的转发工作。

2. 背板带宽

背板指输入与输出端口间的物理通路,背板带宽是路由器的内部实现。传统路由器一般采用共享背板方式,但是作为高性能路由器如果也采用这种方式,则不可避免会遇到拥塞问题；其次也很难设计出高速的共享总线，所以现在高速路由器一般均采用可交换式背板的设计。背板带宽是背板的物理属性，其单位为 b/s，线速的背板带宽应该大于等于所有端口容量×端口数量之和的二倍。

3. 路由表能力

路由表能力是指路由表内所容纳路由表项数量的极限。路由器通常依靠所建立及维护的路由表来决定包的转发，因此该性能指标对于互联网中的电信级路由器而言，是非常重要的参数。但对于企事业网内的路由器而言，需要路由的网络并不太多，因此多数路由器均能满足此性能指标。

4. 支持的网管协议

在路由器里最为常用的网管协议就是 SNMP（Simple Network Management Protocol，简单网络管理协议）。SNMP 最初是由 IETF 的研究小组为了解决互联网路由器的管理问题而提出的协议，此协议提供了一种从网络上的设备中收集网络管理信息的方法，同时 SNMP 也可以为设备向网络管理工作站报告问题和错误。

5. 是否支持 VPN

VPN（Virtual Private Network，虚拟专用网络）协议可以通过特殊的加密通信协议在通过互联网连接起来的两个或多个企事业网分部之间建立虚拟的专有通信线路，使其安全性可以得到保证。VPN 技术原是路由器具有的重要功能之一，现在的路由器产品多数基本也都支持 VPN 功能，但是现在的企事业网络一般都将 VPN 技术应用在专业的防火墙硬件上。

6. 是否支持 QoS

QoS（Quality of Service，服务质量）是网络的一种安全机制和通信质量保证机制，也是用来解决网络延迟和阻塞等问题的一种技术，目前的路由器一般均支持 QoS。

7. 是否内置防火墙

防火墙是隔离本地和外部网络的一道防御系统，早期低端的路由器大多没有内置防火墙功能，而现在的路由器多数都支持防火墙功能，此功能可以有效地提高网络的安全性。只是路由器内置的防火墙在功能上要比专业防火墙的相对要弱些，如果预算经费允许，则一般建议使用专业的防火墙硬件实现防火墙的功能。

5.1.3　路由器的操作模式

与交换机的配置类似，第一次进行路由器的配置时，网管必须使用"超级终端"程序通过 Console 配置端口连接路由器的 IOS 操作系统。连接的细节可以参考 4.2 节的内容，本节只简要介绍路由器的操作模式，熟悉并掌握路由器操作模式的切换对于路由器的后续操作非常重要。

1. 用户模式

初次连接到路由器后看到的模式即是用户模式，其默认的 IOS 提示符为：

Router >

其中的 Router 表示路由器默认的主机名，>表示其后可以输入 IOS 命令。在该操作模式下只能运行少数查看、测试命令，不能对路由器进行配置。若要配置路由器，则必须继续使用 IOS 命令进入其他的操作模式。

2. 特权模式

在用户模式下输入 enable 命令可以进入特权模式，方法如下所示。

```
Router>enable
Router#
```

输入 enable 命令后出现的 Router# 是特权模式的 IOS 提示符，所有 IOS 提示符都由 IOS 系统自动显示，不需要也不能通过键盘输入。

进入特权模式后，操作用户可以查询路由器绝大多数的状态信息，并可以进行各种网络测试。只有进入特权模式后，才能使用相关的 IOS 命令进入其他可配置的操作模式。

3. 全局配置模式

在特权模式下输入 configure terminal 命令可以进入全局配置模式，方法如下。

```
Router#configure terminal
Router(config)#
```

同上一模式类似，下画线上是键盘输入的 IOS 操作命令，Router(config)# 是全局配置模式的 IOS 提示符。configure terminal 命令必须且只能在特权模式下输入，才能进入全局配置模式。全局配置模式下可以进行路由器大多数的配置，同时也是进入其他几个操作模式的前提。

4. 端口配置模式

在全局配置模式下使用 interface 命令可以进入到端口配置模式，使用的操作命令方式为：

```
Router(config)#interface 端口类型 端口编号
Router(config-if)#
```

其中的端口类型参数有 serial、ethernet、fastEthernet、gigabitEthernet 等，分别表示串口、10M 以太网端口、100M 快速以太网端口、1000M 千兆以太网端口；端口编号使用数字形式，具体数字需要查看具体设备的定义，一般从 0 开始编号，如 ethernet 0 表示第一个以太网端口。如果有多个模块，则数字编号中间会加/，如 serial 0/1 表示 slot0 插槽上的第二个串口。Router(config-if)# 是端口配置模式的 IOS 提示符。

在此模式中可以完成端口的各种配置，例如 IP 地址参数配置、端口描述信息配置等。

5. 路由配置模式

在全局配置模式下使用 router 命令可以进入路由配置模式，例如，进入 RIP 路由配置模式的命令为：

```
Router(config)#router rip
Router(config-router)#
```

上面显示的 Router(config-router)# 是路由配置模式的 IOS 提示符，router 命令后的 rip 参数表示进入的是动态路由协议 RIP 的路由配置模式，在后面的章节中将详细介绍相关的动态路由配置。

除了以上这几种操作模式外，路由器还有一些其他常用的操作模式，将在后续章节中陆续介绍。在进行操作模式的切换过程中，用户同样可以使用简化的命令或参数、使用 exit

等命令返回到上一级操作模式,这些操作方法可以参考 4.2 节中的详细介绍。

5.2 路由器的基本配置与管理

通过配置路由器可以实现众多不同的功能,一般可以将路由器的配置分为基本配置与高级配置两大类。基本配置是使路由器可以正常工作所必需的最小化配置,如配置主机名、登录密码配置、端口配置等;高级配置则是指使路由器完成网络工程最终目标的配置,如路由配置、访问控制列表配置等。

5.2.1 路由器的基本配置

路由器的基本配置大多与第 4 章交换机的基本配置类似,具体来说主要包括以下一些基本配置。

1. 配置主机名称

默认情况下,所有路由器的 IOS 提示符都使用 Router 作为主机名称,为了避免产生混淆,建议对不同的路由器使用不同的主机名称以示区别。配置主机名称需要在全局配置模式下使用 hostname 命令,例如,将主机名称修改为 caiwu 的用法如下所示。

```
Router(config)#hostname caiwu        //下画线为键盘输入
caiwu(config)#                        //IOS 自动显示的 IOS 提示符中,主机名称变为 caiwu 了
```

如果当前 IOS 提示符不是全局配置模式,则就需要使用 5.1 节介绍的方法,将操作模式切换到全局配置模式后,才能使用此命令。例如当前在用户模式下,那么就需要进行如下的操作步骤。

```
Router>enable                         //从用户模式进入特权模式
Router#conf t                         //从特权模式进入全局配置模式
Router(config)#hostname caiwu         //使用 hostname 命令将主机名称修改为 caiwu
caiwu(config)#                        //此行由 IOS 自动显示,表明主机名称是 caiwu
```

为了后续操作的方便,建议读者使用 hostname 命令将此路由器的主机名称改回到默认的名称 Router。

2. 配置路由器的密码

为了防止未授权用户对路由器进行操作或配置,在进行首次路由器配置时必须通过 IOS 操作系统设置密码,用于保护路由器不被未授权用户随意操作或配置。路由器上可配置的密码有三类:Console 密码,enable password/secret 密码,vty 密码。路由器在默认情况下,均未设置、使用这些密码。因此为了保护路由器的安全,在第一次配置路由器时就应该设置这些密码。这些密码的配置命令都需要首先进入 IOS 的全局配置模式,才能使用。其配置过程与方法同交换机是完全相同的,本节将不再重复介绍,读者可以参阅 4.2.4 节的介绍。

3. 配置路由器的端口

前面提到过,路由器的物理端口种类众多,不同类型的端口配置方法也各不相同。在目前的企事业网中,主要使用的端口是以太网端口与高速同步串口,这两个端口的基本配置大

同小异,主要包括端口速率、模式、描述、IP 地址参数等配置。

进行路由器端口的相关配置前,必须先进入路由器的端口操作模式。例如,现在需要进入路由器的端口 f0/1,则从特权模式开始,需要通过以下步骤完成配置。

```
Router#configure terminal                        //从特权模式进入全局配置模式
Router(config)#interface fastEthernet 0/1
//进入 fastEthernet 0/1 端口(简称 f0/1)的端口配置模式
Router(config-if)#                               //IOS 的端口模式提示符
```

有时为了简单起见,进入端口模式时,在不产生二义性问题的前提下可以使用简化的命令,例如:

```
Router(config)#int f0/1
```

如果路由器的多个端口需要配置相同的参数,那么在使用 interface 命令时,还可以引入 range 参数。若要同时对多个连续的端口配置相同参数,则可以在命令行中使用减号"一"进行表示;若要同时对不连续的多个端口进行相同配置,则需要在命令行中使用逗号","进行表示。

配置连续端口的操作过程如下所示:

```
Router(config)#interface range fastEthernet 0/1-2
//对从 f0/1 到 f0/2 的两个连续端口进行相同的配置
Router(config-if-range)#                         //多端口配置模式提示符
```

配置不连续端口的操作过程如下所示。

```
Router(config)#interface range fastEthernet 0/1,fastEthernet 0/3
//对不连续的端口 f0/1、f0/3 进行相同的配置
Router(config-if-range)#                         //多端口配置模式提示符
```

进行端口模式后,就可以进行端口速率、模式、描述、IP 参数等配置操作。这些操作主要涉及以下配置命令。

1) speed 命令

speed 命令用于设置以太网端口的速率,一般可以使用的参数分别为:10,100,1000,auto。其中的 auto 参数是路由器端口默认使用的 speed 参数,即所有端口均使用自动适应功能;前三个数字参数在实际应用中,由于端口类型的不同,speed 命令可能只支持某几个,具体支持的参数需要通过"speed ?"命令查看。例如,在思科 2960 路由器的端口模式中,查看的结果如下。

```
Router(config)#interface gigabitEthernet 0/1    //进入千兆端口 0/1 的端口模式
Router(config-if)#speed ?                        //查询 speed 命令可用的参数
    10      Force 10 Mbps operation
    100     Force 100 Mbps operation
    1000    Force 1000 Mbps operation
    auto    Enable AUTO speed configuration
Router(config-if)#speed 100                      //将端口速率手工设置为 100Mb/s
```

在这个例子中,由于使用的端口是一个千兆以太网端口,所以 speed 支持的参数是前三种速率都可以。如果进入的以太网端口是一个 100Mb/s 的端口,那么 speed 支持的速率就

只有两种：10 与 100。

2) duplex 命令

duplex 命令用于设置以太网端口的全双工、半双工模式。同 speed 命令类似，路由器的端口默认均使用 auto 参数。在需要的时候可以手工设置端口工作在全双工或半双工模式下。下面是 duplex 命令的使用过程。

```
Router(config)#interface fastEthernet 0/1          //进入快速以太网端口 0/1 的端口模式
Router(config-if)#duplex ?                         //在端口模式下查看 duplex 支持的模式
  auto   Enable AUTO duplex configuration
  full   Force full duplex operation
  half   Force half-duplex operation
Router(config-if)#duplex full                      //将此端口手工设置为全双工模式
```

这里需要强调的是路由器端口的速率、模式参数一般无须手动配置，通常情况下建议使用路由器默认的 auto 参数。一旦手工设置了某个端口的速率或模式，那么就必须在与此端口相连接的另一个设备的端口上配置相同的速率或模式，否则这两个端口之间很可能无法正常通信。

需要注意的是如果进入的端口是串口的端口模式，那么 IOS 将不提供 speed、duplex 命令。其原因是串口线路的速率是由串行线缆的 DCE 端时钟速率决定的，所以在串口的配置模式中，必须在其 DCE 端口完成时钟速率的配置。

3) clock rate 命令

clock rate 命令只用于串行线缆 DCE 端的串口配置，用于指定端口对应的时钟速率（即串行速率）。

例如，路由器串口 serial 0/0/1 为 DCE 端，设置其串行速率为 64kb/s 的方法如下。

```
Router(config)#interface serial 0/0/1           //进入串口 serial 0/0/1 的端口模式
Router(config-if)#clock rate 64000              //指定当前串行速率为 64kb/s
```

需要注意的是 clock rate 命令只在串口的 DCE 端配置才会起作用，如果在 DTE 端配置 clock rate 命令，则不会起任何作用。在以太网端口的端口模式下，IOS 不会提供 clock rate 命令。

4) description 命令

description 命令用于对选定的端口进行文字描述，通过这些描述信息可以帮助网管在今后了解此端口的作用及安排等信息。此命令设置的参数为描述性的文本信息，其设置内容对路由器的工作无任何影响。例如，需要对某个路由器的以太网端口进行描述，方便日后了解此端口的任务，可以使用以下过程实现。

```
Router(config)#interface fastEthernet 0/1       //进入端口模式
Router(config-if)#description this port will be connected to ComputerScience's Lay3Switch
//在端口模式下使用 description 命令描述该端口的用途等信息
Router(config-if)#end                           //直接回到特权模式
Router#show running-config                       //通过 show 命令查看运行的配置数据
…                                                //此处显示的内容省略
interface fastEthernet0/1
 description this port will be connected to ComputerScience's Lay3Switch
…                                                //之后显示的内容省略
```

在上面的操作过程中,通过 show 命令可以发现在端口 fastEthernet0/1 下保存有相关的描述信息:这个端口用于连接计算机学院的三层交换机。

5) ip address 命令

不同于交换机的二层端口,路由器的端口属于三层端口,此端口必须完成 IP 地址参数才能实现其端口的三层功能。此命令在配置时,其后必须使用两个参数,分别是 IP 地址及其对应的掩码。配置的步骤如下所示。

```
Router(config)♯ interface fastEthernet 0/1          //进入 f0/1 的端口配置模式
Router(config - if)♯ ip address 10.1.1.1 255.255.255.0    //指定 IP 地址与掩码
Router(config - if)♯ no shutdown                     //启用此端口
```

需要注意的是路由器端口在默认情况下是不工作的,因此在完成相关的基本配置后,必须使用 no shutdown 命令激活此端口,使之处于工作状态。反之,如果需要关闭路由器端口,则只需在其端口模式下使用 shutdown 命令。

4. 查看路由器的各种参数与状态

与交换机的配置相似,路由器完成配置后也经常需要进行各种参数及状态的检查,以确保配置的参数是成功、正确的。常用的检查命令是 show 命令,如果用户需要了解 show 命令可以使用的参数,则可以在特权模式下使用"show ?"命令获得 IOS 操作系统的详细帮助。下面是一些经常使用的 show 命令参数,初学者还是需要记忆并熟练掌握这些 show 命令的用法及功能。

```
show version              //查看路由器 IOS 软件的版本及硬件配置等信息
show flash                //查看路由器 Flash 闪存中的文件信息
show interface            //查看路由器端口及其状态信息
show ip interface brief   //查看路由器中基于 IP 的端口简要信息
show running - config     //查看路由器当前在 RAM 中运行的配置参数
show startup - config     //查看路由器在 NVRAM 中备份的配置参数
show ip route             //查看路由器当前使用的路由表信息
```

5.2.2 路由器的基本管理

路由器的基本管理主要包括路由器配置数据的备份与恢复、IOS 系统文件的备份与恢复、路由器密码的恢复等。

1. 配置数据的备份与恢复

路由器完成初次配置后,相关的配置参数将被保存在路由器的 RAM 存储器中。为了防止配置参数因设备断电而丢失,通常需要将 RAM 中的配置数据保存到其他地方进行备份。

配置数据的备份与恢复需要在特权模式下使用 copy 命令进行,copy 命令用于将路由器中的重要数据或文件复制到其他地方,如 LAN 中另一台计算机中。copy 命令备份与恢复的使用方法涉及以下几种情况。

1) 将 RAM 中的运行配置数据备份到 NVRAM 中

```
Router♯ copy running - config startup - config
//参数 running - config 对应 RAM,参数 startup - config 对应 NVRAM
```

路由器及其配置

```
Destination filename [startup - config]?          //回车使用默认名称
Building configuration...
[OK]
```

对路由器的配置操作成功后,一般都建议使用这种方式进行配置数据的备份。完成此操作后,即使路由器碰到断电或重启的情况,管理员也无须重新配置路由器。路由器在重新启动的过程中,会自动将备份在 NVRAM 中的配置数据加载到 RAM 中,并执行 RAM 中配置参数对应的功能。

2) 将 NVRAM 中备份的配置数据恢复到 RAM 中

```
Router # copy startup - config running - config
Destination filename [running - config]?          //回车使用默认名称
1086 bytes copied in 0.416 secs (2610 bytes/sec)
```

执行上面的 copy 命令后,NVRAM 中备份的配置数据将被复制到 RAM 中,并被立即执行。在对路由器进行现场配置时,若出现了严重错误,想要恢复到之前的启动配置参数,则可以使用此方式进行配置参数的立即恢复。

3) 将 RAM 当前运行的配置数据备份到其他计算机

在路由器中存储的数据,无论是在 RAM 还是在 NVRAM 中,都可能会因为黑客入侵等原因造成数据破坏或丢失。因此将路由器中的配置数据保存到其他计算机中,是一种更为安全可靠的做法。这种备份方式需要使用 TFTP 进行,路由器默认均可运行 TFTP 客户端命令,但在计算机中需要额外安装 TFTP 服务器软件,建议安装开源的 Tftpd32 软件,此软件会自动使用计算机的 IP 地址(如 10.1.1.100)作为 TFTP 服务器的 IP 地址,其他的 TFTP 客户端可以通过此 IP 地址访问该服务器。

假设 PC 已经安装 TFTP 服务器软件,其 IP 地址为 10.1.1.100,路由器某端口 IP 地址为 10.1.1.1,那么在路由器上可以通过以下步骤完成此备份操作。

```
Router # ping 10.1.1.100                           //测试路由器与 TFTP 服务器即 PC 是否连通
Type escape sequence to abort.
Sending 5, 100 - byte ICMP Echos to 10.1.1.100, timeout is 2 seconds:
!!!!!
Success rate is 100 percent (5/5), round - trip min/avg/max = 0/0/1 ms
//以上信息表明路由器与 10.1.1.100 是连通的
Router # copy running - config tftp:                //将 RAM 中的运行参数备份到 TFTP 服务器
Address or name of remote host [ ]?10.1.1.100      //运行有 TFTP 服务器软件的计算机 IP 地址
Destination filename [Router - config]?            //直接按回车键,使用默认的文件名称
Writing running - config...!!
[OK - 1086 bytes]
1086 bytes copied in 0.006 secs (181000 bytes/sec)
```

以上信息表明 copy 的备份操作成功,此时可以到运行 TFTP 服务器软件的计算机上查看,会发现 TFTP 服务器软件的当前目录中出现一个名称为 Router-config 的文件,此文件的内容即路由器当前 RAM 中运行的配置数据。

4) 将计算机中备份的配置数据恢复到 RAM 中

```
Router # copy tftp: running - config               //将 TFTP 服务器中的配置数据恢复到 RAM
Address or name of remote host [ ]?10.1.1.100      //指定 TFTP 服务器的 IP 地址
```

```
Source filename []?Router－config              //指定读取的文件名称为 Router－config
Destination filename [running－config]?        //直接回车,使用默认名称
Accessing tftp:                               //10.1.1.100/Router－config...
Loading Router－config from 10.1.1.100: !
[OK － 702 bytes]
702 bytes copied in 0 secs
Router#
```

2. IOS 操作系统的备份与恢复

思科路由器上的 IOS 操作系统通常以扩展名为. bin 的文件存放在路由器的 Flash 存储器中,为了能够在路由器出现严重故障时可以进行 IOS 操作系统的灾难恢复,一般在设备的初始配置时,就应该完成 IOS 操作系统的备份。IOS 操作系统的文件容量较大,其备份的目的位置通常是运行 TFTP 服务器软件的计算机。

1) 使用 TFTP 服务器备份 IOS 文件

```
Router#show flash:                            //查看路由器 Flash 中 IOS 系统的完整名称
System flash directory:
File    Length      Name/status
  3    50938004  c2800nm－advipservicesk9－mz.124－15.T1.bin
  2    28282      sigdef－category.xml
  1    227537     sigdef－default.xml
[51193823 bytes used, 12822561 available, 64016384 total]
63488K bytes of processor board System flash (Read/Write)
Router#copy flash: tftp:       //通过 copy 命令进行将 Flash 中的 IOS 文件备份到 TFTP 服务器
Source filename []?c2800nm－advipservicesk9－mz.124－15.T1.bin      //键盘输入 IOS 文件名
Address or name of remote host []?10.1.1.100     //键盘输入 TFTP 服务器 IP 地址
Destination filename [c2800nm－advipservicesk9－mz.124－15.T1.bin]?__   //直接回车使用默认
                                                                    //名称
Writingc2800nm－advipservicesk9－mz.124－15.T1.bin
!!!!!!!!!!!!!!!!!!!!!!!!!!!!!!!!!!!!!!!!!!!!!!!!!!!!!!!!!!!!!!!!!!!!!!!!!!!!!!!!!!!
[OK － 4414921 bytes]
4414921 bytes copied in 0.087 secs (1378778 bytes/sec)
```

以上信息表明 copy 命令执行备份操作成功,到计算机上查看 TFTP 服务器软件所在目录,将会发现一个与 IOS 同名的文件存在,这个文件即路由器上安装的 IOS 系统文件。

2) 使用 TFTP 服务器恢复或升级 IOS 系统

如果需要对路由器原有 IOS 进行系统升级或恢复原来备份的 IOS 系统,则可以使用下面的操作步骤进行升级或恢复。

```
Router#delete flash:                          //将 Flash 中原来存储的 IOS 文件删除
Delete filename []?c2800nm－advipservicesk9－mz.124－15.T1.bin      //输入要删除的文件名
Delete flash:/c2800nm－advipservicesk9－mz.124－15.T1.bin? [confirm]__  //直接回车确认删除
Router#copy tftp: flash:          //使用 copy 命令将 TFTP 服务器上的文件复制到 Flash 中
Address or name of remote host []?10.1.1.100     //输入 TFTP 服务器的 IP 地址
Source filename []?c2800nm－advipservicesk9－mz.151－4.M4.bin
//输入 TFTP 服务器上需要恢复或升级的新 IOS 文件名
Destination filename [c2800nm－advipservicesk9－mz.151－4.M4.bin]?    //直接回车使用默认文
                                                                  //件名
Accessing tftp://10.1.1.100/c2800nm－advipservicesk9－mz.151－4.M4.bin...
```

```
Loading c2800nm-advipservicesk9-mz.151-4.M4.bin from 10.1.1.100:
!!!!!!!!!!!!!!!!!!!!!!!!!!!!!!!!!!!!!!!!!!!!!!!!!!!!!!!!!!!!!!!!!!!!!!!!!!!!!!!!!!!!!!!!
!!!!!!!!!!!!!!!!!!!!!!!!!!!!!!!!!!!!!!!!!!!!!!!!!!!!!!!!!!!!!!!!!!!!!!!!!!!!!!!!!!!!!!!!
!!!!!!!!!!!!!!!!!!!!!!!!!!!!!!!!!!!!!!!!!!!!!!!!!!!!!!!!!!!!!!!!!!!!!!!!!!!!!!!!!!!!!!!!
!!!!!!!!!!!!!!!!!!!!!!!!!!!!!!!!!!!!!!!!!!!!!!!!!!!!!!!!!!!!!!!!!!!!!!!!!!!!!!!!!!!!!!!!
!!!!!!!!!!!!!!!!!!!!!!!!!!!!!!!!!!!!!!!!!!!!!!!!!!!!!!!!!!!!!!!!!!!!!!!!!!!!!!!!!!!!!
[OK - 33591768 bytes]
33591768 bytes copied in 0.562 secs (6275795 bytes/sec)
Router#reload                          //重新启动路由器
Proceed with reload? [confirm]         //直接回车确认
```

需要注意的是在完成 copy 命令的恢复或升级后,若要想让 IOS 立即生效,则一定要使用 reload 命令重启路由器。重新启动路由器后,通过 show version 命令可以查看路由器的 IOS 版本信息。

```
Router#show version                    //查看路由器当前的版本信息
Cisco IOS Software, 2800 Software (C2800NM-ADVIPSERVICESK9-M), Version 15.1(4)M4, RELEASE
SOFTWARE (fc1)
Technical Support: http://www.cisco.com/techsupport
Copyright (c) 1986-2012 by Cisco Systems, Inc.
…
```

上述信息(即 Version 15.1(4)M4)表明当前路由器的版本已经是 15.1(4)的新版本了。

3. 路由器的灾难恢复

在路由器的使用过程中,如果网络管理员遗忘了 enable secret 等密码或 IOS 系统出现严重问题无法启动,那么网管将无法访问路由器的 IOS 操作系统。此时路由器的灾难恢复操作就显得非常重要,网管必须熟练掌握每种设备的灾难恢复方法,以应对日益增加的网络设备故障问题。

不同的厂家或者即使是同一个厂家的不同产品,都可能存在着不同的灾难恢复方法,因此灾难恢复的过程与步骤最好是直接查看产品的使用手册或说明书等文档。本节以思科的 2811 型号路由器为例,介绍灾难恢复的一般方法与过程。

灾难恢复可以解决的问题主要有两类:一类是路由器的相关密码遗忘无法访问,另一类是路由器中的 IOS 操作系统出错无法启动。

(1)遗忘路由器密码的恢复操作。

① 使用 Console 线缆连接计算机的串口与路由器的 Console 端口。

② 打开计算机的超级终端程序,断开路由器的电源。

③ 打开路由器的电源,在路由器开机的前 60s 之内按住 Ctrl+Break 键。

④ 此时路由器将进入灾难恢复模式,计算机超级终端程序窗口中出现的 IOS 提示符为 rommon 1>,在此提示符后可按以下步骤完成路由器密码的重置并恢复原有配置数据。

```
rommon 1>confreg 0x2142
//修改路由器寄存器的值为 0x2142,此值表示路由器在启动时不会加载 NVRAM 中的配置数据
rommon 2>reset                         //重启路由器
```

重新启动路由器后,由于不再加载配置数据,因此 IOS 系统在启动成功后,会提示是否

进入 SETUP 配置对话框模式,此时输入 n：

```
                --- System Configuration Dialog ---
Continue with configuration dialog? [yes/no]:n  //输入 n,不进入对话框模式

Press RETURN to get started!

Router>enable                           //进入特权模式
Router#copy startup-config running-config
//将位于 NVRAM 中没有加载的配置数据加载到 RAM 中
Router#configure terminal               //进入全局配置模式
Router(config)#enable secret hbeu       //重新设置 enable secret 密码为 hbeu
Router(config)#line console 0           //进入 Console 的线路配置模式
Router(config-line)#password hbeu       //重新设置 Console 密码为 hbeu
Router(config-line)#login               //启用设置的密码
Router(config-line)#exit                //返回到上一级模式
Router(config)#config-register  0x2102  //重新设置路由器的寄存器值,恢复正常的 0x2102
Router(config)#exit                     //返回到上一级模式
Router#copy running-config startup-config//将重新配置的数据备份到 NVRAM 中
Destination filename [startup-config]?__ //直接回车使用默认名称
Building configuration...
[OK]
```

(2) 路由器 IOS 系统的灾难恢复。

如果路由器在 Flash 中存放的 IOS 操作系统丢失或无法正常启动,那么就必须使用下面的操作步骤完成 IOS 系统的灾难恢复：

① 使用交叉双绞线将 TFTP 服务器与路由器的第一个以太网端口进行连接。

② 将要恢复的 IOS 文件复制到 TFTP 服务器中,这里假设 IOS 文件名为 C2811.bin。

③ 使用 Console 线缆连接 TFTP 服务器的串口与路由器的 Console 端口,打开超级终端程序。

④ 启动路由器。若 IOS 丢失或出现严重故障,则路由器会自动进入到灾难恢复模式。此时超级终端程序中将出现灾难恢复模式的提示符 rommon 1>,在此提示符下执行下列操作可以恢复 IOS 系统。

```
rommon 1 > IP_ADDRESS = 10.1.1.1         //设置路由器 IP 地址
rommon 2 > IP_SUBNET_MASK = 255.255.255.0 //设置对应的掩码
rommon 3 > DEFAULT_GATEWAY = 10.1.1.1    //设置默认网关
rommon 4 > TFTP_SERVER = 10.1.1.100      //指定 TFTP 服务器的 IP 地址
rommon 5 > TFTP_FILE = C2811.bin         //指定 IOS 文件的名称
rommon 6 > tftpdnld                      //从 TFTP 服务器上下载 IOS 文件到路由器
        IP_ADDRESS: 10.1.1.1
     IP_SUBNET_MASK: 255.255.255.0
    DEFAULT_GATEWAY: 10.1.1.1
        TFTP_SERVER: 10.1.1.100
          TFTP_FILE: C2811.bin
Invoke this command for disaster recovery only.
WARNING: all existing data in all partitions on flash will be lost!

Do you wish to continue? y/n:  [n]:y     //警告信息提示,此时输入 y 继续
rommon7 > reset                          //重启路由器
```

重新启动后,如果 TFTP 服务器上的 IOS 操作系统文件没有问题,那么路由器将恢复正常工作。

在进入上述操作的过程中,需要特别注意的是上述命令必须严格区分大小写字母,且命令行中不能使用空格! 如果输入的命令存在问题,将不会出现最后的警告信息,此时网管需要根据路由器的提示信息重新输入上述命令,并再次运行 tftpdnld 命令。IOS 文件下载成功后,路由器会自动回到灾难恢复模式,此时需要使用 reset 命令来重启路由器,即可完成灾难恢复的任务。

5.2.3 路由器的基本配置案例

本节将以 PT 软件模拟图 5.1 所示的拓扑图为例,系统介绍路由器的基本配置。图 5.1 中路由器 R1 与 R2 之间通过 f0/1 端口相连,通过 f0/0 分别连接一个交换机构成的局域网,左边有 PC1、PC2,右边有 PC3、PC4。

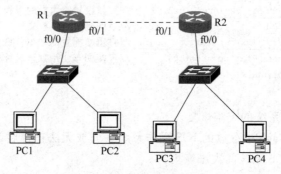

图 5.1 路由器的基本配置

其中的 IP 地址参数规划如下。

Router1 的 f0/1:192.168.1.1/24;f0/0:10.1.1.1/24。

Router2 的 f0/1:192.168.1.2/24;f0/0:10.1.2.1/24。

PC1 与 PC2 的 IP 地址分别为:10.1.1.2、10.1.1.3。

PC3 与 PC4 的 IP 地址分别为:10.1.2.2、10.1.2.3。

(1) 在路由器 R1 上配置 console 密码为 jkx,VTY 密码为 hbeu,enable password 密码为 jkx1,enable secret 密码为 jkx2。

```
Router#conf t                              //从特权模式进入全局配置模式
Router(config)#line console 0              //进入线路配置模式,配置 Console 密码
Router(config-line)#password jkx           //设置密码为 jkx
Router(config-line)#login                  //启用密码
Router(config-line)#exit                   //返回上一级工作模式
Router(config)#line vty 0 5                //进入线路配置模式,配置远程登录时的密码
Router(config-line)#password hbeu          //设置密码为 hbeu
Router(config-line)#login                  //启用密码
Router(config-line)#exit                   //返回上一级工作模式
Router(config)#enable password jkx1        //设置明文存储的 enable 密码为 jkx1
Router(config)#enable secret jkx2          //设置密文存储的 enable 密码为 jkx2
```

（2）在路由器 R1 上配置 f0/0 与 f0/1 端口的 IP 地址参数。

路由器的端口属于三层端口,路由器的路由工作必须使用其端口进行分组的转发。在端口上配置 IP 地址参数是路由器最基本的配置之一。

```
Router(config)＃interface f0/1                    //进入 f0/1 端口的配置模式
Router(config-if)＃ip address 192.168.1.1 255.255.255.0    //配置端口的 IP 地址与子网掩码
Router(config-if)＃no shutdown                    //激活此端口
Router(config-if)＃exit                           //返回上一级配置模式
Router(config)＃interface f0/0                    //进入 f0/0 端口的配置模式
Router(config-if)＃ip address 10.1.1.1 255.255.255.0      //配置端口的 IP 地址与子网掩码
Router(config-if)＃no shutdown                    //激活此端口
Router(config-if)＃exit                           //返回上一级配置模式
```

（3）在路由器 R2 上配置 f0/0 与 f0/1 端口的 IP 地址参数。

```
Router＃conf t                                    //进入全局配置模式
Router(config)＃interface f0/1                    //进入 f0/1 端口模式
Router(config-if)＃ip address 192.168.1.2 255.255.255.0    //配置当前端口的 IP 地址参数
Router(config-if)＃no shutdown                    //启用当前端口
Router(config-if)＃exit                           //返回到上一级工作模式
Router(config)＃interface f0/0                    //进入 f0/0 端口模式
Router(config-if)＃ip address 10.1.2.1 255.255.255.0      //配置当前端口的 IP 地址参数
Router(config-if)＃no shutdown                    //启用当前端口
Router(config-if)＃exit                           //返回到上一级工作模式
```

以上配置命令与路由器 R1 的作用是相同的,唯一的区别就是配置的 IP 地址参数不同。

（4）在 PC1 上配置其 IP 地址参数后,使用 ping 命令测试它可以和哪些路由器端口连通。

PC 的 IP 地址参数由其所在网段内的网关地址参数决定,主要包括:IP 地址、子网掩码、网关地址、DNS 地址 4 个参数。其中的子网掩码与网关地址必须与网关一致才可以使 PC 访问其他网段,IP 地址只需保证在当前网段内不重复即可,DNS 地址用于为 PC 进行域名解析服务。其配置过程属于简单配置,这里不进行介绍。

当配置完 PC1 的 IP 地址参数后,可以在 PC1 上使用 ping 命令测试其与路由器各端口的连通性,此时可以发现:PC1 可以 ping 通路由器 R1 的两个端口,但无法 ping 通路由器 R2 的两个端口。这两个端口的测试状态也是不同的,详细测试结果如下所示。

```
PC>ping 192.168.1.2                              //在 PC1 上测试与 R2 路由器的 f0/1 端口的连通性

Pinging 192.168.1.2 with 32 bytes of data:

Request timed out.                               //此信息表明查询请求超时
Request timed out.
Request timed out.
Request timed out.

Ping statistics for 192.168.1.2:
    Packets: Sent = 4, Received = 0, Lost = 4 (100% loss)...
```

路由器及其配置

上面的信息表明,PC1 发送出去的 ICMP Request 分组已经被发送出去,但并没有接收到 ICMP Reply 分组。如果使用 PT 软件的模拟模式,则会发现路由器 R1 已经将 ICMP Request 分组转发到路由器 R2,但 R2 并没有进行 ICMP Reply 操作,其原因在于路由器 R2 在进行 ICMP Reply 时,无法知道 PC1 的 IP 地址 10.1.1.2 对应的网段在哪里。因为此时两个路由器并没有配置任何的路由,路由器对于非本地的网络 ID 是无法知道其所在的位置,因此也就无法对此 ICMP Request 分组进行 Reply 操作。

```
PC>ping 10.1.2.1                        //从 PC1 测试与 R2 路由器端口 f0/0 的连通性

Pinging 10.1.2.1 with 32 bytes of data:

Reply from 10.1.1.1: Destination host unreachable.      //此信息表明目标主机不可达到
Reply from 10.1.1.1: Destination host unreachable.
Reply from 10.1.1.1: Destination host unreachable.
Reply from 10.1.1.1: Destination host unreachable.

Ping statistics for 10.1.2.1:
    Packets: Sent = 4, Received = 0, Lost = 4 (100 % loss)...
```

以上信息表明 PC1 所发出的 ICMP Request 分组并没有从路由器 R1 转发出去,PC1 的网关即路由器的 f0/0 端口 10.1.1.1 返回的信息说明路由器 R1 并不知道目标主机 10.1.2.1 在哪里,所以返回的信息是"目标主机不可达到"。其原因与前一个例子类似,由于在路由器 R1 上同样没有配置任何的路由,因此路由器 R1 也无从知道 10.1.2.1 所在网段在哪里,也就无法转发此分组。但是与上一个例子不同的是此例中,路由器 R1 没有转发任何分组出去,而在上一个例子中,路由器 R1 将分组已经转发出去了,只是路由器 R2 没有进行 Reply 操作而已。

由上面的例子不难发现,在没有配置路由的网络中路由器只能转发本地网络(即路由器端口对应的网络)的分组,任何非本地网络的分组均无法进行转发。路由的配置将在后续章节中详细介绍。

5.2.4 单臂路由实现 VLAN 互访的案例

在 4.4 节介绍 VLAN 的相互通信时,提到过 VLAN 互访可以通过两种方式实现,一种是 4.4.4 节介绍的三层交换机实现方式,另一种就是本节将要介绍的实现方式:通过路由器的路由实现不同 VLAN 之间的相互通信,这种方式也常被称为单臂路由。

通过 PT 软件模拟图 5.2 所示的网络拓扑,此图与 4.4.4 节中的图 4.9 非常类似:其中的 SW1 为二层交换机 2960,R1 为路由器 2811;R1 通过 f0/0 与 SW1 的 f0/1 连接;PC1、PC2 的 IP 地址分别为 192.168.2.11/24、192.168.3.12/24,它们的网关分别为 192.168.2.254、192.168.3.254。

假设 PC1 与 PC2 的 IP 地址参数都已经完成配置,并使用 4.4.4 节所介绍的方法将 PC1 划分到了 VLAN 2、PC 2 划分到了 VLAN 3 中,二层交换机 SW1 上的配置与 4.4.4 节中的配置完全相同,这里就不再重复介绍。现在要求使 PC1 与 PC2 这两个不同 VLAN 内的 PC 可以相互通信。

在完成了二层交换机 SW1 上的配置后,通过在路由器 R1 上配置单臂路由使两个不同

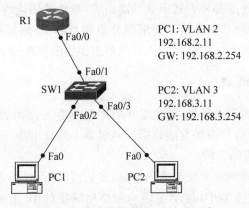

图 5.2　单臂路由实现 VLAN 互访

VLAN 内的 PC 实现相互通信,具体的配置过程如下。

```
R1(config)♯interface f0/0              //进入路由器的 f0/0 端口
R1(config-if)♯no ip address           //删除当前端口中可能存在的 IP 地址参数
R1(config-if)♯no shutdown             //启用当前端口
R1(config-if)♯interface f0/0.1        //创建并进入物理端口 f0/0 的逻辑子端口 f0/0.1
R1(config-subif)♯encapsulation dot1Q 2
//配置子端口封装的协议为 IEEE 802.1q,并指定封装来自 VLAN 2 的流量
R1(config-subif)♯ip address 192.168.2.254 255.255.255.0
//为当前子端口配置 IP 地址作为相应 VLAN 内的网关
R1(config-subif)♯exit                 //返回上一级工作模式
R1(config)♯interface f0/0.2           //创建并进行逻辑子端口 f0/0.2
R1(config-subif)♯encapsulation dot1Q 3   //封装 802.1q 协议,并指定封装来自 VLAN 3 的流量
R1(config-subif)♯ip address 192.168.3.254 255.255.255.0   //配置 IP 地址作为 VLAN 3 的网关
```

上述配置命令中,最核心的概念是逻辑子端口。逻辑子端口是一个路由器物理端口中的一个逻辑端口,路由器的单个物理端口可以通过上述方法(即 interface 命令)创建多个逻辑子端口,逻辑子端口的标识是在原来的物理端口后加“.”再加上数字,例如,“f0/0.1”为物理端口“f0/0”的一个逻辑子端口。每个逻辑子端口都是一个独立的三层端口,并被分配一个 IP 地址用于三层的路由。通过二层的封装协议 IEEE 802.1q,可以使每个逻辑子端口只封装一个特定 VLAN 的流量,从而在三层的逻辑子端口上实现不同 VLAN 之间的路由,即VLAN 的互访。

完成上述配置后,可以到 PC1 上测试与 PC2 的连通性。如果上述配置及 SW1 上的配置正确,那么此时在 PC1 上是可以 ping 通另一个 VLAN 中的 PC2,从而实现了两个不同VLAN 之间的相互通信。

5.3　静态路由及配置

路由器进行路由的依据是其自己形成的路由表,此路由表可以由网管手工配置,也可以通过动态路由协议自动生成,一般将手工配置路由的过程称为静态路由配置,由动态路由协议自动生成的路由称为动态路由;还有一种路由叫直连路由,是由路由器根据当前可用端

口直接生成的路由。无论是哪种方式形成的路由表,最终的用途均是用于告诉路由器,当某个分组到达路由器某个端口时,路由器将根据分组的目的 IP 地址查找路由表,并根据路由表查找结果进行分组的转发。本节将重点介绍静态路由及其配置方法。

5.3.1 路由表的组成

路由表是路由选择的重要依据,无论是手工配置的静态路由表还是动态协议自动生成的路由表,均是路由器进行分组转发的依据。路由器上的路由表一般由以下信息字段组成。

1. 目标网络地址/掩码字段

指定目标主机所处的网络地址与掩码信息,多数情况下,路由表的目标网络地址使用网络号,但在特定主机路由方案中,这个字段一般使用特定的 IP 地址,表明到一个具有特定 IP 地址的主机的路由。

2. 管理距离/度量数值字段

指定本条路由的管理距离(优先级)大小及到达目标所需的度量值(代价),对于直连路由一般没有使用这个字段。

3. 路由更新时间字段

指定上一次更新本路由信息后经过的时间,一般动态路由协议生成的路由中存在此字段信息,直连路由与静态路由项目中没有此字段信息。

4. 下一跳或转发端口字段

指定依据本路由项目出去的分组应该进行转发的下一跳 IP 地址,或者本地路由器转发的端口名称。下一跳的 IP 地址是本路由器对端的路由器端口 IP 地址,而转发端口是本地路由器自己的端口名称。

在思科路由器中查看路由表信息的命令是 show ip route,常见的路由器表如图 5.3 所示。

```
Router#show ip route
Codes: C - connected, S - static, I - IGRP, R - RIP, M - mobile, B - BGP
       D - EIGRP, EX - EIGRP external, O - OSPF, IA - OSPF inter area
       N1 - OSPF NSSA external type 1, N2 - OSPF NSSA external type 2
       E1 - OSPF external type 1, E2 - OSPF external type 2, E - EGP
       i - IS-IS, L1 - IS-IS level-1, L2 - IS-IS level-2, ia - IS-IS inter area
       * - candidate default, U - per-user static route, o - ODR
       P - periodic downloaded static route

Gateway of last resort is not set

C    192.168.1.0/24 is directly connected, Serial0/0/0
C    192.168.2.0/24 is directly connected, Serial0/0/1
S    192.168.3.0/24 [1/0] via 192.168.1.2
     192.168.4.0/24 is variably subnetted, 2 subnets, 2 masks
O       192.168.4.0/24 [110/65] via 192.168.1.2, 00:13:22, Serial0/0/0
S       192.168.4.110/32 is directly connected, Serial0/0/0
```

图 5.3　路由表的组成

图 5.3 的上半部分是路由来源代码的符号表,属于固定不变部分,每次运行 show ip route 命令都会显示这个上半部分信息,例如,C 代表直连路由、S 代表静态路由、R 代表动态路由协议 RIP 生成的路由、O 代表 OSPF 生成的路由等;下半部分是路由器当前的路由表信息,罗列出此路由器当前所有已经配置且运行的路由条目,查看路由表时主要是查看这

部分的信息。

图 5.3 的路由表信息表明：当前路由器有两条直连路由（C），即 S0/0/0 端口直接连接网络 192.168.1.0/24、S0/0/1 端口直接连接网络 192.168.2.0/24；有一条静态路由（S），即到网络 192.168.3.0/24 的分组通过下一跳 IP 地址为 192.168.1.2 的网关转发，此路由的管理距离为 1、度量为 0；有一条特定主机静态路由，即到主机 192.168.4.110/32 的分组通过本地端口 S0/0/0 转发；还有一条 OSPF 动态路由（O），即到网络 192.168.4.0/24 的分组通过下一跳 IP 为 192.168.1.2 的网关（或本地 S0/0/0 端口）转发，其管理距离为 110、度量值为 65，此路由更新信息已经过 13 分 22 秒时间。

5.3.2　路由决策的原则

在进行路由器的路由配置过程中，有时会出现到达某个目标网络会有多条路由的情况，此时路由器将根据路由决策的原则，从多条路由中选择某一条路由作为当前分组转发的依据。这些原则将按以下顺序依次进行选择。

1. 最长匹配原则

当有多条路由可以到达目标网络时，路由器将以其 IP 地址或网络 ID 最长匹配的路由作为最佳路由使用。例如，某路由器现在有 4 条路由均可到达 10.1.1.1 主机，分别如下。

```
R   10.1.1.1/32 [120/1] via 192.168.3.1, 00:00:01, Serial 0/0/1
R   10.1.1.0/24 [120/1] via 192.168.0.1, 00:00:12, Serial 0/0/2
R   10.1.0.0/16 [120/1] via 192.168.1.1, 00:00:21, Serial 0/0/0
R   10.0.0.0/8  [120/1] via 192.168.5.1, 00:00:11, Serial 0/1/1
```

则当前路由器将依据最长 IP 匹配原则使用第一条路由作为转发依据。

2. 最小管理距离优先

当多条路由中的目标网络具有相同匹配长度时，路由器将按照路由的管理距离选择最佳路由，管理距离数值越小、路由选择的优先级越大。管理距离用于表示路由可信度的大小，网络管理员可以配置管理距离的数值，也可以使用其默认数值。路由器常用的默认管理距离定义如表 5.1 所示。

表 5.1　路由常用的默认管理距离

路由信息来源	默认管理距离值	路由信息来源	默认管理距离值
直连路由	0	OSPF	110
静态路由（转发为本地端口）	0	IS-IS	115
静态路由（转发为下一跳 IP）	1	RIP	120
EIGRP	90	BGP	200
IGRP	100	未知	255

3. 度量值最小优先

当匹配长度与管理距离都相同时，路由器将比较路由的度量值，度量数值最小的路由将被选择为最佳路由。与前面两个决策不同的是，度量数值的意义在不同路由协议中可能具有完全不同的含义，例如在 RIP 中，度量标准是跳数，即经过的路由器个数；而在 OSPF 中这个度量可能表示端口的带宽；在有些协议中，这个度量数值还可能表示延时、负载、代价等。

5.3.3 配置静态路由的注意事项

1. 静态路由的使用环境

静态路由是必须由网络管理员手工配置的路由,此路由的特点是配置简单、路由器的开销较小,但不适合网络拓扑经常变动的网络。在中小型企事业网中,由于其拓扑结构一般会保持较长时间不变,因此一般情况下建议在这种网络环境中使用静态路由,这样可以在加强对网络控制的同时,减少路由器路由时的开销。如果一个网络的拓扑结构经常发生变化,那么无论网络的大小都应该使用动态路由进行路由的配置,但路由器进行动态路由的开销必然大于其使用静态路由时的开销。

在大型动态变化的网络中,有时也会考虑使用静态路由作为动态路由的一种补充,通过静态路由的配置,网管可以对网络的路由进行更强的控制,例如特定主机的路由。

如果某个网络属于接入层网络且只有一个网络出口,则建议使用静态路由。由于这种网络中的所有分组只能从一个特定的出口转发,因此边界路由器只需要使用一条静态路由就可以完成分组的转发。

2. 静态路由的配置

使用静态路由配置路由器时,一般按照以下步骤进行。

1) 配置路由器每个端口的 IP 地址参数

通过 interface 命令从全局配置模式进入端口配置模式后,使用 ip address 命令配置 IP 地址参数。需要注意的是路由器端口默认是没有激活启用的,在完成 IP 地址参数的配置后,一定要使用 no shutdown 激活此端口。

2) 确定网络中有哪些非直连网络

路由器本地端口连接的网络叫直接网络,所有其他没有与本路由器直接连接的网络都叫非直连网络。如果需要实现全网连通,则所有非直连的网络都必须对应一条静态路由配置的命令。

3) 使用 ip route 命令进行配置

使用 ip route 命令可以为每一个需要到达的非直连网络添加静态路由信息,根据网络的规划,确定需要为哪些非直连网络添加静态路由。添加的方法是在全局配置下使用 ip route 命令,其命令格式如下。

Router(config)# ip route 网络地址 对应网络掩码 下一跳 IP 或本地转发端口

其中,第一个参数网络地址是需要到达的目标网络 ID;第二个参数是第一个参数对应的掩码;第三个参数指定分组转发方式,有两种选择:使用 IP 地址或转发端口。其中,IP 地址参数是本地路由器对端的 IP 地址(也叫下一跳 IP 地址);转发端口参数为本地路由器自己本地端口的名称。

需要注意的是在点到点的网络环境中,无论是使用下一跳 IP 地址还是转发端口,其路由效果都是一样的,但是在广播网络环境(如以太网)中,这两种不同参数的效果是明显不同的:若使用转发端口,则每次路由时,路由器都会根据分组的目的 IP 地址在转发端口上触发一次 ARP 请求,查询相应 IP 地址应该对应的 MAC 地址,因此随着通信量的增加,这种 ARP 查询的流量必然会不断增加,给正常的网络通信带来很大影响;若使用下一跳 IP 地址时,则路由器只会在第一次路由时进行一次 ARP 请求,查询下一跳 IP 地址对应的 MAC 地址,并将这条记录保存到 ARP 缓存中,下次路由时就不会产生新的 ARP 请求了。因此在像以太网这样的广播网络环境中,应该使用下一跳 IP 地址来配置静态路由。

例如,配置通过本地端口 f0/0(IP 为 10.1.1.1)到非直连网络 192.168.1.0/24 的静态路由命令:

Router(config)# ip route 192.168.1.0 255.255.255.0 10.1.1.2

上述配置命令的最后参数 10.1.1.2 即下一跳 IP 地址,如果此参数使用 f0/0 端口名称替换,则路由器也能进行路由,但在网络工程中会出现上面提到的 ARP 异常流量的问题。这种问题在模拟实验中,由于数据量不大一般很难发现,但在网络工程实践中,通信流量一般都较大,此问题就会出现。

配置静态路由的过程中,若需要删除之前配置的静态路由,则可以在原静态路由命令前加 no 实现,例如:

Router(config)# no ip route 192.168.1.0 255.255.255.0 10.1.1.2

此命令用于删除之前配置的静态路由,此路由通过下一跳 10.1.1.2 到达目标网络 192.168.1.0/24。

3. 默认路由

静态路由中有一类特殊的路由叫默认路由,所谓默认路由是指路由器在路由表中若找不到到达目标网络的路由时,最后必须选择的一条路由。默认路由常用于存根网络(即只有一个出口的网络)中,也可以用于非存根网络中防止路由失败的应用,默认路由的配置格式如下。

Router(config)# ip route 0.0.0.0 0.0.0.0 下一跳 IP 地址或本地转发端口

上面的第一个 0.0.0. 表示任意的网络,第二个 0.0.0.0 表示任意的掩码,因此这两组 0.0.0.0 可以匹配所有的网络及 IP 地址,属于最不精确的匹配。

对于存根网络,在边界路由器上只需要配置这样一条默认路由,即可完成存根网络内所有到外网的路由需求;对于非存根网络,在路由器上配置默认路由,可以有效地防止路由器出现路由失败的情况。网络管理员配置路由时可能会出现遗漏非直连网络的情况,通过默认路由就可以保证网络中所有的分组都能被转发出去。

默认路由还有一种专门的配置命令,格式如下所示。

Router(config)# ip default - network network - number

上面命令中的 network-number 是指定作为默认路由的路由器端口所在的网络地址或子网络号。

4. 浮动静态路由

浮动静态路由是一种定义管理距离的静态路由。当两个路由器之间存在多条冗余链路时,可以通过浮动静态路由配置实现将其中一条链路作为主通信链路,其他链路作为备份链路。默认情况下,静态路由的管理距离为 0 或 1,通过配置有管理距离的静态路由可以为某条主通信链路做冗余备份,当主链路出现故障时,可以通过备份的链路完成路由。浮动静态路由在主链路正常工作的前提下不会出现在路由表中,只有当主链路出现故障、不能工作时,浮动静态路由才会出现在路由表中,起到路由作用。

图 5.4 中,路由器 R1 与 R2 之间通过 f0/0 与 f0/1 两个端口实现相互连接,路由器中的逻辑端口 loopback0 用于网络测试。现在计划将端口 f0/0 对应的链路作为主通信链路,端口 f0/1 对应的链路作为备份链路。假设图中各端口已经完成了 IP 地址参数的配置,进行浮动路由配置的过程如下。

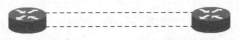

R1
f0/0: 10.1.1.1/24
f0/1: 10.1.2.1/24
loopback0: 1.1.1.1/24

R2
f0/0: 10.1.1.2/24
f0/1: 10.1.2.2/24
loopback0: 2.2.2.2/24

图 5.4　静态路由的冗余备份

(1) 路由器 R1 的路由配置:

R1(config)♯ip route 2.2.2.0 255.255.255.0 10.1.1.2
//指定到网络 2.2.2.0 的静态路由通过 10.1.1.2 转发,默认管理距离为 1
R1(config)♯ip route 2.2.2.0 255.255.255.0 10.1.2.2 10
//指定到网络 2.2.2.0 的浮动静态路由通过 10.1.2.2 转发,管理距离为 10

(2) 路由器 R2 的路由配置:

R2(config)♯ip route 1.1.1.0 255.255.255.0 10.1.1.1
//指定到网络 1.1.1.0 的静态路由通过 10.1.1.1 转发,默认管理距离为 1
R2(config)♯ip route 1.1.1.0 255.255.255.0 10.1.2.1 10
//指定到网络 1.1.1.0 的浮动静态路由通过 10.1.2.1 转发,管理距离为 10

完成以上配置后,当 f0/0 端口对应的链路工作正常时,在路由器 R1 上是查不到浮动静态路由的信息,通过 show 命令可以进行如下操作。

```
R1♯show ip route                              //查看当前的路由表
...                                           //省略路由代码信息
     1.0.0.0/24 is subnetted, 1 subnets
C        1.1.1.0 is directly connected, Loopback0
     2.0.0.0/24 is subnetted, 1 subnets
S        2.2.2.0 [1/0] via 10.1.1.2
     10.0.0.0/24 is subnetted, 2 subnets
C        10.1.1.0 is directly connected, FastEthernet0/0
C        10.1.2.0 is directly connected, FastEthernet0/1
```

此时可以发现:到网络 2.2.2.0 的静态路由通过 10.1.1.2 转发(此链路为主要的通信链路),其管理距离为 1,由于 f0/0 端口现在工作正常,因此此路由表中看不到上面配置的浮动静态路由。路由器 R2 中的路由表也是这种结果。

当路由器的端口 f0/0 出现故障或其对应的链路断开,则路由器 R1 与 R2 将根据前面配置的浮动静态路由进行新的路由。

```
R1(config)♯interface f0/0                     //进入主通信端口 f0/0
```

```
R1(config-if)#shutdown                    //关闭端口,模拟链路的故障
R1(config-if)#end
R1#show ip route                          //主通信端口关闭后,再次查看路由表
…                                         //此处省略路由代码信息
     1.0.0.0/24 is subnetted, 1 subnets
C        1.1.1.0 is directly connected, Loopback0
     2.0.0.0/24 is subnetted, 1 subnets
S        2.2.2.0 [10/0] via 10.1.2.2
     10.0.0.0/24 is subnetted, 1 subnets
C        10.1.2.0 is directly connected, FastEthernet0/1
```

通过上面的路由信息不难发现:路由器 R1 此时到网络 2.2.2.0 的静态路由是通过
10.1.2.2 转发的,管理距离是 10,即此时到网络 2.2.2.0 的路由是通过端口 f0/1 对应的链
路完成的。这条静态路由就是浮动静态路由! 当主通信链路 f0/0 出现故障后,路由器能够
立即启用浮动静态路由,通过备份的 f0/1 链路进行新的路由。路由器 R2 上的路由信息与
R1 是类似的,这里就不再重复介绍。

5. 有类与无类

由于历史的原因,IP 地址经历了从有类 IP 到无类 IP 发展的过程,对于有类路由而言,
所有网络地址都严格依据 A、B、C 等类别进行路由,此时路由信息中是不包括子网掩码信息
的,例如,网络 10.1.1.0/24 对于有类路由而言,就等同 10.0.0.0/8 网络;在无类路由中,
所有路由都必须携带掩码信息,网络地址由掩码决定,例如,在无类路由中 10.1.1.0/24 与
10.1.2.0/24 就是两个不同的网络,但在有类路由中,这两个网络都是 10.0.0.0/8。

现在的路由器一般都默认工作于无类路由方式即 ip classless,在无类路由方式下,所有
在路由表中找不到路由的分组都将通过默认路由转发。但是若关闭了无类路由方式(如早
期的路由器),则路由器不会为本地端口直连网络的子网使用默认路由。例如图 5.5 中,
路由器 R1 与 R2 通过 f0/0 相互连接,其网络 ID 为 192.168.1.0/24,两个路由器分别通过
f0/1 连接网络 10.1.1.0/24 与 10.1.2.0/24。

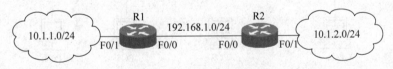

图 5.5 无类与有类路由的区别

在默认情况下,路由器使用无类路由方式,因此只要在路由器 R1 与 R2 上配置默认路
由即可使左右两个网络相互通信。但是当使用有类路由方式时,例如在路由器 R1 上配置:

```
R1(config)#no ip classless                //关闭无类路由,即启用有类路由
```

此时路由器 R1 中如果有分组需要转发到 10.1.2.0/24 网络,则路由器 R1 会认为
10.1.2.0/24 网络就是 10.0.0.0/8 网络,与本地端口 f0/1 的网络地址(也是 10.0.0.0/8)
是相同的,因此路由器 R1 会将分组转发到 f0/1 端口,认为这是一个直连路由,而不会将分
组转发到路由器 R2。

因此在现在的网络工程实践中,如果不是特殊的应用情况,则建议不要使用有类路由。
不仅静态路由存在这个问题,后面介绍的动态路由 RIP 中也会存在这个问题。

5.3.4 静态路由配置的案例

1. 5.2.3 节的例子

在 5.2.3 节的例子中由于没有配置路由,因此左右两个 LAN 之间无法相互通信。如果使用静态路由配置,则可使它们实现相互通信的需求,配置的方法如下。

在路由器 R1 上配置静态路由的命令为:

```
R1(config)#ip route 0.0.0.0 0.0.0.0 192.168.1.2
```

在路由器 R2 上配置静态路由的命令为:

```
R2(config)#ip route 0.0.0.0 0.0.0.0 192.168.1.1
```

完成上述配置后,可以通过 PC1 检测左右两个 LAN 间的连通性,此时 PC1 应该可以 ping 通 PC3 与 PC4。

2. 小型企事业网的静态路由应用

图 5.6 是通过 PT 软件模拟的一个中小型企事业网常见的拓扑结构。

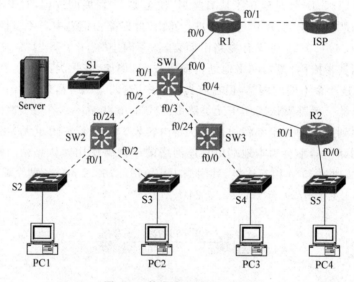

图 5.6 静态路由的应用案例

在此拓扑图中:边界路由器 R1 通过端口 f0/1 与 ISP 路由器连接、f0/0 与核心三层交换机 SW1 的 f0/0 端口相连,用于在内外网络之间进行路由及协议转换等工作;核心三层交换机 SW1 分别通过端口 f0/1 与二层交换机 S1 连接、f0/2 与三层交换机 SW2 的 f0/24 端口连接、f0/3 与三层交换机 SW3 的 f0/24 端口连接、f0/4 与路由器 R2 的 f0/1 端口连接,属于此网络的核心,主要负责内网各网段之间的数据转发工作;二层交换机 S1 连接一台服务器 Server,实际工程应用中可以通过 S1 连接多台服务器,从而形成一个服务器集群的网段,因此 S1 需要直接以最大的速率接入核心三层交换机 SW1;三层交换机 SW2 与 SW3 属于汇聚层设备,用于将接入层的流量汇聚到核心三层交换机 SW1,其中,SW2 分别通过端口 f0/1、f0/2 连接接入层交换机 S2 与 S3,SW3 通过 f0/0 连接接入层交换机 S4;路由器 R2 通过端口 f0/0 连接到接入层交换机 S5,S5 所形成的网段属于存根网络;交换机 S1 到 S5 均为二层交换机,用于连接接入层中的 PC 或服务器。

图 5.6 所示的拓扑结构是非常普遍的网络逻辑拓扑图,在不同的企事业网中,可以根据网段流量的大小进行网络的扩展,如果网段流量较大,则建议通过汇聚层设备汇聚后再接入 SW1,例如,交换机 S2、S3 形成的网段就是通过汇聚设备 SW2 接入核心层交换机 SW1;如果网段流量较小,则建议通过路由器接入核心层交换机,例如交换机 S5 形成的网段,通过路由器 R2 而不是通过交换机 S5 直接接入核心层交换机 SW1 的一个好处在于路由器 R2 上可以很方便实现 NAT 技术(此技术在第 6 章介绍),从而可以保护 S5 网段内的 PC 不被其他网段的 PC 攻击,NAT 技术也可以在三层交换机 SW1 配置,但这样会增加核心层的三层交换机 SW1 的负担,所以一般不建议这么设计。

网管在完成网络拓扑设计后的第一项工作就是进行 IP 地址分配,在图 5.6 所示的网络拓扑中进行 IP 地址规划时,一般建议在内网尽可能使用 RFC 1918 文档建议的私有 IP 地址,外网的 IP 地址一般由 ISP 分配。为了路由配置的方便,如果没有特殊理由,现在的 IP 规划全部建议使用无类 IP 地址分配。如果必须使用有类 IP 地址分配,则必须注意前面所提到的注意问题。

按照无类 IP 地址的设计,将此网络的 IP 地址规划为:路由器 R1 与 SW1 相接网段为 172.16.0.0/24;S1 所在网段为 172.16.1.0/24;SW1 与 SW2 之间的网段为 172.16.2.0/24;SW1 与 SW3 之间的网段为 172.16.3.0/24;SW1 与 R2 之间的网段为 172.16.4.0/24;S2 所在网段为 172.16.5.0/24;S3 所在网段为 172.16.6.0/24;S4 所在网段为 172.16.7.0/24;S5 所在网段为 172.16.8.0/24;所有三层交换机的端口均作为三层端口使用。

通过上述 IP 规划不难发现,内部各网段全部基于 B 类私有 IP 地址 172.16.0.0/16 的划分,且所有网段全部采用 24 位掩码,全部使用同一个主类 IP 进行划分的好处在于:可以在边界路由器 R1 上进行静态路由的汇总。如果各网段使用不同的主类 IP,则在 R1 上就需要配置多条到达不同网络的静态路由。

为简单起见,本例假设所有设备端口的 IP 地址参数均已经完成了配置。为了使网络内外相互连通,则必须进行路由的配置,本节只介绍静态路由的配置步骤,至于各设备的端口 IP 参数配置,请参看前面章节的介绍。

1) 边界路由器 R1

```
R1(config)# ip route 0.0.0.0 0.0.0.0 f0/1    //转发到外网的默认静态路由
R1(config)# ip route 172.16.0.0 255.255.0.0 f0/0   //指定到内网的静态路由,此路由为汇总后
                                                    //的路由
```

注意第二条路由的网络号与掩码是 172.16.0.0/16,之所以这样配置是因为内网所有网段全是基于此网络进行的划分,因此可以进行如此的路由汇总配置。如果在前面划分 IP 时,各网段的网络地址对应的主网络各不相同,那么此时就必须分别通过 ip route 命令一个个配置静态路由。

2) 路由器 R2

```
R2(config)# ip route 0.0.0.0 0.0.0.0 f0/1
```

R2 所连接的网段是标准的存根网络,只需这一条默认静态路由即可。

3）三层交换机 SW1

```
SW1(config)# ip routing                          //启用路由功能,三层交换机默认工作于二层模式
SW1(config)# ip route 0.0.0.0 0.0.0.0 f0/24      //转发到外网的默认静态路由
SW1(config)# ip route 172.16.5.0 255.255.255.0 f0/2
SW1(config)# ip route 172.16.6.0 255.255.255.0 f0/2
SW1(config)# ip route 172.16.7.0 255.255.255.0 f0/3
SW1(config)# ip route 172.16.8.0 255.255.255.0 f0/4
```

上面最后的 4 条静态路由命令分别对应 4 个非直接网段,如果需要保证全网连通,则所有非直连网段都必须使用 ip route 命令进行配置,而本地直连网络则不需要配置静态路由。

4）三层交换机 SW2

```
SW2(config)# ip routing
SW2(config)# ip route 0.0.0.0 0.0.0.0 f0/24
```

三层交换机 SW2 虽然存在多个路由端口,但从功能上来讲,SW2 下面所连接的 S2 与 S3 网段仍然属于存根网络,因此使用一条默认静态路由即可完成其所有路由需求。

三层交换机 SW3 的静态路由配置与 SW2 类似,这里就不重复介绍了。

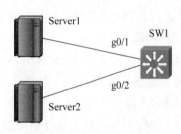

图 5.7　少量服务器的接入方法

对于核心三层交换机 SW1 而言,其主要作用是负责内部各网段之间的数据交换,服务器 Server 所在的网段是内部其他网段访问最多的网段,为了提高服务器的通信效率,交换机 S1 一般会使用千兆以太网端口与 SW1 的千兆端口连接。如果企事业网中的服务器不多、只有若干台,为了进一步提高服务器通信效率,可以将服务器直接接入核心三层交换机 SW1。如图 5.7 所示,三层交换机 SW1 通过千兆以太网端口 g0/1 与 g0/2 分别连接两台服务器 Server1 与 Server2 的千兆以太网端口。

在图 5.7 所示的拓扑中,将三层交换机 SW1 的端口 g0/1 与 g0/2 配置于二层模式,不再使用三层工作模式。此时可以在 SW1 中启用默认 VLAN 1 作为两台服务器的逻辑网关。配置方法如下。

1）三层交换机 SW1

```
SW1(config)# interface range g0/1 - 2        //同时配置 g0/1,g0/2 两个端口
SW1(config-if-range)# switchport             //启用端口的二层功能
SW1(config-if-range)# switchport access vlan 1   //划分端口到 VLAN 1 中
SW1(config-if-range)# switchport mode access     //配置端口的工作模式为 access
SW1(config-if-range)# exit                   //返回到上一级工作模式
SW1(config)# interface vlan 1                //进入逻辑端口 VLAN 1
SW1(config-if)# ip address 172.16.1.254 255.255.255.0 //配置 IP 地址作为 VLAN 1 网段的网关
SW1(config-if)# no shutdown                  //启用端口
SW1(config-if)# exit
```

2）服务器的 IP 规划

两台服务器可以使用 172.16.1.254/24 作为其网关,服务器 Server1 使用 IP 为 172.16.1.1/24、Server2 使用 IP 为 172.16.1.2/24。

这种配置方法相比图 5.6 而言,最大的好处是服务器的流量不再经过二层交换机转发,而是以二层的方式直接进入三层交换机 SW1,其通信效率更高;其缺点是连接的服务器个数不能太多,不然三层交换机的端口可能不够用。

5.4 动态路由协议 RIP

静态路由的配置必须通过网管手工进行配置,但是如果网络拓扑经常动态变化,那么网管手工修改静态路由的配置过程将是非常繁杂且没有效率的工作。因此当网络的拓扑很难在一个时期内稳定时,网管就必须使用效率更高的动态路由协议来完成路由选择的任务。

动态路由是指路由器能够根据配置的路由协议自动地建立路由表的过程,在建立路由表的过程中,动态路由协议可以根据实际情况的变化适时调整路由表的结果。动态路由主要依赖于两个基本功能:对路由表的维护和路由器之间适时的路由信息交换。

动态路由协议有很多种,但最简单的分类方法是依据自治系统的分类。自治系统(Autonomous System,AS)是一个有权自主决定在本系统内采用何种路由协议的网络,这个 AS 可以是一个简单的小网络,也可以是一个 ISP 控制的广域网。自治系统内使用的路由协议称为内部网关协议,例如 RIP、OSPF、IS-IS、IGRP、EIGRP 等;而自治系统之间使用的路由协议称为外部网关协议,例如 BGP 等。在网络工程的应用中,使用得较多的动态路由协议是 RIP 与 OSPF,本节重点介绍 RIP 与 OSPF 协议;BGP 主要用于不同 ISP 所控制的广域网之间路由,本教材不做介绍。

5.4.1 RIP 概述

1. RIP 的版本

路由信息协议(Routing Information Protocol,RIP)是一种基于距离矢量算法的路由协议,以跳数(每经过一个路由器称为一跳)作为路由选择的依据,跳数最小的路由就是最好的路由。在 RIP 中,路由器与它直连网络的跳数被定义为 0,每经过一台路由器,路由的跳数就加 1。为限制路由收敛的时间,RIP 同时规定任何一条路由的总跳数为 0~15 之间的整数,任何路由的总跳数若大于或等于 16,将被定义为无穷大即目的网络或主机不可到达。正是由于这个限制,RIP 不适合用于大型网络的动态路由。

RIP 目前主要包括两个版本:RIPv1 和 RIPv2,还有一个 RIPng 版本用于 IPv6 网络,本节重点介绍 RIPv1 与 RIPv2 协议。RIPv1 是有类的路由协议,协议报文中不携带掩码信息,因此不支持 VLSM 及不连续子网,RIPv1 只支持以广播方式发布协议报文;RIPv2 支持 VLSM 与不连续子网,属于无类的路由协议,支持明文认证或 MD5 认证,使用组播(224.0.0.9)发布协议报文。两个版本都具备下面的特征。

(1) 以到达目的网络的最小跳数为路由度量标准;

(2) 最大跳数为 15 跳;

(3) 默认路由更新周期为 30s,并使用 UDP 520 端口;

(4) 管理默认距离为 120;

(5) 支持等价路径。

由于 RIPv2 是 RIPv1 的升级版本,因此在条件允许的情况下,建议使用 RIPv2 路由协议。

2. RIP 的运行过程

（1）RIP 启动时，首先初始化 RIP 数据库，此时数据库仅包含本路由器声明的直连路由；

（2）启动后，RIP 向各个接口通过广播或组播发送一个 RIP 请求（request）报文；

（3）邻居路由器从某个接口收到 request 后，根据自己的数据库形成 RIP 更新报文，并向该端口对应的网络广播或组播；

（4）接收到邻居路由器回复的 update 后，重新生成自己的数据库。

在上述过程中，需要注意的是 RIP 度量路由好坏的依据是跳数，最大有效跳数为 15，16 跳表示网络不可到达，同时 RIP 依赖三种定时器维护数据库的更新：更新定时器为 30s，每隔 30s 向相邻路由器进行一次路由更新；路由失效定时为 180s，若 180s 都没有收到相邻路由器的更新报文，则标记此路由失效（设置跳数为 16）；清除路由定时为 240s，若 240s 都没收到相邻路由器的更新报文，则删除此路由项。

以图 5.8 所示的网络拓扑为例，图中 4 个网络 10.0.0.0、20.0.0.0、30.0.0.0、40.0.0.0 分别通过路由器 R1、R2、R3 的 f0 与 f1 端口相互连接。路由器下方的表格为其各自对应的路由表，这些路由表均是 RIP 路由协议稳定之后的结果。现在以其中的路由器 R1 为例，说明其路由表中各项目的由来。

图 5.8　RIP 路由示例

（1）当路由器 R1 中的 RIP 初始化成功完成后，R1 的路由表中将只有两项直连路由，即目的网络为 10.0.0.0 与 20.0.0.0 的两个路由项目。

（2）当路由器 R2 通过广播或组播更新 RIP 报文（包括 10.0.0.0、20.0.0.0、30.0.0.0 与 40.0.0.0 这 4 条路由信息）时，R1 将会收到此路由更新信息，并将此路由更新信息中的所有路由项目的跳数加 1、修改转发端口为接收更新报文的端口即 f1 端口。4 条路由项目被修改后的结果如下。

    10.0.0.0 f1 2、20.0.0.0 f1 1、30.0.0.0 f1 1、40.0.0.0 f1 2

（3）路由器 R1 将上一步修改后的结果与自己的路由表进行比较，若自己的路由表中没有路由更新信息中的目的网络，则加入相应的路由项目（如 30.0.0.0 与 40.0.0.0 对应的路由项目）；若自己的路由表中存在路由信息中的目的网络（如 10.0.0.0、20.0.0.0 两个路由项目），则比较项目后的跳数，并取跳数最小的项目。在此例中，路由器 R1 原有路由表的跳数（为 0）更小，因此目的网络为 10.0.0.0 与 20.0.0.0 的两个路由项目不进行更新。

当网络一切正常时，上述路由器经过一段时间后均将得到一个稳定且正确的路由表，如图 5.8 所示的路由表就是最后正确的路由表。

RIP 路由的更新规则可以归纳如下。

（1）如果更新的某路由表项在路由表中没有，则直接在路由表中添加该路由表项；

（2）如果路由表中已有相同目的网络的路由表项，且转发端口相同，那么无条件根据最新的路由信息更新其路由表；

（3）如果路由表中已有相同目的网络的路由表项，但转发端口不同，则要比较它们的度量值，将度量值较小的一个作为自己的路由表项；

（4）如果路由表中已有相同目的网络的路由表项，且度量值相等，保留原来的路由表项。

3. 路由环路

RIP 通过定期（默认是 30s）发送路由信息来交换网络拓扑信息，但是每个路由器启动 RIP 的时间不可能做到同步，因此在网络中运行 RIP 的路由器不可能全部同时进行路由表的更新，这样就会出现一些不协调或矛盾的路由信息，并最终导致产生路由环路的问题。

为了说明路由环路的影响，还是以图 5.8 为例，假设当网络收敛后的某个时刻，网络 40.0.0.0 出现故障、不能连通。此时路由器 R3 将最先发现此问题，并将路由表中的 40.0.0.0 路由项删除，路由器 R3 可以通过更新报文立即告知相邻路由器 R2，R2 也可以将网络 40.0.0.0 的路由项目删除；但路由器 R1 并不会立即知道此事，因为存在这样一种可能性：R1 在 R2 发送路由更新报文给 R1 之前，可能会先向路由器 R2 发送了自己的路由信息（其中有 40.0.0.0 可到达的路由信息），根据前面所介绍的 RIP 工作过程，此时路由器 R2 将会错误地认为原来不可到达的网络 40.0.0.0 现在可以通过路由器 R1 到达，并将此错误的路由项目加入到自己的路由表，即增加一条路由信息为 40.0.0.0 F0 3；事情至此并没有结束，当路由器 R2 的下一个路由更新时间 30s 到来时，路由器 R2 同样会将此路由信息通告相邻的路由器 R3，让路由器 R3 错误地认为，现在通过路由器 R2 可以达到网络 40.0.0.0，此时被更新的路由信息为 40.0.0.0 F0 4；同样的道理，当路由器 R3 的路由更新时间到来后，路由器 R3 也会反过来向路由器 R2 发送这条错误信息，当 R2 收到此条信息后，将更新此条路由信息为 40.0.0.0 F1 5；以此类推，整个网络中的路由器都将循环发送这条错误的路由信息，直至跳数累加到 16 时才明白，网络 40.0.0.0 是不可到达的。这些循环的路由更新信息必将造成网络资源的严重浪费。

目前对 RIP 可能出现路由环路问题的解决办法，大致有以下措施。

1）水平分割

水平分割（Split Horizon）的原理：路由器从某个端口接收到的更新信息不允许再从这个端口发送回去，此方法能够阻止路由环路的产生，同时减少路由更新信息占用的带宽资源。在上面的例子中，当 R2 路由器从路由器 R3 学习了网络 40.0.0.0 的路由后，将不再向路由器 R3 发送有关 40.0.0.0 网络的路由信息。因此当网络 40.0.0.0 出现故障后，路由器 R3 可以向路由器 R2 更新此信息，但路由器 R2 将不能向路由器 R3 发送有关网络 40.0.0.0 的路由信息，同样，路由器 R2 可以向路由器 R1 发送路由更新信息，但路由器 R1 不能向 R2 发送网络 30.0.0.0、40.0.0.0 的路由信息，因为这些路由项目都是 R2 告诉它的。

2）路由中毒

将不可到达网络的路由跳数设置为无穷大即 16，而不是从路由表中删除路由项，并向所有相邻路由器发送此路由信息的过程被称为路由中毒（Route Poisoning）。例如，当路由器 R3 发现网络 40.0.0.0 不可到达后，便将其对应的路由项中的跳数设置为 16，并向相邻路由器 R2 通告，路由器 R2 收到后，同样会将此毒化的路由信息中的跳数设置为 16，并向相邻的路由器 R1 通告，从而在网络中避免了路由环路的出现。

3）毒性逆转

当路由器收到某个网络的路由跳数为 16 时，将发送一个叫做毒化逆转（Poison Reverse）的更新信息给其相邻路由器，例如，路由器 R2 收到路由器 R3 的路由更新信息说网络 40.0.0.0 不可到达时，路由器 R2 将向路由器 R3 发送毒化逆转的更新信息给路由器 R3，强化网络 40.0.0.0 不可到达。

4）触发更新

当路由表发生变化时，更新报文立即广播或组播给相邻的所有路由器，而不是等待 30s 的更新周期。同样，当一个路由器刚启动 RIP 时，它广播或组播请求报文后，收到此报文的相邻路由器立即应答一个更新报文，而不必等到下一个更新周期。这样网络拓扑的变化会最快地在网络上传播，减少了路由循环产生的可能性。

5）抑制计时

如果一条路由更新的跳数大于路由表已记录的该路由的跳数，那么将会引起该路由进入长达 180s（即 6 个路由更新周期）的抑制状态阶段。在抑制计时器超时前，路由器不再接收关于这条路由的更新信息。这种方法的好处是抑制计时器可以有效地防止一条链路忽通忽断而导致整个网络内的路由器的路由表跟着它不停改变的现象，这种现象也称做路由抖动。

4. RIP 中使用的计时器

RIP 在工作过程中，共使用了 5 种不同作用的计时器。

1）更新计时器

用于设置定期发送更新报文的时间间隔，一般默认为 30s。

2）无效计时器

针对路由表中的特定路由项目的计时器，路由器每收到一条路由就把无效计时器置为 0，也就是说路由器每隔无效计时器规定的时间内必须收到该路由项的更新报文。如果无效计时器超时后仍没有收到更新报文，那么路由器就认为该路由项的目的网络不可到达，并向所有接口广播或组播不可到达的更新报文。无效计时器默认为 180s，在此时间内若收到此路由的更新信息，就将无效计时器重新置为 0。

3）抑制计时器

此计时器用于设置路由信息更新被抑制的时间，当路由器收到某条路由信息是不可到达后，将进入此路由的抑制更新期，在抑制期间，路由器将一直保持此路由不可到达的状态，直至出现一个更好路由的更新信息出现。此时间一般默认为 180s。

4）废除计时器

用于设置某条路由变成无效路由后将它删除的时间间隔，默认为 240s。此时间内若没有收到更新报文，那么该路由项目将被直接删除；若此时间内收到此路由更新的报文，那么该路由项的废除计时器被重新置 0。

5）触发更新计时器

使用在触发更新中的一种计时器,路由器使用 1~5s 的随机值来进行触发更新操作,使用随机值的目的是避免触发更新风暴。

可以使用 IOS 命令设置 4 个计时器的默认值:

```
Router(config - router)♯ timer basic 30 180 200 250
```

上述命令用于将 RIP 路由的更新、无效、抑制、废除计时器的默认值依次设置为 30s、180s、200s、250s。虽然可以通过上述命令修改这些计时器的默认值,但一般不建议这么做,因为同一个网络中所有路由器的计时器默认值一般应该相同,如果修改了一个设备的默认值,就意味着其他所有设备都要进行配置。

5.4.2 RIP 的基本配置

图 5.9 描述了两个路由器 R1 与 R2 通过 f0/0 端口相互连接,通过 f0/1 端口分别连接两个以太网,PC1 与 PC2 用于连通性测试,路由器 R2 还定义了两个环回测试端口 loopback0 与 loopback1。现在可以通过模拟软件 PT 完成图 5.9 所示网络的 RIP 配置。

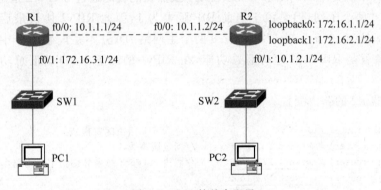

图 5.9　RIP 的基本配置

仔细观察图 5.9 中的 IP 地址规划,不难发现此网络使用了 10.0.0.0/8 及 172.16.0.0/16 两个主网络的子网。路由器 R1 连接两个子网 10.1.1.0/24 与 172.16.3.0/24,路由器 R2 连接两个物理子网 10.1.1.0/24 与 10.1.2.0/24、两个逻辑子网 172.16.1.0/24 与 172.16.2.0/24。假设路由器各端口及 PC1、PC2 都已经完成 IP 地址参数配置。进行 RIP 配置的大致过程如下所示。

1. 使用 RIPv1 进行路由配置

1）路由器 R1 的路由配置

```
R1(config)♯ router rip                        //进入 RIP 的配置模式
R1(config - router)♯ version 1                //设置 RIP 当前的版本为 1,若不指定则默认使用版本 1
R1(config - router)♯ network 10.1.1.0         //通过 network 命令指定参与路由更新的网络 ID
R1(config - router)♯ network 172.16.3.0       //这两条命令指定 10.1.1.0 与 172.16.3.0 参与路由更新
R1(config - router)♯ end
R1♯ show ip protocols                         //查看当前配置的动态路由协议的细节
Routing Protocol is "rip"
```

```
Sending updates every 30 seconds, next due in 13 seconds
Invalid after 180 seconds, hold down 180, flushed after 240
Outgoing update filter list for all interfaces is not set
Incoming update filter list for all interfaces is not set
Redistributing: rip
Default version control: send version 1, receive 1
    Interface          Send  Recv  Triggered RIP  Key-chain
    FastEthernet0/0     1     1
    FastEthernet0/1     1     1
Automatic network summarization is in effect
Maximum path: 4
Routing for Networks:                        //注意下面显示的网络 ID 并不是前面命令配置的子网
    10.0.0.0
    172.16.0.0
Passive Interface(s):
Routing Information Sources:
    Gateway          Distance      Last Update
Distance: (default is 120)
R1#
```

在上述 show 命令显示的结果中可以发现：虽然在配置时通过 network 指定了 10.1.1.0 与 172.16.3.0 两个子网，但是由于当前 RIP 版本为 1，因此 RIPv1 协议最后进行路由更新的网络号却是 10.0.0.0 与 172.16.0.0 两个主网络 ID，并不是配置命令中指定的子网 ID。这个现象就是 RIPv1 的自动汇总功能，在 RIPv1 的配置中，自动汇总功能是不能取消的。

2）路由器 R2 的路由配置

```
R2(config)#router rip                        //进入 RIP 路由配置模式
R2(config-router)#version 1                  //指定版本为 1
R2(config-router)#network 172.16.1.0         //通过 network 命令分别指定参与路由的 4 个网络 ID
R2(config-router)#network 172.16.2.0
R2(config-router)#network 10.1.1.0
R2(config-router)#network 10.1.2.0
R2(config-router)#end
R2#show ip protocols                         //查看当前运行的动态路由协议细节
Routing Protocol is "rip"
Sending updates every 30 seconds, next due in 4 seconds
Invalid after 180 seconds, hold down 180, flushed after 240
Outgoing update filter list for all interfaces is not set
Incoming update filter list for all interfaces is not set
Redistributing: rip
Default version control: send version 1, receive 1
    Interface          Send  Recv  Triggered RIP  Key-chain
    Loopback0           1     1
    Loopback1           1     1
    FastEthernet0/0     1     1
    FastEthernet0/1     1     1
Automatic network summarization is in effect
Maximum path: 4
Routing for Networks:                        //前面 network 命令指定的 4 个子网被自动汇总为两条主网络
```

```
       10.0.0.0
       172.16.0.0
Passive Interface(s):
Routing Information Sources:
     Gateway          Distance        Last Update
Distance: (default is 120)
R2♯
```

在 show 命令的细节中，可以发现 RIPv1 进行路由的网络 ID 是 10.0.0.0 与 172.16.0.0 两个主网络，而不是前面 network 命令指定的 4 个子网 ID，路由器 R2 的 RIPv1 同样进行了路由的自动汇总。

3）测试连通性

此时在 PC1 上通过 ping 命令测试网络的连通性，可以发现 PC1 是不能 ping 通 PC2 的。通过在路由器 R1 与 R2 上运行 show ip route 命令查看它们的路由表，将会发现 R2 上根本就没有形成 RIP 路由，而路由器 R1 上却意外生成了一条 RIP 路由。

```
R1♯ show ip route                              //查看路由器 R1 的路由
...                                            //路由代码信息在此省略
Gateway of last resort is not set
      10.0.0.0/24 is subnetted, 2 subnets
C        10.1.1.0 is directly connected, FastEthernet0/0
R        10.1.2.0 [120/1] via 10.1.1.2, 00:00:21, FastEthernet0/0
      172.16.0.0/24 is subnetted, 1 subnets
C        172.16.3.0 is directly connected, FastEthernet0/1
```

路由器 R1 的路由表中除了两个直连路由（代码为 C 的项目）外，还有一条 RIP 生成的路由：

```
R        10.1.2.0 [120/1] via 10.1.1.2, 00:00:21, FastEthernet0/0
```

这条路由告诉路由器 R1，到网络 10.1.2.0 可以通过下一跳 10.1.1.2 转发，跳数为 1、管理距离为 120。如果想要了解这条路由的由来，可以在 R1 上启用 debug ip rip 命令：

```
R1♯ debug ip rip                               //开启 RIP 的调试功能
```

当 RIP 的调试功能开启后，RIP 相互通告的信息将直接出现在控制台中：

```
R1♯RIP: sending  v1 update to 255.255.255.255 via FastEthernet0/0 (10.1.1.1)
RIP: build update entries
     network 172.16.0.0 metric 1
RIP: sending   v1 update to 255.255.255.255 via FastEthernet0/1 (172.16.3.1)
RIP: build update entries
     network 10.0.0.0 metric 1
RIP: received v1 update from 10.1.1.2 on FastEthernet0/0
     10.1.2.0 in 1 hops
     172.16.0.0 in 1 hops
```

以上信息表明 RIP 通过本地两个端口使用广播地址 255.255.255.255 分别通告了 172.16.0.0 与 10.0.0.0 两个网络，并从 f0/0 端口接收到了两个路由信息，分别是 10.1.2.0

路由器及其配置

与172.16.0.0网络。由此可见,路由器R2通告的路由信息中,网络10.1.2.0并没有被自动汇总为10.0.0.0。

出现这个现象的原因在于RIPv1进行路由信息发送与接收时,还需要根据具体情况进行不同的处理。

2. RIPv1发送/接收路由信息的详细过程

1) RIPv1发送路由信息的原则

(1) 如果将要发送的路由与路由端口不属于同一主类网络,则发送主类路由信息出去。

(2) 如果将要发送的路由与路由端口属于同一主类网络,又分为以下三种情况。

① 这条路由的子网掩码与路由端口的子网掩码相同,则发送具有子网的路由信息出去;

② 这条路由的子网掩码与路由端口的子网掩码不同,则不发路由信息;

③ 这条路由是32位的特定主机路由,则该路由信息会从路由端口发送出去。

2) RIPv1接收路由信息的原则

(1) 如果收到的路由信息与接收路由信息的端口不属于同一个主类网络,则又有以下两种情况。

① 若此时自己的路由表中没有收到的这条路由对应主类路由的任何子网路由,则就将这个路由的主类路由写进路由表;

② 若此时自己的路由表中有收到这条路由对应主类路由的其中一条子网路由(注意:不是主网路由,若是主网路由,则负载均衡),则这条路由不被接收。

(2) 如果收到的路由与接收路由信息的端口属于同一主类网络,就以此端口的子网掩码去匹配,这又分为以下两种情况。

① 如果匹配时发现主机位有1,则将其作为特定主机路由放入路由表;

② 如果匹配时主机位没有1,即主机位全为0,则会以接收端口的子网掩码来标记该路由。

若要了解上述过程的细节,可以在路由器R2上打开其调试功能:

```
R2♯debug ip rip                          //开启路由器R2的RIP调试功能
R2♯RIP: sending  v1 update to 255.255.255.255 via Loopback0 (172.16.1.1)
RIP: build update entries
      network 10.0.0.0 metric 1
      network 172.16.2.0 metric 1
RIP: sending  v1 update to 255.255.255.255 via Loopback1 (172.16.2.1)
RIP: build update entries
      network 10.0.0.0 metric 1
      network 172.16.1.0 metric 1
RIP: sending  v1 update to 255.255.255.255 via FastEthernet0/0 (10.1.1.2)
RIP: build update entries
      network 10.1.2.0 metric 1
      network 172.16.0.0 metric 1
RIP: sending  v1 update to 255.255.255.255 via FastEthernet0/1 (10.1.2.1)
RIP: build update entries
      network 10.1.1.0 metric 1
      network 172.16.0.0 metric 1
```

```
RIP: received v1 update from 10.1.1.1 on FastEthernet0/0
    172.16.0.0 in 1 hops
```

上述信息表明路由器 R2 的 RIPv1 在 loopback0 上发送的路由信息中,网络号分别是 10.0.0.0 与 172.16.2.0。路由器 R2 的本地直连网络有 10.0.0.0 的两个子网 10.1.1.0 与 10.1.2.0,但在 loopback0(网络为 172.16.1.0)上发送时,由于两者的主网络不同,因此路由器 R2 的两个子网汇总为主类网络 10.0.0.0 进行发送;直连网络 172.16.2.0 的主网络与 loopback0 的主网络都是 172.16.0.0,因此需要比较 172.16.2.0 网络与 172.16.1.0 网络的子网掩码,根据拓扑设计的结果,这两个网络的掩码是相同的,所以在 loopback0 端口上发送的路由信息就是包含子网信息的网络 172.16.2.0,而不是 172.16.0.0。loopback1 端口上发送的路由信息结果与 loopback0 的分析是一样的,这里不再重复说明。

路由器 R2 在 f0/0 端口(网络为 10.1.1.0)发送的路由信息中,网络号分别为 10.1.2.0 与 172.16.0.0。网络 10.1.2.0 是路由器 R2 的本地直连网络,在 f0/0 端口进行路由发送时,两者的主网络都是 10.0.0.0,因此需要进一步比较两者的掩码,根据拓扑设计的结果,f0/0 端口与 10.1.2.0 网络的掩码长度都是 24,所以 f0/0 端口发送的路由信息就是包含子网信息的网络 10.1.2.0;本地直连网络 172.16.1.0 与 172.16.2.0 的主网络 172.16.0.0 与路由信息发送端口 f0/0 的主网络 10.0.0.0 是不同的主网络,因此这两条子网被汇总为主网络 172.16.0.0 进行发送。F0/1 端口的路由信息发送情况与 f0/0 类似,这里也不再重复介绍。

上述信息的最后还表明路由器 R2 从 f0/0 端口接收到一条路由信息,其网络号为 172.16.0.0。这条信息明显来自路由器 R1,即路由器 R1 发送的路由信息只有这一条,路由器 R1 的本地直连网络为 172.16.3.0,在路由器 R1 端口 f0/0(网络为 10.1.1.0)进行发送时,根据上面介绍的原则,这两者的主网络不同,因此路由器 R1 在端口 f0/0 发送 172.16.3.0 的主网络号 172.16.0.0;虽然路由器 R2 收到了 R1 发来的路由,但这条路由中的网络 172.16.0.0 在路由器 R2 的本地路由中已经存多条子网路由,如直连网络 172.16.1.0 的路由项,因此路由器 R1 发来的路由并不会对 R2 产生任何作用,R1 的这条路由信息被 R2 丢弃了,所以在路由器 R2 中没能形成 RIP 路由项目。

最后注意观察路由器 R1 的 RIP 调试信息,会发现路由器 R1 通过端口 f0/0 接收到了两条路由信息,其中的网络分别为 10.1.2.0 与 172.16.0.0。当 R1 接收到 10.1.2.0 的路由信息时,发现 10.1.2.0 与此路由进入的端口 f0/0(网络为 10.1.1.0/24)的主网络相同,因此会使用端口的掩码长度 24 去匹配接收到的网络 10.1.2.0,此时主机位为 0,所以路由器 R1 会以掩码长度 24 去标记 10.1.2.0 网络为一条新的 RIP 路由,即路由器 R1 学习到了一条到网络 10.1.2.0/24 的 RIP 路由。

3. 使用 RIPv2 进行路由配置

在 RIPv1 的实验中可以发现:由于网络拓扑中存在不连续子网的分配,RIPv1 在图 5.9 中并没能实现 PC1 与 PC2 的相互连通。这里仍然使用图 5.9 所示的网络进行 RIPv2 的路由配置。

1) 路由器 R1 的 RIPv2 配置

```
R1(config)#router rip              //进入 RIP 的路由配置模式
R1(config-router)#version 2        //指定使用 RIPv2 版本
```

```
R1(config－router)＃network 10.1.1.0        //配置参与路由更新的网络 ID 为 10.1.1.0
R1(config－router)＃network 172.16.3.0       //配置参与路由更新的网络 ID 为 172.16.3.0
```

2）路由器 R2 的 RIPv2 配置

```
R2(config)＃router rip                      //进入 RIP 的路由配置模式
R2(config－router)＃version 2               //指定使用 RIPv2 版本
R2(config－router)＃network 10.1.1.0        //配置参与路由更新的网络 ID 为 10.1.1.0
R2(config－router)＃network 172.16.1.0       //配置参与路由更新的网络 ID 为 172.16.1.0
R2(config－router)＃network 172.16.2.0       //配置参与路由更新的网络 ID 为 172.16.2.0
R2(config－router)＃network 10.1.2.0        //配置参与路由更新的网络 ID 为 10.1.2.0
```

完成以上配置,待 RIP 稳定后,可以到 PC1 上使用 ping 命令测试与 PC2 的连通性,此时应该发现在 PC1 上现在可以 ping 通 PC2。

但是使用 debug ip rip 命令查看 RIPv2 的路由信息会发现:RIPv2 使用组播地址 224.0.0.9 进行路由信息的通告,RIPv2 发送与接收的路由信息中,网络号虽然附上了掩码信息,但有些子网仍然不是 24 位的掩码。出现这个现象的原因是由 RIP 默认运行的自动汇总功能造成的;仔细观察前面 debug 信息还可以发现,路由器 R1 与 R2 分别在 f0/1 端口进行了路由通告,但 f0/1 端口连接的是以太网,以太网中没有任何可路由设备,这种路由通告只会造成带宽资源的浪费。要解决以上这些问题,就必须了解 RIP 的特殊配置。

5.4.3　RIP 的特殊配置

1. 自动汇总

RIP 默认具有在网络边界对主类网络的路由信息进行自动汇总的功能,当一个路由器具有不同主类的网络端口时,此路由器就会被 RIP 认定为网络边界路由器,在进行路由信息通告时,会自动进行汇总。RIPv1 的自动汇总功能是不能关闭的,而 RIPv2 的自动汇总功能是可以通过命令关闭的。

例如,在配置 RIPv2 过程中,如果希望 RIP 通告的路由信息更加具体,则可以通过命令关闭其自动汇总功能,配置的方式如下。

```
R1(config)＃router rip
R1(config－router)＃version 2
R1(config－router)＃no auto－summary      //关闭路由器 R1 的路由自动汇总功能
R2(config)＃router rip
R2(config－router)＃version 2
R2(config－router)＃no auto－summary      //关闭路由器 R2 的路由自动汇总功能
```

完成上述配置之后,再到路由器上通过 show ip route 命令查看 RIP 的路由结果,就可以发现路由信息更加具体,全部都是 24 位掩码的 RIP 路由项目。

2. 被动接口与单播更新

被动接口是一种基于以太网端口的功能,在路由器的以太网端口配置此功能后,路由器将不再向此端口所在的网络发送路由更新等信息,但被动接口仍然可以接收其他路由器发送的路由更新信息。

在 5.4.2 节的例子中,可以配置 f0/1 端口为被动接口,以减少路由器在以太网中不必要的 RIP 路由更新流量:

```
R1(config)♯router rip
R1(config-router)♯passive-interface fastEthernet 0/1    //配置以太网端口 f0/1 为 RIP 的被
                                                        //动接口
```

一旦配置了被动接口,则此端口只能接收路由更新信息而不能发送路由更新信息,但是可以通过定义单播更新,指定被动接口对某一特定路由器发送路由更新信息。这种单播更新不仅可以用于以太网接口,还可以用在 NBMA 网络(非广播多路访问,如帧中继)中。由于非广播网络默认是不能发送广播或组播数据的,因此如果此时使用 RIP 这类通过广播或组播通告路由信息的协议就会出现问题。为了解决此类问题,就必须使用单播更新向每一个需要路由更新信息的相邻路由器发送路由更新。

这里以图 5.10 所示的网络拓扑为例,说明被动接口与单播更新的配置方法及作用。

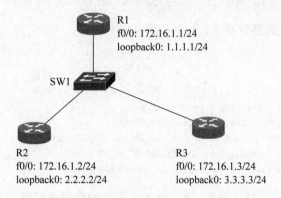

图 5.10   RIP 的被动接口与单播更新

在图 5.10 中,路由器 R1、R2、R3 通过 f0/0 分别与以太网交换机 SW1 相连,每个路由器各自定义了一个逻辑端口 loopback0 用于进行路由的测试。假设各端口 IP 地址参数均已完成配置,现在需要进行 RIPv2 的路由配置。

1) 三个路由器的 RIPv2 配置

```
R1(config)♯router rip
R1(config-router)♯version 2
R1(config-router)♯network 1.1.1.0
R1(config-router)♯network 172.16.1.0
R2(config)♯router rip
R2(config-router)♯version 2
R2(config-router)♯network 2.2.2.0
R2(config-router)♯network 172.16.2.0
R3(config)♯router rip
R3(config-router)♯version 2
R3(config-router)♯network 3.3.3.0
R3(config-router)♯network 172.16.3.0
```

2) 查看 RIP 路由的结果

```
R1♯show ip route
...                              //此处省略路由代码信息
    1.0.0.0/24 is subnetted, 1 subnets
```

路由器及其配置

```
C        1.1.1.0 is directly connected, Loopback0
R     2.0.0.0/8 [120/1] via 172.16.1.2, 00:00:16, FastEthernet0/0
R     3.0.0.0/8 [120/1] via 172.16.1.3, 00:00:10, FastEthernet0/0
      172.16.0.0/24 is subnetted, 1 subnets
C        172.16.1.0 is directly connected, FastEthernet0/0
```

上面的信息表明路由器 R1 通过 RIP 已经生成了正确的路由项目。

在路由器 R2、R3 上同样可以通过 show ip route 查看到类似的路由结果。这些路由信息表明：三个路由器在 RIPv2 的工作下都生成了正确的路由项目。

3）将路由器 R1 的 f0/0 端口配置为被动接口

```
R1(config)#router rip
R1(config-router)#passive-interface fastEthernet 0/0
```

完成上述配置后，到路由器 R2 上查看路由如下。

```
R2#show ip route
...                                    //省略路由代码信息
R     1.0.0.0/8 [120/1] via 172.16.1.1, 00:01:09, FastEthernet0/0
      2.0.0.0/24 is subnetted, 1 subnets
C        2.2.2.0 is directly connected, Loopback0
R     3.0.0.0/8 [120/1] via 172.16.1.3, 00:00:28, FastEthernet0/0
      172.16.0.0/24 is subnetted, 1 subnets
C        172.16.1.0 is directly connected, FastEthernet0/0
```

通过上面的路由信息可以发现，到网络 1.0.0.0 的路由项目依然存在，但其存在的时间（1min 9s）已经远超 RIP 默认更新的 30s，这条路由信息表明此条路由已经很长时间没有更新了。如果再耐心等待 240s 后查看路由器 R2 的路由表，就会发现这条路由将被 RIP 删除。而网络 3.0.0.0 的路由项目每隔 30s 就会自动更新，在路由器 R3 上的情况也是如此。

之所以会出现这样的情况，其原因就在于前面的操作中将路由器 R1 的 f0/0 端口配置为被动接口了。路由器 R1 不再从 f0/0 发送路由更新信息，因此其他路由器将不能接收到有关 1.0.0.0 网络的路由更新信息。但路由器 R1 仍然能够从路由器 R2 与 R3 接收路由更新信息，因此路由器 R1 的路由表依然正常，没有变化。

4）在路由器 R1 配置对 R3 的单播更新

```
R1(config)#router rip
R1(config-router)#neighbor 172.16.1.3      //指定单播更新的目标为 172.16.1.3，即路由器 R3
```

完成单播更新配置后，到路由器 R3 上使用 show ip route 命令可以查看其路由结果。

```
R3#show ip route
...                                    //省略路由代码信息
R     1.0.0.0/8 [120/1] via 172.16.1.1, 00:00:12, Ethernet0/0
R     2.0.0.0/8 [120/1] via 172.16.1.2, 00:00:23, Ethernet0/0
      3.0.0.0/24 is subnetted, 1 subnets
C        3.3.3.0 is directly connected, Loopback0
      172.16.0.0/24 is subnetted, 1 subnets
C        172.16.1.0 is directly connected, Ethernet0/0
```

上面的路由信息表明路由器 R3 学习到了网络 1.0.0.0 的路由信息。此时如果到路由器 R2 上查看路由表,会发现路由器 R2 仍然没有学习到网络 1.0.0.0 的路由信息。

需要注意的是在此操作步骤中使用的 neighbor 命令,目前在 PT 软件中还无法使用,需要进行 DY 模拟才能使用 neighbor 命令。

5.4.4 RIPv2 的认证配置

RIPv1 协议在路由更新通告过程中,由于没有使用任何安全措施,因此攻击者很容易伪造错误的路由更新信息,对目标路由器的路由过程进行破坏。为了防止这些攻击与破坏,建议在网络工程的实践中使用 RIPv2 版本的认证功能,以加强路由器间路由的安全性。

RIPv2 协议支持明文认证或 MD5 认证,但在默认情况下不进行认证。RIPv2 如果在认证配置中定义了多个密钥(称为密钥链),则其明文认证与 MD5 认证的匹配过程会有些不同。

1. 明文认证的匹配过程

(1) 发送方发送最小 KeyID 的密钥。

(2) 不携带 KeyID 号码。

(3) 接收方会和所有 KeyChain 中的密钥匹配,若有一个成功,则通过认证。

例如,路由器 R1 有一个 KeyID:key1=jkx,路由器 R2 有两个 KeyID:key1=hbeu,key2=jkx,则路由器 R1 将接收到 R2 最小的 KeyID 为 hbeu,因此 R1 的认证失败;而路由器 R2 将接收到 R1 发送的最小 KeyID 为 jkx,与 R2 的第二个 KeyID 匹配成功,因此 R2 认证成功。所以在 RIP 的认证过程中,有可能出现单边路由的现象,即 RIP 认证的一端可以接收路由更新通告,而另一端可能不会接收路由更新通告。在配置 RIP 的明文认证时必须注意这一现象出现。

2. MD5 认证的匹配过程

(1) 发送方发送最小 KeyID 的密钥。

(2) 携带 KeyID 号码。

(3) 接收方首先查找是否有相同的 KeyID,若有相同 KeyID,则只匹配一次,并判断认证是否成功;若没有相同的 KeyID,则只查找密钥链中下一跳的 KeyID 进行匹配,如果匹配,则认证成功,否则认证失败。

例如,路由器 R1 的密钥链定义了三个 KeyID:key1=jkx,key3=hbeu,key5=cs,路由器 R2 只定义了一个 KeyID:key2=jkx,则路由器 R1 将接收到 R2 发送的"key2=jkx"信息,显然 R1 并没有相同的 key2,因此 R1 查找密钥链中的下一跳 KeyID 即 key3 的密钥,此时 R1 的 key3 密钥为 hbeu,与 R2 的密钥不匹配,因此路由器 R1 认证失败;路由器 R2 也会接收到 R1 发送的"key1=jkx"信息,但 R2 并没有定义 key1,因此路由器 R2 查找下一跳 KeyID 即 key2 的密钥,正好路由器 R2 有 key2 且密钥为 jkx,与 R1 发过来的密钥相同,因此路由器 R2 认证成功。

路由器配置 RIP 认证时,当一方开启认证之后,另一方也同样需要开启认证。认证是基于端口进行的配置,密钥链使用 key chain 命令定义,在 key chain 中可以定义多个密码,每个密码都有一个序号。RIPv2 在认证时,双方的序号不一定需要相同,密钥链的名字也不需要相同,但在某些低版本 IOS 中,会要求双方的序号与密码都必须相同,才能认证成功,所以建议在配置认证时,双方都配置相同的序号与密码。

RIPv2 的认证实验可以使用图 5.11 所示的拓扑图进行说明,图中路由器 R1 与 R2 通过串口 Serial1/0 相互连接,并分别通过以太网端口 f0/0 连接 PC1 与 PC2,现在要求实现两个路由器之间的认证配置。

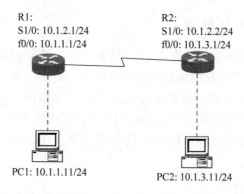

R1:
S1/0: 10.1.2.1/24
f0/0: 10.1.1.1/24

R2:
S1/0: 10.1.2.2/24
f0/0: 10.1.3.1/24

PC1: 10.1.1.11/24

PC2: 10.1.3.11/24

图 5.11　RIPv2 的认证实验

由于在 PT 模拟软件中,部分 RIP 认证的命令不支持,因此此实验需要使用 DY 进行模拟,模拟的网络配置文件如下所示。

```
＃RIPv2 认证实验
[localhost]                                      ＃只在本机进行模拟
    [[3640]]                                     ＃定义路由器型号为 Cisco 3640
        image = C3640.BIN                        ＃指定 3640 使用的 IOS 文件
    [[Router R1]]                                ＃创建路由器 R1
        model = 3640                             ＃型号为 3640
        slot1 = NM－4T                           ＃slot1 插槽连接模块 NM－4T
        s1/0 = R2 s1/0                           ＃R1 的端口 s1/0 与 R2 的 s1/0 端口连接
        f0/0 = NIO_udp:30000:127.0.0.1:20000     ＃路由器 R1 的 f0/0 端口连接虚拟 PC1
    [[Router R2]]                                ＃创建路由器 R2
        model = 3640                             ＃型号 3640
        slot1 = NM－4T                           ＃slot0 插槽连接模块 NM－4T
        f0/0 = NIO_udp:30001:127.0.0.1:20001     ＃路由器 R2 的 f0/0 端口连接虚拟 PC2
```

假设图 5.11 中的各设备端口 IP 地址参数已经完成配置,RIPv2 的路由配置也已经完成。现在进行认证配置的步骤大致如下所示。

1. 路由器 R1 的认证配置

```
R1(config)＃key chain test                          //定义密钥链,名称为 test
R1(config－keychain)＃key 1                          //创建第一个密钥,序号为 1
R1(config－keychain－key)＃key－string jkx            //指定 key1 的密钥为 jkx
R1(config－keychain－key)＃exit
R1(config－keychain)＃exit
R1(config)＃interface serial 1/0                     //进入串口 s1/0
R1(config－if)＃ip rip authentication mode md5
//指定认证模式使用 MD5 认证,若不指定模式则默认为明文认证
R1(config－if)＃ip rip authentication key－chain test      //指定端口认证时使用密钥链 test
```

2. 路由器 R2 的认证配置

路由器 R2 的配置命令与 R1 类似,具体的配置过程如下。

```
R2(config)#key chain test
R2(config-keychain)#key 1
R2(config-keychain-key)#key-string jkx
R2(config-keychain-key)#exit
R2(config-keychain)#exit
R2(config)#interface serial 1/0
R2(config-if)#ip rip authentication mode md5
R2(config-if)#ip rip authentication key-chain test
```

3. 检测认证结果

```
R1#debug ip rip                                    //启用路由器 R1 的 RIP 调试功能
*Mar  1 00:00:28.703: RIP: build update entries
*Mar  1 00:00:28.703:     10.1.1.0/24 via 0.0.0.0, metric 1, tag 0
*Mar  1 00:00:31.483:RIP: received packet with MD5 authentication
*Mar  1 00:00:31.483: RIP:received v2 update from 10.1.2.2 on Serial1/0
*Mar  1 00:00:31.483:     10.1.3.0/24 via 0.0.0.0 in 1 hops
```

上面显示的信息是 debug 信息的一部分,下画线标明的内容表明路由器 R1 通过 MD5 进行了认证,并正确接收了 R2 发来的路由信息,在路由器 R2 也可以通过 debug 得到类似的信息。

5.5　动态路由协议 OSPF

随着网络规模的不断扩大,5.4 节中介绍的 RIP 由于受最大跳数 15 跳的限制,将无法完成跳数超过 15 跳的路由任务。当网络规模超过 15 跳时,则应该使用其他大型的动态路由协议。本节将重点介绍广域网中常见的 OSPF 协议。

5.5.1　OSPF 协议概述

OSPF(Open Shortest Path Fitst,开放最短路径优先)协议是一个内部网关协议,用于在单一自治系统内决策路由,是对链路状态路由选择算法的一种实现。与 RIP 相比,OSPF 协议是链路状态路由协议,而 RIP 是距离矢量路由协议,OSPF 通过在路由器之间通告网络端口的状态来建立链路状态数据库,并生成自己的最短路径树,每个 OSPF 路由器使用这些最短路径构造自己的路由表。OSPF 协议由 Internet 工程任务组开发,是一个开放标准,但不同厂商实现 OSPF 后的管理距离有所不同,例如,思科 OSPF 协议的管理距离默认为110,而华为 OSPF 协议的默认管理距离是 150。

1. OSPF 动态路由协议的特征

(1) 快速适应网络变化;

(2) 在网络发生变化时,发送触发更新;

(3) 以较低的频率(每 30min)发送定期更新,这被称为链路状态刷新;

(4) 支持不连续子网和 CIDR;

(5) 支持手动路由汇总;

(6) 收敛时间短;

(7) 采用 Cost 作为度量值;

（8）使用区域概念，可有效地减少协议对路由器的 CPU 和内存的占用；

（9）有路由验证功能，支持等价负载均衡。

2．OSPF 的基本概念

1）链路状态 LS

OSPF 路由器收集其所在网络区域上各个路由器的连接状态信息，也称为链路状态信息（Link-State，LS），并将这些 LS 汇聚成链路状态数据库（Link-State Database）。链路状态是 OSPF 端口上的描述信息，如端口的 IP 地址、子网掩码、网络类型、Cost 值等。当路由器掌握了该区域上所有路由器的 LS 后，也就等于知道了整个网络的拓扑结构及连接状态。OSPF 路由器采用最短路径优先算法（Shortest Path First，SPF）独立地计算出到达任意目的网络的路由。

2）开销 Cost

OSPF 使用端口的带宽来计算 Cost 值，Cost 值＝100Mb/s/带宽。例如 10Mb/s 端口的 Cost 值为 10，100Mb/s 端口的 Cost 值为 1。将一条路由上所有路由器出口的 Cost 值累加，其和就是路由的开销，开销最小的路由就是最佳路由。如果存在多条路由的 Cost 相同，则这几条路由可以实现分组转发的负载均衡。

3）OSPF 路由器类型

OSPF 路由器可以按不同的需要分为以下 4 种类型的路由器。

（1）内部路由器（Internal Router）：所有端口在同一区域的路由器，维护一个链路状态数据库。

（2）主干路由器（Backbone Router）：具有连接主干区域端口的路由器。

（3）区域边界路由器（Area Border Routers，ABR）：具有连接多区域端口的路由器，一般作为一个区域的出口。ABR 为每一个所连接的区域建立链路状态数据库，负责将所连接区域的路由摘要信息发送到主干区域，而主干区域上的 ABR 则负责将这些信息发送到各个区域。

（4）自治域系统边界路由器（Autonomous System Boundary Router，ASBR）：至少拥有一个连接外部自治域网络（如非 OSPF 的网络）端口的路由器，负责将非 OSPF 网络信息传入 OSPF 网络。

4）区域

OSPF 协议引入分层路由的概念，将网络分割成由一个主干连接的一组相互独立的部分，这些相互独立的部分被称为区域（Area），而主干的部分称为主干区域，使用 area 0 表示。每个区域就如同一个独立的网络，该区域的 OSPF 路由器只保存该区域的链路状态，这样每个路由器的链路状态数据库都可以保持合理的大小，路由计算的时间、报文数量都不会过大。区域是一组逻辑上的 OSPF 路由器和链路，区域可以通过一个 32 位的区域 ID（Area ID）来标识。

一般情况下，其他区域都必须物理连接到主干区域（area 0），如果出现某个区域无法物理连接到主干区域，则必须使用虚链路（Virtual Link）将其连接到主干区域，虚链路必须配置在两台 ABR 路由器之间。

5）OSPF 的网络类型

根据路由器所连接的物理网络不同，可以将网络划分为 4 种类型：广播多路访问型

（Broadcast Multi Access，BMA）、非广播多路访问型（None Broadcast Multi Access，NBMA）、点到点型（Point-to-Point，P2P）、点到多点型（Point-to-Multi Point，P2M）。

这 4 种网络类型可被 OSPF 自动识别为三种链路：P2P、BMA、NBMA。其中，NBMA 链路对应 NBMA 网络及 P2M 网络。BMA 网络如 Ethernet、Token Ring、FDDI，NBMA 网络如 Frame Relay、X.25、SMDS，P2P 网络如 PPP、HDLC。

6）指派路由器（DR）与备份指派路由器（BDR）

在多路访问类型网络（BMA 与 NBMA）上可能存在多个路由器，为了避免路由器之间因为建立完全相邻关系而引起的大量开销，OSPF 要求在区域中选举一个 DR，区域内的每个路由器都只与 DR 建立完全相邻关系。DR 负责收集所有的链路状态信息，并发布给其他路由器。选举 DR 的同时也会选举出一个 BDR，在 DR 失效的时候，BDR 可以充当 DR 的职责。

P2P 链路由于只存在两个相邻的路由器，因此不需要进行 DR 或 BDR 的选举。

3. OSPF 协议的工作过程

1）建立路由器的邻接关系

邻接关系（Adjacency）是指 OSPF 路由器以交换路由信息为目的，在所选择的相邻路由器之间建立的一种关系。路由器首先发送包含 RID（路由器 ID）信息的 Hello 报文，RID 由 Loopback 端口的 IP 决定，若没有定义 Loopback 端口，则使用物理端口中最大的 IP 地址为 RID。路由器的某端口收到从其他路由器发送的含有 RID 信息的 Hello 报文后，将根据此端口所在的网络类型确定是否可以建立邻接关系。

若端口是 P2P 链路，则 OSPF 路由器将直接和对端路由器建立起邻接关系，并且该路由器 OSPF 协议将直接进入到第 3 步；若端口为 BMA 或 NBMA 链路，则此路由器将进入第 2 步进行选举。

2）选举 DR/BDR

在 BMA 或 NBMA 链路中，OSPF 协议利用 Hello 报文内的 RID 和优先权（Priority）字段值来确定选举的结果。优先权字段值大小从 0 到 255，优先权值最高的路由器成为 DR。如果优先权值相同，则 RID 值最高的路由器选举为 DR，优先权值次高的路由器选举为 BDR，优先权值和 RID 值都可以直接配置。

3）链路状态信息的交换

路由器之间首先利用 Hello 报文的 RID 信息确认主从关系，然后主从路由器相互交换部分链路状态信息。每个路由器对信息进行分析比较，如果收到的信息有新的内容，路由器将要求对方发送完整的链路状态信息。这个状态完成后，路由器之间建立完全相邻（Full Adjacency）关系，同时邻接路由器拥有自己独立的、完整的链路状态数据库。

4）选择适当的路由

当一个路由器拥有完整独立的链路状态数据库后，OSPF 将采用 SPF 算法计算并创建路由表。OSPF 协议依据链路状态数据库的内容，独立地用 SPF 算法计算出到每一个目的网络的路径，并将路径存入路由表中。OSPF 利用 Cost 值计算路由，Cost 值最小者即为最佳路由。在配置 OSPF 路由器时可以根据实际情况，如链路带宽、时延或经济上的费用等设置 Cost 值的大小。Cost 值越小，该链路被选为路由的可能性越大。

5) 维护路由信息

当某个路由器的链路状态发生变化时,OSPF 协议将通过 Flooding(洪泛)方式通告网络上其他路由器。OSPF 路由器接收到包含新信息的链路状态更新报文,将更新自己的链路状态数据库,然后用 SPF 算法重新计算路由表。在重新计算过程中,路由器继续使用旧路由表,直到 SPF 完成新的路由表计算。新的链路状态信息将发送给其他路由器。值得注意的是,即使链路状态没有发生改变,OSPF 路由信息也会自动更新,默认时间为 30min。

当 OSPF 网络扩展到上千个路由器时,路由器的链路状态数据库将记录成千上万条链路信息。为了使路由器的运行更快速、更经济、占用的资源更少,网络管理员可以根据功能、结构和需要把 OSPF 网络分割成若干个区域,并将这些区域和主干区域根据功能和需要相互连接从而达到分层的目的。

在一个区域内的路由器将不需要了解它们所在区域外部的拓扑细节,路由器仅需要和它所在区域的其他路由器具有相同的链路状态数据库。通过区域的划分,可以极大地减少链路状态数据库的容量,同时也减少了 LSA 的数量。

5.5.2　OSPF 协议的基本配置

OSPF 协议的基本配置过程主要有以下三个必要的步骤。

(1) 确定和每一个路由器接口相连的区域;

(2) 使用 router ospf process-id 命令来启动一个 OSPF 进程;

(3) 使用 network 命令来指定运行 OSPF 协议的端口及其所在的区域。

配置 OSPF 协议的具体命令如下。

```
Router(config)#router ospf process-id
Router(config-router)#network netaddress wildcard-mask area area-id
```

上面命令中的参数说明如下。

(1) process-id 为 OSPF 协议的路由进程,其值必须在指定范围 1~65 535 之间。理论上一个路由器可以配置多个 OSPF 进程,但一般不建议这么做,路由器运行多个 OSPF 进程只会增加路由器的开销与负担。process-id 只在路由器本地内部起作用,不同路由器的 process-id 可以不同。

(2) netaddress 是 OSPF 需要通告的网络 ID,wildcard-mask 是 netaddress 对应的子网掩码的反码(也叫通配掩码),area-id 为规划的区域 ID,可以是在 0~4 294 967 295 内的十进制数,也可以是 IP 地址格式的 x.x.x.x。当网络区域 ID 为 0 或 0.0.0.0 时,此区域称为主干域。

OSPF 的基本配置可以分为单域 OSPF 配置与多域 OSPF 配置。

1. 单域 OSPF 的配置

图 5.12 中三个路由器相互连接,路由器 R1 与 R3 分别定义了一个环回测试端口 loopback0,用于进行网络的测试。在进行单域 OSPF 配置前,假设路由器各端口的 IP 参数均已经完成正确配置。

R2:
f0/0: 10.1.2.2/24
f0/1: 10.1.3.1/24

Fa0/0   Fa0/0   Fa0/1   Fa0/0

R1:
loopback0: 10.1.1.1/24
f0/0: 10.1.2.1/24

R3:
f0/0: 10.1.3.2/24
loopback: 10.1.4.1/24

图 5.12　单域 OSPF 配置

1) 路由器 R1 的配置

```
R1(config)#router ospf 1                              //建立 OSPF 进程,进程 ID 为 1
R1(config-router)#network 10.1.1.0 0.0.0.255 area 0   //指定参与路由更新的网络参数
R1(config-router)#network 10.1.2.0 0.0.0.255 area 0   //所有网络全部属于区域 0,即主干区域
```

2) 路由器 R2 的配置

```
R2(config)#router ospf 2
R2(config-router)#network 10.1.2.0 0.0.0.255 area 0
R2(config-router)#network 10.1.3.0 0.0.0.255 area 0
```

3) 路由器 R3 的配置

```
R3(config)#router ospf 3
R3(config-router)#network 10.1.3.0 0.0.0.255 area 0
R3(config-router)#network 10.1.4.0 0.0.0.255 area 0
```

4) 路由测试

```
R1#show ip route                          //查看路由器 R1 的路由表
Codes: C - connected, S - static, I - IGRP, R - RIP, M - mobile, B - BGP
       D - EIGRP, EX - EIGRP external, O - OSPF, IA - OSPF inter area
       N1 - OSPF NSSA external type 1, N2 - OSPF NSSA external type 2
       E1 - OSPF external type 1, E2 - OSPF external type 2, E - EGP
       i - IS-IS, L1 - IS-IS level-1, L2 - IS-IS level-2, ia - IS-IS inter area
       * - candidate default, U - per-user static route, o - ODR
       P - periodic downloaded static route
Gateway of last resort is not set
     10.0.0.0/8 is variably subnetted, 4 subnets, 2 masks
C       10.1.1.0/24 is directly connected, Loopback0
C       10.1.2.0/24 is directly connected, FastEthernet0/0
O       10.1.3.0/24 [110/2] via 10.1.2.2, 00:00:05, FastEthernet0/0
O       10.1.4.1/32 [110/3] via 10.1.2.2, 00:00:05, FastEthernet0/0
```

根据上面的信息,可以发现路由器 R1 通过 OSPF 协议学习到了两条 OSPF 路由(标记为 O 的项目),分别是到网络 10.1.3.0 与 10.1.4.0 的路由,管理距离都是 110,度量值 Cost 分别是 2 与 3。

2. 多域 OSPF 的配置

图 5.13 所示的网络拓扑结构及 IP 规划与图 5.12 相同,不同的是图 5.13 中进行了区域的划分,路由器 R1 的 loopback 端口划为区域 1、f0/0 端口划为区域 0,路由器 R2 的两个

端口都划为区域 0,路由器 R3 的 f0/0 端口划为区域 0、loopback 端口划为区域 2。在进行多域 OSPF 配置前,假设所有设备端口的 IP 地址参数均已完成正确配置。

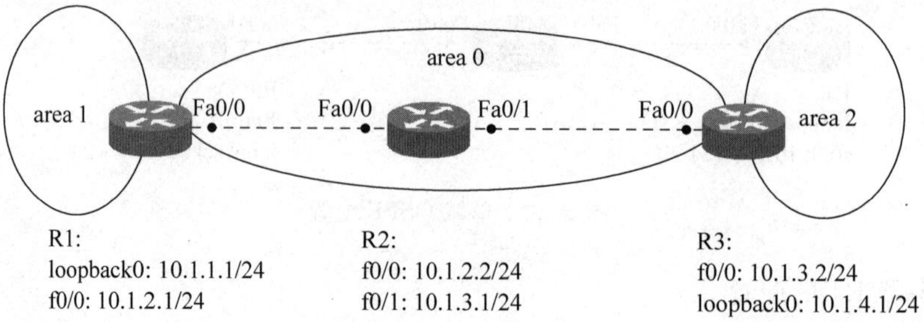

图 5.13　多域 OSPF 配置

1) 路由器 R1 的配置

```
R1(config)#router ospf 1                              //建立 OSPF 进程,进程 ID 为 1
R1(config-router)#network 10.1.1.0 0.0.0.255 area 1  //指定参与路由更新的网络参数
R1(config-router)#network 10.1.2.0 0.0.0.255 area 0  //当前网络属于区域 0
```

2) 路由器 R2 的配置

```
R2(config)#router ospf 2
R2(config-router)#network 10.1.2.0 0.0.0.255 area 0  //当前网络属于区域 0
R2(config-router)#network 10.1.3.0 0.0.0.255 area 0  //当前网络属于区域 0
```

3) 路由器 R3 的配置

```
R3(config)#router ospf 3
R3(config-router)#network 10.1.3.0 0.0.0.255 area 0  //当前网络属于区域 0
R3(config-router)#network 10.1.4.0 0.0.0.255 area 2  //当前网络属于区域 2
```

4) 路由测试

```
R1#show ip route                                    //查看路由器 R1 的路由表
Codes: C - connected, S - static, I - IGRP, R - RIP, M - mobile, B - BGP
       D - EIGRP, EX - EIGRP external, O - OSPF, IA - OSPF inter area
       N1 - OSPF NSSA external type 1, N2 - OSPF NSSA external type 2
       E1 - OSPF external type 1, E2 - OSPF external type 2, E - EGP
       i - IS-IS, L1 - IS-IS level-1, L2 - IS-IS level-2, ia - IS-IS inter area
       * - candidate default, U - per-user static route, o - ODR
       P - periodic downloaded static route
Gateway of last resort is not set
     10.0.0.0/8 is variably subnetted, 4 subnets, 2 masks
C       10.1.1.0/24 is directly connected, Loopback0
C       10.1.2.0/24 is directly connected, FastEthernet0/0
O       10.1.3.0/24 [110/2] via 10.1.2.2, 00:02:07, FastEthernet0/0
O IA    10.1.4.1/32 [110/3] via 10.1.2.2, 00:02:07, FastEthernet0/0
```

上面的路由信息表明,路由器 R1 通过 OSPF 协议学习到两条路由,一条是 O 开头、到网络 10.1.3.0 的域内路由,一条是 O IA 开头、到网络 10.1.4.1(也是特定主机路由)的域间路由。

5.5.3 OSPF 的虚链路配置

OSPF 协议主要应用于广域网的复杂路由,在广域网中进行区域的划分有时会出现其他区域无法物理连接主干区域 area 0 的情形,此时就必须使用虚链路技术。

前面介绍 OSPF 协议的过程中,已经介绍过虚链路,虚链路用于将没有物理连接主干区域的区域逻辑接入到 area 0 中。本节的 OSPF 虚链路配置仍然使用类似图 5.12 的网络拓扑,如图 5.14 所示:路由器 R1 的左边划分为区域 0、右边划分为区域 1,路由器 R2 左右两边都划分为区域 1,路由器 R3 的左边划分为区域 1、右边划分为区域 2。图 5.14 中的 IP 地址分配与图 5.13 完全相同,但区域的划分明显不同,区域 2 没有直接连接区域 0。同样,这里为了简单起见,假设所有端口的 IP 地址已经完成配置。

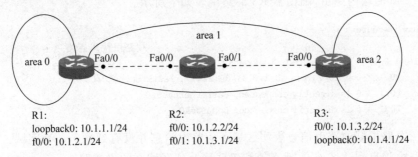

R1:
loopback0: 10.1.1.1/24
f0/0: 10.1.2.1/24

R2:
f0/0: 10.1.2.2/24
f0/1: 10.1.3.1/24

R3:
f0/0: 10.1.3.2/24
loopback0: 10.1.4.1/24

图 5.14   OSPF 虚链路配置

1. 路由器 R1 的 OSPF 配置

```
R1(config)#router osfp 1
R1(config-router)#network 10.1.1.0 0.0.0.255 area 0
R1(config-router)#network 10.1.2.0 0.0.0.255 area 1
```

2. 路由器 R2 的 OSPF 配置

```
R2(config)#router osfp 2
R2(config-router)#network 10.1.2.0 0.0.0.255 area 1
R2(config-router)#network 10.1.3.0 0.0.0.255 area 1
```

3. 路由器 R3 的 OSPF 配置

```
R3(config)#router osfp 3
R3(config-router)#network 10.1.3.0 0.0.0.255 area 1
R3(config-router)#network 10.1.4.0 0.0.0.255 area 2
```

4. 查看路由器 R1 的路由表

```
R1#show ip route
...                                                    //路由代码省略
     10.0.0.0/24 is subnetted, 3 subnets
C       10.1.1.0 is directly connected, Loopback0
C       10.1.2.0 is directly connected, FastEthernet0/0
O       10.1.3.0 [110/2] via 10.1.2.2, 00:08:15, FastEthernet0/0
```

上面的路由信息表明路由器 R1 只学习到了网络 10.1.3.0 的域内路由,10.1.4.1 的路由并没有学习到。因此在路由器 R1 上不能 ping 通路由器 R3 的逻辑端口 10.1.4.1。

如果到路由器 R2 上查看路由,就会发现 R2 也没有学习到网络 10.1.4.1 的路由,只学习到了到网络为 10.1.1.1 的域间路由(特定主机路由),路由器 R2 的路由表如下所示。

```
R2# show ip route
...                                                    //路由代码省略
     10.0.0.0/8 is variably subnetted, 3 subnets, 2 masks
O IA    10.1.1.1/32 [110/2] via 10.1.2.1, 00:23:02, FastEthernet0/0
C       10.1.2.0/24 is directly connected, FastEthernet0/0
C       10.1.3.0/24 is directly connected, FastEthernet0/1
```

路由器 R3 上查看路由,会发现 R3 同样没有学习到网络 10.1.1.1 的路由,只学习到了网络 10.1.2.0 的域内路由,路由器 R3 的路由表如下所示。

```
R3# show ip route
...                                                    //路由代码省略
     10.0.0.0/24 is subnetted, 3 subnets
O       10.1.2.0 [110/2] via 10.1.3.1, 00:22:17, FastEthernet0/0
C       10.1.3.0 is directly connected, FastEthernet0/0
C       10.1.4.0 is directly connected, Loopback0
```

上面三个路由器的路由信息表明区域 2 的路由信息并没有到达 area 0 区域。为了使区域 2 内的路由信息到达区域 0,就必须配置区域 2 到区域 0 的虚链路。

5. 配置区域 2 到区域 0 的虚链路

虚链路必须在 ABR 路由器上配置,在图 5.14 中路由器 R1 与 R3 就属于 ABR 路由器。

1) 路由器 R1 的虚链路配置

```
R1(config)# router ospf 1
R1(config-router)# area 1 virtual-link 10.1.4.1        //10.1.4.1 是对端路由器 R3 的 RID
```

2) 路由器 R3 的虚链路配置

```
R3(config)# router ospf 3
R3(config-router)# area 1 virtual-link 10.1.1.1        //10.1.1.1 是对端路由器 R1 的 RID
```

上面的配置命令 virtual-link 后的参数为虚链路对端路由器 ID,即前面介绍的 RID。路由器 R1 与 R3 均配置了 loopback 端口,因此它们的 RID 就是各自 loopback0 端口的 IP 地址。

6. 再次查看路由表

```
R1# show ip route
...                                                    //路由代码省略
     10.0.0.0/8 is variably subnetted, 4 subnets, 2 masks
C       10.1.1.0/24 is directly connected, Loopback0
C       10.1.2.0/24 is directly connected, FastEthernet0/0
O       10.1.3.0/24 [110/2] via 10.1.2.2, 00:53:13, FastEthernet0/0
O IA    10.1.4.1/32 [110/3] via 10.1.2.2, 00:00:07, FastEthernet0/0
```

通过配置虚链路,此时通过上面的 show 命令可以发现:路由器 R1 已经学习到了全部网络的路由。如果查看路由器 R2、R3 的路由表,也会发现它们都学习到了全部网络的正确路由。此时在 R1 上可以 ping 通 10.1.4.1。

5.5.4 OSPF 的认证配置

路由器使用 OSPF 协议进行路由信息通告时，也存在类似 RIP 相同的安全问题。在实际工程应用中，经常需要进行 OSPF 协议的认证配置，以防止未授权用户对路由的破坏。

OSPF 认证类型有三种：NULL 认证、明文认证与 MD5 认证。NULL 认证是默认认证参数，即不使用 OSPF 认证功能，对应参数为 type 0；明文认证也称简单口令认证，对应参数为 type 1；MD5 认证也称密文认证，是建议使用的认证方式，对应参数为 type 2。

OSPF 认证从配置上来说有三种配置方式：基于链路的配置、基于区域的配置和基于虚链路的配置。基于链路的配置也称为基于端口的配置，是在路由器端口模式下进行的认证配置，链路的两端都需配置相同的认证方式与认证密码；而基于区域的配置是指在 ospf 进程中配置认证方式，其配置参数同时作用于同一个区域内的所有端口，而不需要单独到每个端口下配置认证方式，认证密码仍然需要到端口模式下配置，因此基于区域的认证其实质还是基于链路的认证，不同的是前者可以省略到每个端口进行认证类型的配置，而后者必须在到每个端口中配置认证类型；基于虚链路的配置用于虚链路环境下的 OSPF 认证。

为了说明 OSPF 认证的各种配置过程及方法，本节使用图 5.15 所示的网络拓扑结构进行介绍。

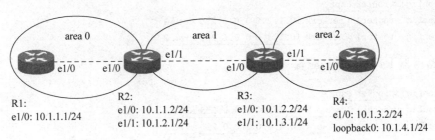

R1:
e1/0: 10.1.1.1/24

R2:
e1/0: 10.1.1.2/24
e1/1: 10.1.2.1/24

R3:
e1/0: 10.1.2.2/24
e1/1: 10.1.3.1/24

R4:
e1/0: 10.1.3.2/24
loopback0: 10.1.4.1/24

图 5.15　OSPF 认证

由于 PT 模拟软件的局限性，本节使用 DY 模拟软件实现 OSPF 认证配置的过程，DY 模拟的网络配置文件如下所示。

```
＃OSPF 认证实验
[localhost]                        ＃只在本机进行模拟
    [[3640]]                       ＃定义路由器型号为 Cisco 3640
        image = C3640.BIN          ＃指定 3640 使用的 IOS 文件
[[Router R1]]                      ＃创建路由器 R1
    model = 3640                   ＃型号为 3640
    slot 1 = NM－4E                 ＃slot1 插槽使用 NM－4E 模块
    e1/0 = R2 e1/0                 ＃R1 的 e1/0 端口连接 R2 的 e1/0 端口
    [[Router R2]]                  ＃创建路由器 R2
    model = 3640                   ＃型号为 3640
    slot 1 = NM－4E
    e1/1 = R3 e1/0                 ＃R2 的 e1/1 端口连接 R3 的 e1/0 端口
    [[Router R3]]                  ＃创建路由器 R3
    model = 3640
```

路由器及其配置

```
        slot 1 = NM - 4E
        e1/1 = R4 e1/0                    #R3 的 e1/1 端口连接 R4 的 e1/0
    [[Router R4]]                         #创建路由器 R4
        model = 3640
        slot 1 = NM - 4E
```

假设所有端口的 IP 地址参数均已经完成配置,在图 5.15 所示的网络中配置 OSPF 认证的步骤大致如下所示。

1. 在各路由器上配置 OSPF 协议

1) 路由器 R1 的 OSPF 配置

```
R1(config)#router ospf 1
R1(config-router)#network 10.1.1.0 0.0.0.255 area 0
```

2) 路由器 R2 的 OSPF 配置

```
R2(confg)#router ospf 2
R2(config-router)#network 10.1.1.0 0.0.0.255 area 0
R2(config-router)#network 10.1.2.0 0.0.0.255 area 1
```

3) 路由器 R3 的 OSPF 配置

```
R3(config)#router ospf 3
R3(config-router)#network 10.1.2.0 0.0.0.255 area 1
R3(config-router)#network 10.1.3.0 0.0.0.255 area 2
```

4) 路由器 R4 的 OSPF 配置

```
R4(config)#router ospf 4
R4(config-router)#network 10.1.3.0 0.0.0.255 area 2
R4(config-router)#network 10.1.4.0 0.0.0.255 area 2
```

由于此网络拓扑中的 area2 与 area0 没有物理连接,而边界区域路由器 R2 与 R3 没有配置虚链路,因此此时通过 show ip route 命令查看路由器 R1 的路由表,可以发现 area 0 中的路由器 R1 并没有学习到区域 2 中的网络 10.1.3.0;路由器 R2 与 R4 除了直连路由外,什么路由都没有学习到;路由器 R3 学习到了 4 个网络的路由,路由器 R3 的路由表如下所示。

```
R3#show ip route
…                               //路由代码省略
    10.0.0.0/8 is variably subnetted, 4 subnets, 2 masks
C       10.1.3.0/24 is directly connected, Ethernet1/1
C       10.1.2.0/24 is directly connected, Ethernet1/0
O IA    10.1.1.0/24 [110/20] via 10.1.2.1, 00:14:59, Ethernet1/0
O       10.1.4.1/32 [110/11] via 10.1.3.2, 00:14:59, Ethernet1/1
```

上述显示的路由中:前两个是路由器 R3 的直连路由,网络 10.1.1.0 是域间路由,通过 area 1 获得,而网络 10.1.4.1 是域内路由,通过 area 2 获得。

2. 边界路由器 R2、R3 上配置虚链路

配置虚链路的方法与 5.5.3 节介绍的方法是相同的,具体的配置过程如下所示。

1）路由器 R2 配置虚链路

```
R2(config)#router ospf 2
R2(config-router)#area 1 virtual-link 10.1.3.1
```

2）路由器 R3 配置虚链路

```
R3(config)#router ospf 3
R3(config-router)#area 1 virtual-link 10.1.2.1
```

上述配置完成后，通过 show ip route 命令查看各路由器的路由表，可以发现各路由器均已经成功学习到了全部网络的正确路由。但这里需要注意的是路由器 R3 的路由表与上一步中显示的路由表有所不同。

```
R3#show ip route
…                          //路由代码省略
     10.0.0.0/8 is variably subnetted, 4 subnets, 2 masks
C       10.1.3.0/24 is directly connected, Ethernet1/1
C       10.1.2.0/24 is directly connected, Ethernet1/0
O       10.1.1.0/24 [110/20] via 10.1.2.1, 00:00:26, Ethernet1/0
O       10.1.4.1/32 [110/11] via 10.1.3.2, 00:00:36, Ethernet1/1
```

此时路由器 R3 的路由表中，网络 10.1.1.0 的类别是域内路由，很明显这条路由不是通过域间路由获得的，即通过虚链路配置后，路由器 R3 认为自己是直接连接到 area 0 区域，通过 area 0 在域内获得了此路由项目。

3. 配置区域 1 内的认证

区域 1 内有两个路由器 R2、R3 均需配置认证，这里使用基于链路的认证配置。

1）首先配置路由器 R2 的 OSPF 明文认证

```
R2(config)#interface ethernet 1/1              //基于链路配置 OSPF 认证
R2(config-if)#ip ospf authentication           //配置 OSPF 认证方式为明文认证
R2(config-if)#ip ospf authentication-key a1key //指定认证使用的密码为 a1key
```

上述命令表明路由器 R2 的认证配置使用了基于链路的配置方式，在完成上面的认证配置后，R2 的控制台会自动出现以下信息提示。

```
*Mar  1 00:37:34.779: %OSPF-5-ADJCHG: Process 2, Nbr 10.1.3.1 on Ethernet1/1 from FULL to
DOWN, Neighbor Down: Dead timer expired
*Mar  1 00:37:40.283: %OSPF-5-ADJCHG: Process 2, Nbr 10.1.3.1 on OSPF_VL0 from FULL to
DOWN, Neighbor Down: Interface down or detached
```

上面的信息表明：当路由器 R2 完成 e1/1 端口的认证配置后，其邻居即路由器 R3（RID 为 10.1.3.1）处于 DOWN 状态了，此时如果使用 show ip route 命令查看路由器 R2 的路由表，将会发现路由器 R2 没有学习到任何路由信息。其原因就是 R2 已经使用 OSPF 明文认证，而路由器 R3 并没有配置认证，因此 R2 与 R3 之间不会建立邻居关系，也就不会进行 OSPF 路由信息的任何更新，所以路由器 R2 才会没有学习到任何其他网络的路由。

此时如果打开 OSPF 的调试功能，则通过控制台还可以看到不断提示的 OSPF 认证错误信息：

R2#debug ip ospf events

　*Mar　1 00:41:54.771: OSPF: Rcv pkt from 10.1.2.2, Ethernet1/1 : Mismatch Authentication type. Input packet specified type 0, we use type 1

上述信息表明：邻居路由器 R3（即 10.1.2.2）的认证类型为 type 0（即无认证），但路由器 R2 自己使用的认证类型为 type 1（即明文认证），所以路由器 R2 与 R3 之间不能建立邻居关系。

2）接着配置路由器 R3 的 OSPF 认证

```
R3(config)#interface ethernet 1/0           //基于链路配置 OSPF 认证
R3(config-if)#ip ospf authentication          //配置 OSPF 认证方式为明文认证
R3(config-if)#ip ospf authentication-key a1key   //指定认证使用的密码为 a1key
R3(config-if)#
```

　*Mar　1 00:44:11.075: %OSPF-5-ADJCHG: Process 3, Nbr 10.1.2.1 on Ethernet1/0 from LOADING to FULL, Loading Done

　*Mar　1 00:44:26.207: %OSPF-5-ADJCHG: Process 3, Nbr 10.1.2.1 on OSPF_VL0 from LOADING to FULL, Loading Done

上述控制台的提示信息表明：路由器 R3 配置了与路由器 R2 相同的认证类型与密码后，两者建立了邻居关系。此时通过 show ip route 命令查看各路由器的路由表，可以发现各路由器均已经成功学习到了所有网络的路由。

4. 配置区域 2 的认证

区域 2 内有两个路由器 R3、R4 均需配置认证，这里使用基于区域的认证配置。

1）首先配置路由器 R3 的 OSPF 明文认证

```
R3(config)#interface ethernet 1/1           //基于链路配置 OSPF 认证
R3(config-if)#ip ospf authentication          //配置 OSPF 认证方式为明文认证
R3(config-if)#ip ospf authentication-key a2key   //指定认证使用的密码为 a2key
```

此时将会出现与上一步类似的情况：路由器 R3 与 R4 的邻居关系 down 了。路由器 R3 将无法学习到网络 10.1.4.0 的路由，其他路由器的路由也都将受到影响，学习不到网络 10.1.4.0 的路由。

2）接着配置路由器 R4 的 OSPF 明文认证

```
R4(config)#router ospf 4
R4(config-router)#area 2 authentication      //使用基于区域的认证,认证类型为明文认证
R4(config-router)#exit
R4(config)#interface ethernet 1/0
R4(config-if)#ip ospf authentication-key a2key   //指定认证使用的密码
R4(config-if)#exit
R4(config)#interface loopback 0
R4(config-if)#ip ospf authentication-key a2key   //指定认证使用的密码
```

完成上述配置后，通过 show ip route 命令可以发现：所有路由器均可以发现所有网络的正确路由。

5. 配置虚链路的认证

1）首先配置边界路由器 R2 的虚链路认证

```
R2(config)#router ospf 2
R2(config-router)#area 1 virtual-link 10.1.3.1 message-digest-key 1 md5 virkey
R2(config-router)#area 1 virtual-link 10.1.3.1 authentication message-digest
//配置基于虚链路的 OSPF 密文认证,密码为 virkey
R2(config-router)#end
R2#clear ip ospf process                          //重启 OSPF 进程
```

当路由器 R2 重新启动 OSPF 后,经过一段时间的稳定后,通过 show ip route 命令可以发现:路由器 R2 除了直连路由外,没有学习到任何其他路由。在路由器 R2 上开启 OSPF调试可以发现 OSPF 协议的提示信息:

```
R2#debug ip ospf events
*Mar  1 00:05:15.975: OSPF: Rcv pkt from 10.1.2.2, OSPF_VL0 : Mismatch Authentication type.
Input packet specified type 0, we use type 2
```

此信息表明虚链路的另一端 10.1.2.2 即路由器 R3 使用的认证类型为 0(即无认证),而路由器 R2 自己使用的认证类型为 2(即密文认证)。因此路由器 R2 无法与路由器 R3 建立虚链路。

2）接着配置边界路由器 R3 的虚链路认证

```
R3(config)#router ospf 3
R3(config-router)#area 1 virtual-link 10.1.2.1 message-digest-key 1 md5 virkey
R3(config-router)#area 1 virtual-link 10.1.2.1 authentication message-digest
```

完成路由器 R3 的虚链路配置后,路由器 R2 与 R3 之间就可以建立虚链路,从可以使area 2 与 area 0 连接在一起,因此此时通过 show ip route 命令可以发现所有路由器又都能学习到所有网络的正确路由。

5.6　路由的冗余应用

在第 4 章介绍交换机时,就提到过冗余的概念,在二层交换机上可以通过 STP 或以太通道等技术实现冗余的应用,但这些冗余都建立在二层链路上的冗余。如果想在三层设备上进行三层链路的冗余配置,可以使用前面章节介绍的三层以太通道实现;如果需要进一步进行三层路由的冗余配置,则需要使用其他技术实现,本节将介绍网络工程中常见的路由冗余配置方法。

5.6.1　热备份路由器协议

1. 概述

热备份路由器协议(Hot Standby Router Protocol, HSRP)是思科私有的协议,只能用于思科设备。与此相对应的标准协议是 IETF 制定的虚拟路由器冗余协议(Virtual Router Redundancy Protocol, VRRP), VRRP 将在后面介绍。

HSRP 是一种静态冗余网关技术,思科将其称为第一跳冗余协议,它的设计目标是在

IP 链路失败情况下,实现不中断的 IP 传输服务。具体地说,就是 HSRP 可以在源主机无法动态地学习到首跳路由器 IP 地址的情况下防止首跳路由的失败。

HSRP 可以将多台路由器组成一个"热备份组",并形成一个虚拟路由器,虚拟路由器有一个虚拟的 IP 地址及一个虚拟的 MAC 地址。配置 HSRP 后,网络中主机的默认网关指向某台虚拟路由器,主机把需要转发的数据包都发往这台虚拟路由器,而实际负责转发数据包的只是其中一台真实的路由器,称为活动路由器(Active Router),活动路由器具有自己真实的 IP 地址和真实的 MAC 地址;同时网络中还有一台备用路由器(Standby Router),它与活动路由器一样,也具有自己真实的 IP 地址和真实的 MAC 地址,如果活动路由器失效,备用路由器将快速取代活动路由器,变为一台新的活动路由器,为网络中的主机提供分组转发服务,从而保证主机的路由始终畅通无阻,不会因为某个网关路由器的失效而出现网络传输中断的现象。一个组内只有一个路由器是活动路由器,并由它来转发数据,如果活动路由器发生了故障,则备用路由器将立即成为活动路由器。从网络内的主机来看,网关并没有发生改变。

2. HSRP 的版本

目前思科设备上有两种 HSRP 版本:HSRPv1 和 HSRPv2,这两个版本是不兼容的,各自有不同的协议封装格式,PT 模拟软件中默认使用 v2 版本。

HSRPv1 版本中,备份组的组号取值范围为 0~255,虚拟 MAC 地址为 0000.0C07. AC??("??"为 HSRPv1 组号)。HSRPv1 使用组播 IP 地址 224.0.0.2 来发送 hello 包。

HSRPv2 版本中,备份组的组号可以与子接口的 VLAN ID 号进行匹配,取值范围为 0~4095,虚拟 MAC 地址的取值范围为 0000.0C9F.F000~0000.0C9F.FFFF。HSRPv2 使用组播 IP 地址 224.0.0.102 来发送 Hello 包。

3. HSRP 的工作原理

HSRP 使用 UDP 组播,端口号为 1985。HSRP 路由器利用 Hello 包来互相监听各自的存在,当路由器长时间没有接收到 Hello 包时,就认为活动路由器故障,备份路由器就会立即成为活动路由器。HSRP 利用优先级决定哪个路由器成为活动路由器。如果一个路由器的优先级比其他路由器的优先级高,则该路由器成为活动路由器,路由器的默认优先级是 100。在一个组中,最多有一个活动路由器和一个备份路由器。

HSRP 路由器发送的组播消息有以下三种。

1) Hello

通知其他路由器发送者的 HSRP 优先级和状态信息,HSRP 路由器默认每 3s 发送一个 Hello 消息。

2) Coup

当一个备用路由器变为一个活动路由器时发送一个 Coup 消息。

3) Resign

当活动路由器要宕机或者当有优先级更高的路由器发送 Hello 消息时,主动发送一个 Resign 消息,表明自己不再是活动路由器。

HSRP 路由器在上述工作过程中,可能出现以下 6 种不同的状态。

1) Initial

HSRP 启动时的状态,HSRP 还没有运行,一般是在改变配置或端口刚刚启动时进入该状态。

2）Learn

在该状态下，路由器还没有决定虚拟 IP 地址，也没有看到认证的、来自活动路由器的 Hello 报文。路由器仍在等待活动路由器发来的 Hello 报文。

3）Listen

路由器已经得到了虚拟 IP 地址，但是它既不是活动路由器也不是备用路由器。它一直监听从活动路由器和备用路由器发来的 Hello 报文。

4）Speak

在该状态下，路由器定期发送 Hello 报文，并且积极参加活动路由器或备用路由器的选举。路由器只有在已经知道虚拟 IP 地址的前提下，才能进入该状态。

5）Standby

处于该状态的路由器是下一个候选的活动路由器，它定时发送 Hello 报文。一个 HSRP 组内一般只有一个 Standby 状态的路由器（即备用路由器）。

6）Active

处于活动状态的路由器（即活动路由器）承担转发数据包的任务，这些数据包是发给该组虚拟 MAC 地址的数据包，活动路由器周期性地发出 Hello 报文。一个 HSRP 组内一般只有一个活动路由器。

一个 HSRP 组里面只有活动路由器和备用路由器发送 Hello 消息，其他路由器只能监听 Hello 消息；若一个 HSRP 组包含两台以上路由器，则第三台路由器和其他路由器将处于 Listen 状态。

4. 与 HSRP 有关的配置命令

1）定义 HSRP 组，并配置其虚拟 IP 地址

HSRP 备份组的定义必须在三层端口模式下配置：

```
Router(config-if)# standby group-number ip virtual-ip-address
```

命令中的 group-number 为需要创建的组号，virtual-ip-address 为当前组的虚拟 IP 地址。属于同一个 HSRP 组的路由器，其组号及虚拟 IP 地址必须一致。

2）配置 HSRP 优先级

每个 HSRP 组中的成员有活动路由器、备用路由器和监听路由器三类，它们是哪种路由器，取决于其优先级的高低。默认值为 100，优先级最高的将成为活动路由器，优先级次高的将成为备用路由器，其他优先级的将成为监听路由器。如果同一个 HSRP 组的所有路由器的优先级都相同或都设置为默认值，则 IP 地址最大的路由器将成为活动路由器。

```
Router(config-if)# standby group-number priority priority-value
```

命令中的 group-number 为当前所属组号，priority-value 为优先级数值。

3）配置 HSRP 抢占

若活动路由器出现故障，则备用路由器将自动升级为活动路由器，接管活动路由器的功能。若活动路由器设置了 preempt（抢占），则当出现故障的活动路由器重新恢复功能后，它将重新抢占为活动路由器；若活动路由器没有设置 preempt，则即使出现故障的活动路由器重新恢复了，也不会重新成为活动路由器。

```
Router(config-if)♯standby group-number preempt  //group-number 为当前组号
```

一般情况下,应该在活动路由器配置 preempt,而备用路由器不配置 preempt。

5.6.2　路由器应用 HSRP 的案例

本节使用 PT 软件模拟以下网络拓扑,如图 5.16 所示。

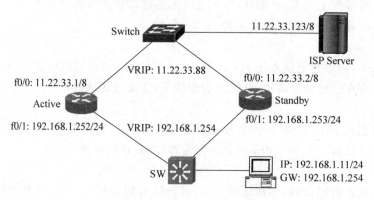

图 5.16　HSRP 路由冗余配置

在图 5.16 中:交换机 Switch 模拟互联网接入,三层交换机 SW 模拟内网,两个交换机均不需要配置任何参数;PC 与 ISP 服务器用于测试 HSRP 路由冗余的效果;左边路由器为 R1、右边路由器为 R2,本实验将路由器 R1 的两个端口都配置为活动路由器,而路由器 R2 则配置为备份路由器。分别定义两个 HSRP 组:一个对内网的 192 组,一个对外网的 11 组。它们的 IP 地址分配如图 5.16 所示,假设 PC 的 IP 地址已经按图 5.16 规划的参数完成了配置,其他设备的具体配置步骤如下。

1. 路由器 R1 配置

```
Router >en
Router♯configure terminal
Router(config)♯hostname R1
R1(config)♯interface f0/0                         //连接外网的端口
R1(config-if)♯ip address 11.22.33.1 255.0.0.0     //配置外网的 IP 地址参数
R1(config-if)♯standby 11 ip 11.22.33.88           //定义 11 组,其虚拟路由的 IP 地址为 11.22.33.88
R1(config-if)♯standby 11 priority 200             //配置优先级为 200
R1(config-if)♯standby 11 preempt                  //配置抢占权,此路由器定义为 11 组的活动路由器
R1(config-if)♯no shutdown
R1(config-if)♯exit
R1(config)♯interface f0/1                          //连接内网的端口
R1(config-if)♯ip addr 192.168.1.252 255.255.255.0   //配置内网的 IP 地址参数
R1(config-if)♯standby 192 ip 192.168.1.254        //定义 192 组,其虚拟 IP 地址为 192.168.1.254
R1(config-if)♯standby 192 priority 200            //配置优先级
R1(config-if)♯standby 192 preempt                 //配置抢占权,此路由器定义为此组的活动路由器
R1(config-if)♯no shut
R1(config-if)♯exit
```

```
R1(config)# ip route 192.168.1.0   255.255.255.0   11.22.33.2
R1(config)# ip route 11.0.0.0   255.0.0.0   192.168.1.253
```

上述配置中,最后两条为静态路由的配置命令,配置静态路由的目的是防止当某条线路出现故障时,当前路由器不会将分组转发给出现故障的端口。当端口出现故障时,此时手工配置的静态路由可以确保分组能够通过其他端口转发。在线路正常时,物理端口的直连路由优先级高于静态路由,此时的静态路由不会发生作用。

2. 路由器 R2 的配置

```
Router>enable
Router# configure   terminal
Router(config)# hostname R2
R2(config)# interface f0/0                        //连接外网的端口
R2(config-if)# ip address 11.22.33.2   255.0.0.0   //配置外网 IP 地址参数
R2(config-if)# standby 11 ip 11.22.33.88     //定义所属 HSRP 组号为 11,虚拟 IP 为 11.22.33.88
R2(config-if)# standby 11 priority 150           //配置优先级为 150,此优先级比 R1 的低
R2(config-if)# no shutdown
R2(config-if)# exit
R2(config)# interface f0/1                        //连接内网的端口
R2(config-if)# ip address 192.168.1.253 255.255.255.0     //配置内网 IP 地址参数
R2(config-if)# standby 192 ip 192.168.1.254      //定义 192 组,虚拟 IP 为 192.168.1.254
R2(config-if)# standby 192 priority 150          //配置优先级为 150,比 R1 的低
R2(config-if)# no shut
R2(config-if)# exit
R2(config)# ip route 192.168.1.0   255.255.255.0   11.22.33.1
R2(config)# ip route 11.0.0.0   255.0.0.0   192.168.1.252
```

上述配置命令的最后两条属于静态路由配置,配置的原因与 R1 是相同的。

3. HSRP 的测试

正确完成前面两步的配置后,可以在 PC 上进行 HSRP 路由冗余的测试。

```
PC>ping - t 11.22.33.123                    // - t 参数表明此时的 ping 测试为不间断测试
Pinging 11.22.33.123 with 32 bytes of data:
Reply from 11.22.33.123: bytes = 32 time = 0ms TTL = 127
Reply from 11.22.33.123: bytes = 32 time = 0ms TTL = 127
Reply from 11.22.33.123: bytes = 32 time = 0ms TTL = 127
Reply from 11.22.33.123: bytes = 32 time = 1ms TTL = 127
…                                           //后面的信息省略
```

上述信息表明:当前网络一切正常,PC 可以连通 ISP 服务器。

使用 show standby 命令,查看路由器间 HSRP 的配置情况。

(1) 首先在 R1 上查看 HSRP 运行的状态。

```
R1# show standby                            //查看当前路由器的 HSRP 运行状态
FastEthernet0/0 - Group 11 (version 2)
  State is Active
    3 state changes, last state change 00:00:18
```

```
    Virtual IP address is 11.22.33.88
  Active virtual MAC address is 0000.0C9F.0000
    Local virtual MAC address is 0000.0C9F.F00B (v2 default)
  Hello time 3 sec, hold time 10 sec
    Next hello sent in 0.138 secs
  Preemption enabled
  Active router is local
  Standby router is 11.22.33.2, priority 200 (expires in 6 sec)
  Priority 200 (configured 200)
  Group name is hsrp-Fa0/0-11 (default)
FastEthernet0/1 - Group 192 (version 2)
  State is Active
    9 state changes, last state change 00:05:00
  Virtual IP address is 192.168.1.254
  Active virtual MAC address is 0000.0C9F.0000
    Local virtual MAC address is 0000.0C9F.F0C0 (v2 default)
  Hello time 3 sec, hold time 10 sec
    Next hello sent in 1.961 secs
  Preemption enabled
  Active router is local
  Standby router is 192.168.1.253, priority 200 (expires in 6 sec)
  Priority 200 (configured 200)
  Group name is hsrp-Fa0/1-192 (default)
```

注意仔细阅读上述信息中下画线标明的内容,这些内容表明:

路由器 R1 的 f0/0 端口属于 11 组(HSRP 的版本为 v2),组内的虚拟 IP 地址为 11.22.33.88,配置了抢占权,是活动路由器,优先级为 200,备用路由器为 11.22.33.2(即路由器 R2 的 f0/0 端口);

路由器 R1 的 f0/1 端口属于 192 组(HSRP 的版本为 v2),组内的虚拟 IP 地址为 192.168.1.254,配置了抢占权,是活动路由器,优先级为 200,备用路由器为 192.168.1.253(即路由器 R2 的 f0/1 端口)。

(2) 接着在 R2 上查看 HSRP 运行状态。

```
R2#show standby
FastEthernet0/0 - Group 11 (version 2)
  State is Standby
    3 state changes, last state change 00:00:28
  Virtual IP address is 11.22.33.88
  Active virtual MAC address is unknown
    Local virtual MAC address is 0000.0C9F.F00B (v2 default)
  Hello time 3 sec, hold time 10 sec
    Next hello sent in 0.92 secs
  Preemption disabled
  Active router is 11.22.33.1
  Standby router is local
  Priority 150 (configured 150)
  Group name is hsrp-Fa0/0-11 (default)
FastEthernet0/1 - Group 192 (version 2)
  State is Standby
```

```
      8 state changes, last state change 00:04:42
   Virtual IP address is 192.168.1.254
   Active virtual MAC address is 0000.0C9F.0000
      Local virtual MAC address is 0000.0C9F.F0C0 (v2 default)
   Hello time 3 sec, hold time 10 sec
      Next hello sent in 0.715 secs
   Preemption disabled
   Active router is 192.168.1.252, priority 150 (expires in 7 sec)
      MAC address is 0000.0C9F.0000
   Standby router is local
   Priority 150 (configured 150)
   Group name is hsrp-Fa0/1-192 (default)
```

上述信息与路由器 R1 显示的类似,它们表明:

路由器 R2 的 f0/0 接口属于 11 组(HSRP 的版本为 v2),虚拟 IP 地址为 11.22.33.88,没有配置抢占权,活动路由器是 11.22.33.1(即路由器 R1 的 f0/0 端口),优先级为 150,当前为备份路由器;

路由器 R2 的 f0/1 接口属于 192 组(HSRP 的版本为 v2),虚拟 IP 地址为 192.168.1.254,没有配置抢占权,活动路由器是 192.168.1.252(即路由器 R1 的 f0/1 端口),优先级为 150,当前为备份路由器。

如果只需要了解 HSRP 的简要信息,可以使用命令 show standby brief 来查看具体的接口信息。

```
R1#show standby brief
                  P indicates configured to preempt.
Interface   Grp  Pri P State    Active          Standby         Virtual IP
Fa0/0       11   200 P Active   local           11.22.33.2      11.22.33.88
Fa0/1       192  200 P Active   local           192.168.1.253   192.168.1.254
R2#show standby brief
                  P indicates configured to preempt.
Interface   Grp  Pri P State    Active          Standby         Virtual IP
Fa0/0       11   150 Standby    11.22.33.1      local           11.22.33.88
Fa0/1       192  150 Standby    192.168.1.252   local           192.168.1.254
```

(3) 验证路由的冗余功能

当完成 HSRP 的配置后,HSRP 可以保证在当前所使用的首跳路由失败的情况下,仍能够保持路由的连通性。为了验证其冗余功能是否实现,现在可以将 R1 的 f0/1 端口 shutdown(关闭),然后再测试其是否能实现通信的功能。

```
R1(config)#interface f0/1            //当前端口是内网的首跳路由经过的物理网关
R1(config-if)#shutdown               //关闭此端口
```

路由器 R1 的端口 f0/1 被 shutdown 后,回到第 3 步 PC 的 ping 测试窗口观察,可以发现:

```
...                                  //省略相同信息
Reply from 11.22.33.123: bytes=32 time=0ms TTL=127
Reply from 11.22.33.123: bytes=32 time=1ms TTL=127
```

路由器及其配置

Request timed out.
Request timed out.
Request timed out.
Request timed out.
Request timed out.
Reply from 11.22.33.123: bytes = 32 time = 0ms TTL = 126
Reply from 11.22.33.123: bytes = 32 time = 1ms TTL = 126
…   //省略相同信息

此时在 PC 的 ping 测试窗口中会发现：经过少量的丢包(本例是 5 个包)后,PC 与 ISP 服务器重新自动连通了,这个现象表明 HSRP 成功实现了路由冗余的功能,在首跳路由失败的情况下,网络的通信不会被完全中断,HSRP 自动选择了新的、成功的路由。

建议采用 PT 的 Simulation 模拟方式观察数据包的发送过程,通过此方式可以发现：PC 的数据包在正常情况下,路由经过的路径为：PC→三层交换机 SW→R1→二层交换机 Switch→ISP 服务器,回来的路径正好相反;当路由器 R1 的端口 f0/1 被 shutdown 后,PC 的数据包经过的路径变为：PC→三层交换机 SW→R2→二层交换机 Switch→ISP 服务器,但是 ICMP 返回的数据包却是：ISP 服务器→二层交换机 Switch→R2→二层交换机 Switch→R2→三层交换机 SW→PC。即此时 PC 的 ICMP 数据包出去与返回的路径是不相同的。

出现这个现象的原因是由于路由器 R1 的 11 组仍然是活动路由器,出问题的只是路由器 R2 的 192 组,因此当路由器 R1 的 f0/1 被关闭后,路由器 R1 在 192 组内变成了 init 状态,而路由器 R1 在 11 组内仍然是活动路由器,所以当 ICMP 数据包从 ISP 服务器返回时,数据包仍然先到达路由器 R1 的 f0/0 端口(即 11 组的活动路由器),但路由器 R1 的 f0/1 端口已经关闭,无法通过 f0/1 转发到 PC,因此前面的第 1、2 步配置路由器 R1、R2 时,一定要使用静态路由配置,这样当 f0/1 端口无法启用时,手工配置的静态路由就可以自动生效,使到 192.168.1.0/24 的数据包可以转发到路由器 R2 的 f0/0 端口,然后再通过路由器 R2 将数据包转发给 PC。也正是因为这个现象,所以在 PC 的 ping 测试窗口中会发现：在端口关闭之前,reply 数据包的 TTL 均为 127(TTL 默认为 128,每经过一个路由器减 1),但当端口关闭后,reply 数据包的 TTL 均为 126(因为此时经过了两个路由器)。

5.6.3 三层交换机应用 HSRP 的案例

HSRP 不仅可以应用在路由器上实现路由冗余配置,也可以在三层交换机上实现冗余网关的应用。本节以图 5.17 为例,说明三层交换机上应用 HSRP 的方法。在图 5.17 中：路由器 R1 模拟边界路由器,通过 f0/0 与 f0/1 端口分别连接内网两个核心三层交换机 SW1 与 SW2,loopback0 端口用于网络模拟的测试;三层交换机 SW1 与 SW2 之间通过端口 f0/3、f0/4 相互连接,并通过这两个端口建立以太通道;二层交换机 SW3 通过 f0/1 与 f0/2 端口分别与两个三层交换机连接,f0/3 端口连接 PC1、f0/4 端口连接 PC2;在两个三层交换机上分别创建 VLAN 10、VLAN 20 逻辑端口,并建立 HSRP 组 10、虚拟 IP 地址为 192.168.10.254,用做 VLAN 10 的网关地址,建立 HSRP 组 20、虚拟 IP 地址为 192.168.20.254,用做 VLAN 20 的网关地址。

假设 PC1 与 PC2 已经按照拓扑图的规划完成了 IP 地址参数配置,其他设备具体的配置步骤如下所示。

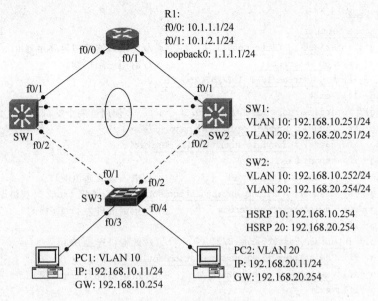

R1:
f0/0: 10.1.1.1/24
f0/1: 10.1.2.1/24
loopback0: 1.1.1.1/24

SW1:
VLAN 10: 192.168.10.251/24
VLAN 20: 192.168.20.251/24

SW2:
VLAN 10: 192.168.10.252/24
VLAN 20: 192.168.20.254/24

HSRP 10: 192.168.10.254
HSRP 20: 192.168.20.254

PC1: VLAN 10
IP: 192.168.10.11/24
GW: 192.168.10.254

PC2: VLAN 20
IP: 192.168.20.11/24
GW: 192.168.20.254

图 5.17　三层交换机的 HSRP 应用

1. 路由器 R1 的配置

路由器 R1 的主要配置包括端口 IP 地址参数配置与路由配置,本例中 R1 使用动态路由 OSPF 的单域配置。

```
R1(config)＃interface Loopback0              //此端口用于网络测试
R1(config-if)＃ip address 1.1.1.1 255.255.255.0
R1(config-if)＃no shutdown
R1(config-if)＃exit
R1(config)＃interface FastEthernet0/0         //此端口连接 SW1
R1(config-if)＃ip address 10.1.1.1 255.255.255.0
R1(config-if)＃no shutdown
R1(config-if)＃exit
R1(config)＃interface FastEthernet0/1         //此端口连接 SW2
R1(config-if)＃ip address 10.1.2.1 255.255.255.0
R1(config-if)＃no shutdown
R1(config-if)＃exit
R1(config)＃router ospf 1                     //使用 OSPF 单域
R1(config-router)＃network 1.1.1.0 0.0.0.255 area 0
R1(config-router)＃network 10.1.1.0 0.0.0.255 area 0
R1(config-router)＃network 10.1.2.0 0.0.0.255 area 0
```

2. 三层交换机 SW1 的配置

三层交换机 SW1 作为核心层设备,主要的配置包括逻辑 VLAN 数据库的配置、三层端口的配置、VLAN 接口的配置、创建 HSRP 组的配置、STP 配置、以太通道配置、OSPF 路由配置。

```
SW1＃vlan database                           //配置 VLAN
SW1(vlan)＃vlan 10                           //创建 VLAN 数据库
SW1(vlan)＃vlan 20
SW1(vlan)＃vtp domain jkx                    //指定 VTP 域名为 jkx
SW1(vlan)＃vtp server                        //配置此交换机为 VTP Server
```

253

第 5 章

```
SW1(vlan)#exit
SW1#configure terminal
SW1(config)#interface FastEthernet0/1          //此端口连接边界路由器 R1
SW1(config-if)#no switchport                   //启用三层功能
SW1(config-if)#ip address 10.1.1.2 255.255.255.0
SW1(config-if)#exit
SW1(config)#interface range FastEthernet0/3 - 4    //使用这两个端口建立以太通道
SW1(config-if-range)#channel-protocol pagp
SW1(config-if-range)#channel-group 1 mode desirable
SW1(config-if-range)#exit
SW1(config)#interface Port-channel 1           //进入以太通道端口
SW1(config-if)#switchport trunk encapsulation dot1q   //指定 trunk 封装协议
SW1(config-if)#switchport mode trunk           //指定端口为 trunk 模式
SW1(config-if)#exit
SW1(config)#interface FastEthernet0/2          //此端口连接 SW3
SW1(config-if)#switchport trunk encapsulation dot1q
SW1(config-if)#switchport mode trunk           //指定端口为 trunk 模式
SW1(config-if)#exit
SW1(config)#interface Vlan10                    //配置逻辑端口 VLAN 10
SW1(config-if)#ip address 192.168.10.251 255.255.255.0
SW1(config-if)#standby 10 ip 192.168.10.254    //创建 HSRP 10 组,虚拟 IP 为 192.168.10.254
SW1(config-if)#standby 10 priority 200         //指定此端口在 HSRP 10 组的优先级为 200
SW1(config-if)#standby 10 preempt              //配置抢占模式
SW1(config-if)#no shutdown
SW1(config-if)#exit
SW1(config)#interface Vlan20                    //配置逻辑端口 VLAN 20
SW1(config-if)#ip address 192.168.20.251 255.255.255.0
SW1(config-if)#standby 20 ip 192.168.20.254    //建立 HSRP 20 组,虚拟 IP 为 192.168.20.254
SW1(config-if)#standby 20 priority 150         //指定优先级为 150
SW1(config-if)#standby 20 preempt              //配置抢占模式
SW1(config-if)#exit
SW1(config)#ip routing                          //启用路由功能,三层交换机默认不启用路由
SW1(config)#router ospf 1                       //配置 OSPF 单域
SW1(config-router)#network 10.1.1.0 0.0.0.255 area 0
SW1(config-router)#network 192.168.10.0 0.0.0.255 area 0
SW1(config-router)#network 192.168.20.0 0.0.0.255 area 0
SW1(config-router)#exit
SW1(config)#spanning-tree vlan 10 root primary   //指定当前交换机为 VLAN 10 的根桥
```

上面最后一条配置命令是关于 STP 的配置,目的是使 SW1 在正常情况下成为 VLAN 10 的根桥。

3. 三层交换机 SW2 的配置

三层交换机 SW2 的配置类似于 SW1。

```
SW2#vlan database                               //配置 VLAN
SW2(vlan)#vtp domain jkx                        //指定 VTP 域为 jkx
SW2(vlan)#vtp client                            //配置此交换机为 VTP client,VLAN 数据来自 VTP Server
SW2(vlan)#exit
SW2#configure terminal
SW2(config)#interface FastEthernet0/1           //此端口连接边界路由器 R1
```

```
SW2(config-if)#no switchport                    //启用三层功能
SW2(config-if)#ip address 10.1.2.2 255.255.255.0
SW2(config-if)#exit
SW2(config)#interface range FastEthernet0/3 - 4      //使用这两个端口建立以太通道
SW2(config-if-range)#channel-protocol pagp
SW2(config-if-range)#channel-group 1 mode desirable
SW2(config-if-range)#exit
SW2(config)#interface Port-channel 1            //进入以太通道端口
SW2(config-if)#switchport trunk encapsulation dot1q    //指定 trunk 封装协议
SW2(config-if)#switchport mode trunk            //指定端口为 trunk 模式
SW2(config-if)#exit
SW2(config)#interface FastEthernet0/2           //此端口连接 SW3
SW2(config-if)#switchport trunk encapsulation dot1q
SW2(config-if)#switchport mode trunk            //指定端口为 trunk 模式
SW2(config-if)#exit
SW2(config)#interface Vlan10                    //配置逻辑端口 VLAN 10
SW2(config-if)#ip address 192.168.10.252 255.255.255.0
SW2(config-if)#standby 10 ip 192.168.10.254     //创建 HSRP 10 组,虚拟 IP 为 192.168.10.254
SW2(config-if)#standby 10 priority 150          //指定优先级为 150,比 SW1 上配置的 200 低
SW2(config-if)#standby 10 preempt               //配置抢占模式
SW2(config-if)#no shutdown
SW2(config-if)#exit
SW2(config)#interface Vlan20                    //配置逻辑端口 VLAN 20
SW2(config-if)#ip address 192.168.20.252 255.255.255.0
SW2(config-if)#standby 20 ip 192.168.20.254     //建立 HSRP 20 组,虚拟 IP 为 192.168.20.254
SW2(config-if)#standby 20 priority 200          //指定优先级为 200,比 SW1 上配置的 150 高
SW2(config-if)#standby 20 preempt               //配置抢占模式
SW2(config-if)#exit
SW2(config)#ip routing                          //启用路由功能,三层交换机默认不启用路由
SW2(config)#router ospf 1                       //配置 OSPF 单域
SW2(config-router)#network 10.1.2.0 0.0.0.255 area 0
SW2(config-router)#network 192.168.10.0 0.0.0.255 area 0
SW2(config-router)#network 192.168.20.0 0.0.0.255 area 0
SW2(config-router)#exit
SW2(config)#spanning-tree vlan 20 root primary  //指定当前交换机为 VLAN 20 的根桥
```

上面最后一条配置命令是关于 STP 的配置,目的是使 SW2 在正常情况下成为 VLAN 20 的根桥。

4. 二层交换机 SW3 的配置

二层交换机 SW3 的配置以划分 VLAN 为主,其详细的配置过程如下所示:

```
SW3(config)#interface range FastEthernet0/1 - 2 //对向上级联的 f0/1、f0/2 端口进行相同配置
SW3(config-range-if)#switchport mode trunk //配置端口为 trunk 模式,允许所有的 VLAN 帧通过
SW3(config-range-if)#exit
SW3(config)#interface FastEthernet0/3
SW3(config-if)#switchport access vlan 10
SW3(config-if)#switchport mode access
SW3(config-if)#exit
SW3(config)#interface FastEthernet0/4
SW3(config-if)#switchport access vlan 20
```

```
SW3(config - if)#switchport mode access
```

5. 查看配置后的结果

1）查看 STP 的信息

```
SW1#show spanning - tree vlan 10                    //查看 SW1 中 VLAN 10 的 STP 信息
VLAN0010
  Spanning tree enabled protocol ieee
  Root ID    Priority    24586
             Address     0001.C94C.EA8E
             This bridge is the root
             Hello Time  2 sec  Max Age 20 sec Forward Delay 15 sec
  Bridge ID  Priority    24586  (priority 24576 sys - id - ext 10)
             Address     0001.C94C.EA8E
             Hello Time  2 sec  Max Age 20 sec Forward Delay 15 sec
             Aging Time  20
Interface            Role Sts Cost     Prio.Nbr Type
---------------      --- ------- ----  -------------------
Fa0/2                Desg FWD 19       128.2    P2p
Po1                  Desg FWD 9        128.27   Shr
```

上述信息表明：SW1 在 VLAN 10 中是根桥，当前端口 f0/2 与以太通道 Po1 均处于转发状态。

```
SW1#show spanning - tree vlan 20                    //查看 SW1 中 VLAN 20 的 STP 信息
VLAN0020
  Spanning tree enabled protocol ieee
  Root ID    Priority    24596
             Address     0005.5ED2.75E4
             Cost        9
             Port        27(Port - channel 1)
             Hello Time  2 sec  Max Age 20 sec  Forward Delay 15 sec
  Bridge ID  Priority    32788  (priority 32768 sys - id - ext 20)
             Address     0001.C94C.EA8E
             Hello Time  2 sec  Max Age 20 sec  Forward Delay 15 sec
             Aging Time  20
Interface            Role Sts Cost     Prio.Nbr Type
---------------      --- ------- ----  -------------------
Fa0/2                Desg FWD 19       128.2    P2p
Po1                  Root FWD 9        128.27   Shr
```

上述信息表明：SW1 在 VLAN 20 中不属于根桥，但其两个端口 f0/2 与 Po1 仍然处于转发状态。

到 SW2 上进行查看，也会发现类似的信息，这里不再重复说明。不过要注意的是 SW2 在 VLAN 10 中不属于根桥，在 VLAN 20 中属于根桥。这样的安排是为了在正常情况下，实现 VLAN 10 的流量通过 SW1 转发，而 VLAN 20 的流量通过 SW2 转发。从而保证接入层的流量能够平衡地通过两个不同的三层交换机分流。如果打开 PT 软件的 simulation 模式，则可以发现：PC1 所有的流量都通过 SW1 到达 R1，而 PC2 所有的流量都通过 SW2 到达 R1。

2) 查看路由结果

拓扑图中有三个三层设备：R1、SW1、SW2，均使用 OSPF 协议配置了动态路由。这里使用复杂的 OSPF 路由，而不使用静态路由的重要原因是此拓扑图中设备及线路存在大量冗余。这些冗余表现为：R1、SW1、SW2 构成了三层的路由环路，SW1、SW2、SW3 构成了二层的以太环路，SW1 与 SW2 之间也构成了以太环路。而动态路由协议 OSPF 可以很好地适应这种复杂网络，因此本例中才会使用 OSPF 协议进行路由。

首先查看路由器 R1 的路由表：

```
R1♯ show ip route                    //查看路由器 R1 的路由表
…                                    //路由代码省略
     1.0.0.0/24 is subnetted, 1 subnets
C       1.1.1.0 is directly connected, Loopback0
     10.0.0.0/24 is subnetted, 2 subnets
C       10.1.1.0 is directly connected, FastEthernet0/0
C       10.1.2.0 is directly connected, FastEthernet0/1
O    192.168.10.0/24 [110/2] via 10.1.1.2, 00:29:29, FastEthernet0/0
                     [110/2] via 10.1.2.2, 00:29:29, FastEthernet0/1
O    192.168.20.0/24 [110/2] via 10.1.1.2, 00:29:29, FastEthernet0/0
                     [110/2] via 10.1.2.2, 00:29:29, FastEthernet0/1
```

注意观察上面的 OSPF 路由项目，可以发现到网络 192.168.10.0 的 OSPF 路由有两条，分别通过 f0/0 与 f0/1 端口转发。网络 192.168.20.0 的路由项目也是如此。OSPF 可以根据这两条路由自动实现流量的负载均衡。如果使用 PT 软件的 simulation 模式查看 PC1 或 PC2 发给 1.1.1.1 的 ICMP 数据包转发路径，则可以发现路由器 R1 在 reply 时，是通过两个端口 f0/0 与 f0/1 交替转发的。

接着查看三层交换机 SW1 与 SW2 的路由表：

```
SW1♯ show ip route
…                                    //路由代码省略
     1.0.0.0/32 is subnetted, 1 subnets
O       1.1.1.1 [110/2] via 10.1.1.1, 00:41:27, FastEthernet0/1
     10.0.0.0/24 is subnetted, 2 subnets
C       10.1.1.0 is directly connected, FastEthernet0/1
O       10.1.2.0 [110/2] via 10.1.1.1, 00:40:52, FastEthernet0/1
                 [110/2] via 192.168.10.252, 00:40:52, Vlan10
                 [110/2] via 192.168.20.252, 00:40:52, Vlan20
C    192.168.10.0/24 is directly connected, Vlan10
C    192.168.20.0/24 is directly connected, Vlan20
```

上述路由项目中，到网络 10.1.2.0 的 OSPF 路由项有三条，即 SW1 可以动态使用三条路由实现到网络 10.1.2.0 的流量均衡分布到这三条路由。三层交换机 SW2 的路由表与 SW1 类似，这里不重复介绍。

当网络拓扑结构发生变化时，动态路由协议 OSPF 可以很好地自适应这种变化，并自动重新计算相应的路由结果。

3) 查看 HSRP 运行的结果

三层交换机 SW1 与 SW2 上均配置了 HSRP，通过 show standby brief 命令可以查看

HSRP 运行的简要结果。

```
SW1♯show standby brief                        //查看 SW1 的 HSRP 结果
                   P indicates configured to preempt.
Interface  Grp  Pri P State     Active          Standby         Virtual IP
Vl10       10   200 P Active    local           192.168.10.252  192.168.10.254
Vl20       20   100 P Standby   192.168.20.252  local           192.168.20.254
SW2♯show standby brief                        //查看 SW2 的 HSRP 结果
                   P indicates configured to preempt.
Interface  Grp  Pri P State     Active          Standby         Virtual IP
Vl10       10   100 P Standby   192.168.10.251  local           192.168.10.254
Vl20       20   200 P Active    local           192.168.20.251  192.168.20.254
```

上述信息表明：SW1 在 VLAN 10 建立的 HSRP 10 组为活动路由器,备用路由器为 192.168.10.252(即 SW2),其虚拟 IP 为 192.168.10.254,而在 VLAN 20 中的 HSRP 20 组是备用路由器,活动路由器是 192.168.20.252(即 SW2);SW2 在 VLAN 10 建立的 HSRP 10 组为备用路由器,活动路由器为 192.168.10.251(即 SW1),其虚拟 IP 为 192.168.10.254,而在 VLAN 20 中的 HSRP 20 组是活动路由器,备用路由器是 192.168.20.251(即 SW1)。即 SW1 与 SW2 在 HSRP 10、20 组之间互为活动路由器及备用路由器。这么配置的目的就是实现网关的冗余,当某条冗余线路或设备出现故障后,接入层的 PC 仍然可以实现通信。

6. 测试连通性

在 PC1 或 PC2 测试与 1.1.1.1(即路由器 R1 的 loopback0 端口)的连通性。

```
、PC>ping－t 1.1.1.1                           //－t 为不间断测试
Pinging 1.1.1.1 with 32 bytes of data:
Reply from 1.1.1.1: bytes = 32 time = 0ms TTL = 254
Reply from 1.1.1.1: bytes = 32 time = 0ms TTL = 254
Reply from 1.1.1.1: bytes = 32 time = 0ms TTL = 254
…                                            //省略
```

上述信息表明 PC1 或 PC2 可以连通 1.1.1.1。

为了测试 HSRP 的网关冗余能力,可以将 SW1 的 f0/2 端口关闭(也可以将 SW1 电源关闭)后,再查看 PC 的 ping 结果。

```
SW1(config)♯interface fastEthernet 0/2
SW1(config－if)♯shutdown                       //关闭端口
```

当 SW1 的 f0/2 端口被关闭后,交换机之间将重新计算 STP,三层的路由设备间也会重新计算路由。此时到刚才 ping 测试的 PC 上可以发现：经过几个 ICMP 查询数据包超时后,PC 又自动重新连接成功。具体信息为：

```
…                                            //重复信息省略
Reply from 1.1.1.1: bytes = 32 time = 0ms TTL = 254
Reply from 1.1.1.1: bytes = 32 time = 0ms TTL = 254
Request timed out.
Request timed out.
Request timed out.
```

```
Request timed out.
Request timed out.
Reply from 1.1.1.1: bytes = 32 time = 0ms TTL = 254
Reply from 1.1.1.1: bytes = 32 time = 0ms TTL = 254
…                                          //重复信息省略
```

上述信息表明 HSRP 成功保证了接入层 PC 网关的冗余应用,即某条冗余线路或某个冗余设备出现故障,PC 的网关及线路也不必重新配置,整个网络可以在 HSRP 等协议的控制下自动完成重新连接,保证了通信的可靠性。

5.6.4　虚拟路由冗余协议

虚拟路由冗余协议(Virtual Router Redundancy Protocol,VRRP)是 IETF 提出的一种冗余协议,类似思科的 HSRP。通常一个网络内的主机都会设置一条默认网关,主机发出的、目的地址不在本网段的所有数据包将都将通过默认网关转发。当默认网关故障时,本网段内所有与外部的通信都将中断。VRRP 就是为解决此问题而提出的一种路由冗余协议,它为具有多播或广播能力的局域网设计,将局域网内的一组路由器(包括一个 MASTER 和若干个 BACKUP)组织成一个虚拟的路由器,称为一个备份组。这个虚拟的路由器(即备份组)拥有自己的 IP 地址,备份组内的路由器也有自己的 IP 地址。局域网内的主机只需知道这个虚拟路由器的 IP 地址,并不需要知道具体的 Master 路由器的 IP 地址以及 Backup 路由器的 IP 地址,主机将自己的默认网关设置为该虚拟路由器的 IP 地址。网络内的主机就通过这个虚拟路由器来与其他网络进行通信。当备份组内的 Master 路由器坏掉时,备份组内的其他 Backup 路由器将会接替成为新的 Master,继续向网络内的主机提供路由服务,从而实现网络内的不间断通信。

1. 相关术语

虚拟路由器:由一个 Master 路由器和多个 Backup 路由器组成。主机将虚拟路由器当作默认网关。

VRID:虚拟路由器的标识。有相同 VRID 的一组路由器构成一个虚拟路由器。

Master 路由器:虚拟路由器中承担报文转发任务的路由器。

Backup 路由器:Master 路由器出现故障时,能够代替 Master 路由器工作的路由器。

虚拟 IP 地址:虚拟路由器的 IP 地址。一个虚拟路由器可以拥有一个或多个 IP 地址。

IP 地址拥有者:端口 IP 地址与虚拟 IP 地址相同的路由器被称为 IP 地址拥有者。

虚拟 MAC 地址:一个虚拟路由器拥有一个虚拟 MAC 地址。虚拟·MAC 地址的格式为 00-00-5E-00-01-{VRID}。通常情况下,虚拟路由器回应 ARP 请求使用的是虚拟 MAC 地址,只有虚拟路由器做特殊配置的时候,才回应接口的真实 MAC 地址。

优先级:VRRP 根据优先级来确定虚拟路由器中每台路由器的地位。

非抢占方式:如果 Backup 路由器工作在非抢占方式下,则只要 Master 路由器没有出现故障,Backup 路由器即使随后被配置了更高的优先级也不会成为 Master 路由器。

抢占方式:如果 Backup 路由器工作在抢占方式下,当它收到 VRRP 报文后,会将自己的优先级与通告报文中的优先级进行比较。如果自己的优先级比当前的 Master 路由器的优先级高,就会主动抢占成为 Master 路由器;否则,将保持 Backup 状态。

2. VRRP 的工作过程

VRRP 在工作过程中定义了三种状态：初始状态(Initialize)、活动状态(Master)和备份状态(Backup)，其中只有处于活动状态的路由器才可以为到虚拟 IP 地址的转发请求提供服务。

路由器使用 VRRP 功能后，会根据优先级确定自己在 VRRP 备份组中的角色。优先级高的路由器成为 Master 路由器，优先级低的成为 Backup 路由器，如果两台路由器优先级相同，则比较端口的 IP 地址，IP 地址大的成为 Master。Master 路由器会定期发送 VRRP 通告报文，通知 VRRP 备份组内的其他路由器自己工作正常；Backup 路由器则启动定时器等待通告报文的到来，在抢占方式下，当 Backup 路由器收到 VRRP 通告报文后，会将自己的优先级与通告报文中的优先级进行比较。如果大于通告报文中的优先级，则成为 Master 路由器；否则将保持 Backup 状态。在非抢占方式下，只要 Master 路由器没有出现故障，备份组中的路由器始终保持 Backup 状态，Backup 路由器即使随后被配置了更高的优先级也不会成为 Master 路由器。

如果 Backup 路由器的定时器超时后仍未收到 Master 路由器发送来的 VRRP 通告报文，则认为 Master 路由器已经无法正常工作，此时 Backup 路由器会认为自己是 Master 路由器，并对外发送 VRRP 通告报文。备份组内的路由器根据优先级选举出 Master 路由器，承担报文的转发功能。

3. 端口跟踪技术

VRRP 只是解决了路由的冗余问题，但是在实际的网络拓扑中，如果 Master 路由器同时连接到外网与内网，则当外网的线路出现故障时，Master 路由器仍然能够通过内网向 Backup 路由器发送 VRRP 报文，那么 Backup 路由器就无法切换为 Master 状态，网络的通信就会受到影响。

端口跟踪技术是保证在线路出现故障时能使 Backup 路由器接替 Master 路由器工作，从而使网络服务不中断的一种技术。通过端口跟踪技术，可以让 Master 路由器监视连接的线路状态，一旦线路状态由 UP 变为 DOWN，Master 路由器就将自己的 VRRP 优先级降低到低于 Backup 路由器的优先级。这样，通过 VRRP 报文的传递，Backup 路由器看到 Master 路由器的优先级变得低于自己，它就会升级为 Master 路由器，而原来的 Master 路由器则降为 Backup 路由器。通常把端口跟踪技术和 VRRP 技术结合在一起使用，以通过端口跟踪技术提供网络线路的冗余能力。

4. 常用的 VRRP 配置命令

1) 配置 VRRP 组

在端口配置模式下，配置 VRRP 组、并设置虚拟 IP 地址的命令：

```
Router(config-if)#vrrp group - number ip address
```

上面的命令行中：参数 group-number 为 VRRP 备份组的组号，取值范围为 0～255；参数 address 为虚拟路由器的 IP 地址，该地址可以是其中一台路由器端口的 IP 地址，也可以是其他 IP 地址。

2) 配置 VRRP 优先级

在端口配置模式下，配置 VRRP 优先级的命令：

Router(config‐if)♯*vrrp group ‐ number priority priority· ‐ value*

在该命令中,参数 priority-value 表示 VRRP 的优先级,范围是 1～254,该值越大表示优先级越高,默认值为 100。

3) 配置 VRRP 组的抢占模式

在端口配置模式下,配置抢占模式的命令如下:

Router(config‐if)♯*vrrp group ‐ number* preempt

默认方式是允许抢占。一旦备份组中的某台路由器成为 Master,只要它没有出现故障,其他新加入的路由器即使拥有更高的优先级,也不会成为 Master,除非被设置为抢占模式。

4) 配置端口跟踪

VRRP 的端口跟踪需要在全局模式下先定义跟踪目标,然后才能在接口模式下配置 VRRP 参数跟踪该目标。首先在全局模式下,配置端口跟踪目标:

Router(config)♯*track object* interface *type* mod/num line ‐ protocol

在此命令中:参数 object 为 VRRP 跟踪的目标 ID 号,关键字 line-protocol 用于跟踪端口协议状态的 UP 或 DOWN。type mod/num 参数为端口类型及编号。

然后在端口配置模式下,配置 VRRP 跟踪参数:

Router(config‐if)♯*vrrp group ‐ number* track object[decrement priority ‐ decrement]

其中,参数 priority-decrement 表示降低的优先级值,范围是 1～255,默认为 10。另外,在端口跟踪降低优先级后,Backup 路由器仅在两个条件满足时才能接管活动角色:Backup 路由器的优先级更高且 Backup 路由器在其 VRRP 配置中使用了抢占。

5.6.5 路由器应用 VRRP 的案例

由于 PT 软件不支持 VRRP 的配置,本节将使用 DY 软件进行模拟实验,模拟的网络拓扑图如图 5.18 所示。

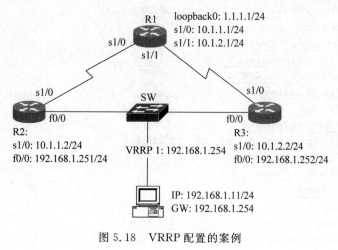

图 5.18 VRRP 配置的案例

DY 模拟的网络配置文件如下。

```
＃VRRP 模拟配置
[localhost]                                    ＃只在本机进行模拟
[[3640]]                                       ＃定义路由器型号为 Cisco 3640
        image = C3640.BIN                      ＃指定 3640 使用的 IOS 文件
    [[Router R1]]                              ＃创建路由器 R1
        model = 3640                           ＃型号 3640
        slot 1 = NM－4T                         ＃slot1 插槽连接模块 NM－4T(4 个串口)
        s1/0 = R2 s1/0                         ＃R1 的端口 s1/0 与 R2 的 s1/0 连接
        s1/1 = R3 s1/0                         ＃R1 的端口 s1/1 与 R3 的 s1/0 连接
    [[Router R2]]                              ＃创建路由器 R2
        model = 3640                           ＃型号使用 3640
        slot1 = NM－4T
        f0/0 = SW 1                            ＃R2 的端口 f0/0 与交换机 SW 的 1 号端口连接
    [[Router R3]]                              ＃创建路由器 R3
        model = 3640                           ＃型号使用 3640
        slot1 = NM－4T
        f0/0 = SW 2                            ＃R3 的端口 f0/0 与交换机的 2 号端口连接
    [[ETHSW SW]]                               ＃创建交换机 SW
        1 = dot1q 1                            ＃定义 trunk 模式
        2 = dot1q 1
        3 = access 1 NIO_udp:30000:127.0.0.1:20000    ＃3 号端口与虚拟 PC1 连接
```

图 5.18 所示的拓扑图中，路由器 R1、R2、R3 使用思科 3640 路由器的 IOS 进行模拟，而交换机 SW 直接使用 DY 软件进行模拟。路由器 R1 用于模拟互联网，其中的逻辑端口 loopback0 用于进行网络的连通性测试；路由器 R2 与 R3 进行 VRRP 组的配置，虚拟路由器 IP 为 192.168.1.254，其中，路由器 R2 将被配置为 Master 路由器，R3 将被配置为 Backup 路由器。

实现 VRRP 配置的步骤如下所示。

1. 路由器 R1 的配置

```
R1(config)＃interface Loopback0
R1(config-if)＃ip address 1.1.1.1 255.255.255.0
R1(config-if)＃exit
R1(config)＃interface Serial1/0
R1(config-if)＃ip address 10.1.1.1 255.255.255.0
R1(config-if)＃clock rate 4032000
R1(config-if)＃no shutdown
R1(config-if)＃exit
R1(config)＃interface Serial1/1
R1(config-if)＃ip address 10.1.2.1 255.255.255.0
R1(config-if)＃clock rate 4032000
R1(config-if)＃no shutdown
R1(config-if)＃exit
R1(config)＃router ospf 1
R1(config-router)＃network 1.1.1.0 0.0.0.255 area 0
R1(config-router)＃network 10.1.1.0 0.0.0.255 area 0
R1(config-router)＃network 10.1.2.0 0.0.0.255 area 0
```

本例中路由器间的路由使用 OSPF 单域配置，loopback0 端口用于网络测试。

2. 路由器 R2 的配置

路由器 R2 配置为 VRRP 组 1 的 Master 路由器，VRRP 1 的虚拟 IP 定义为 192.168.1.254，与 R1 路由器一样使用 OSPF 单域配置路由协议。

```
R2(config)#interface serial 1/0
R2(config-if)#ip address 10.1.1.2 255.255.255.0
R2(config-if)#no shutdown
R2(config-if)#exit
R2(config)#interface fastEthernet 0/0
R2(config-if)#ip address 192.168.1.251 255.255.255.0
R2(config-if)#no shutdown
R2(config-if)#vrrp 1 ip 192.168.1.254      //配置 VRRP 组 1，虚拟 IP 为 192.168.1.254
R2(config-if)#vrrp 1 priority 200          //配置较高的优先级
R2(config-if)#vrrp 1 preempt               //配置抢占模式
R2(config-if)#exit
R2(config)#router ospf 1
R2(config-router)#network 10.1.1.0 0.0.0.255 area 0
R2(config-router)#network 192.168.1.0 0.0.0.255 area 0
R2(config-router)#end
```

3. 路由器 R3 的配置

路由器 R3 的配置与路由器 R2 类似，不同的是 R3 配置为 VRRP 组 1 的 Backup 路由器，作为路由器 R1 的备用路由器。

```
R3(config)#interface serial 1/0
R3(config-if)#ip address 10.1.2.2 255.255.255.0
R3(config-if)#no shutdown
R3(config-if)#exit
R3(config)#interface fastEthernet 0/0
R3(config-if)#ip address 192.168.1.252 255.255.255.0
R3(config-if)#no shutdown
R3(config-if)#vrrp 1 ip 192.168.1.254
R3(config-if)#vrrp 1 priority 150          //优先级低于路由器 R1
R3(config-if)#vrrp 1 preempt
R3(config-if)#exit
R3(config)#router ospf 1
R3(config-router)#network 10.1.2.0 0.0.0.255 area 0
R3(config-router)#network 192.168.1.0 0.0.0.255 area 0
R3(config-router)#end
```

4. 网络测试

1) PC 测试

这里使用 VPCS 软件模拟 PC 的功能，可以在 VPCS 窗口中进行网络测试。

```
VPCS 1 >ping 1.1.1.1                        //测试 PC 与路由器 R1 的连通性
1.1.1.1 icmp_seq=1 time=27.000 ms
1.1.1.1 icmp_seq=2 time=13.000 ms
1.1.1.1 icmp_seq=3 time=13.000 ms
1.1.1.1 icmp_seq=4 time=37.000 ms
```

```
1.1.1.1 icmp_seq = 5 time = 13.000 ms
```

上述信息表明,在完成上述步骤的配置后,PC 可以 ping 通 1.1.1.1。如果使用 Tracert 命令还可以了解到 ICMP 数据包的路由路径。

```
VPCS 1 >tracert 1.1.1.1                    //跟踪到 1.1.1.1 的路由
traceroute to 1.1.1.1, 64 hops max
  1    192.168.1.251    100.000 ms   4.000 ms   6.000 ms
  2    10.1.1.1   24.000 ms    *    46.000 ms
```

上述信息表明 ICMP 数据包是经过路由器 R2(192.168.1.251)转发到路由器 R1 的端口 S1/0(即 10.1.1.1),总共经过了两跳。

2) 查看 VRRP 运行结果

到路由器 R2 与 R3 上分别使用 show vrrp brief 命令可以查看简要的 VRRP 状态信息。

```
R2♯ show vrrp brief
Interface          Grp  Pri  Time  Own  Pre  State    Master addr      Group addr
Fa0/0              1    200  3218       Y    Master   192.168.1.251    192.168.1.254
```

此信息表明路由器 R2 是 Master 路由器,VRRP 组 1 的 Master 路由器是 192.168.1.251 (即路由器 R1),虚拟路由器 IP 地址为 192.168.1.254。

```
R3♯ show vrrp brief
Interface          Grp  Pri  Time  Own  Pre  State    Master addr      Group addr
Fa0/0              1    150  3414       Y    Backup   192.168.1.251    192.168.1.254
```

此信息表明路由器 R3 是 Backup 路由器,VRRP 组 1 的 Master 路由器是 192.168.1.251 (即路由器 R1),虚拟路由器 IP 地址为 192.168.1.254。

3) 测试网络故障发生时的路由结果

上述测试信息均是在网络一切正常的情况下获得的,如果 VRRP 组 1 的 Master 路由器 R1 出现线路等故障(例如 s1/0 端口 down 了),结果又会如何?

```
R2(config)♯ interface serial 1/0          //此端口连接路由器 R1
R2(config - if)♯ shutdown                  //关闭此端口
```

当路由器 R2 的 s1/0 端口被关闭后,在 PC 使用 ping 命令测试时可以发现:虽然路由器 R2 的 s1/0 端口 down 了,但 PC 仍然可以连通 1.1.1.1。若使用 Tracert 命令可以发现其中的原因。

```
VPCS 1 >tracert 1.1.1.1
traceroute to 1.1.1.1, 64 hops max
  1    192.168.1.251    47.000 ms   65.000 ms   62.000 ms
  2    192.168.1.252    124.000 ms   127.000 ms   132.000 ms
  3    10.1.2.1   192.000 ms    *    328.000 ms
```

此时 ICMP 数据包经过了三跳才到达 1.1.1.1,比正常情况下的两跳多了一跳。注意第一跳是出现故障的路由器 R2(即 192.168.1.251),然后再通过路由器 R3(即 192.168.1.252)转发到路由器 R1(即 10.1.2.1)。这个结果表明当路由器 R2 的出口线路 down 掉后,路由器 R2 仍然是内网第一跳路由器。通过 show vrrp brief 可以发现路由器 R2 的身份并没有如预期那样变成 Backup 路由器,让路由器 R3 成为 Master 路由器。

```
R2#show vrrp brief
Interface        Grp  Pri  Time  Own  Pre  State   Master addr      Group addr
Fa0/0            1    200  3218       Y    Master  192.168.1.251    192.168.1.254
```

这条信息表明路由器 R2 仍然是 VRRP 组 1 的 Master 路由器,出现这个现象的原因是由于路由器 R2 仍然可以通过 f0/0 端口向路由器 R3 发送 VRRP 报文,而 R2 的优先级大于 R3,所以即使路由器 R2 出现故障可能会影响网络的通信,但路由器 R3 仍然认为 R2 是 Master 路由器。

```
R3#show vrrp brief
Interface        Grp  Pri  Time  Own  Pre  State   Master addr      Group addr
Fa0/0            1    150  3414       Y    Backup  192.168.1.251    192.168.1.254
```

5. 使用端口跟踪技术

为了让路由器 R3 能够在路由器 R2 出现问题时,顺利成为 Master 路由器,需要在路由器 R2 上配置端口跟踪技术,其配置过程如下所示。

```
R2(config)#track 100 interface serial 1/0 line-protocol
R2(config-track)#exit
R2(config)#interface fastEthernet 0/0
R2(config-if)#vrrp 1 track 100 decrement 100
R2(config-if)#end
```

完成上述的端口跟踪配置后,在路由器 R2 上可以通过 show vrrp brief 命令查看到以下信息。

```
R2#show vrrp brief
Interface        Grp  Pri  Time  Own  Pre  State   Master addr      Group addr
Fa0/0            1    100  3218       Y    Backup  192.168.1.252    192.168.1.254
```

此信息表明路由器 R2 已经不再是 Master 路由器,而变成了 Backup 路由器。此时的 Master 路由器为 192.168.1.252(即路由器 R3)。通过在路由器 R3 上查看 VRRP 状态可以得到确认:

```
R3#show vrrp brief
Interface        Grp  Pri  Time  Own  Pre  State   Master addr      Group addr
Fa0/0            1    150  3414       Y    Master  192.168.1.252    192.168.1.254
```

此时路由器 R3 已经变成了 Master 路由器。

VRRP 组内的路由器状态变化并不会影响内网 PC 的通信,PC 上仍然可以与 1.1.1.1 连通。但是使用 tracert 命令会发现,ICMP 数据包现在的路径与之前是不一样的。

```
VPCS 1 >tracert 1.1.1.1
traceroute to 1.1.1.1,64 hops max
1  192.168.1.252  102.000 ms  257.000 ms  85.000 ms
2  10.12.1     442.000 ms * 127.000 ms
```

上述信息表明：现在的 PC 是通过路由器 R3(即 192.168.1.252)将数据包转发到路由器 R1(10.1.2.1)的，只经过了两跳。这种状态才是网管期望看到的结果，即当 VRRP 组 1 内的 Master 路由器 R2 出现故障时，Backup 路由器 R3 能够变成 Master 路由器，承担内部网络到外部网络的流量转发功能。

本例操作的过程说明在进行 VRRP 配置时，一般情况下应该结合端口跟踪技术一起使用，只有这样才能完全发挥出 VRRP 实现路由冗余的最佳效果。

第6章　网络安全配置及应用

随着网络用户数量不断增长,网络管理员除了要保证网络的连通性外,还需要适度考虑网络的安全性。实现网络的安全有很多不同的设备及技术,本章将以网络工程中常见的交换机与路由器为例,介绍并详细说明如何在企事业网中实现一些最基本的安全控制技术,以保证网络的安全性。

6.1　交换机端口安全

以太网交换机在进行 MAC 帧的交换时,必须使用其自我学习而获得的 MAC 地址表。交换机在收到 MAC 帧时,将根据帧的目的 MAC 地址,查找 MAC 地址表的表项。如果找到,则依据表中对应的端口进行转发,若查找不到,则一般会使用广播方式进行发送。而 MAC 地址表中的表项内容是来自交换机的每一个端口进来的 MAC 帧的源 MAC 地址,简单地说,MAC 地址表是由交换机端口进入的 MAC 帧决定。因此严格管控好交换机的端口、防止未授权设备接入交换机是保证交换机正常工作的重要前提。

6.1.1　端口安全概述

当交换机从某端口接收到一个 MAC 帧时,将使用此帧的源 MAC 地址及其对应的端口号等信息更新 MAC 地址表。以太网内的攻击者利用此特点,就会伪造一个虚假的 MAC 帧发给交换机,但此帧中的源 MAC 地址是虚假的,如果交换机将此帧的虚假信息更新到 MAC 地址表,必然会对交换机的正常交换产生错误的影响。

交换机的端口安全性是指通过定义交换机端口所允许的有效 MAC 地址个数及所允许的源 MAC 地址来限制未授权设备接入交换机。端口安全性通常应用在接入层交换机上,通过配置端口安全参数可以防止非法设备接入交换机,并对交换机 MAC 地址表产生影响。对交换机的端口进行安全配置前,需要先了解以下概念。

1. MAC 地址表的表项

正常情况下,交换机会动态学习并自动生成 MAC 地址表,此表中的每一个项目均来自端口进入帧的源 MAC 地址及其端口号等信息,交换机为了节省 MAC 地址表的空间,会设置一个默认的表项老化时间,当经过指定的老化时间后,某个表项仍然没有被更新或使用,交换机就会将此表项老化并从 MAC 地址表中删除,从而保证 MAC 地址表中的内容是最新且有效的。

网管可以根据需要调整老化时间,老化时间过长会导致 MAC 地址表过大,影响查表的时间及资源的开销,例如某 PC 已经关机,但其 MAC 对应的表项还在 MAC 地址表中,导致交换机继续向一个已经关机的 PC 发送数据帧,如果交换机连接的信息节点较多,还会导致 MAC 地址表空间占满,影响交换机学习新的 MAC 地址;但老化时间过短会导致交换机在 MAC 地址表中经常查找不到需要的表项,频繁进行广播通信堵塞网络的信道。思科的 Catalyst 交换机默认老化时间为 300s,如果交换机所在二层网络连接的 PC 较多且频繁进行开关机(如公共机房),则老化时间可以设置小些;如果连接的 PC 数量不多且开关机较为固定(如办公场所),则老化时间可以大些。

网管可以通过手工命令的方式向交换机的 MAC 地址表中添加 MAC 地址表项,这种表项称为静态 MAC,静态 MAC 对应的表项不会被老化,适用于特定的计算机接入,如网管的 PC。这种静态 MAC 的配置方法也是对付 MAC 地址欺骗的一种手段。

```
Switch(config)#mac address-table static 1111.1111.1111 vlan 1 interface f0/1
//在全局配置模式下,配置静态 MAC 地址: 1111.1111.1111 对应端口为 f0/1
Switch(config)#do show mac-address-table        //使用 do 命令在全局配置模式显示 MAC 地址表
           Mac Address Table
-------------------------------------------

Vlan    Mac Address      Type        Ports
----    -----------      ----        -----
   1    1111.1111.1111   STATIC      Fa0/1
```

上述信息表明此交换机的 MAC 地址表中已经建立了一个表项:该表项属于 VLAN 1, MAC 地址为 1111.1111.1111,对应端口为 f0/1,此表项的类型是静态,不会被交换机老化。

需要说明的是上述配置中的 do 命令用于在其他工作模式中使用特权模式下的 show 命令查看相关配置结果,这条命令的好处在于,网管不需要回到特权模式就可以在全局配置模式下直接使用 show 命令查看相关信息。

2. 配置端口允许的最大 MAC 地址个数

通常情况下交换机的一个端口只连接一台 PC,而一台 PC 的 MAC 地址一般也是固定不变的。因此对于交换机的某个特定端口而言,其对应的 MAC 地址表项应该只有一个。但是在某些情况下,一个交换机端口所对应的 MAC 地址可能不只一个,例如,此端口连接了一个物理层设备(如 Hub)或其他二层交换机,那么这些设备上连接的 PC 的 MAC 地址都可能出现在此端口对应的表项中。通过配置交换机端口允许的最大 MAC 地址个数,网管可以管控交换机某个端口能够接入计算机的个数。

```
Switch(config-if)#switchport mode access          //启用端口的二层模式
Switch(config-if)#switchport port-security        //启用端口上的安全功能,默认是不开启
Switch(config-if)#switchport port-security maximum 2   //允许最大两个不同的 MAC 地址出现
```

默认情况下,交换机是不开启端口安全功能的,因此在指定端口的二层 access 模式后,需要启用端口上的安全功能,然后才是配置允许的最大 MAC 地址个数为两个。需要注意的是:一旦开启了端口的安全功能,则交换机默认情况下认为端口允许的最大 MAC 地址个数是一个。配置任何端口安全参数都需要首先启用端口的二层 access 模式,然后启用端口上的安全功能后,才可以进行其他安全参数的配置。

3. 安全 MAC 地址类型

在实施端口安全时,指定所允许的 MAC 地址的方式被称为安全 MAC 地址类型。思科交换机配置端口安全的主要类型有以下三类。

1）静态安全 MAC 地址

静态安全 MAC 地址作用类似前面提到的静态 MAC 配置，这里通过在端口配置模式下使用以下命令实现。

Switch(config - if) # switchport port - security mac - address 0090.2222.2222

2）动态安全 MAC 地址

由交换机通过自我学习方式动态获得的 MAC 地址，只存储在 MAC 地址表中。

3）粘连安全 MAC 地址

对于交换机已经动态获得的 MAC 地址，在其被自动存储在 MAC 地址表中的同时，通过使用以下命令可以将其添加到交换机正在运行的配置文件中。

Switch(config - if) # switchport port - security mac - address sticky

执行此条命令后，如果保存运行配置到启动配置，则交换机重新启动后就不用再自动重新学习 MAC 地址。虽然网管可以通过 sticky 参数一次配置大量的 MAC 地址，但是为了保证安全性，思科官方不推荐这样操作。

4. 安全违规模式

当交换机端口启用安全功能后，一旦出现非法接入，则交换机就会发生安全违规，同时交换机的端口也会自动采用事先配置或默认的安全违规应对策略，这些策略与其安全违规模式有关，一共有以下三种。

1）保护（Protect）模式

在此模式下若出现安全违规，则交换机端口将不转发非法的接入流量，也不会发出任何安全违规的通知。

2）限制（Restrict）模式

在此模式下若出现安全违规，则交换机端口将不转发非法的接入流量，但同时会发出安全违规的通知，如发送 SNMP 数据包到网管系统等。

3）禁用（Shutdown）模式

在此模式下若出现安全违规，则将造成端口立即变为错误禁用状态（error-disable），端口的 LED 指示灯被关闭，同时发送相关的安全违规通知。这个模式是三种模式中安全级别最高的，也是安全违规后的默认模式。

配置的详细命令格式如下所示。

Switch(config - if) # switchport port - security violation *violation - type*

命令行中的 violation-type 参数为三个选项之一：protect、restrict 与 shutdown，这三个选项分别对应上面提到的三种模式

6.1.2 应用端口安全的案例

本节使用 PT 软件模拟如图 6.1 所示的网络拓扑结构。

图 6.1 中 Switch 为二层交换机，通过 f0/1 端口连接 PC1，f0/2 端口连接 Hub；Hub 分别连接 PC2 与 PC3。为了实验的方便，可以通过 PT 软件修改 PC1、PC2、PC3 的 MAC 地址分别为 0090.1111.1111、0090.2222.2222、0090.3333.3333，IP 地址分别为 1.1.1.1/8、

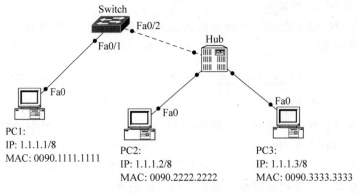

图 6.1　端口安全的应用

1.1.1.2/8、1.1.1.3/8。这里假设各 PC 的 IP 地址已经完成如图 6.1 所示参数的配置。

1. 测试连通性

在 PC1 上使用 ping 命令测试其与 PC2、PC3 的连通性：

```
PC>ping 1.1.1.2                          //测试 PC1 与 PC2 的连接性
Pinging 1.1.1.2 with 32 bytes of data:
Reply from 1.1.1.2: bytes = 32 time = 1ms TTL = 128
Reply from 1.1.1.2: bytes = 32 time = 0ms TTL = 128
Reply from 1.1.1.2: bytes = 32 time = 0ms TTL = 128
Reply from 1.1.1.2: bytes = 32 time = 0ms TTL = 128
…
```

以上信息已经明确表明 PC1 与 PC2 之间是连通的，同样 PC1 与 PC3 之间也可以通过 ping 1.1.1.3 命令测试进行验证，表明 PC1 与 PC3 也是可以连通的，其操作信息此处省略。

2. 查找交换机的 MAC 地址表

```
Switch#show mac-address-table            //查看交换机的 MAC 地址表
          Mac Address Table
------------------------------------------------------

Vlan    Mac Address       Type        Ports
----    -----------       ----        -----
   1    0090.1111.1111    DYNAMIC     Fa0/1
   1    0090.2222.2222    DYNAMIC     Fa0/2
   1    0090.3333.3333    DYNAMIC     Fa0/2
```

上述信息表明，交换机已经自动学习到了三台 PC 各自的 MAC 地址并建立了相关的表项。这些表项都是动态（DYNAMIC）类型，分别来自交换机的端口 f0/1 与 f0/2，其中，f0/2 端口对应有两个表项，其原因就是 f0/2 端口连接的是一台 Hub 而不是 PC，因此 Hub 连接的 PC2、PC3 的 MAC 地址都将出现在交换机的 f0/2 端口中。

正是由于这个 MAC 地址表是动态的，因此每个动态表项都有默认的老化时间 300s，如果 300s 内某个动态表项没有更新或被使用，则此表项将被老化并从 MAC 地址表中删除。由于 PT 模拟的原因，如果查看时输入 show mac-address-table 命令速度较慢，则可能会发现交换机的 MAC 地址表是空的。此时只需要到 PC1 上重新 ping 下 PC2 与 PC3，再回到交换机快速输入命令就可以看到上述信息。

3. 启用端口 f0/2 的粘连安全 MAC 地址

```
Switch(config)#interface fastEthernet 0/2
Switch(config-if)#switchport mode access
Switch(config-if)#switchport port-security
Switch(config-if)#switchport port-security mac-address sticky
Switch(config-if)#end
Switch#show mac-address-table                    //查看 MAC 地址表
          Mac Address Table
-----------------------------------------------------------

Vlan      Mac Address        Type        Ports
----      ---------          ----        -----
```

正确配置上述命令后，就可以完成粘连安全的配置，此时查看交换机的 MAC 地址表会发现是空的(如上所示)。到 PC1 上使用 ping 命令测试与 PC2 的连通性：

```
PC>ping 1.1.1.2
Pinging 1.1.1.2 with 32 bytes of data:
Reply from 1.1.1.2: bytes=32 time=0ms TTL=128
Reply from 1.1.1.2: bytes=32 time=0ms TTL=128
…       //其他省略
```

此时 PC1 是可以 ping 通 PC2 的，然后再到交换机上查看 MAC 地址表。

```
Switch#show mac-address-table
          Mac Address Table
-----------------------------------------------------------

Vlan      Mac Address        Type        Ports
----      ---------          ----        -----
 1        0090.1111.1111     DYNAMIC     Fa0/1
 1        0090.2222.2222     STATIC      Fa0/2
```

注意仔细观察上面显示的这个 MAC 地址表，其中，f0/1 端口对应 PC1 的 MAC 地址，是动态类型的表项；f0/2 端口对应 PC2 的 MAC 地址，其类型为静态(STATIC)。这就是交换机端口粘连的功能，交换机自动根据端口形成的动态 MAC 地址将其转化为静态表项，且该表项会被添加到运行配置文件中，如果将运行配置复制到启动配置中，则交换机重新启动后会自动加载此表项到 MAC 地址中。

```
Switch#copy running-config startup-config     //将运行配置复制到启动配置中
Destination filename [startup-config]?        //按回车键确认目标文件
Building configuration...
[OK]
Switch#reload                                 //重启交换机
Proceed with reload? [confirm]                //按回车键确认重新启动
…                                             //等待重启过程完成
Switch#show mac-address-table                 //交换机启动完成后，再次查看 MAC 地址表
          Mac Address Table
-----------------------------------------------------------

Vlan      Mac Address        Type        Ports
----      ---------          ----        -----

 1        0090.2222.2222     STATIC      Fa0/2
```

网络安全配置及应用

上面最后一行信息表明：重启之前的那条静态表项被自动加载到了 MAC 地址表中。

4. 测试 PC1 与 PC3 的连通性

到 PC1 上测试与 PC3 的连通性：

```
PC > ping 1.1.1.3                              //测试 PC1 与 PC3 的连通性
Pinging 1.1.1.3 with 32 bytes of data:
Request timed out.
Request timed out.
…                                               //其他信息省略
```

此时可以发现 PC1 无法 ping 通 PC3，即使再次使用 ping 命令测试与 PC2 的连通性：

```
PC > ping 1.1.1.2
Pinging 1.1.1.2 with 32 bytes of data:
Request timed out.
Request timed out.
…                                               //其他信息省略
```

上面的信息表明，在上一步骤中可以 ping 通的 PC2 现在也不能连通了。

如果观察 PT 软件窗口中交换机的端口 f0/2，会发现此时端口指示灯颜色为红色，即交换机 f0/2 端口 down 了，出现这个现象的原因是因为在上一步骤中配置粘连安全时，启用了交换机端口的安全功能，在默认情况下，交换机端口的安全功能只允许一个端口出现一个 MAC 地址。

在 PC1 上使用 ping 命令测试与 PC2 的连通性时，交换机的端口 f0/2 已经进行了一次 MAC 地址（即 PC2 的 MAC 地址）登记，当再次使用 ping 命令测试与 PC3 的连通性时，交换机 f0/2 端口会再次登记一次 MAC 地址（即 PC3 的 MAC 地址），显然交换机的端口在进行第二次登记时会发现 MAC 地址不同，端口 f0/2 上出现了两个 MAC 地址。这就触发了交换机默认的安全违规模式：shutdown，此模式直接将交换机端口 f0/2 的状态变为错误禁用状态。所以不仅 PC1 不能连通 PC3，连原来可以连通的 PC2，现在也不能连通了。

5. 配置端口 f0/2 允许的最大 MAC 地址个数

在上一步骤中，PC1 不能连通 PC2、PC3 的根本原因是交换机端口 f0/2 启用了端口安全功能，而默认的端口最大 MAC 地址个数为 1 造成的。因此要解决这个问题，使 PC1 可以连通 PC2、PC3，则需要配置交换机端口 f0/2 允许的最大 MAC 地址个数。

```
Switch(config) # interface fastEthernet 0/2
Switch(config - if) # switchport port - security maximum 2
//将端口 f0/2 允许的最大 MAC 地址个数修改为 2，即允许两个不同的 MAC 地址出现在此端口
Switch(config - if) # shutdown          //显式关闭此端口
Switch(config - if) # no shutdown       //重新启动此端口，恢复交换机正常通信能力
Switch(config - if) # end
```

完成上述步骤的配置后，再到 PC1 上测试与 PC2、PC3 的连通性，可以发现全部可以 ping 通。在交换机上再次查看 MAC 地址表：

```
Switch # show mac - address - table
        Mac Address Table
```

```
----------------------------------------------------
Vlan    Mac Address       Type       Ports
----    -----------       ----       -----
   1    0090.1111.1111    DYNAMIC    Fa0/1
   1    0090.2222.2222    STATIC     Fa0/2
   1    0090.3333.3333    STATIC     Fa0/2
```

上述信息表明,交换机自动将 PC2、PC3 的 MAC 地址作为静态表项登记在端口
f0/2 中。

6. 在 Hub 下接入一台 PC

在 PT 模拟软件中,将一台新 PC 连接到 Hub 上,并配置 PC 的 IP 地址参数为 1.1.1.4/8,配置 IP 地址参数的目的是让此 PC 网卡可以产生流量到交换机 f0/2 端口。一旦网卡有数据帧到达交换机 f0/2 端口,交换机将会立即发现此端口出现了三个不同的 MAC 地址,即最大 MAC 地址个数违规(最大 MAC 地址个数现在是 2),因此端口 f0/2 将被立即 shutdown (即最严的安全违规模式),在 PT 软件窗口中也能观察到此端口指示灯现在是红色状态,如果到 PC1 上测试,则会发现 PC1 不能 ping 通 PC2 与 PC3 了。

通过上述实验的步骤不难发现,交换机在配置端口安全技术后,可以严格管控能够接入到交换机上的 PC 以及其数量。虽然安全违规模式有三种可以选择,但为了安全起见,一般建议网管使用默认的、最安全的 shutdown 模式。这样在配置端口安全技术以后,一旦相关网段出现了任何违规接入的情况,交换机都能及时阻止这些恶意流量的进入,并且只有网管才能恢复此网段的正常通信。出于成本的考虑,在网络工程的实践中,一般不建议在所有接入层交换机上都应用端口安全技术,只是在汇聚层交换机或某些重要的接入层网段中才会考虑使用这种技术。

6.2 访问控制列表技术

基于网络安全的角度,任何网络边界(尤其是内外网络的边界)均存在安全问题,如何控制网络与网络之间的流量是网络管理人员经常需要考虑的问题。为了解决网络边界流量的控制问题,在网络边界设备上使用最多、也是最基本的安全控制技术是访问控制列表 (Access Control List,ACL)技术。

6.2.1 ACL 概述

ACL 是作用于网络边界设备上的指令列表,它根据数据包头部中的某些条件(如源地址、目的地址、源端口、目的端口等)来决定是允许还是拒绝数据包通过,因此 ACL 技术也称为包过滤技术。ACL 技术早期主要应用于路由器设备,但现在的防火墙、三层交换机及部分二层交换机也可以使用 ACL 技术。

ACL 既是控制网络边界通信流量的手段,也是网络安全策略的一个组成部分,常常被应用到网络设备的端口上,这个端口可以是物理端口,也可以是逻辑端口。在端口上,ACL 既可以对进入端口的流量进行过滤,也能对从端口出去的流量进行过滤,其工作的过程如图 6.2 所示。

273

第 6 章

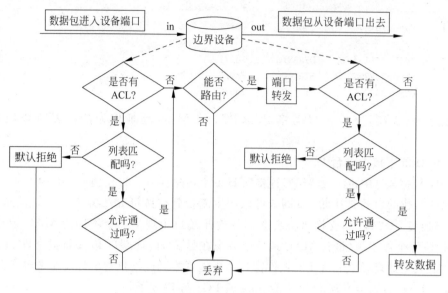

图 6.2　ACL 的工作过程

　　一台边界设备上的 ACL 列表可以创建多个，但在特定端口的一个方向上（要么为 in，要么为 out）只能使用一个列表。如果端口的 in 与 out 两个方向都配置了 ACL，则边界设备会在数据包进入端口或从端口出去时检查 ACL 配置的指令列表。为了区分不同的 ACL 列表，思科设备使用了两种方法进行标识，一种是比较简单的数字标识，也叫 ACL 列表号；另一种使用命名方式对 ACL 进行标识，名字为字母数字形式，方便识别与记忆。

　　思科定义的 ACL 列表号范围较多，但与 IP 网络有关的主要是两个范围：数字范围在 1～99 之间的 ACL 列表称为 IP 标准访问控制列表，简称标准 ACL 列表；数字范围在 100～199 之间的 ACL 列表称为 IP 扩展访问控制列表，简称扩展 ACL 列表。标准 ACL 与扩展 ACL 在功能上有着明显的区别：标准 ACL 列表只能检查数据包中的源 IP 地址；而扩展 ACL 列表可以检查数据包中的协议类型、源地址、目的地址和端口号。因此在使用 ACL 数字标识时，必须为每一个访问控制列表分配唯一的数字，并保证该数字值在所规定的范围内。

　　其他范围的列表与当前的 IP 网络没有关系，这里就不一一介绍。标准 ACL 列表总共可以定义 99 个，如果不够用，还可以使用数字编号为 1300～1999 的扩充范围；扩展 ACL 列表总共可以定义 100 个，如果不够用，也可以使用数字编号为 2000～2699 的扩充范围。

　　一个 ACL 列表可以配置多条指令，边界设备使用 ACL 列表进行数据包的过滤时，会从当前 ACL 列表的第一条指令开始依次进行匹配，一旦某个指令获得了匹配，则此 ACL 列表后面定义的指令将不再检查，直接忽略。如果一个 ACL 列表中定义的所有指令都不匹配，则按照默认规则，此数据包将被丢弃，图 6.3 详细描述了 ACL 指令匹配的大致过程。

　　正是由于 ACL 列表的指令匹配遵循图 6.3 所示的匹配过程，因此在配置 ACL 列表的指令时，必须根据 ACL 指令描述的条件范围，从小到大配置指令，先配置描述范围最小的 ACL 指令，然后配置描述范围较大的 ACL 指令，最后配置描述范围最大的 ACL 指令。

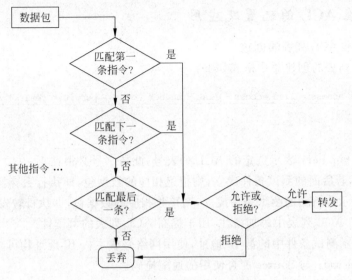

图 6.3　ACL 指令的匹配过程

一个完整的 ACL 配置任务应该按照以下顺序进行。

1. 需求分析

此需求分析是基于边界网络流量限制或网络安全策略的分析,将所有需要进行的控制罗列出来,并为这些控制需求分别选择合适的 ACL 类型(即是标准 ACL 还是扩展 ACL)。

2. 确定 ACL 的应用位置

ACL 列表的应用位置一般遵循最靠近受控对象原则,即所有的网络层访问权限控制尽可能离受控对象最近。应用位置的确定可以明确 ACL 列表将要应用的端口及方向。

3. 创建 ACL 列表

创建 ACL 列表主要遵循两点原则:一个是前面提到的先小后大原则,即先配置条件范围最小的 ACL 指令,最后配置条件范围最大的 ACL 指令;另一个是最小特权原则,只给受控对象完成任务必需的最小权限,不需要的流量一律拒绝。ACL 列表的创建命令在标准与扩展 ACL 中有所不同,具体创建命令将在后续章节中分别介绍。

4. 将 ACL 列表应用到端口上

根据第 2 步中确定的端口及方向,到边界设备的端口上配置 ACL 列表的应用:

```
Router(config-if)# ip access-group access-list-number {in | out}
```

上述命令在端口模式中配置使用,其中的 access-list-number 是第 3 步中创建的 ACL 列表号;in 与 out 表示两个不同的方向,即进来的方向与出去的方向,在配置命令中只能二选一。

5. 测试 ACL 功能

查看 ACL 配置的结果,可以在特权模式下使用 show access-lists 命令。通过 show ip interface 命令也可以查看端口上应用 ACL 的情况。当然最可靠的测试是通过 PC 直接进行网络的连通性测试,以检测边界流量的控制功能是否实现。

网络安全配置及应用

6.2.2 标准 ACL 的配置及应用

1. 数字标准 ACL 列表的创建

标准 ACL 列表的创建命令格式如下：

```
R(config)# access - list access - list - number {deny | permit | remark} source [source -
wildcard][log]
```

其中：

access-list-number：表示选定的 ACL 列表号，此数字号必须在 1～99。

deny：表示若后面的测试条件成立，则拒绝相应的数据包，即执行丢弃操作。

permit：表示若后面的测试条件成立，则接收相应的数据包，即执行转发操作。

remark：在 ACL 列表中添加备注，用于提高 ACL 列表的可读性。

source：表示测试条件中的源 IP 地址，使用网络号或主机 IP 地址均可。

source-wildcard：与 Source 配合使用的通配掩码。

log：表示是否就 ACL 事件生成日志。

上面的命令只能创建一条 ACL 列表的指令，如果一个 ACL 列表存在多条指令，则需要通过此命令分别配置多条，一条指令对应一个 access-list 命令，但所有指令的列表号 access-list-number 必须相同。设备在进行数据包过滤时，将遵循从上到下的顺序依次检查指令中的测试条件，一旦匹配了其中一条指令，则后续指令不再进行检查。

2. 命名标准 ACL 列表的创建

命名标准 ACL 是标准 ACL 创建的另一种形式，其配置过程如下。

1) 创建标准 ACL 的名字

```
R(config)# ip access - list standard name
R(config - std - nacl)#
```

命令中的参数 name 即指定的标准 ACL 列表的名字，名字由字母和数字组成，但不能以数字开头。创建名字后，IOS 将进入标准 ACL 配置模式。

2) 指定匹配规则

在标准 ACL 的配置模式中，可以通过下面的命令定义相应的过滤规则。

```
R(config - std - nacl)#{permit | deny | remark}source [source - wildcard] [log]
```

命令中的各参数作用与数字标准 ACL 的定义是相同的，这里就不再重复介绍。

3. 应用定义的 ACL 列表

无论是通过数字 ACL 还是命名 ACL 创建的 ACL 列表，如果要发挥其定义的功能，则必须将创建的 ACL 列表应用到相应端口的特定方向。应用的方法是在选定的端口模式下通过下面的命令完成。

```
Router(config - if)# ip access - group access - list - number {in | out}
```

此命令用于将已经定义的标准 ACL 列表号（即 access-list-number）应用到相应的端口及方向上。其中的参数 in 表示指定的 ACL 列表被用于对从该端口进入的数据包进行过滤处理；参数 out 表示指定的 ACL 列表被用于对从该端口流出的数据包进行过滤处理。

这里需要再次强调的是在 IP 网络中,设备的每一个端口在每个方向上只能指定一个 ACL 列表。

4. 标准 ACL 的应用案例

这里使用 PT 软件模拟图 6.4 所示的网络拓扑结构,图中路由器 R1 模拟企事业网络的边界路由器,其 f0/1 端口的 IP 地址为 192.168.1.1/24,用于连接内部网络,端口 f0/0 的 IP 地址为 61.183.22.136/24,连接路由器 R2;R2 模拟互联网的 ISP,其端口 f0/1 的 IP 地址为 221.236.12.254/24,用于连接 Web 服务器进行网络的测试;Web 服务器的 IP 地址为 221.236.12.136/24;PC1、PC2 模拟内部网络中的主机。现在要求使用标准 ACL 控制内部网络的流量,使 PC1 不能访问外网(如 Web 服务器),而 PC2 可以访问外网。

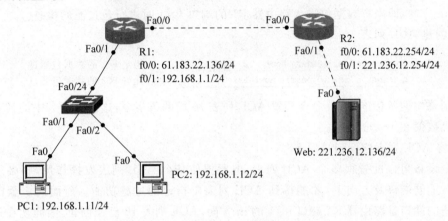

图 6.4　标准 ACL 的配置案例

1) 准备工作

进行 ACL 配置前,必须首先完成网络的基本配置。这些基本配置主要是各设备及端口的 IP 地址参数配置,路由器 R1 与 R2 间的路由配置。IP 地址的规划如图 6.4 所示,路由器间的路由可以使用最简单的静态路由,这些基本配置在前面的章节中已经充分介绍,本节不再罗列这些基本的配置过程,这里假设已经完成这些准备工作。

在进入下一步配置 ACL 前,务必完成网络连通性的测试,确保网络及相关服务正常。最简单的测试方法是到 PC1 及 PC2 的模拟窗口,选择 Desktop 选项卡,单击 Web Browser,在打开的 Web 浏览器窗口中输入 Web 服务器的 IP 地址,如图 6.5 所示。

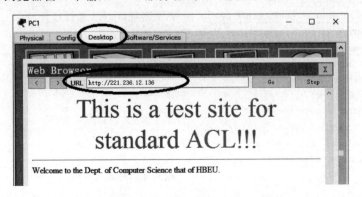

图 6.5　PC1 的 Web 浏览器

网络安全配置及应用

图 6.5 打开的 Web 测试页面表明，PC1(或 PC2)到 Web 服务器的网络是连通的。

2) 需求分析

本案例中需要控制的仅仅是两台 PC：PC1 不允许访问外网而 PC2 允许访问外网。因此使用标准 ACL 对数据包的源 IP 地址进行包过滤检查即可完成需求，ACL 列表使用两条指令：针对 PC1 的指令策略是 deny 即丢弃，而针对 PC2 的指令策略是 permit 即允许。

3) 确定 ACL 的应用位置

根据图 6.4 所示的网络拓扑结构，按照前面所说的 ACL 列表遵循最靠近受控对象原则，此案例中需要应用的标准 ACL 列表配置在路由器 R1 的端口 f0/1 中是最合适的选择，同时由于标准 ACL 只能检查源 IP 地址，因此此标准 ACL 列表应该应用到路由器 R1 端口 f0/1 的 in 方向，即当有数据包进入路由器 R1 的端口 f0/1 时进行包过滤的检查。

4) 创建 ACL 列表

```
R1(config)#access-list 10 deny host 192.168.1.11      //拒绝 PC1 的数据包通过
R1(config)#access-list 10 permit host 192.168.1.12    //允许 PC2 的数据包通过
```

分别使用两条标准 ACL 命令配置 ACL 列表 10 的两条指令，这两条命令中的列表号必须相同且数值在 1~99 之间。

5) 将 ACL 列表应用到端口上

一个设备可以配置很多个 ACL 列表，但要想使某个 ACL 列表发挥作用，则必须将其应用到合适的端口及方向上，才能得到 ACL 列表中指定的过滤功能。前面的步骤已经分析了合适的端口是路由器 R1 端口 f0/1 的 in 方向，ACL 列表 10 已经创建，因此现在只需要进行端口的应用配置即可。

```
R1(config)#interface fastEthernet 0/1       //进入合适的端口模式,本例是 f0/1 端口
R1(config-if)#ip access-group 10 in         //将 10 号 ACL 列表应用到此端口的 in 方向
```

6) 测试 ACL 功能

测试 ACL 的功能有很多方法，常规方法是查看 ACL 配置的相关结果，操作过程如下所示。

```
R1#show ip access-lists                      //查看配置的 ACL 列表信息
Standard IP access list 10
    10 deny host 192.168.1.11
    20 permit host 192.168.1.12
R1#show ip interface fastEthernet 0/1        //查看端口 f0/1 的信息
FastEthernet0/1 is up, line protocol is up (connected)
  Internet address is 192.168.1.1/24
  Broadcast address is 255.255.255.255
  Address determined by setup command
  MTU is 1500 bytes
  Helper address is not set
  Directed broadcast forwarding is disabled
  Outgoing access list is not set
  Inbound   access list is 10
    ...                                      //其他信息此处省略
```

注意观察上述信息的最后两行即波浪线上的信息提示，这些信息表明端口 f0/1 在出去

的方向上没有配置 ACL 列表,在进来的方向上配置了 ACL 列表 10。

另一种最简单的测试方法是到 PC1 上直接检测其能否访问 Web 服务器,此时会发现 PC1 不仅在 Web 浏览器上无法打开 Web 页面,即使在命令行下使用 ping 命令也无法连通 Web 服务器了。

```
PC >ping 221.236.12.136
Pinging 221.236.12.136 with 32 bytes of data:
Reply from 192.168.1.1: Destination host unreachable.
Reply from 192.168.1.1: Destination host unreachable.
Reply from 192.168.1.1: Destination host unreachable.
Reply from 192.168.1.1: Destination host unreachable.
Ping statistics for 221.236.12.136:
    Packets: Sent = 4, Received = 0, Lost = 4 (100 % loss),
```

上述信息表明 PC1 的网关即路由器 R1 已经拒绝了 PC1 的通信请求。

如果到 PC2 上进行测试,则会发现 PC2 可以打开 Web 页面。

以上结果表明,上述标准 ACL 的配置过程已经达到了其数据包过滤的目的:PC1 不能访问外网而 PC2 可以访问外网。

6.2.3 扩展 ACL 的配置及应用

扩展 ACL 列表是对标准 ACL 列表在功能上的扩展,它不仅可以基于源 IP 地址进行数据包的过滤检查,还可以基于目的 IP 地址、协议类型及传输层端口号对数据包进行过滤检查。因此扩展 ACL 比标准 ACL 提供了更为强大的包过滤功能及配置上的灵活性。

1. 数字扩展 ACL 的创建

数字扩展 ACL 创建的命令格式如下。

```
R(config)＃access－list access－list－number {permit | deny | remark} protocol source [source－wildcard destination] [destination－wildcard] [operator operand] [established] [log]
```

配置命令中的多数参数定义与标准 ACL 是相同的,这里不再重复介绍。与标准 ACL 命令参数不同的是以下参数。

access-list-number:列表号,扩展 ACL 列表号的数值必须在 100～199 之间。

protocol:TCP/IP 协议栈中协议的名称,如 ICMP、IP、TCP、UDP 等。

destination:数据包过滤中使用的目的 IP 地址,也可以是目的网络 ID。

destination-wildcard:与 destination 配合使用的通配掩码。

operator:端口操作符,有 lt(小于)、gt(大于)、eq(等于)、neq(不等于)、range(范围)等。

operand:操作数,可以是传输层端口号,也可以是熟知服务类型名称(如 WWW)。

established:仅用于 TCP,指示已经建立的 TCP 连接。

扩展 ACL 列表的创建命令同样只能建立一条指令,如果某个扩展 ACL 列表存在多条指令,则需要配置多条命令,一条配置命令对应一条指令,同一列表的所有指令对应的列表号必须相同。

2. 命名扩展 ACL 列表的创建

命名扩展 ACL 是扩展 ACL 创建的另一种形式,其配置过程如下。

1）创建扩展 ACL 的名字

```
R(config)♯ ip access - list extended name
R(config - ext - nacl)♯
```

命令中的参数 name 即指定的扩展 ACL 列表的名字，名字由字母和数字组成，但不能以数字开头。创建名字后，IOS 将进入扩展 ACL 配置模式。

2）指定匹配规则

在扩展 ACL 的配置模式中，可以通过下面的命令定义相应的过滤规则。

```
R(config - ext - nacl)♯{permit | deny | remark} protocol source [source - wildcard] destination [destination - wildcard] [operator operand] [established] [log]
```

命令中的各参数作用与数字扩展 ACL 的定义是相同的，这里不再重复介绍。

3. 应用定义的 ACL 列表

扩展 ACL 列表的应用命令与标准 ACL 列表的应用命令是相同的：

```
Router(config - if)♯ ip access - group access - list - number {in | out}
```

与标准 ACL 配置不同的是：命令中的参数 access-list-number 的数值必须在 100～199 之间。

4. 扩展 ACL 案例

这里使用 PT 软件模拟图 6.6 所示的网络拓扑结构，图中路由器 R1 通过 f0/0 连接左边的以太网，f0/1 连接中间的以太网，f1/0 连接路由器 R2；路由器 R2 模拟外网，R2 通过 f0/0 连接 Web&FTP 服务器，此服务器可以同时提供 Web 及 FTP 服务。

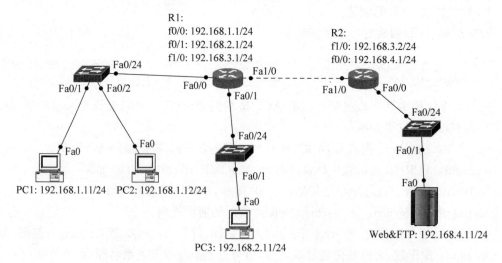

图 6.6　扩展 ACL 配置的案例

假设图 6.6 中所有设备的 IP 地址参数及路由已经完成配置，现在要求实现对左边以太网与中间以太网的流量控制：所有以太网内基于 IP 协议的通信流量均可以通过，但只允许 PC1 访问 Web 服务，不能访问 FTP 服务；PC2 只能访问 FTP 服务，不能访问 Web 服务；PC3 既不能访问 Web 服务也不能访问 FTP 服务。

1）需求分析

在本案例中，由于需要控制的流量涉及服务类型，因此使用标准 ACL 无法完成目标任务，这里必须使用扩展 ACL 才能实现流量控制的目标。扩展 ACL 需要控制的目标存在两个网段中：一个是左边的以太网，需要控制 PC1、PC2 实现不同的访问服务；另一个是中间的以太网，控制 PC3 的流量访问。因此本例使用两个扩展 ACL 列表分别完成以上目标任务。

针对左边以太网的 ACL 列表：

```
permit tcp host 192.168.1.11 any eq 80
deny tcp host 192.168.1.11 any eq 21
permit tcp host 192.168.1.12 any eq 21
permit tcp host 192.168.1.12 any eq 20
deny tcp host 192.168.1.12 any eq 80
permit ip any any
```

针对中间以太网的 ACL 列表：

```
deny tcp host 192.168.2.11 any eq 80
deny tcp host 192.168.2.11 any eq 21
permit ip any any
```

2）确定 ACL 的应用位置

根据前面介绍的原则，本例中的左边 ACL 列表应该应用到路由器 R1 端口 f0/0 的 in 方向，中间的 ACL 列表应该应用到路由器 R1 端口 f0/1 的 in 方向。

3）创建 ACL 列表

```
R1(config)#access-list 100 permit tcp host 192.168.1.11 any eq 80    //允许 PC1 使用 Web 端口
R1(config)#access-list 100 deny tcp host 192.168.1.11 any eq 21    //拒绝 PC1 使用 FTP 连接端口
R1(config)#access-list 100 permit tcp host 192.168.1.12 any eq 21    //允许 PC2 使用 FTP 连接
                                                                      //端口
R1(config)#access-list 100 permit tcp host 192.168.1.12 any eq 20    //允许 PC2 使用 FTP 数据
                                                                      //端口
R1(config)#access-list 100 deny tcp host 192.168.1.12 any eq 80    //拒绝 PC2 使用 Web 端口
R1(config)#access-list 100 permit ip any any    //允许其他基于 IP 的流量通过
R1(config)#ip access-list extended PC3ACL    //使用命名方式创建扩展 ACL 列表 PC3ACL
R1(config-ext-nacl)#deny tcp host 192.168.2.11 any eq 80    //拒绝 PC3 的 Web 端口
R1(config-ext-nacl)#deny tcp host 192.168.2.11 any eq 21    //拒绝 PC3 的 FTP 连接端口
R1(config-ext-nacl)#permit ip any any    //允许其他基于 IP 的流量通过
R1(config-ext-nacl)#exit
R1(config)#
```

上述配置命令中，左边的扩展 ACL 列表使用数字方式创建列表号为 100，而中间的扩展 ACL 列表使用了命名方式创建，扩展 ACL 名称为 PC3ACL，两种不同方法创建的效果是相同的。需要注意的是 FTP 服务对应有两个端口，首先是连接控制端口 21，其次是数据传送端口 20，因此在配置允许策略时需要配置两条命令分别对应这两个端口，但是在配置拒绝策略时，只需要一条配置命令拒绝连接端口 21 即可。

4）将 ACL 列表应用到端口上

```
R1(config) # interface fastEthernet 0/0
R1(config - if) # ip access - group 100 in
R1(config - if) # exit
R1(config) # interface fastEthernet 0/1
R1(config - if) # ip access - group PC3ACL in
R1(config - if) #
```

将上一步创建的两个 ACL 列表分别应用到不同的端口中。

5）测试 ACL 功能

此时通过 PC1、PC2、PC3 使用 ping 命令测试,会发现所有 PC 均可 ping 通服务器 192.168.4.11,但是在 PC1 上只能访问 Web 服务,不能访问 FTP 服务;PC2 只能访问 FTP 服务,不能访问 Web 服务;PC3 既不能访问 Web 服务也不能访问 FTP 服务。因此通过上述步骤的配置,本例已经成功完成了相应流量的控制任务。

6.3　网络地址翻译技术

网络地址翻译(Network Address Translation,NAT)技术是由 IETF 于 20 世纪 90 年代提出的一种标准技术,用于解决当时合法 IP 地址不够分配的问题。通过应用 NAT 技术,在内部网络可以使用不用申请的私有 IP 地址即 RFC 1918 地址,而在外部网络只需要很少量的合法 IP 地址就能让内部主机合法地访问外部网络。这种技术在当时对缓和 IP 地址分配的压力起到了决定性的作用,但是在今天的网络中应用 NAT 技术,可能不单单是因为 IP 地址不够分配的原因,使用 NAT 技术还有一个很大的原因就是保护内部网络中众多的普通 PC 不受外部网络的攻击。因此应用 NAT 技术是目前边界网络中常见的一种安全技术及 IP 地址分配使用的技术。

6.3.1　NAT 技术概述

1. NAT 中使用的地址

NAT 技术是一种将内部网络中的 IP 地址转换为可以在外部网络中使用的合法 IP 地址的技术,内部使用的 IP 地址一般使用 RFC 1918 定义的私有 IP 地址,这种私有 IP 地址不需要到 ISP 去申请,内部网络可以随意分配及使用,但这些私有 IP 地址不能进入互联网,所有互联网设备均会将具有私有 IP 地址的数据包丢弃。为了使具有私有 IP 地址的内部主机也可以访问外部网络,在边界设备上必须配置 NAT 技术将私有 IP 地址转换为可以在互联网中使用的合法 IP 地址,这些合法 IP 地址均需到 ISP 申请。

1）RFC 1918 地址

共分为三个地址块：10.0.0.0/8、172.16.0.0/12 与 192.168.0.0/16。这三个地址块的 IP 地址可以在内部网络中随意分配及使用,不需要到互联网去申请。

2）内部本地地址

指在内部网络中的主机上使用的 IP 地址,一般为 RFC 1918 定义的私有 IP 地址,但也可以是其他合法申请的 IP 地址。

3）内部全局地址

通常指到 ISP 等机构申请的合法外部 IP 地址,应用在本地边界设备的外部端口上。当内部主机需要访问外部网络时,边界设备将会把内部主机的私有 IP 地址替换为这些合法的内部全局地址,并记载这种转换关系,当外部主机的流量返回内部网络时,边界设备将会根据之前记载的对应关系把数据包中的内部全局地址替换为内部本地地址。

4）外部全局地址

分配给外部网络中主机使用的合法 IP 地址,一般作为内部网络访问的目标主机地址使用。

5）外部本地地址

分配给外部网络中主机使用的本地地址,对于内部网络的主机而言,外部本地地址与外部全局地址一般是相同的。

2. NAT 的应用类型

NAT 技术在应用中,可以分为以下三种不同的应用类型。

1）静态 NAT

静态 NAT 是指通过网管手工配置来实现内部本地地址与内部全局地址之间的一对一转换,这种地址转换一般应用于内部网络中的服务器,这些内部服务器需要一个稳定的内部全局地址,以便向外网提供相应的服务。静态 NAT 一旦配置,内外地址的对应关系就会一直保持不变,直至重新配置。

2）动态 NAT

动态 NAT 通过首先定义的内部全局地址池(由多个连续的内部全局地址构成),为内部主机提供地址转换服务,多个内部主机可以顺序使用内部全局地址池中的地址进行外部通信,当地址池中的内部全局地址全部使用完后,其他内部主机就必须等待前面已经使用了内部全局地址的内部主机结束通信后,释放了占用的内部全局地址才能进行新的地址转换服务。因此动态 NAT 技术是一种多对多的地址转换服务,一般情况下,内部全局地址的个数小于内部本地地址的数量,以达到节省合法 IP 地址使用的目的。但是这种技术明显存在的一个缺点是当内部全局地址全部被使用后,其他内部主机将无法使用内部全局地址进行外部通信了。

3）基于端口的 NAT

基于端口的 NAT 技术是对 NAT 功能的一种扩展,也称为端口地址转换(Port Address Translation,PAT)技术。PAT 可以将多个内部本地地址映射为一个或若干个内部全局地址,并通过映射不同的传输层端口号来记录不同的通信连接。当内部主机需要与外部主机进行通信时,PAT 设备使用内部全局地址替换数据包中的源 IP 地址,并将一个当前全局地址没有使用的端口号作为源端口重新封装数据包并进行发送,这些转换关系同时也将被写入 PAT 转换表;当外部主机回应数据包时,PAT 设备将根据 PAT 转换表中记载的内容,将数据包中的目的 IP 地址替换为原来的内部本地地址、目的端口号替换为原来的源端口号,从而实现将外部数据包转发回内部主机。

由于一个 IP 地址在传输层对应的端口个数可以达到数万个(端口号共 16 位,有 2^{16} 个端口号),因此采用 PAT 技术能够实现通过一个内部全局地址为内部主机提供数万个不同的通信连接,而在一般情况下一台主机实时的并发连接多在 10～20 个左右,因此理论上

PAT 技术可以通过一个内部全局地址为内部三千多台普通主机提供并发地址转换服务，PAT 技术实现的地址转换可以说是一对多的关系。

3. NAT 的配置过程

NAT 的应用虽然有三种不同类型，但其配置过程基本相同，主要包括以下两个过程。

1）建立 NAT 转换关系

三种不同的 NAT 应用类型有着不同的建立方式，但都是在全局配置模式下建立内部本地地址与内部全局地址之间的关系，分别是一对一、多对多、一对多的关系。

2）配置 NAT 端口

三种 NAT 应用的转换关系建立后，都需要到 NAT 设备的相应端口中指定是连接内部主机的内部端口还是连接外部网络的外部端口。配置命令的格式如下。

```
Router(config-if)♯ ip nat {inside | outside}
```

其中的参数 inside 表明此端口是内部端口，参数 outside 表明此端口为外部端口。在实际配置中，这两个参数为二选一。

6.3.2　静态 NAT 的配置及案例

静态 NAT 建立转换关系的命令格式如下。

```
Router(config)♯ ip nat inside source static local-ip global-ip
```

其中的参数 local-ip 表示内部本地地址，参数 global-ip 表示内部全局地址。此命令用于建立内部与外部的一对一转换关系。完成 NAT 转换关系的建立后，还需要到 NAT 设备的相关端口上配置 NAT 端口，具体命令参见 6.3.1 节中的介绍。

本节使用 PT 软件模拟图 6.7 所示的网络拓扑结构，实现对内部网络中的服务器 Server 的静态 NAT 配置。在图 6.7 所示的拓扑图中，路由器 R1 模拟内部网络的边界设备，其端口 f0/0 连接内部网络、端口 f0/1 连接外部网络，内部网络现在申请的内部全局地址为 61.183.22.1～61.183.22.10；路由器 R2 模拟外网，Web 用于 NAT 的测试。现在要求实现对内部服务器 Server 的内部本地地址 192.168.1.13 与内部全局地址 61.183.22.2 一对一的静态 NAT 配置。

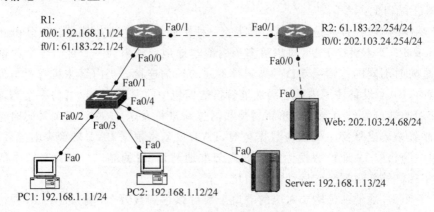

图 6.7　NAT 配置的案例

假设图中所有设备的 IP 地址及静态路由均已经完成了配置,静态 NAT 配置的步骤如下。

```
R1(config)♯ip nat inside source static 192.168.1.13 61.183.22.2
R1(config)♯interface fastEthernet 0/0
R1(config-if)♯ip nat inside
R1(config-if)♯exit
R1(config)♯interface fastEthernet 0/1
R1(config-if)♯ip nat outside
R1(config-if)♯end
```

完成上述命令的配置后,可以到 Server 上通过 Web 浏览器打开 202.103.24.68(即外网的 Web 服务器)的 Web 页面。实际上到 PC1 或 PC2 上也能通过 Web 浏览器打开 Web 服务器上的页面,其结果如图 6.8 所示。

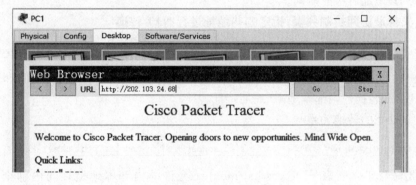

图 6.8　测试 Web 服务器的连接

此时到 Web 服务器的命令窗口中输入 netstat 命令查看与 Web 服务器的连接信息:

```
Active Connections
    Proto    Local Address          Foreign Address          State
    TCP      202.103.24.68:80       61.183.22.2:1028         CLOSED
    TCP      202.103.24.68:80       192.168.1.11:1027        CLOSED
    TCP      202.103.24.68:80       192.168.1.12:1029        CLOSED
```

如果查看不到上述信息,需要到相应主机的 Web 浏览器上单击 Go 按钮(如图 6.8 所示)进行刷新操作。上述信息表明当前连接 Web 服务器的有三个 IP 地址,仔细观察不难发现:其中的 61.183.22.2 是刚刚配置静态 NAT 时指定的内部全局地址;另两个 IP 地址明显是私有 IP 地址(PC1 与 PC2 的内部本地地址)。这些信息表明内部网络的 Server 已经成功完成的静态 NAT 地址转换。PC1 与 PC2 由于没有进行 NAT 配置,因此与 Web 服务器的连接仍然是使用私有 IP 地址,这种情况只在 PT 软件模拟的环境中才会出现,在真实的互联网中是不可能出现的,因为所有以私有 IP 地址封装的数据包都将被路由器丢弃。

到路由器 R1 上查看 NAT 配置结果,也可以发现静态 NAT 配置是否成功。

```
R1♯show ip nat translations      //查看当前设备的 NAT 转换结果
Pro    Inside global       Inside local        Outside local       Outside global
tcp    61.183.22.2:1028    192.168.1.13:1028   202.103.24.68:80    202.103.24.68:80
tcp    61.183.22.2:1029    192.168.1.13:1029   202.103.24.68:80    202.103.24.68:80
tcp    61.183.22.2:80      192.168.1.13:80     202.103.24.68:1025  202.103.24.68:1025
```

```
---     61.183.22.2          192.168.1.13        ---         ---
```

上述信息同样表明：内部本地地址 192.168.1.13 与内部全局地址 61.183.22.2 之间已经建立了一对一的转换关系。

6.3.3 动态 NAT 的配置及案例

动态 NAT 配置过程可以分为以下 4 个步骤。

1. 定义一个内部全局地址池

```
Router(config)# ip nat pool name start-ip end-ip netmask netmask
```

命令中的参数 name 为建立的内部全局地址池名称，start-ip、end-ip 为起止 IP 地址，netmask 为 IP 地址对应的掩码。

2. 定义标准访问控制列表，指定哪些地址进行 NAT 转换

```
Router(config)# access-list access-list-number permit source [source-wildcard]
```

命令中的参数 access-list-number 为 ACL 列表号，source 及 source-wildcard 用于描述可以进行 NAT 转换的内部本地 IP 地址特征。

3. 建立动态的转换关系

```
Router(config)# ip nat inside source list access-list-number pool name
```

通过此命令建立列表号 access-list-number 允许的内部本地地址与内部全局地址池 name 之间的多对多关系。

4. 指定 NAT 端口

到相应的端口模式中，指定与内部网络相连的 inside 端口、与外部网络相连的 outside 端口。

```
Router(config)# interface type number
Router(config-if)# ip nat inside
Router(config)# interface type number
Router(config-if)# ip nat outside
```

这里还是使用 PT 软件模拟图 6.7 所示的网络拓扑图，进行动态 NAT 的配置：对内部网络中的 PC1、PC2 使用动态 NAT 配置，内部全局地址池为 61.183.22.3～61.183.22.4，配置的详细过程如下所示。

```
R1(config)# ip nat pool PCDYIP 61.183.22.3 61.183.22.4 netmask 255.255.255.0
R1(config)# access-list 10 permit 192.168.1.0 0.0.0.255
R1(config)# ip nat inside source list 10 pool PCDYIP
R1(config)# interface fastEthernet 0/0
R1(config-if)# ip nat inside
R1(config-if)# exit
R1(config)# interface fastEthernet 0/1
R1(config-if)# ip nat outside
R1(config-if)# end
```

完成上述命令的配置后，到 PC1 或 PC2 上可以使用图 6.8 所示方法打开 Web 服务器，然后在 Web 服务器的命令行窗口中通过 netstat 命令查看与服务器连接信息。

```
SERVER>netstat
Active Connections
   Proto  Local Address        Foreign Address       State
   TCP    202.103.24.68:80     61.183.22.3:1026      CLOSED
```

上面的信息表明：当前连接 Web 服务器的主机是 61.183.22.3，显然路由器 R1 已经将 PC1 或 PC2 的内部本地地址转换为内部全局地址了，在路由器 R1 上也可以通过 show 命令查看 NAT 转换的结果。

```
R1#show ip nat translations
Pro  Inside global      Inside local        Outside local       Outside global
tcp  61.183.22.3:1026   192.168.1.11:1026   202.103.24.68:80    202.103.24.68:80
---  61.183.22.2        192.168.1.13        ---                 ---
```

上述信息表明内部本地地址 192.168.1.11（即 PC1）被转换为内部全局地址 61.183.22.3（即地址池 PCDYIP 中的 IP 地址）了。

6.3.4 PAT 的配置及案例

PAT 配置分为两类：基于数个内部全局地址的 PAT 配置与基于单一内部全局地址的 PAT 配置。

1. 基于数个内部全局地址的 PAT 配置

此类 PAT 配置与动态 NAT 的配置一样，需要先建立内部全局地址池，创建 ACL 列表指定进行 NAT 转换的内部主机 IP 地址。不同的是在完成地址池与 ACL 列表创建后，需要使用下面的命令建立 PAT 的多对多转换关系。

```
Router(config)#ip nat inside source list acl-number pool name overload
```

注意上面命令中的参数与动态 NAT 配置中的参数基本相同，只是多了一个参数 overload，此参数允许内部多个本地地址使用相同的内部全局地址，这些内部全局地址通过端口号进行区分。

2. 基于单一内部全局地址的 PAT 配置

与上一类 PAT 配置类似，仍然需要创建 ACL 列表指定哪些内部主机参与 NAT 转换，但不用定义地址池。此类 PAT 的转换关系通过下面的命令建立。

```
Router(config)#ip nat inside source list acl-number interface interface-name overload
```

命令中的参数 acl-number 为创建的 ACL 列表号，interface-name 为连接外网的外部端口名称，此外部端口一般使用 ISP 提供的内部全局地址。参数 overload 表示内部主机通过外部端口的 IP 地址进行端口的复用，实现 PAT 的一对多关系。

无论是哪一类 PAT，配置上述步骤后，最后都需要到 NAT 设备的相应端口配置 inside 端口与 outside 端口。

3. PAT 配置的案例

这里仍然使用图 6.7 所示的网络拓扑图进行 PAT 配置的介绍，现在要求在图 6.7 中为内部网络中的主机提供基于外部端口的 PAT 配置，具体的配置命令如下所示。

第6章

网络安全配置及应用

```
R1(config)#access-list 20 permit 192.168.1.0 0.0.0.255
R1(config)#ip nat inside source list 20 interface f0/1 overload
R1(config)#interface fastEthernet 0/0
R1(config-if)#ip nat inside
R1(config-if)#exit
R1(config)#interface fastEthernet 0/1
R1(config-if)#ip nat outside
R1(config-if)#end
```

与前面小节的案例一样,完成上述 PAT 配置后,可以到 PC1 或 PC2 上测试 Web 服务器的连接。此时在 Web 服务器上查看的连接信息如下。

```
SERVER>netstat
Active Connections
    Proto    Local Address         Foreign Address        State
    TCP      202.103.24.68:80      61.183.22.1:1032       CLOSED
```

此信息表明 PC1 的内部本地址 192.168.1.11 已经被转换为外部端口 f0/1 上的 IP 地址 61.183.22.1。在路由器 R1 上查看 NAT 转换的结果也是如此。

```
R1#show ip nat translations
Pro    Inside global        Inside local          Outside local         Outside global
tcp    61.183.22.1:1032     192.168.1.11:1032     202.103.24.68:80      202.103.24.68:80
---    61.183.22.2          192.168.1.13          ---                   ---
```

如果读者是在配置完动态 NAT 后,接着配置本节的 PAT,那么查看的结果信息将还是动态 NAT 的转换关系,若要想使 PAT 配置的参数立即发挥效果,则必须删除前面动态 NAT 配置的参数,其操作的方法如下。

```
R1#clear ip nat translation *                  //删除路由器已经建立的 NAT 转换关系
R1#configure terminal
R1(config)#no ip nat inside source list 10     //使用 no 命令删除 6.3.3 节配置的动态 NAT 参数
```

上述命令的目的是清除 6.3.3 节配置的动态 NAT,只有删除动态 NAT 配置的参数后,刚才配置的 PAT 参数才会发挥作用。

6.4 虚拟专用网技术

随着规模的不断发展壮大,很多企业开始在不同城市甚至不同国家出现分支机构,企业需要将这些地理位置不同的分支机构的网络相互连接在一起,以便更好地共享资源、协同工作、提高工作效率。事业单位及校园网络也存在类似的网络分区互连需求,若使用传统的专线连接不同地理位置上的网络,则组网成本会太高,一般的企事业单位无法承受如此高昂的互连费用;若直接通过 ISP 的互联网进行连接,则又会出现明显的安全问题。在这种市场环境下,一种低成本的虚拟专用网络(Virtual Private Network,VPN)技术应运而生。

6.4.1 VPN 概述

VPN 是指在 ISP 提供的公用网络中建立专用的数据通信网络的技术,VPN 中的任意两个节点之间没有传统专用网所需的专用物理链路,而是利用互联网公共的连接资源组成的链路进行通信。虽然互联网是不安全的,但是 VPN 技术通过在互联网链路上实现的各种隧道技术、加解密算法、认证协议,可以向 VPN 用户提供与传统专用网等同的安全性。因此 VPN 简单来说只是一种建立在现有互联网之上,又能提供高于 TCP/IP 安全性的虚拟网络。VPN 的技术种类繁多,区分不同 VPN 技术的关键是看其使用的隧道技术。

1. 隧道技术

隧道技术是 VPN 的基本技术,用于在互联网的公共通道中建立一条数据封装的隧道,VPN 所有的数据流量均在隧道中使用各种加密技术进行安全传输。隧道协议可分为第二层隧道协议 L2F、PPTP、L2TP 和第三层隧道协议 GRE、IPSec,它们的本质区别在于隧道中传输的数据包是被封装在哪种数据包中。

1) L2F 协议

L2F(Layer 2 Forwarding,第二层转发协议)是思科公司于 1996 年提出的 VPN 隧道协议,用于适应当时日益增长的拨号服务和非 IP 协议的应用。L2F 协议使隧道封装的信息和下层的物理传输介质相互独立,并能实现用户身份认证及动态 IP 管理等功能。

2) PPTP

PPTP(Point to Point Tunneling Protocol,点到点隧道协议)是由包括微软和 3Com 等公司组成的 PPTP 论坛开发的一种点对点隧道协议,此协议基于拨号使用的 PPP 使用 PAP 或 CHAP 之类的加密算法,或者使用 Microsoft 的点对点加密算法 MPPE。可以通过跨越基于 TCP/IP 的互联网创建 VPN,实现从远程客户端到专用企业服务器之间数据的安全传输。

3) L2TP

L2TP 由 IETF 于 1998 年提出,此协议融合了 L2F 与 PPTP 技术的优点。L2TP 支持在两端点间使用多隧道,用户可以针对不同的服务质量创建不同的隧道。L2TP 可以提供隧道验证,而 PPTP 则不支持隧道验证。PPTP 要求互联网络为 IP 网络,L2TP 只要求隧道媒介提供面向数据包的点对点的连接即可,L2TP 可以在 IP、FrameRelay、PVC 或 ATM 网络上使用。

4) GRE 协议

GRE(Generic Routing Encapsulation,通用路由封装协议)规定了怎样用一种网络层协议去封装另一种网络层协议的方法。GRE 的隧道由两端的源 IP 地址和目的 IP 地址来定义,它允许用户使用 IP 封装 IP、IPX、AppleTalk,并支持全部的路由协议如 RIP、OSPF、IGRP、EIGRP。通过 GRE 用户可以利用公共 IP 网络连接 IPX 网络、AppleTalk 网络,还可以使用保留地址进行网络互联,或者对公网隐藏企业网的 IP 地址。GRE 只提供了数据包的封装,它并没有加密功能来防止网络侦听和攻击,所以在实际应用中常和 IPsec 在一起使用,由 IPsec 提供用户数据的加密,从而给用户提供更好的安全性。

5) IPSec 协议

前面介绍的 PPTP、L2F、L2TP 和 GRE 各自有自己的优点,但是都没有很好地解决隧道加密与数据加密的问题。而 IPSec 协议把多种安全技术集合到一起,可以建立一个安全、可靠的隧道。这些技术包括 Diffie-Hellman 密钥交换技术,DES、RC4、IDEA 数据加密技术,HMAC、MD5、SHA 哈希散列算法,数字签名技术等。

IPSec 是由 IETF 工作组定义的互联网标准协议,实际上是一套相关协议的集合。其中最关键的是以下三个基本协议。

AH 协议:提供数据源身份认证、数据完整性保护、重放攻击保护功能。

ESP 协议:提供数据保密、数据源身份认证、数据完整性、重放攻击保护功能。

IKE 协议:提供自动建立安全关联和管理密钥的功能。

其中,AH 与 ESP 协议均为 IPSec 的隧道封装协议,AH 协议只涉及认证方面的功能,不涉及加密。AH 协议虽然在功能上和 ESP 有些重复,但 AH 除了可以对 IP 的有效负载进行认证外,还可以对 IP 头部实施认证。而 ESP 的认证功能主要是面对 IP 的有效负载,不能对 IP 头部进行认证,但 ESP 具有 AH 没有的数据加密功能。因此在实现配置中,有时可以同时使用 AH 与 ESP 协议进行隧道的数据封装。

本章节将重点介绍基于 IPSec 隧道技术的 VPN 及其配置方法。

2. IPSec 的工作模式

IPSec 有两种工作模式:隧道模式(Tunnel)和传输模式(Transport)。

1) 隧道模式

用于在网络到网络或站点到站点的环境中保护 IP 数据流,隧道模式为整个原始 IP 数据包提供安全性,原始 IP 数据包被加密后封装到另一个 IP 数据包中,新的 IP 数据包中的 IP 地址用于在互联网中路由数据包。

2) 传输模式

用于主机到主机或端到端的环境中保护 IP 数据流,在原始 IP 头部与负载之间插入一个 IPSec 封装的 AH 或 ESP 头部,因此传输模式只保护原始 IP 数据包的负载,不保护 IP 头部。只有在 IPSec 的两端都是 IP 数据包的源与目的 IP 地址时,才能够使用传输模式。

隧道模式可以适用于任何应用环境,而传输模式只能适用于主机到主机的应用环境,但是隧道模式需要多一层 IP 头部的开销。在实际应用时,需要根据 VPN 应用的环境进行合理选择。

6.4.2 IPSec VPN 的配置步骤

进行 IPSec VPN 的配置主要有以下步骤。

1. 为密钥管理配置 IKE 协议

IPSec VPN 的两端为了建立信任关系,必须交换某种形式的认证密钥。

IKE(Internet Key Exchange,Internet 密钥交换)协议是一种为 IPSec 管理和交换密钥的标准方法。一旦两个对等端之间的 IKE 协商取得成功,那么 IKE 就创建到远程对等端的安全关联(Security Association,SA),SA 是单向的,在两个对等端之间存在两个 SA。IKE 使用 UDP 端口 500 进行协商,因此需要确保端口 500 不被阻塞。

IKE 协议的配置分为以下几个主要步骤。

1) 启用或者禁用 IKE

```
Router(config)#crypto isakmp enable        //启用 IKE 功能
Router(config)#no crypto isakmp enable     //禁用 IKE 功能
```

默认情况下所有接口上都会启动 IKE 协议。

2）创建 IKE 策略

（1）定义策略

```
Router(config)#crypto isakmp policy priority
```

其中的参数 priority 表示定义的策略编号，例如，policy 1 表示策略 1，假如想多配几个 VPN，可以写成 policy 2、policy 3 等。

（2）定义加密算法

```
Router(isakmp)#encryption {des | 3des | aes}
```

加密算法可以为 56 位的 DES、168 位的 3DES 或者 AES 之一，其中，DES 算法为默认加密算法。

（3）定义散列算法

```
Router(isakmp)#hash {sha | md5}
```

参数 SHA 与 Md5 均为哈希散列算法，用于数据完整性保证，默认使用 SHA 算法。

（4）定义认证方式

```
Router(isakmp)#authentication {rsa-sig | rsa-encr | pre-share}
```

其中参数：

rsa-sig 表示要求使用 CA 并且提供防止抵赖功能，此选项是默认值；

rsa-encr 表示不需要 CA 并提供防止抵赖功能；

pre-share 表示通过手工配置的预共享密钥进行认证，这种方式是 PT 模拟唯一支持的认证方式。

（5）定义 Diffie-Hellman 标识符

```
Router(isakmp)#group {1 | 2}
```

参数值 1 表示 DH 算法的密钥使用 768 位密钥，参数值 2 表示 DH 算法的密钥使用 1024 位密钥，显然后一种密钥安全性更高，但其消耗更多的 CPU 时间。因此除非购买高端路由器，或是 VPN 通信流量比较少，否则最好使用 group 1 长度的密钥。

（6）定义安全关联的生命期

```
Router(isakmp)#lifetime seconds
```

参数 seconds 表示生命期，这个值以 s 为单位，默认值为 86 400 即一天的时间。需要注意的是 IPSec 两端的路由器都要设置相同的 SA 周期，否则 VPN 在正常初始化之后，将会在较短的一个 SA 周期后中断。

3）配置认证方式

认证方式有三种，可以选择其中一种进行认证。

（1）（rsa-sig）使用证书授权（使用 CA）

```
Router(config)#hostname hostname          //确保路由器有主机名和域名
Router(config)#ip domain-name domain
Router(config)#crypto key generate rsa    //产生 RSA 密钥
```

```
Router(config)#crypto ca identity name          //设定 CA 的主机名
Router(config)#crypto ca authenticate name      //认证 CA 的名称
```

（2）（rsa-encr）手工配置 RSA 密钥（不使用 CA）

```
Router(config)#crypto key generate rsa                      //产生 RSA 密钥
Router(config)#crypto isakmp identity {address | hostname}      //指定对等端的 IKE 标识
Router(config)#crypto key pubkey-chain rsa      //配置公共密钥链
```

（3）（preshare）配置预共享密钥

```
Router(config)#crypto isakmp key key-string {peer-address | peer-hostname}
```

参数 key-string 为预先共享的密钥，peer-address 或 peer-hostname 为 VPN 另一端路由器 IP 地址或主机名称。相应地在另一端路由器上配置的参数也必须与之相对应。

2. 创建 IPSec 交换集

```
Router(config)#crypto ipsec transform-set name [transform1 | transform2 | transform3]
```

可以在一个保密图中定义多个变换集（Transform-set），如果没有使用 IKE，则只能定义一种变换集。用户能够选择多达三种不同的变换算法。

3. 选择变换集的模式

此模式就是前面提到的 IPSec VPN 工作模式，分为隧道模式与传输模式两种。

```
Router(crypto-transform)#mode {tunnel | transport}
```

需要注意的是在 PT 模拟软件中，只能使用隧道模式 tunnel。

4. 创建 ACL 列表来定义受 VPN 保护的流量

```
Router(config)#access-list access-list-number ....      //使用 ACL 命令定义受 VPN 保护的流量
```

ACL 命令定义的列表号将被保密图（Crypto Map）引用，用来确定端口上需要 VPN 保护的流量是哪些流量。

5. 使用 IPSec 策略定义保密图

保密图通过关联的 ACL 列表，确定了远程对等端、本地地址、变换集和协商方法。可在下列三种方式中选择一种配置方式。

1）使用手工的安全关联（没有 IKE 协商）

```
Router(config)#crypto map map-name sequence ipsec-manual      //创建保密图
Router(crypto-map)#match address access-list      //引用 ACL 列表来确定受保护的流量
Router(crypto-map)#set peer {hostname | ip_addr}      //确定远程的 IPSec 对等端 IP 地址或名称
Router(crypto-map)#set transform-set name
//指定要使用的变换集，变换集必须和远程对等端上使用的相同
```

2）使用 IKE 建立的安全关联

```
Router(config)#crypto map map-name sequence ipsec-isakmp      //创建保密图
Router(crypto-map)#match address access-list      //引用 ACL 列表来确定受保护的流量
Router(crypto-map)#set peer {hostname | ip_addr}      //确定远程的 IPSec 对等端 IP 地址或名称
Router(crypto-map)#set transform-set name      //指定要使用的变换集
```

3）使用动态安全关联

```
Router(config)#crypto dynamic - map dyn - map - name dyn - seq - num    //创建动态的保密图
Router(crypto - map)#match address access - list    //引用 ACL 列表来确定受保护的流量
Router(crypto - map)#set peer {hostname | ip_addr}    //确定远程的 IPSec 对等端 IP 地址或名称
Router(crypto - map)#set transform - set name    //指定要使用的变换集
```

6. 将保密图映射到 VPN 设备的端口上

首先进入需要应用保密图的端口,然后使用以下命令建立映射关系。

```
Router(config - if)#crypto map map - name
```

其中的参数 map-name 为上一步中创建的保密图名称。

6.4.3 基于 IPSec 的 VPN 案例

本节使用 PT 软件模拟图 6.9 所示的网络拓扑结构,图中路由器 R1、R3 模拟企事业网络的两个分支机构的边界网关,路由器 R2 模拟互联网,其中的逻辑端口 loopback0 用于网络测试。PC1 与 PC2 分别代表两个机构的内部主机,用于测试 VPN 配置后的结果。

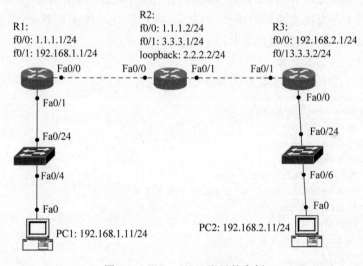

图 6.9 IPSec VPN 配置的案例

1. 完成基本配置

基本配置包括完成所有设备端口 IP 地址参数配置,路由器 R1 与 R3 的静态路由配置,边界网关的 NAT 配置。

1）路由器 R1 的基本配置

包括两个端口的 IP 地址参数配置与静态路由配置:

```
R1(config)#interface fastEthernet0/0
R1(config - if)#ip address 1.1.1.1 255.255.255.0
R1(config - if)#no shutdown
R1(config - if)#exit
R1(config)#interface fastEthernet0/1
R1(config - if)#ip address 192.168.1.1 255.255.255.0
```

网络安全配置及应用

```
R1(config - if) # no shutdown
R1(config - if) # exit
R1(config) # ip route 0.0.0.0 0.0.0.0 1.1.1.2
```

2）路由器 R2 的基本配置

包括两个物理端口及一个逻辑端口的 IP 地址参数配置：

```
R2(config) # interface fastEthernet 0/0
R2(config - if) # ip address 1.1.1.2 255.255.255.0
R2(config - if) # no shutdown
R2(config - if) # exit
R2(config) # interface fastEthernet 0/1
R2(config - if) # ip address 3.3.3.1 255.255.255.0
R2(config - if) # no shutdown
R2(config - if) # exit
R2(config) # interface loopback 0
R2(config - if) # ip address 2.2.2.2 255.255.255.0
R2(config - if) # exit
```

需要注意的是路由器 R2 用于模拟互联网、进行网络测试，与本例的 VPN 无直接关联。由于 R2 与 R1、R3 是直接连接的路由器，因此路由器 R2 上不需要配置路由，在真实的互联网中，所有路由器都必须配置动态路由。

3）路由器 R3 的基本配置

包括两个端口的 IP 地址参数配置与静态路由配置：

```
R3(config) # interface fastEthernet 0/1
R3(config - if) # ip address 3.3.3.2 255.255.255.0
R3(config - if) # no shutdown
R3(config - if) # exit
R3(config) # interface fastEthernet 0/0
R3(config - if) # ip address 192.168.2.1 255.255.255.0
R3(config - if) # no shutdown
R3(config - if) # exit
R3(config) # ip route 0.0.0.0 0.0.0.0 3.3.3.1
```

4）配置边界网关的 NAT

边界网关 R1 与 R3 的 NAT 均使用 PAT 配置技术，使内部主机复用外部端口的 IP 地址。

路由器 R1 的 PAT 配置过程如下。

```
R1(config) # ip access - list extended FOR_NAT
R1(config - ext - nacl) # deny ip 192.168.1.0 0.0.0.255 192.168.2.0 0.0.0.255
R1(config - ext - nacl) # permit ip 192.168.1.0 0.0.0.255 any
R1(config - ext - nacl) # exit
R1(config) # ip nat inside source list FOR_NAT interface f0/0 overload
R1(config) # interface f0/0
R1(config - if) # ip nat outside
R1(config - if) # exit
R1(config) # interface f0/1
R1(config - if) # ip nat inside
```

路由器 R3 的 PAT 配置如下。

```
R3(config)# ip access-list extended FOR_NAT
R3(config-ext-nacl)# deny ip 192.168.2.0 0.0.0.255 192.168.1.0 0.0.0.255
R3(config-ext-nacl)# permit ip 192.168.2.0 0.0.0.255 any
R3(config-ext-nacl)# exit
R3(config)# ip nat inside source list FOR_NAT interface f0/1 overload
R3(config)# interface f0/1
R3(config-if)# ip nat outside
R3(config-if)# exit
R3(config)# interface f0/0
R3(config-if)# ip nat inside
```

注意观察路由器 R1、R3 配置的 ACL 列表中,都有一条 deny 指令。配置这条 deny 语句的目的是使两个内部网络中的主机在进行 VPN 连接时,不使用 PAT 进行地址转换,因为 VPN 使用隧道技术,在隧道中,两个机构的内部主机之间仍然使用内部本地地址;而当内部主机访问互联网(如 2.2.2.2)时,就必须使用 PAT 的地址转换功能。

完成路由器 R1、R3 的 NAT 配置后,可以在两个 PC 上测试到互联网(即 2.2.2.2)的连通性。

```
PC>ping 2.2.2.2
Pinging 2.2.2.2 with 32 bytes of data:
Reply from 2.2.2.2: bytes=32 time=0ms TTL=254
Reply from 2.2.2.2: bytes=32 time=0ms TTL=254
Reply from 2.2.2.2: bytes=32 time=3ms TTL=254
Reply from 2.2.2.2: bytes=32 time=0ms TTL=254
Ping statistics for 2.2.2.2:
    Packets: Sent = 4, Received = 4, Lost = 0 (0% loss),
Approximate round trip times in milli-seconds:
    Minimum = 0ms, Maximum = 3ms, Average = 0ms
```

上述信息表明,图 6.9 所示的网络已经完成了 VPN 配置前的基本配置任务。

2. 基于 IPSec 的 VPN 配置

VPN 配置过程较为复杂,本例将使用最简单的步骤完成基于 IPSec VPN 的配置任务。

1) 配置 IKE 策略

路由器 R1 的 IKE 策略配置如下所示。

```
R1(config)# crypto isakmp policy 10           //创建 IKE 策略 10
R1(config-isakmp)# authentication pre-share   //当前策略使用的认证方式为 pre-share
R1(config-isakmp)# encryption aes 128         //指定加密算法为 128 位的 AES
R1(config-isakmp)# hash sha                   //指定哈希算法为 SHA
R1(config-isakmp)# group 2                    //指定 DH 算法的密钥使用 1024 位
R1(config-isakmp)# lifetime 3600              //指定安全关联 SA 的生命期为 3600s
R1(config-isakmp)# end
R1# show crypto isakmp policy                 //查看当前配置的 IKE 策略的细节
Global IKE policy
Protection suite of priority 10
        encryption algorithm:    AES - Advanced Encryption Standard (128 bit keys).
        hash algorithm:          Secure Hash Standard
```

```
        authentication method:   Pre - Shared Key
        Diffie - Hellman group:  # 2 (1024 bit)
        lifetime:                3600 seconds, no volume limit
Default protection suite
        encryption algorithm:    DES - Data Encryption Standard (56 bit keys).
        hash algorithm:          Secure Hash Standard
        authentication method:   Rivest - Shamir - Adleman Signature
        Diffie - Hellman group:  # 1 (768 bit)
        lifetime:                86400 seconds, no volume limit
```

上述显示的信息是当前配置的 IKE 策略 10 与默认的技术参数细节对比。

路由器 R3 的 IKE 策略配置如下所示。

```
R3(config)# crypto isakmp policy 10
R3(config - isakmp)# authentication pre - share
R3(config - isakmp)# encryption aes 128
R3(config - isakmp)# hash sha
R3(config - isakmp)# group 2
R3(config - isakmp)# lifetime 3600
R3# show crypto isakmp policy    //查看 IKE 策略,显示结果与 R1 类似,这里省略
```

两个对等 VPN 端的 IKE 策略必须保持一致,才有可能建立安全关联 SA。

2) 配置 pre-share 认证使用的预共享密钥

```
R1(config)# crypto isakmp key hbeu address 3.3.3.2
//在路由器 R1 上配置 IKE 认证方式 pre - share 使用的密钥为 hbeu,对端 IP 为 3.3.3.2(即路由器 R3)
R3(config)# crypto isakmp key hbeu address 1.1.1.1
//在路由器 R3 上配置 IKE 认证方式 pre - share 使用的密钥为 hbeu,对端 IP 为 1.1.1.1(即路由器 R1)
```

需要注意的是 VPN 认证两端必须使用一致的认证方式及密钥.

3) 创建 IPSec 变换集,并指定工作模式

分别到路由器 R1、R3 上创建 IPSec 变换集、配置工作模式:

```
R1(config)# crypto ipsec transform - set VPN_SET ah - sha - hmac esp - aes 128 esp - sha - hmac
//创建 IPSec 变换集 VPN_SET,并使用了三种不同的变换算法
R1(cfg - crypto - trans)# mode tunnel //此命令在 PT 是不能使用,PT 默认使用的工作模式为 tunnel
R1# show crypto ipsec transform - set            //查看当前配置的 IPSec 变换集
Transform set VPN_SET: { ah - sha - hmac  }
    will negotiate = { Tunnel,  },
    { esp - aes esp - sha - hmac  }
    will negotiate = { Tunnel,  },
```

上述信息是 PT 软件模拟显示的结果,IPSec 变换集的信息不是很全面,因此有兴趣的读者可以使用 DY 模拟软件,尝试模拟下本例的配置过程,DY 显示的结果比 PT 要更为详细些。

```
R3(config)# crypto ipsec transform - set VPN_SET ah - sha - hmac esp - aes 128 esp - sha - hmac
R3(cfg - crypto - trans)# mode tunnel
R3# show crypto ipsec transform - set
```

此处省略路由器 R3 的变换集结果信息,其结果同路由器 R1 的信息类似,PT 模拟的信

息不是很全面。

4）创建 ACL 列表，指定需要使用 VPN 的流量

路由器 R1 配置 ACL 列表：

```
R1(config)#ip access-list extended FOR_VPN
R1(config-ext-nacl)#permit ip 192.168.1.0 0.0.0.255 192.168.2.0 0.0.0.255
R1(config-ext-nacl)#exit
```

路由器 R3 配置 ACL 列表：

```
R3(config)#ip access-list extended FOR_VPN
R3(config-ext-nacl)#permit ip 192.168.2.0 0.0.0.255 192.168.1.0 0.0.0.255
R3(config-ext-nacl)#exit
```

ACL 列表描述的流量是需要 VPN 保护的流量，不是所有内部网络出去的流量都需要 VPN 保护，在实际工程应用中，一般只对关键的流量进行 VPN 保护。如果所有流量都使用 VPN 进行保护，那么路由器的负载将会相当大，不利于路由器的路由工作。

5）创建并应用加密图

路由器 R1 的配置过程：

```
R1(config)#crypto map VPN_MAP 11 ipsec-isakmp
R1(config-crypto-map)#match address FOR_VPN
R1(config-crypto-map)#set peer 3.3.3.2
R1(config-crypto-map)#set transform-set VPN_SET
R1(config-crypto-map)#exit
R1(config)#interface f0/0
R1(config-if)#crypto map VPN_MAP
R1(config-if)#end
R1#show crypto map                           //查看当前配置的加密图信息
Crypto Map VPN_MAP 11 ipsec-isakmp
        Peer = 3.3.3.2
        Extended IP access list FOR_VPN
            access-list FOR_VPN permit ip 192.168.1.0 0.0.0.255 192.168.2.0 0.0.0.255
        Current peer: 3.3.3.2
        Security association lifetime: 4608000 kilobytes/3600 seconds
        PFS (Y/N): N
        Transform sets = {
                VPN_SET,
        }
        Interfaces using crypto map VPN_MAP:        FastEthernet0/0
```

上述信息是当前路由器配置的加密图参数的详细信息。

路由器 R3 的配置过程：

```
R3(config)#crypto map VPN_MAP 12 ipsec-isakmp
R3(config-crypto-map)#match address FOR_VPN
R3(config-crypto-map)#set peer 12.12.12.1
R3(config-crypto-map)#set transform-set VPN_SET
R3(config-crypto-map)#exit
R3(config)#interface f0/1
```

```
R3(config - if)♯crypto map VPN_MAP
R3(config - if)♯end
```

3. 测试 VPN 的结果

在 PC1 上测试与 PC2 的连通性：

```
PC>ping 192.168.2.11
Pinging 192.168.2.11 with 32 bytes of data:
Reply from 192.168.2.11: bytes = 32 time = 0ms TTL = 126
Reply from 192.168.2.11: bytes = 32 time = 0ms TTL = 126
Reply from 192.168.2.11: bytes = 32 time = 1ms TTL = 126
…                                          //省略
```

上述信息表明 PC1 可以连通 PC2，并且是以内部本地地址 192.168.2.11 进行连通的。到路由器 R1 或 R2 上查看 VPN 的安全关联，也可以发现路由器 R1 与 R3 之间已经建立了基于 IPSec 的 VPN 连接。左右两个机构内的 PC 之间可以像在本地内部网络一样，进行直接通信，当然这些通信全部是被封装在 VPN 建立的隧道中。

```
R1♯show crypto isakmp sa              //查看 IKE 建立的安全关联信息
IPv4 Crypto ISAKMP SA
dst        src        state        conn - id slot status
3.3.3.2    1.1.1.1    QM_IDLE      1024      0 ACTIVE
```

此条信息表明：路由器 R1（即 1.1.1.1）与远端 3.3.3.2（即路由器 R3）之间已经建立的基于 IKE 的 SA 安全关联，且当前状态是激活状态。读者还可以通过 show crypto ipsec sa 命令查看基于 IPSec 的安全关联信息，这里就不再重复介绍这些信息。

第7章　广域网及接入网技术

本章将简要介绍广域网的相关术语及基本概念,重点讲解广域网中的接入网技术,并结合企事业网应用的特点展开工程案例的介绍。

7.1　广域网概述

广域网是指在一个更大的地理范围内建立的计算机网络,从本质来说,广域网与第 4 章介绍的局域网即以太网一样,都属于通信子网的范畴,均是用于实现资源子网内主机间的相互连接。但是与局域网明显不同的是广域网往往由政府电信部门或专业的电信公司建立与管理,这些网络多数会为社会公众提供通信服务,因此也被称为公用电信网络;少数大型的企事业单位因自身业务需求,也会建立属于本单位自用的广域网,如全国公安网络、税务网络等。

广域网技术及其协议主要对应于 OSI 体系结构最下面的三层:物理层、数据链路层、网络层。在互联网发展的早期,这三层的广域网协议众多且相互间的兼容性并不很好,尤其在物理层与数据链路层中,广域网的协议标准众多且并没有实现完全统一,在不同的广域网技术标准中,这两层的协议可以说是千差万别,但随着 TCP/IP 的逐步成功,现今使用的广域网技术多数已经可以与 TCP/IP 体系结构中网络层的 IP 协议相兼容,不同的广域网之间可以通过相同的 IP 协议进行异构网络的互连。因此在如今的广域网相互连接中,经常需要使用网络层的路由器进行基于 IP 协议的互连。底层异构的广域网通过 IP 协议的相互连接构成了如今的互联网,可以说互联网是目前最大的广域网。

根据作用的不同,广域网可以划分为骨干网、城域网、接入网三个不同的层次,其中的骨干网与城域网也合称核心主干网,多采用分布式结构连接网络中的节点设备,如广域网交换机、路由器等;接入网介于本地局域网(或用户)与核心主干网之间,通常使用点到点链路(如电话线路、光纤等)将局域网或用户接入到核心主干网,并通过核心主干网连接到互联网。核心主干网一般由专业的电信通信类专业技术人员建立、维护,其技术涉及底层物理通信领域,本教材不深入介绍这些技术,只重点讲解与计算机专业有关的接入网技术,广域网中核心主干网使用的通信技术细节请有兴趣的读者参阅电信类书籍。

广域网的复杂性很大程度上是由于其使用的交换技术不统一造成的,这些交换技术在第 1 章概述中也曾简单介绍过,主要有电路交换、报文交换、分组交换三种技术。

交换技术是交换节点为了完成交换功能所采用的互通技术,传统意义上的交换技术只有电路交换与分组交换,用于实现两层以下的信息交互。严格来说,第二层之上的任何技术都不能说是交换技术,但目前交换的概念已广义化,三层交换、四层交换和七层交换的概念也相继被提出。随着互联网快速的发展,广域网内使用的主要交换技术也出现了一些变化,现在的广域网中使用的交换技术可以分为 4 种：电路交换、虚电路分组交换、数据报分组交换、光交换。了解广域网使用的交换技术对于理解广域网的复杂性非常重要。

7.1.1　电路交换

电路交换是通信网络中最早出现的一种交换方式，主要应用于电话通信网中，电话通信的过程分为三个阶段：呼叫建立、通话、呼叫拆除，电话通信的过程即电路交换的过程，因此电路交换的基本过程对应为连接建立、数据传送和连接拆除三个阶段。在整个过程中，通信双方独占连接建立的线路资源，通信的连接若不拆除，则其他用户不能使用此线路资源。

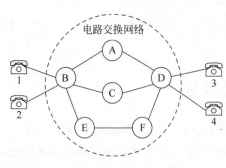

图 7.1　电路交换示意图

图 7.1 描述了电路交换网络中的一般通信过程，电路交换网络中的节点 A 到 F 为交换节点，代表设备为程控交换机，电话机 1 若要与电话机 3 通信，则必须通过连接建立过程，让电路交换网络预先分配一条物理通信信道（如 BCD）后，两个电话机才能进行通信，在通话过程中，BCD 的物理线路被电话机 1 与 3 独占，电话机 2 是不能使用已经分配的物理线路进行通信的，因此电路交换网络中的交换节点之间通常会建立多条物理通信线路，以允许多部电话机可以同时建立从节点 B 到节点 D 的通信信道。电话机 1 与 3 的通信结束后，为了让更多用户使用独占的通信线路，一般还必须进行通信信道的释放操作。

电路交换方式也可以用于计算机的网络通信，早期的 Modem 拨号上网方式就是通过电路交换方式访问互联网的一种技术。电路交换方式的特点是用户设备之间的连接线路可以按需建立，适用于实时性强、时延小的通信需求，但是由于计算机的通信往往属于突发通信，连接建立后的通信线路利用率会非常低，这种技术目前在计算机网络的接入中已经很少使用。

7.1.2　虚电路分组交换

分组交换也称为包交换，此交换技术采用存储转发交换方式，将用户需要传输的数据划分成多个固定长度的小数据块，每个数据块被称为一个分组。然后在每个分组的前面加上一个统一格式的分组头，用以指明该分组的目的地址、源地址、分组序号等信息，通信网络中的节点接收到每个分组后，首先将其暂存于节点的存储器中，然后根据分组头部的信息完成分组的转发，这个过程即分组交换。进行分组交换的通信网称为分组交换网。

分组交换可提供两种不同的服务方式：虚电路（Virtual Circuit）和数据报（Datagram）。

虚电路是分组交换网向用户提供的一种面向连接的网络服务方式，任意两个用户之间完成一次数据通信的过程包括连接建立、数据传输和连接释放三个阶段，其工作过程类似于电路交换。图 7.2 描述了虚电路分组交换网络的

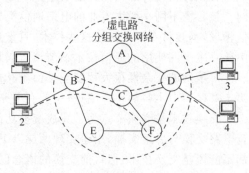

图 7.2　虚电路分组交换示意图

通信过程。

在图 7.2 中计算机 1 与 3 之间若需要通信,则首先通过虚电路交换网络建立一条虚电路,之所以称为"虚",是因为这里建立的连接信道并不使用全部的物理线路资源,计算机 1 与 3 使用的连接信道只是物理线路复用之后的某条逻辑信道,例如,节点 B 与 C 之间的物理线路上通过复用技术可以复用出多条子信道,而虚电路交换网络只会分配其中的某一条子信道给计算机 1 与 3。当计算机 1 发起与计算机 3 的连接时,节点 B、C、D 将根据交换网络的实时情况,分别建立 BC 与 CD 虚电路用于计算机 1 与 3 之间的通信。计算机 2 与 4 的通信同样需要通过节点 B、C、F、D 建立的虚电路进行通信,注意在节点 B 与 C 之间建立了两条虚电路,可以同时分别为两对用户服务。

当通信结束后,计算机之间的虚电路需要拆除连接,以便让子信道的资源能够为其他用户使用。这种经历三个阶段的虚电路服务也称为交换虚电路(SVC)服务。如果用户事先已经要求 ISP 专门建立了固定的虚电路,那么交换网络就不需要在通信时再临时建立虚电路,而是可以直接进入数据传输阶段,这种方式称为永久虚电路(PVC),适用于业务量较大的集团用户。

7.1.3 数据报分组交换

数据报分组交换是分组交换网络的另一种服务类型,属于无连接服务,即用数据报方式传输数据时,通信双方不需要先建立连接,计算机有分组需要发送时,直接交给分组交换网。分组交换网的节点将根据每一个分组的头部信息并结合网络实时情况进行独立的转发。正是由于无连接的这个特性,每个分组在数据报分组交换网络中,被节点转发的路径很可能各不相同,因此发送的分组与接收的分组顺序很有可能也是不同的,各个分组各走各的路径。如果分组在传输的过程中出现了丢失或差错,交换网络本身也不做处理,完全由通信双方终端的协议来解决。

图 7.3 描述了数据报分组交换网络的特点,其中计算机 1 与 3 进行通信,依次发送了 7 个分组(假设分组编号为 1~7),这 7 个分组在数据报分组交换网络中可能会出现三种不同的转发路径,例如,分组 1、2、6 沿着节点 B、A、D 的路径转发,分组 3、7 沿着节点 B、C、D 的路径转发,而分组 4、5 沿着节点 B、C、F、D 的路径转发。正是由于分组在交换网络中转发的路径不同,因此数据报服务的交换网络中,接收计算机 3 收到的分组顺序很可能是不连续的。由于没有预先分配连接的信道,因此分组在交换网络中也可能由于资源不够等原因出现丢包现象。

虚电路服务的思路来源于传统的电信网,在电信网络中,用户终端(电话机)的功能非常

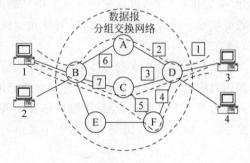

图 7.3 数据报分组交换示意图

简单,通信的可靠性由电信网保证,因此电信网的节点交换机复杂且昂贵;数据报服务则使用另外一种完全不同的思路,数据报实现的交换网络为用户提供无连接服务(也叫尽最大努力的服务),力求使网络的分组交换速度更快,如果交换网络中出现了上面提到的乱序、丢包等问题后,交换网络并不负责处理这些问题,而是将这些问题交由用户终端解决,如果用户

终端(例如计算机)具有较强的处理能力,则这些问题都可以在用户终端上解决。

分组交换网络所提供的这两种不同服务在互联网早期的建设过程中曾经引起过较长时间的争论:互联网络究竟是提供虚电路服务还是数据报服务?

虚电路提供的是面向连接的服务,称为可靠的服务;而数据报提供的是无连接的服务,也被称为不可靠的服务。OSI从一开始就按照电信网的思路来处理这个问题,坚持网络提供的服务必须是可靠的,因此OSI在网络层以及其他的多个层次均采用了虚电路服务;而支持数据报方式的人认为,网络最终能实现什么功能应由用户自己来决定,可靠服务可以通过用户终端(即所谓的端到端控制)来实现。

经过互联网这些年的实践证明,不管用什么方法设计网络,网络所提供的服务并不可能做得非常可靠,用户终端仍要负责端到端的可靠性。因此如果让交换网络只提供数据报服务,那么就可以大大简化分组交换网络节点的功能,提高交换网络的转发速度。如果交换网络出了差错,那么就让两端的端系统来处理,虽然肯定会延误一些时间,但现在的通信技术已经使得交换网络出错的概率越来越小,因而让用户终端负责端到端的可靠性不但不会给主机增加更多的负担,反而能够使更多的应用在这种简单的网络上运行。

如果使用虚电路方式,那么就需要建立虚连接所经过的所有节点交换机都必须同时保证可靠性,这条虚连接中的任何一个节点交换机出现故障,都将导致整个虚电路失效;而在数据报方式中,若交换网络中的某个节点出现故障,只会影响到进入该节点暂存的分组,而其他没有进入的分组可以选择其他节点达到接收方。

总而言之,数据报分组交换技术无论在性能、健壮性以及实现的简单性等方面都优于虚电路方式。这个答案在今天已经非常明确,数据报更加符合互联网的业务需求,也是今后互联网发展的重点方向。

7.1.4　光交换

光交换技术是指不经过任何光/电转换,在光域中直接将输入的光信号通过光纤交换到不同的输出端。与其他交换技术相比,光交换技术无须在光纤传输线路和交换机之间进行光/电的相互转换,可以充分发挥光信号的高速、宽带和无电磁感应的优点。光交换技术一般可以进一步分为空分光交换、时分光交换、波分光交换、复全型光的将与自由空间交换等5种方式。

随着光交换技术的逐步成熟,由光传输和光交换网络构成的全光网已经成为可能。目前国内的电信运营商已经在大力发展全光网络,很多的大中型企事业网络已经使用光纤接入技术接入ISP的全光网,小型网络及个人用户的光纤接入也成为当前ISP扩展用户的主要手段,“铜退光进”将是未来若干年通信行业的主要建设方向。

7.2　X.25 协议

从OSI的体系结构来看,广域网的协议主要位于下三层:物理层提供了广域网传输中电子、机械、规程、功能4方面的连接定义,规范了ISP与用户端设备的不同类型接口的标准;数据链路层在物理层提供的连接功能上,实现了相邻节点间的可靠传输;网络层提供数据报或虚电路服务,实现分组的路由选择及拥塞控制等功能。随着TCP/IP协议簇的成功,现在的广域网网络层已经逐步向 IP 协议融合,纯粹的广域网网络层协议已经使用得越来越少了。

适当了解历史上曾经流行的广域网通信协议,对于深入认识广域网同样重要。从本节开始将简要介绍若干个非常重要的广域网协议。

7.2.1 X.25 协议概述

X.25 协议是 CCITT(现在改名 ITU-T)建议的一种协议,于 1976 年提出后又经过几次修订。它定义了终端与计算机到分组交换网络的接口连接标准,全名叫做在公用数据网上以分组方式进行操作的数据终端设备和数据电路终端设备之间的接口。X.25 建议分三个层次描述用户数据终端设备与公用分组交换网络的 DCE 接口,对应于 OSI 的下三层,其体系结构层次如图 7.4 所示。

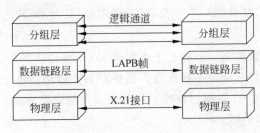

图 7.4 X.25 的层次

1. 物理层

X.25 建议将物理层相关的协议放到另一个称为 X.21 的建议中,在 X.21 建议中详细定义了主机与网络之间物理、电子及动作顺序的接口。此建议要求电话线路使用数据信号而不是模拟信号,但当初许多公用网络仍然是模拟的,因此还定义了一个与 RS-232 标准相似的模拟接口即 X.21bis 作为过渡标准,这个标准除了使用模拟信号传输接口外,其他内容与 X.21 完全相同。

物理层完成的主要功能如下。

(1) DTE 和 DCE 之间的数据传输;

(2) 在设备之间提供控制信号;

(3) 为同步数据流和规定比特速率提供时钟信号;

(4) 提供电气地;

(5) 提供机械的连接器(如针、插头和插座)。

X.21 建议定义了 DTE 与 DCE 之间使用 8 根信号线相连,同时定义了这 8 根线的名称、功能和使用方法,其详细定义如图 7.5 所示。

图 7.5 中,DTE 使用 C 线传送控制信号,C 线连通时表示 DTE 摘机,此时 DCE 给拨号音,DTE 可拨号,直至通信完毕,C 线断开;DCE 使用 I 线传送控制信号给 DTE,当 DTE 摘机时,DCE 的 I 线接通表示 DTE 可通信,DTE 的 C 线断开后 I 线再断开;DTE 使用 T 线发送数据给 DCE,使用 R 线从 DCE 接收数据;S 线被用于同步数据比特;B 线可选,若选择 B 线,则 DTE 必须按照帧的定时规则发送字符。

2. 数据链路层

X.25 的数据链路层协议主要用来处理 DTE 和 DCE 设备之间的传输错误,保证能够

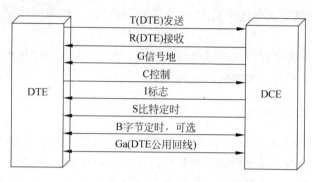

图 7.5　X.21 定义的 8 线接口

在不可靠的物理层上实现 DTE 和 DCE 之间的可靠传输,其协议采用平衡型链路接入规程 LAPB,此协议是 HDLC 协议的一个子集,同时规定 DTE 与 DCE 之间使用全双工物理链路连接。

HDLC 提供两种链路配置:一种是平衡配置,另一种是非平衡配置。非平衡配置可提供点到点链路和点到多点链路。平衡配置只提供点到点链路。由于 X.25 数据链路层采用的是 LAPB 协议,所以 X.25 数据链路层只提供点到点的链路方式。

数据链路层的主要功能如下。

(1) DTE 和 DCE 之间的数据传输;

(2) 发送和接收端的信息同步;

(3) 传输过程中的检错和纠错;

(4) 有效的流量控制;

(5) 协议性错误的识别和告警;

(6) 链路层状态的通知。

3. 分组层

X.25 的分组层相当于 OSI 体系结构中的网络层,负责实现寻址、流量控制、确认等功能。在分组层上,X.25 可以建立多条逻辑信息通道,即所谓的虚电路。在虚电路方式下,通信过程分为连接建立、数据传输和连接释放三个阶段。

分组层的主要功能如下。

(1) 支持交换虚电路(SVC)和永久虚电路(PVC);

(2) 建立和清除交换虚电路连接;

(3) 为交换虚电路和永久虚电路连接提供有效可靠的分组传输;

(4) 监测和恢复分组层的差错。

X.25 在分组层的工作过程如图 7.6 所示,要求通信的 DTE 称为主叫 DTE,当其向 DCE 发出连接请求的分组时,这个分组包含虚电路号、主叫 DTE 地址及被叫 DTE 地址等信息。分组交换网络通过路由,将此分组发送到被叫 DCE,被叫 DCE 再发送连接进入分组到被叫 DTE。被叫 DTE 若同意连接,则会发出连接确认分组,此分组通过分组交换网络到达主叫 DTE 后,虚电路就建立成功,然后就可以全双工通信,通信过程中分组将按顺序传输。当数据通信结束后,主叫或被叫都可以发起连接释放分组,请求释放虚电路。

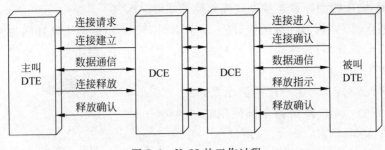

图 7.6　X.25 的工作过程

7.2.2　X.25 协议的配置及案例

X.25 协议的配置主要涉及两个方面的配置：X.25 分组交换网络的模拟与 DTE 终端的配置，X.25 分组交换网络的配置一般是 ISP 的任务，用户 DTE 端的配置是网管主要的任务。相关的主要命令及功能如表 7.1 所示。

表 7.1　X.25 的主要配置命令及功能

功 能 任 务	命　令
设置 X.25 封装	encapsulation x25 [dce | dte]
设置 X.121 地址	x25 address x.121-address
设置远方站点的地址映射	x25 map protocol address [protocol2 address2[...[protocol9 address9]]] x121-address [option]
增加或删除一条 SVC 路由	[no] x25 route x121-address interface interface-type interface-number
设置最大的双向虚电路数	x25 htc circuit-number
设置一次连接可同时建立的虚电路数	x25 nvc count
设置 X.25 在清除空闲虚电路前的等待周期	x25 idle minutes
重新启动 X.25，或清一个 svc，启动一个 pvc 相关参数	clear x25 {serial number | cmns-interface mac-address} [vc-number]
清 X.25 虚电路	clear x.25-vc
显示接口及 X.25 相关信息	show interfaces serial show x25 interface show x25 map show x25 vc

在表 7.1 的配置命令中，需要注意的是：

(1) x121-address 为 X.121 格式的地址，用于 X.25 地址表达。

(2) circuit-number(虚电路号)取值为 1～4095，Cisco 路由器默认为 1024，国内一般分配为 16。

(3) count(虚电路计数)取值 1～8，默认为 1。

(4) 在改变了 X.25 各层的相关参数后，应重新启动 x25(使用 clear x25 {serial number | cmns-interface mac-address} [vc-number]或 clear x25-vc 命令)，否则新设置的参数可能不能生效。同时应对照 ISP 对于 X.25 交换机端口的设置来配置路由器的相关参数，若出

现参数不匹配,则可能会导致连接失败或其他意外情况。

为了说明 X.25 协议的详细配置过程,本节以图 7.7 所示的网络拓扑图为例,介绍 X.25 交换机的模拟配置及 DTE 终端设备的配置过程。图 7.7 中,路由器 R0 模拟 X.25 分组交换机,以实现 X.25 分组交换网络的 DCE 功能;路由器 R1、R2、R3 为用户终端路由器,用于模拟 DTE 设备。4 台路由器全部使用思科 3640 进行 DY 模拟。在 X.25 协议中,DTE 端使用 X.121 地址格式,但为了简单起见,本例中的 R1、R2、R3 分别使用 20016001、2016002、2016003 代表其 X.121 地址,R1、R2、R3 路由器的串口 IP 地址分别为 10.1.1.1/24、10.1.1.2/24、10.1.1.3/24。

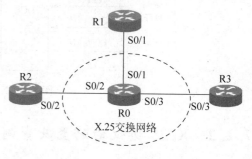

图 7.7 X.25 的模拟配置

DY 模拟的网络配置文件如下。

```
#广域网 X.25 协议的模拟
[localhost]                      #只在本机进行模拟
  [[3640]]                       #定义路由器型号为 Cisco 3640
     image = C3640.BIN           #指定 3640 使用的 IOS 文件名称
  [[Router R0]]                  #创建路由器 R0
     model = 3640                #指定模拟的路由器型号为前面定义的 3640
     slot0 = NM-4T               #slot0 插槽连接模块 NM-4T(具有 4 个广域网串行端口的模块)
     s0/1 = R1 s0/1              #R0 的端口 s0/1 与 R1 的 s0/1 连接
     s0/2 = R2 s0/2              #R0 的端口 s0/2 与 R1 的 s0/2 连接
     s0/3 = R3 s0/3              #R0 的端口 s0/3 与 R1 的 s0/3 连接
  [[Router R1]]                  #创建路由器 R1
     model = 3640                #型号 3640
     slot0 = NM-4T               #slot0 插槽连接模块 NM-4T
  [[Router R2]]                  #创建路由器 R2
     model = 3640                #型号 3640
     slot0 = NM-4T               #slot0 插槽连接模块 NM-4T
  [[Router R3]]                  #创建路由器 R3
     model = 3640                #型号 3640
     slot0 = NM-4T               #slot0 插槽连接模块 NM-4T
```

1. 路由器 R0 的配置

路由器 R0 用于模拟 X.25 交换机,实现分组交换网络的 DCE 功能,其主要配置是在与 DCE 相连接的各个端口中取消 IP 地址配置,封装 X.25 协议,并指定串行速率、虚电路条数等,最后还要启用 X.25 的路由功能并配置路由。

```
Router(config)# interface Serial0/1       //进入与 R1 路由器相连的 S0/1 端口
Router(config-if)# no ip address          //取消 IP 地址参数,X.25 不使用 IP 协议进行路由
Router(config-if)# encapsulation x25 dce  //封装 X.25 协议,并指定为 DCE 端
Router(config-if)# clock rate 64000       //指定串行速率为 64 000b/s
Router(config-if)# no shutdown            //激活此端口
Router(config-if)# exit                   //返回上一级工作模式
Router(config)# interface Serial0/2       //进入与 R2 路由器相连的 S0/2 端口
```

```
Router(config - if)#no ip address              //以下配置参数作用与 S0/1 端口的配置相同
Router(config - if)#encapsulation x25 dce
Router(config - if)#clock rate 64000
Router(config - if)#no shutdown                //激活此端口
Router(config - if)#exit
Router(config)#interface Serial0/3
Router(config - if)#no ip address
Router(config - if)#encapsulation x25 dce
Router(config - if)#clock rate 64000
Router(config - if)#no shutdown                //激活此端口
Router(config - if)#exit
Router(config)#x25 routing                     //启用 X.25 交换机上的路由功能
Router(config)#x25 route 2016001 interface Serial0/1  //将发往 2016001 的分组通过 S0/1 端
                                                      //口转发
Router(config)#x25 route 2016002 interface Serial0/2  //将发往 2016002 的分组通过 S0/2 端
                                                      //口转发
Router(config)#x25 route 2016003 interface Serial0/3  //将发往 2016003 的分组通过 S0/3 端
                                                      //口转发
```

上面最后三条配置命令中的 2016001、2016002、2016003 是路由器 R1、R2、R3 的 X.121 地址,实际的地址一般由 ISP 分配。这三条命令用于告诉路由器 R0 模拟的 FR 交换机,应当如何转发分组,即分组的路由如何选择。

2. 路由器 R1 的配置

路由器 R1 模拟用户端 DTE 设备,主要的功能配置有 X.25 协议封装。

```
Router(config)#interface Serial0/1             //进入与 R0 相连的 S0/1 端口
Router(config - if)#ip address 10.1.1.1 255.255.255.0   //配置三层的 IP 地址
Router(config - if)#encapsulation x25          //封装 X.25 协议,默认为 DTE 端
Router(config - if)#x25 address 2016001        //指定当前端口的 X.121 地址为 2016001
Router(config - if)#x25 map ip 10.1.1.2 2016002 broadcast
//建立 IP 地址到 X.121 地址的映射,告诉 R1,IP 为 10.1.1.2 的地址对应 2016002
Router(config - if)#x25 map ip 10.1.1.3 2016003 broadcast
//建立 IP 地址到 X.121 地址的映射,告诉 R1,IP 为 10.1.1.3 的地址对应 2016003
Router(config - if)#no shutdown                //激活此端口
```

3. 配置路由器 R2、R3

路由器 R2、R3 的配置过程与 R1 相似,这里不再详细说明,只列出其配置命令的操作过程。

路由器 R2 的命令配置过程如下所示。

```
Router(config)#interface Serial0/2
Router(config - if)#ip address 10.1.1.2 255.255.255.0
Router(config - if)#encapsulation x25
Router(config - if)#x25 address 2016002
Router(config - if)#x25 map ip 10.1.1.1 2016001 broadcast
Router(config - if)#x25 map ip 10.1.1.3 2016003 broadcast
Router(config - if)#no shutdown
```

路由器 R3 的命令配置过程如下所示。

```
Router(config)#interface Serial0/3
Router(config-if)#ip address 10.1.1.3 255.255.255.0
Router(config-if)#encapsulation x25
Router(config-if)#x25 address 2016003
Router(config-if)#x25 map ip 10.1.1.1 2016001 broadcast
Router(config-if)#x25 map ip 10.1.1.2 2016002 broadcast
Router(config-if)#no shutdown
```

4. DTE 端连通性测试

完成以上配置后,可以在路由器 R1 至 R3 上进行连通性测试,通过 ping 命令测试可以发现,三个 DTE 端的路由器相互之间可以连通。

如果需要详细了解 X.25 工作的细节,可以在路由器 R0 上进行 debug 操作,方法如下。

```
R0#debug x25 all          //在路由器 R0 的特权模式输入此命令
```

7.3 帧中继协议

在 X.25 标准设计的时代,由于当时的通信线路质量较差,因此为了保证端到端的通信质量与可靠性,X.25 采用了确认机制与 CRC 差错检测技术,这些措施在早期不可靠的通信线路上是必要的。但是随着通信线路的逐步完善,尤其是使用了光纤线缆后,通信线路的传输误码率已经非常低了,现在可以认为线路传输基本不会出错。在这种情况下,如果在通信线路上继续进行繁杂的确认与校验机制,那么就没有什么意义了。为了提高通信网络的传输速率,就要求设计一个比 X.25 更快速的分组交换技术。

目前实现快速分组交换的技术有两种:一种技术是使用帧长可变的帧中继(Frame Relay,FR)技术,这种技术的特点是节点交换机只读取帧的目的地址,并立即进行转发,如果通信网络出错,则由主机端系统及高层协议去处理;另一种是帧长固定长度的信元中继技术,如后面要介绍的 ATM 技术。

7.3.1 帧中继协议概述

X.25 在分组层中实现通信链路的复用及分组的转发,而 FR 协议中没有定义对应的网络层。FR 在数据链路层实现复用功能,并以帧为单位进行数据的转发,与 X.25 相比,帧中继在第二层增加了路由的功能,但它取消了其他功能,例如,在 FR 网络的节点交换机上不进行差错检测,该功能交由端到端的计算机实现。同时在 FR 网络中的节点交换机将舍弃任何有错的帧,这些错误的处理都交由终端的计算机负责,这样就极大地减轻了 FR 交换机的负担。因此 FR 不需要进行第三层的复杂处理,它能够让帧在每个 FR 交换机中直接通过,即交换机在帧的尾部还未收到之前就可以把帧的头部发送给下一个交换机,一些第三层的处理,如流量控制等,全部留给终端的主机去处理。X.25 与帧中继的层次功能对比如图 7.8 所示,图 7.8(a)是 X.25 的三层功能描述,图 7.8(b)是 FR 的二层功能描述。

由图 7.8 不难发现,帧中继可以看做是在 X.25 技术的基础上发展起来的一种快速分组交换技术,是对 X.25 协议的一种改进,比 X.25 具有更高的性能和更有效的传输效率。

帧中继在 OSI 第二层以简化的方式传送数据,仅完成物理层和数据链路层的核心功能,终端设备把分组发送到链路层,以帧为单位进行传输,FR 网络不进行纠错、重发、流量等控制,帧也不需要确认,在每个交换机中直接通过,若 FR 网络发现错误帧,直接将其丢弃;部分第二、三层的功能,如差错控制、流量控制等,都留给终端去处理,从而简化了节点交换机之间的处理过程。

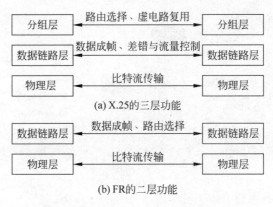

图 7.8　X.25 与 FR 的层次功能对比

帧中继与 X.25 相同,其设备也分为数据终端设备和数据电路终端设备两大类,分组交换网络中的设备属于 DCE,用户端设备属于 DTE。帧中继技术也提供面向连接的服务,在每对端设备之间都存在一条定义好的通信链路。这种服务通过帧中继虚电路实现,既支持 PVC 也支持 SVC 虚电路,每个帧中继虚电路都以数据链路识别码(DLCI)来标识自己,DLCI 的值一般由帧中继服务提供商指定。

为了方便管理,在 FR 交换机与 DTE 设备(如用户的路由器)之间定义了一种信令标准,叫本地管理接口(LMI)。LMI 是对基本的帧中继标准的扩展,负责管理链路连接和保持设备间的状态,并提供了许多管理复杂互联网络的特性,其中包括全局寻址、虚电路状态消息和多目发送等功能。LMI 目前有三种不同的标准,分别是美国国家标准委员会定义的 ANSI T1.617 ANNEX D 标准、国标电信联盟定义的 ITU-TQ.933 ANNEX A 标准、思科公司定义的私有标准。

在多数其他类型(如以太网)的网络中,如果网络 1 可以与网络 2 通信、网络 2 可以与网络 3 通信,那么网络 1 也可以与网络 3 通信。但是在像帧中继这样的 NBMA(非广播多路访问)网络中,情况就不同了。在帧中继网络中,除非两点之间建立了虚电路,否则它们是不能直接通信的。即使网络 1 与网络 2 存在虚电路、网络 2 与网络 3 也存在虚电路,网络 1 与网络 3 之间也不能通信。

帧中继为解决此类问题使用了子接口技术,子接口技术就是把物理接口划分出许多逻辑接口的技术。一个物理接口上可以设置许多逻辑的子接口,但每个子接口都如同物理接口一样被独立地看待。帧中继网络中的子接口有两种:点到点子接口和多点子接口。点到点子接口需要划分多个子接口,每个子接口配置独立的 DLCI 号和独立的网络 ID,这些子接口可以与其他物理端口或子接口建立虚电路连接,但不同子接口之间需要配置路由才能相互通信;多点子接口是通过本地某一个子接口与多个其他物理端口或多个子接口建立多个 PVC 的子接口,所有参与的接口在同一个子网内,网络 ID 是相同的,但每一个对应的接

广域网及接入网技术

口有自己独立的本地 DLCI。

图 7.9 描述了两种子接口的连接方式,图 7.9(a)是点到点方式,路由器 B 的物理接口上生成两个子接口分别与路由器 A、C 相连,这两个子接口属于不同网络 ID,一般需要配置路由才能使路由器 A 与 C 相互通信;图 7.9(b)是多点方式,路由器 B 使用一个子接口连接路由器 A、C,三个端口的网络 ID 相同。

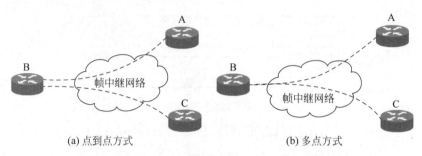

(a) 点到点方式　　　　　　　　　　(b) 多点方式

图 7.9　帧中继的子接口

FR 的基本配置命令主要有以下几个。

1. 在端口上封装帧中继协议

Router(config - if)♯encapsulation frame - relay [cisco | ietf]

默认封装格式为 cisco,如果与非 Cisco 路由器连接时使用 ietf 格式。

2. 设置 LMI 类型

Router(config - if)♯frame - relay lmi - type {ansi | cisco | q933a}

在思科 IOS 11.2 以上的版本中不需要设置,路由器可以自动感知。

3. 设置 DLCI 值

Router(config - if)♯frame - relay interface - dlci dlci - number

命令行中的 dlci-number 为 ISP 分配的 DLCI 值。

4. 在路由器端口上映射 IP 地址与 DLCI

Router(config - if)♯frame - relay map ip dest - address dlci - number broadcast

其中的 dest-address 是对端路由器的 IP 地址,broadcast 参数表示允许在帧中继线路上传送路由广播信息。

5. 在帧中继交换机上设置 PVC 表

Router(config - if)♯frame - relay route dlci - 1 interface intf - name dlci - 2

其中的 dlci-1 为当前接口配置的 DLCI 值,dlci-2 为转发端口对应的 DLCI 值,intf-name 为本地转发端口的名称。

6. 定义子接口

Router(config)♯interface serial number subinterface - number {point - to - point | multipoint}

其中的 number 表示物理端口号,例如 s0/0;参数 subinterface 表示子接口号,范围在

1~4 294 967 293,用小圆点与物理接口号分隔,例如 s0/0.2;参数 point-to-point 与 multipoint 是二选一选项,分别表示点到点、多点方式。

7.3.2　FR 的基本配置及案例

FR 的基本配置主要分为 DTE 端与 DCE 端模拟两类配置,DTE 端的配置在用户端,主要配置任务是指派用户端 IP 地址参数,封装 FR 协议;DCE 端的配置一般由 ISP 完成,模拟实验时一般使用路由器模拟 FR 交换机的 DCE 功能。

本节使用如图 7.10 所示的拓扑图讲解 FR 的两类配置方法与过程,图中路由器 R0 模拟帧中继交换机,实现 FR 网络的 DCE 功能;路由器 R1 与 R2 模拟用户 DTE 端设备。DLCI 的数值一般由 ISP 提供,本例假设分配给 R1 的 DLCI 为 102、IP 地址为 10.1.1.1/24,分配给 R2 的 DLCI 为 201、IP 地址为 10.1.1.2/24。

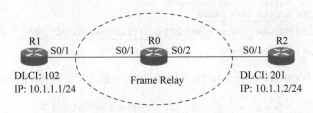

图 7.10　帧中继的模拟配置

此实验使用 DY 进行模拟,网络配置文件如下所示。

```
#FrameRelay模拟实验
[localhost]
   [[3640]]                          #定义路由器型号为3640
image = C3640.BIN                    #指定3640使用的IOS文件
   [[Router R0]]                     #创建路由器R0
   model = 3640                      #指定模拟的型号为思科3640路由器
   slot0 = NM-4T                     #slot0插槽连接模块NM-4T
s0/1 = R1 s0/1
   s0/2 = R2 s0/1
   [[router R1]]                     #创建路由器R1
   model = 3640                      #型号3640
   slot0 = NM-4T                     #slot0插槽连接模块NM-4T
   [[Router R2]]                     #创建路由器R2
   model = 3640                      #型号3640
   slot0 = NM-4T                     #slot0插槽连接模块NM-4T
```

实验的操作过程如下所示。

1. 路由器 R0 的模拟配置

路由器 R0 用于模拟帧中继交换机,实现分组交换网络的 DCE 端功能,其主要的配置有封装 FR 协议、指定 FR 的相关参数、配置 PVC 连接等,具体的操作步骤如下。

```
Router(config)#frame-relay switching        //启动帧中继交换功能
Router(config)#interface Serial0/1
Router(config-if)#no ip address             //帧中继网络是二层网络,不需要 IP 地址参数
```

```
Router(config-if)#encapsulation frame-relay        //封装 FR 协议
Router(config-if)#frame-relay lmi-type ansi        //指定 LMI 的标准为 ANSI
Router(config-if)#frame-relay intf-type dce        //将接口类型指定为 DCE
Router(config-if)#clock rate 64000                 //指定串行速率为 64 000b/s
Router(config-if)#frame-relay route 102 interface serial 0/2 201
//指定当前端口与 s0/2 之间的 PVC 交换表
Router(config-if)#no shutdown
Router(config-if)#exit
Router(config)#interface Serial0/2                 //进入串口 s0/2,配置过程类似 s0/1
Router(config-if)#no ip address
Router(config-if)#encapsulation frame-relay
Router(config-if)#frame-relay lmi-type ansi
Router(config-if)#frame-relay intf-type dce
Router(config-if)#clock rate 64000
Router(config-if)#frame-relay route 201 interface serial 0/1 102
Router(config-if)#no shutdown
```

上述命令中的 frame-relay route 命令用于指定一条 PVC 连接,例如命令行:

```
Router(config-if)#frame-relay route 102 interface serial 0/1 201
```

表示当前 FR 交换机将从当前串口进来的由 DLCI 102 标识的帧由 DLCI 201 对应的 s0/1
端口转发。

2. 路由器 R1 与 R2 的配置

路由器 R1 与 R2 模拟用户 DTE 端设备,主要的配置任务有配置 IP 地址参数、封装 FR
协议、指定 FR 的相关参数等。具体的操作步骤如下所示。

```
R1(config)#interface S0/1                          //进入路由器 R1 的串口 S0/1
R1(config-if)#ip address 10.1.1.1 255.255.255.0    //配置 IP 地址参数
R1(config-if)#encapsulation frame-relay            //封装 FR 协议
R1(config-if)#frame-relay lmi-type ansi            //指定 LMI 使用的标准为 ANSI
R1(config-if)#no shutdown
R2(config)#interface S0/1                           //路由器 R2 的配置类似 R1
R2(config-if)#ip address 10.1.1.2 255.255.255.0
R2(config-if)#encapsulation frame-relay
R2(config-if)#frame-relay lmi-type ansi
R2(config-if)#no shutdown
```

3. 测试路由器 R1 与 R2 的连接性

在 R1 的特权模式下使用 ping 命令测试与 R2 的连接性:

```
R1#ping 10.1.1.2
Type escape sequence to abort.
Sending 5, 100-byte ICMP Echos to 10.1.1.2, timeout is 2 seconds:
!!!!!
Success rate is 100 percent (5/5), round-trip min/avg/max = 52/72/96 ms
```

以上信息表明,在路由器 R0 模拟的 FR 交换下,R1 的 ICMP 分组可以到达 R2。

7.3.3　FR 的子接口配置及案例

1. 点到点子接口配置案例

点到点子接口的配置过程通过图 7.11 所示的拓扑图实现,图中帧中继网络通过三个串口分别连接三个路由器,其中路由器 R1 通过两个子接口分别与路由器 R2 与 R3 连接,两个子接口的 IP 地址分别为 10.1.1.1/24 与 10.1.2.1/24,路由器 R2 与 R3 与帧中继网络连接的端口 IP 地址分别为 10.1.1.2/24、10.1.2.2/24。

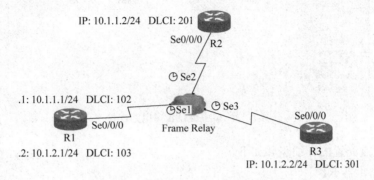

图 7.11　点到点子接口实验拓扑图

为了简化配置过程,本节的实验均使用 PT 进行模拟配置,图 7.11 中的帧中继网络不再使用路由器进行模拟,而是直接使用 PT 模拟帧中继网络的功能,为了实现帧中继交换功能,在 PT 软件中需要单击 Frame Relay 图标,在打开的帧中继配置(Config)窗口中,分别设置 Serial 1 端口的两个子接口的 DLCI 为 102 与 103(如图 7.12 所示)、Serial 2 端口的 DLCI 为 201、Serial 3 端口的 DLCI 为 301,在 Frame Relay 选项中建立 Serial1 与 Serial2、Serial1 与 Serial3 的虚电路连接(如图 7.13 所示)。

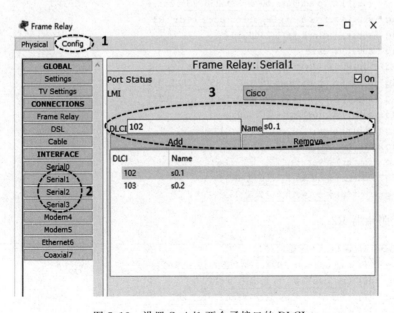

图 7.12　设置 Serial1 两个子接口的 DLCI

第 7 章

广域网及接入网技术

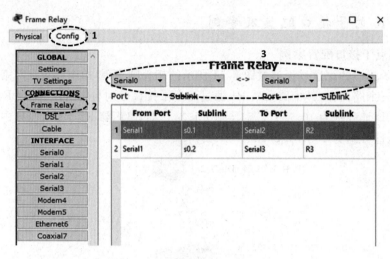

图 7.13　帧中继设置虚电路连接

实现点到点配置的详细步骤如下。

1）配置路由器 R1

路由器 R1 通过点到点的方式与两台路由器连接，其配置的主要任务是物理端口上的子接口配置。

```
R1(config)#interface Serial0/0/0
R1(config-if)#no ip address
R1(config-if)#encapsulation frame-relay
R1(config-if)#no shutdown
R1(config-if)#exit
R1(config)#interface Serial0/0/0.1 point-to-point
R1(config-subif)#ip address 10.1.1.1 255.255.255.0
R1(config-subif)#frame-relay interface-dlci 102
R1(config-subif)#clock rate 2000000
R1(config-subif)#exit
R1(config)#interface Serial0/0/0.2 point-to-point
R1(config-subif)#ip address 10.1.2.1 255.255.255.0
R1(config-subif)#frame-relay interface-dlci 103
R1(config-subif)#clock rate 2000000
R1(config-subif)#exit
R1(config)#router rip
R1(config-router)#version 2
R1(config-router)#network 10.1.1.0
R1(config-router)#network 10.2.2.0
```

2）配置路由器 R2

```
R2(config)#interface Serial0/0/0
R2(config-if)#ip address 10.1.1.2 255.255.255.0
R2(config-if)#encapsulation frame-relay
R2(config-if)#frame-relay interface-dlci 201
R2(config-if)#no shutdown
R2(config-if)#exit
```

```
R2(config) # router rip
R2(config - router) # version 2
R2(config - router) # network 10.1.1.0
```

3）配置路由器 R3

```
R3(config) # interface Serial0/0/0
R3(config - if) # ip address 10.1.2.2 255.255.255.0
R3(config - if) # encapsulation frame - relay
R3(config - if) # frame - relay interface - dlci 301
R3(config - if) # no shutdown
R3(config - if) # exit
R3(config) # router rip
R3(config - router) # version 2
R3(config - router) # network 10.1.2.0
```

4）测试连通性

分别到三个路由器上使用 ping 命令测试可以发现,路由器相互之间均可以连通。

在上面的配置中,需要特别强调的是三个路由器除了配置 IP 地址及 FR 相关参数外,还配置了动态路由,在此案例中之所以必须配置路由,就是由于帧中继的非广播特性及点到点子接口。如果不配置路由,那么使用 ping 命令测试会发现路由器 R1 可以分别 ping 通 R2、R3,但 R2 与 R3 之间却无法连通。

2. 多点子接口配置案例

多点子接口的配置实验仍然使用 PT 进行模拟,PT 软件中的帧中继模拟配置方法同点到点的例子是类似的,这里不再重复讲解。图 7.14 描述了本实验的网络拓扑图,其中,路由器 R1 通过一个子接口同时与另两个路由器 R2、R3 相连接。由于路由器 R1 使用一个接口接入 FR 网络,而 FR 网络是一个二层网络,因此三个路由器的端口 IP 地址都分配在网络 10.1.1.0/24 中,无须配置路由。

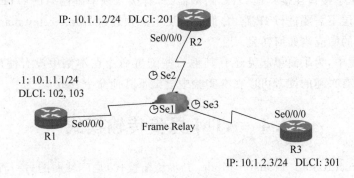

图 7.14 多点子接口配置实验拓扑图

多点子接口配置的详细步骤如下。

1）配置路由器 R1

```
R1(config) # interface s0/0/0
R1(config - if) # no ip address
R1(config - if) # encapsulation frame - relay
R1(config - if) # no shutdown
```

```
R1(config-if)#exit
R1(config)#interface s0/0/0.1 multipoint          //进入多点子接口模式
R1(config-subif)#ip address 10.1.1.1 255.255.255.0    //指定 IP 地址参数
R1(config-subif)#frame-relay map ip 10.1.1.2 102 broadcast
R1(config-subif)#frame-relay map ip 10.1.1.3 103 broadcast
```

上面命令行中的 frame-relay map 用于建立目标 IP 地址与本地 DLCI 的映射关系,路由器端口收到 FR 帧后,可以根据此映射关系进行端口的转发工作。

2) 配置路由器 R2

```
R2(config)#interface s0/0/0
R2(config-if)#ip address 10.1.1.2 255.255.255.0
R2(config-if)#encapsulation frame-relay
R2(config-if)#frame-relay map ip 10.1.1.1 201 broadcast
R2(config-if)#frame-relay map ip 10.1.1.3 201 broadcast
R2(config-if)#no shutdown
```

3) 配置路由器 R3

```
R3(config)#interface s0/0/0
R3(config-if)#ip address 10.1.1.3 255.255.255.0
R3(config-if)#encapsulation frame-relay
R3(config-if)#frame-relay map ip 10.1.1.1 301 broadcast
R3(config-if)#frame-relay map ip 10.1.1.2 301 broadcast
R3(config-if)#no shutdown
```

4) 测试路由器间的连通性

分别到三个路由器上使用 ping 命令测试可以发现,路由器相互之间均可以连通。

通过上述子接口的实验不难发现:点到点子接口配置的是两个不同的子接口分别对应不同的网络 ID,DTE 端的路由器必须通过额外的三层 IP 路由才能实现相互通信;多点子接口只使用一个子接口连接其他 DTE 路由器,所有接入帧中继网络的 DTE 端都在同一个网络中,因此三层不需要进行 IP 路由,但在二层上必须通过 frame-relay map 命令指定这些封装了 IP 分组的帧应当如何转发。

帧中继配置中,为了简单起见还有其他一些配置命令在本例中没有使用,思科 IOS 均使用其默认值,有兴趣的读者可以在本实验中尝试下其他命令参数。

7.4 ATM 异步传输模式

ATM(Asynchronous Transfer Mode,异步传输模式)是广域网的另一种快速分组交换技术,最初由贝尔实验室的研究人员于 1983 年提出,随后在应用中逐步形成了一系列的标准化规范。与帧中继不同的是 ATM 使用分组大小固定的方式传输数据,这种大小固定的分组即信元。ATM 信元交换技术在互联网早期发展中发挥过作用,了解 ATM 相关技术对认识广域网的发展同样重要。

7.4.1 ATM 概述

ATM 是一种以信元为单位的异步转移模式。它是基于 B-ISDN 标准而设计的用来提高用户综合访问速度的一项技术。从交换形式上看,ATM 是面向连接的链路,任何一个 ATM 终端与另一个用户通信的时候都需要建立连接。信元是 ATM 所特有的分组,话音、数据、视像等所有的数字信息被分成长度固定的数据块。而异步则意味着来自任一用户的信息信元流不必是周期性的,主要指异步时分复用和异步交换。

ATM 是一种基于信元的交换和复用技术,它采用固定长度的信元,每个信元长度为 53B,开头的 5B 为信头,载有信元的地址信息和其他一些控制信息,后面的 48B 为信息字节。ATM 既可以处理面向连接型的业务,也可处理无连接型的业务;同时 ATM 的业务既可运营于均匀比特率业务,也可运营于可变比特率业务。每个 ATM 信元可以根据信头的地址信息,建立从起点到终点的虚拟连接。所有的信元可在指定的虚拟连接上有序地传输,ATM 可以提供永久虚连接(PVC)或交换虚连接(SVC)。

1. 虚信道与虚通路

ATM 采用了虚连接技术,将逻辑子网和物理子网分离,类似于电路交换,ATM 首先选择路径,在两个通信实体间建立虚信道(Virtual Channel,VC),同时将路由选择与数据转发分开,使传输中间的控制较为简单,并设立虚通路(Virtual Path,VP)和虚信道两级寻址,解决分组交换网中路由选择的瓶颈问题。

VP 是由两节点间复用的一组 VC 组成的,网络的主要管理和交换功能集中在 VP 这一级,减少了网管和网控的复杂性。在一条物理信道上可以建立多条 VP,一条 VP 可以复用多条 VC。在一条 VC 上传输的数据单元均在相同的物理信道上传输,且保持其先后顺序,因此克服了分组交换网中无序接收的缺点,保证了数据的连续性,更适合于多媒体数据的传输。虚信道与虚通路之间的关系如图 7.15 所示。

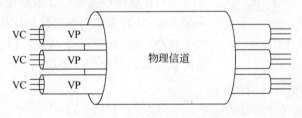

图 7.15　虚信道与虚通路

ATM 信元的各个组成部分中,VPI(Virtual Path Identifier,虚通路标识)和 VCI(Virtual Channel Identifier,虚信道标识)是最重要的两个部分,这两个部分组合起来构成了一个信元的路由信息,它指明了该信元从哪儿来到哪儿去。ATM 交换可以根据各个信元的 VPI 与 VCI 来确定信元如何转发。在每个 ATM 交换机上有一张映射表,对于每个交换端口内的每一个 VPI 和 VCI,都相应有一个表的入口。当 VPI 和 VCI 分配给某一信道时,映射表将给出该交换机的一个对应输出端口,并且将该信头的 VPI 和 VCI 值进行更新。

ATM 交换分为虚通路交换(VPS)和虚信道交换(VCS)。VP 交换指一个 VP 内所有信元同时被映射到另一个 VP 内,交换过程中只改变 VPI 的值,VCI 的值保持不变;而 VC 交换是指同一个 VP 内或不同 VP 内的 VC 之间的交换,交换过程中 VPI、VCI 都改变。高速 ATM 骨干网中网络的主要管理和交换功能集中在 VP 级,从而降低网管和网控的复杂性,而骨干网外的交换机仍然进行 VC 交换,两者的区别如图 7.16 所示。

广域网及接入网技术

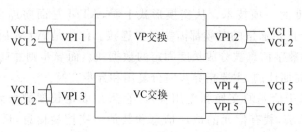

图 7.16 VP 交换与 VC 交换

2. ATM 参考模型

ATM 的提出主要是为 B-ISDN 服务,使用 ATM 的 B-ISDN 有自己的体系结构,与 OSI 及 TCP/IP 的体系结构均不同。在 ITU-T 的 I. 321 建议中定义了 B-ISDN 协议参考模型,如图 7.17 所示,ATM 体系结构是一个三维的立体模型,它包三个面:用户面、控制面和管理面,分别表示用户信息、控制和管理三个方面的功能。

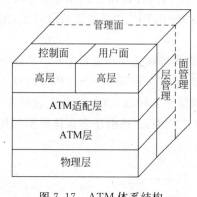

图 7.17 ATM 体系结构

三个面的功能分别如下。

(1) 用户面:采用分层结构,提供用户信息流的传送,同时也具有一定的控制功能,如流量控制、差错控制等。

(2) 控制面:采用分层结构,完成呼叫控制和连接控制功能,利用信令进行呼叫和连接的建立、监视和释放。

(3) 管理面:包括层管理和面管理。其中,层管理采用分层结构,完成与各协议层实体之间资源和参数相关的管理功能,如元信令,同时层管理还处理与各层相关的信息流;面管理不分层,它完成与整个系统相关的管理功能,并对所有平面起协调作用。

这三个面中一般又分别包括以下 4 层功能。

(1) 物理层:主要提供 ATM 信元的传输通道,将 ATM 层传来的信元加上其传输开销后形成连续的比特流;同时在接收到物理媒介上传来的连续比特流后,取出有效信元传递给 ATM 层。

(2) ATM 层:ATM 层在物理层之上,利用物理层提供的服务,与对等层进行以信元为单位的通信;ATM 层与物理媒介的类型和物理层的具体实现无关,与具体传送的业务类型也无关。输入 ATM 层的是 48B 的净荷,这 48B 的净荷被称为分段和重组协议数据单元,而 ATM 层输出的则是 53B 的信元,该信元将传送到物理层进行传输。ATM 层负责产生 5B 的信元头,信元头将加到净荷的前面。ATM 层的其他功能包括虚通路标识/虚信道标识(VPI/VCI)传输、信元多路复用/分用以及一般流量控制。

(3) ATM 适配层(AAL):是高层协议与 ATM 层间的接口,它负责转接 ATM 层与高层协议之间的信息;目前已经提出 4 种类型的 AAL:AAL1、AAL2、AAL3/4 和 AAL5,每一种类型分别支持 ATM 网络中某些特征业务。大多数 ATM 设备制造商现在生产的产品普遍采用 AAL5 来支持数据通信业务。

(4) 高层：ATM 的高层协议实现 WAN 互连、语音互连、与现有三层协议互连、封装方式、局域网仿真、ATM 的多协议和经典 IP 等功能。

7.4.2　ATM 模拟的配置及案例

目前 ATM 设备的接口主要支持 IPoA(IP over ATM)、IPoEoA(IP over Ethernet over ATM)以及 EoA(Ethernet over ATM)这三种应用方式。本节将以常见的 IPoA 应用为例，讲解其主要的配置过程。

IPoA 指的是在 ATM 上承载 IP 报文，ATM 为处在同一网络内的 IP 主机之间的通信提供数据链路层功能，同时将 IP 报文封装在 ATM 信元中。ATM 作为 IP 业务的承载网提供了优良的网络性能和完善、成熟的 QoS 保证。

ATM 配置涉及的参数众多，但最基本的配置是其子端口与 PVC 参数的配置。本节实验采用思科 7200 系列路由器的 IOS 进行 DY 模拟配置，模拟的网络文件如下所示。

```
♯ATM 模拟配置实验
[localhost]                    ♯在本机模拟
   [[7200]]                    ♯定义路由器型号为 7200
      image = C7200.BIN        ♯指定 7200 使用的 IOS 文件
   [[Router R1]]               ♯创建路由器 R1
      model = 7200             ♯指定模拟的型号为思科 7200 路由器
      slot 1 = PA-A1           ♯slot1 插槽连接 ATM 模块 PA-A1,此模块提供一个 ATM 接口
      a1/0 = A1 1              ♯路由器 R1 的 ATM 接口 a1/0 与 ATM 交换机 A1 的 1 号端口连接
   [[Router R2]]               ♯创建路由器 R2
      model = 7200             ♯指定模拟的型号为思科 7200 路由器
      slot 1 = PA-A1           ♯slot1 插槽连接 ATM 模块 PA-A1,此模块提供一个 ATM 接口
      a1/0 = A1 2              ♯路由器 R2 的 ATM 接口 a1/0 与 ATM 交换机 A1 的 2 号端口连接
   [[ATMSW A1]]                ♯通过 DY 模拟 ATM 交换机的功能
1:10:200 = 2:20:100
♯模拟实现 PVC,从端口 1 的 10/200(VPI/VCI)到端口 2 的 20/100(VPI/VCI)
```

上面的.net 文件模拟的网络拓扑图如图 7.18 所示，路由器 R1、R2 分别通过 ATM1/0 端口连接 ATM 网络，此例中的 ATM 网络通过 Dynagen 模拟实现。

图 7.18　ATM 模拟配置

路由器 R1 与 R2 的配置过程如下。

1. 路由器 R1 的配置步骤

```
R1♯config ter
R1(config)♯interface atm 1/0        ♯进入路由器 R1 的 atm 1/0 接口
R1(config-if)♯no ip address         ♯取消 IP 地址参数
R1(config-if)♯no shutdown           ♯启用此端口
R1(config-if)♯exit
```

```
R1(config)# interface atm 1/0.1 point-to-point          #进入 atm 1/0.1 子接口的点到点模式
R1(config-if)# ip address 10.1.1.1 255.255.255.0        #定义子接口的 IP 地址参数
R1(config-if)# pvc 10/200                    #进入 PVC 配置模式,其后的参数 10/200 由 ATM 网络分配
R1(config-if-atm-vc)# encapsulation aal5snap            #指定当前 PVC 封装 aal5snap 协议
R1(config-if-atm-vc)# end
```

2. 路由器 R2 的配置步骤

路由器 R2 的配置过程与路由器 R1 类似,其命令不再重复说明,配置的详细过程如下。

```
R2# config ter
R2(config)# interface atm 1/0
R2(config-if)# no ip address
R2(config-if)# no shutdown
R2(config-if)# exit
R2(config)# interface atm 1/0.1 point-to-point
R2(config-if)# ip address 10.1.1.2 255.255.255.0
R2(config-if)# pvc 20/100
R2(config-if-atm-vc)# encapsulation aal5snap
R2(config-if-atm-vc)# end
```

3. 测试连通性

```
R1# ping 10.1.1.2
Type escape sequence to abort.
Sending 5, 100-byte ICMP Echos to 10.1.1.2, timeout is 2 seconds:
!!!!!
Success rate is 100 percent (5/5), round-trip min/avg/max = 44/60/72 ms
```

在上述配置过程中,PVC 封装的协议参数共有三个:aal5mux、aal5nlpid、aal5snap, PVC 默认封装的协议参数为 aal5snap;ATM 的子接口模式除了 point-to-point 外,还可以使用其他模式,如常用的 multipoint 模式。当使用 multipoint 模式时,在 PVC 配置模式中还需要使用 protocol 命令指定 ATM 高层使用的协议类型等参数。路由器 R1 进行 multipoint 模式配置的参考步骤如下。

```
R1(config)# interface atm 1/0.1 multipoint          #进入 atm 1/0.1 子接口的多点模式
R1(config-if)# ip address 10.1.1.1 255.255.255.0     #定义子接口的 IP 地址参数
R1(config-if)# pvc 10/200                  #进入 PVC 配置模式,其后的参数 10/200 由 ATM 网络分配
R1(config-if-atm-vc)# encapsulation aal5snap          #封装 aal5snap 协议
R1(config-if-atm-vc)# protocol ip 10.1.1.2 broadcast
#使用 protocol 命令指定 ATM 高层使用 IP 协议,广播地址为对端的 10.1.1.2
```

路由器 R2 同样需要进行类似的配置,这里不再重复其配置步骤,请有兴趣的读者自行验证。

7.5 PPP

在互联网发展的早期,串行通信线路可靠性较差,广域网在数据链路层使用了很多可靠传输协议来解决线路质量问题,例如高级数据链路控制协议(HDLC)就是以前很流行的数据链路层可靠传输协议。但随着通信线路质量的不断完善,现在 HDLC 已经很少使用,在

点到点串行链路上取而代之的是点到点协议(Point to Point Protocol,PPP)。

7.5.1   PPP 概述

PPP 是用户计算机与 ISP 进行通信时使用的数据链路层协议,此协议由 IETF 在 1992 年制定,并经过后续不断修改后形成了互联网的标准 RFC 1661。

PPP 是一种面向字符的数据链路层协议,它提供了一种标准的在点对点链路上传输多种网络层协议的方法。PPP 设计的最初目的主要是用于在拨号线路或专线上建立与 ISP 之间的点到点连接,但现在以太网用户也可以通过 PPPoE(PPP over Ethernet)接入因特网。PPP 可用于同步传输,如 DDN、X.25 等;也可用于异步传输,如用电话拨号方式访问因特网时就使用了 PPP。

1. PPP 的组成

PPP 包括以下三个组成部分。

1) 协议封装方式

PPP 提供了一种将网络层协议封装到串行链路的方法,PPP 既支持面向字符的异步串行链路,也支持面向比特的同步串行链路。

2) 链路控制协议

链路控制协议(Link Control Protocols,LCP)用于建立点对点链路、配置和测试数据链路连接,在 RFC 1661 中定义了 11 种类型的 LCP 分组,LCP 具有三个主要功能:以规定方式建立链路;确定运用该链路所需的配置;当链路上会话结束时,PPP 正确无误地释放该链路。

3) 网络控制协议

网络控制协议(Network Control Protocol,NCP)是用于建立和配置不同网络层协议的协议簇。PPP 允许同时采用多种网络层协议,如 IP 协议、IPX 协议和 DECnet 协议;NCP 支持对各种协议的处理及分组的压缩和加密;在 NCP 中还对压缩整个分组数据的协议进行协商。

2. PPP 的工作过程

PPP 的工作过程主要可以分为以下 4 个阶段。

1) 链路建立阶段

在此阶段,每个 PPP 设备将发送 LCP 数据包来配置和测试数据链路层,并通过 LCP 帧协调一些选项的使用,如最大接收单元、一些 PPP 特定字段的压缩以及链路验证协议等,一旦配置信息测试成功,链路即宣告建立。配置信息通常都使用默认值,只有不依赖于网络控制协议的配置选项才在此时由链路控制协议配置。在链路建立的过程中,任何非链路控制协议的包都会被没有任何通告地丢弃。

2) 链路质量检测阶段

链路建立之后,LCP 允许有一个可选的链路质量检测阶段,在这个阶段中通过对链路的检测,决定链路质量是否满足网络层协议的要求。这个阶段在某些文献中也称为链路认证阶段。LCP 负责测试链路的质量是否能承载网络层的协议。在这个阶段中,链路质量检测是 PPP 提供的一个可选项,也可不执行。如果用户同时还选择了验证协议,验证的过程也将在这个阶段完成。PPP 支持两种验证协议:密码验证协议(PAP)和握手鉴权协议

（CHAP）。

3）网络层控制协议协商阶段

在这一阶段中，PPP 设备发送 NCP 数据包来选择和配置一个或多个网络层协议（如 IP 协议）。当每一个选择的网络层协议都配置完毕后，就可以开始发送数据包。

4）链路终止阶段

链路通常是应用户的请求才关闭的，如果 LCP 要终止链路，它会事先通知网络层协议以便它们能够采取一定的措施。当需要终止链路时，LCP 用交换链路终止包的方法终止链路。有时也会因为一些物理故障的出现而关闭链路，引起链路终止的原因很多，如载波丢失、认证失败、链路质量失败、空闲周期定时器期满或管理员关闭链路等。

3. PPP 中的验证机制

验证过程在 PPP 中为可选项，在 PPP 链接建立后进行身份验证的目的是为了防止有人在未经授权的情况下进行连接，从而导致数据泄漏。PPP 支持以下两种验证协议。

（1）口令验证协议（PAP）：PAP 的原理是由发起连接的一端反复向认证端发送用户名与密码对，直到认证端回应验证确认信息或者拒绝信息。PAP 在验证过程中，密码使用明文进行传输，因此该协议无法防范信道窃听，同时由于身份验证的次数由发起方决定，认证端无法防范穷举攻击。在企业网的应用中应尽量避免使用此验证方法。

（2）握手鉴权协议（CHAP）：CHAP 用三次握手的方法周期性地检验对端的节点，其基本原理是：认证端向对端发送"挑战"信息，对端收到"挑战"信息后用指定的算法计算出应答信息然后加密发送给认证端，认证端比较应答信息是否正确从而判断验证的过程是否成功。CHAP 验证过程是在链路建立之后完成的，而且在以后的任何时候都可以再次进行。CHAP 周期性验证的特性使得链路更为安全，并且 CHAP 不允许连接发起方在没有收到询问消息的情况下进行验证尝试。CHAP 每次使用不同的询问消息，每个消息都是不可预测的唯一的值。同时 CHAP 不直接传送密码，只传送一个不可预测的询问消息，且该询问消息与密码是经过 MD5 加密运算后的加密数据。因此 CHAP 的安全性总体比 PAP 要高很多。

这两种验证机制共同的特点就是简单，比较适合于在低速率链路中应用。但简单的协议通常都有其他方面的不足，最突出的便是安全性较差。PAP 的用户名与密码以明文传送，很容易被窃听；如果一次验证没有通过，PAP 并不能阻止对端不断地发送验证信息，因此容易遭到穷举攻击。而 CHAP 的优点在于密钥不在网络中传送，也不会被窃听。但是 CHAP 中存储的密码必须以明文形式存在，不允许被加密，安全性无法得到保障，同时密钥的保管和分发也是 CHAP 的一个难点，在大型网络中通常需要专门的服务器来管理密钥。

7.5.2 PPP 的配置及案例

PPP 在应用中主要涉及以下配置命令及功能。

1. 配置时钟频率

```
Router(config-if)#clock rate bps          #在 DCE 端指定串行链路的 b/s
```

PPP 应用于串行链路，对应串行链路的 DCE 端需要在其端口配置时钟频率，单位是 b/s。

2. 配置封装类型

Router(config - if) # encapsulation *encapsulation - type*

在广域网的串行端口上配置封装类型,此处的 encapsulation-type 选项为 PPP,表明需要在此端口上封装 PPP。

3. 配置 PAP 认证

在 PAP 认证端建立本地密码数据库:

Router(config) # username *name* password *password*

在 PAP 认证端的端口上配置 PAP 认证:

Router(config - if) # ppp authentication pap

在 PAP 客户端的端口上配置要发送的用户名和密码:

Router(config - if) # ppp pap sent - username *username* password *password*

4. 配置 CHAP 认证

在 CHAP 双向认证的服务器端与客户端,分别建立本地密码数据库:

Router(config) # username *name* password *password*

需要注意的是 CHAP 使用路由器名称作为用户名,因此上面命令中的 name 应该是对端路由器的名称,同时认证双方的 password 必须相同。

在 CHAP 服务器端的端口上配置 CHAP 认证:

Router(config - if) # ppp authentication chap

本节采用 DY 进行模拟实验,模拟的网络拓扑图如图 7.19 所示,路由器 R1、R2 分别通过串口 S0/0 相互连接,其中,R1 的 S0/0 为串行链路的 DCE 端,路由器 R1 默认作为 PPP 认证中的认证端,路由器 R2 作为被认证端。

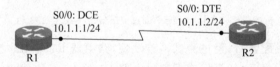

S0/0: DCE
10.1.1.1/24

S0/0: DTE
10.1.1.2/24

R1   R2

图 7.19　PPP 的配置

此实验的. net 文件如下所示。

```
#PPP 模拟实验
[localhost]
[[3640]]                    #定义路由器型号为 3640
    image = C3640.BIN       #指定 3640 使用的 IOS 文件
[[Router R1]]               #创建路由器 R1
    model = 3640            #指定模拟的型号为思科 3640 路由器
    slot 0 = NM - 4T        #slot0 插槽连接模块 NM - 4T,提供串行链路功能
    s0/0 = R2 s0/0          #路由器 R1 的 s0/0 与路由器 R2 的 s0/0 相连
[[Router R2]]               #创建路由器 R2
```

广域网及接入网技术

```
model = 3640          #型号为 3640
slot 0 = NM - 4T      #slot0 插槽连接模块 NM - 4T,提供串行链路功能
```

此次实验主要实现 PPP 的基本配置、PAP 认证、CHAP 认证三个主要功能,其配置步骤及过程如下。

1. PPP 的基本配置

PPP 的基本配置主要完成端口 IP 参数、PPP 封装等配置,其中路由器 R1 的配置如下所示。

```
R1(config)#interface serial 0/0                     #进入路由器 R1 的 s0/0 端口模式
R1(config-if)#ip address 10.1.1.1 255.255.255.0     #配置端口的 IP 地址参数
R1(config-if)#clock rate 64000                      #指定串行速率为 64 000b/s
R1(config-if)#encapsulation ppp                     #端口封装 PPP
R1(config-if)#no shutdown                           #激活端口
R1(config-if)#end                                   #回到特权模式
R1#debug ppp authentication                         #开启 PPP 认证的调试功能
```

上面最后一行的 debug 命令用于了解 PPP 认证的细节,当开启此调试功能后,所有 PPP 认证消息都将自动出现在路由器 R1 的 Console 界面上。这对于了解配置结果及认识 PPP 认证过程很有帮助。

路由器 R2 的配置过程如下所示。

```
R2(config)#interface serial 0/0                     #进入路由器 R2 的 s0/0 端口模式
R2(config-if)#ip address 10.1.1.2 255.255.255.0     #配置端口的 IP 地址参数
R2(config-if)#encapsulation ppp                     #端口封装 PPP
R2(config-if)#no shutdown                           #激活端口
R2(config-if)#end                                   #回到特权模式
R2#ping 10.1.1.1                                     #测试与路由器 R1 的连通性
Type escape sequence to abort.
Sending 5, 100-byte ICMP Echos to 10.1.1.1, timeout is 2 seconds:
!!!!!
Success rate is 100 percent (5/5), round-trip min/avg/max = 1/1/3 ms
```

在路由器 R2 完成配置后,经过测试不难发现,路由器 R1 与 R2 之间可以相互 ping 通。在完成路由器 R2 的配置后,如果仔细观察路由器 R1 的 Console 界面,则会发现如下信息。

```
*Mar  1 00:01:42.943: Se0/0 PPP: Authorization required
*Mar  1 00:01:47.023: Se0/0 PPP: No authorization without authentication
```

以上信息是 PPP 连接认证的信息,由于目前没有配置认证,因此 PPP 的连接信息很简单。

2. 配置 PPP 的 PAP 双向验证

在完成第 1 步基本配置后,可以继续进行 PPP 的认证配置,本步骤将完成 PAP 双向验证实验,具体的配置过程如下。

1) 配置路由器 R1

```
R1(config)#username rt2 password 12345              #建立用户名与密码
```

```
R1(config)＃interface serial 0/0                    ＃进入路由器 R1 的 s0/0 端口模式
R1(config-if)＃ppp authentication pap               ＃指定认证协议为 PAP
R1(config-if)＃ppp pap sent-username rt1 password 54321    ＃配置要发送的用户名与密码
```

需要注意的是上面第一行命令配置的用户名与密码(rt2 与 12345)用于验证对端即 R2 连接到本路由器的身份,而最后一行配置的用户名与密码(rt1 与 54321)是用于 R1 到对端即 R1 上验证自己的身份。

2) 配置路由器 R2

```
R2(config)＃username rt1 password 54321             ＃建立用户名与密码
R2(config)＃interface serial 0/0                    ＃进入路由器 R2 的 s0/0 端口模式
R2(config-if)＃ppp authentication pap               ＃指定认证协议为 PAP
R2(config-if)＃ppp pap sent-username rt2 password 12345    ＃配置要发送的用户名与密码
R2(config-if)＃shutdown                             ＃关闭端口
R2(config-if)＃no shutdown                          ＃激活端口
R2＃ping 10.1.1.1                                   ＃测试与路由器 R1 的连通性
Type escape sequence to abort.
Sending 5, 100-byte ICMP Echos to 10.1.1.1, timeout is 2 seconds:
!!!!!
Success rate is 100 percent (5/5), round-trip min/avg/max = 20/32/56 ms
```

上面的信息清楚表明,经过 PAP 配置后,路由器 R1 与 R2 是相互连通的。

在上面的配置过程中,对路由器 R2 的 s0/0 端口先执行了 shutdown 关闭端口操作,然后接着又执行了 no shutdown 激活端口的操作,这么做的原因是在 PPP 的基本配置过程中,PPP 链路已经建立,刚配置的 PAP 参数只有在重新连接时才会发生作用。如果需要重新建立 PPP 链路,则需要先断开 PPP 链路,然后再重新进行 PPP 链路的连接。

在使用 no shutdown 激活端口后,PPP 会自动重新进行链路连接,此时仔细观察路由器 R1 的 Console 界面,会发现以下 PPP 的认证信息。

```
* Mar  1 00:04:26.331: Se0/0 PPP: Authorization required
* Mar  1 00:04:26.371: Se0/0 PAP: Using hostname from interface PAP
* Mar  1 00:04:26.371: Se0/0 PAP: Using password from interface PAP
* Mar  1 00:04:26.371: Se0/0 PAP: O AUTH-REQ id 1 len 14 from "rt1"
* Mar  1 00:04:26.375: Se0/0 PAP: I AUTH-REQ id 1 len 14 from "rt2"
* Mar  1 00:04:26.375: Se0/0 PAP: Authenticating peer rt2
* Mar  1 00:04:26.379: Se0/0 PPP: Sent PAP LOGIN Request
* Mar  1 00:04:26.379: Se0/0 PPP: Received LOGIN Response PASS
* Mar  1 00:04:26.379: Se0/0 PPP: Sent LCP AUTHOR Request
* Mar  1 00:04:26.379: Se0/0 PPP: Sent IPCP AUTHOR Request
* Mar  1 00:04:26.383: Se0/0 LCP: Received AAA AUTHOR Response PASS
* Mar  1 00:04:26.387: Se0/0 IPCP: Received AAA AUTHOR Response PASS
* Mar  1 00:04:26.387: Se0/0 PAP: O AUTH-ACK id 1 len 5
* Mar  1 00:04:26.427: Se0/0 PAP: I AUTH-ACK id 1 len 5
* Mar  1 00:04:26.435: Se0/0 PPP: Sent CDPCP AUTHOR Request
* Mar  1 00:04:26.439: Se0/0 PPP: Sent IPCP AUTHOR Request
* Mar  1 00:04:26.455: Se0/0 CDPCP: Received AAA AUTHOR Response PASS
```

上述信息表明,路由器 R1 与 R2 已经通过 PAP 建立了新的 PPP 链路连接。

325

第 7 章

广域网及接入网技术

3. 配置 PPP 的双向 CHAP 验证

由于在上一步 PAP 验证中已经配置了 PPP 验证协议,因此在继续进行 CHAP 验证时,必须先将 PAP 验证的命令参数取消,方法是在相应提示符前加 no 命令。同时由于 CHAP 双向验证时将使用路由器的名称作为用户名,因此建立的用户名必须是对端路由器的名称,且双方的密码必须相同。

首先配置路由器 R1:

```
R1(config)#username R2 password 11111                 //建立用户名与密码
R1(config)#interface serial 0/0
R1(config-if)#no ppp authentication pap               //取消 PAP 认证
R1(config-if)#ppp authentication chap                 //配置 PPP 认证协议为 CHAP
```

上面建立的用户名 R2 为对端路由器的名称,密码 11111 是 PPP 双方共同的密码。

配置路由器 R2:

```
R2(config)#username R1 password 11111                 //建立用户名与密码
R2(config)#interface serial 0/0
R2(config-if)#no ppp authentication pap               //取消 PAP 认证
R2(config-if)#ppp authentication chap                 //配置 PPP 认证协议为 CHAP
R2(config-if)#shutdown                                //关闭端口
R2(config-if)#no shutdown                             //激活端口
```

上面配置命令中对端口的关闭与激活同样是为了重新建立 PPP 链接,当完成路由器 R2 的上述配置后,在路由器 R1 的 Console 界面中将观察到以下信息。

```
*Mar  1 00:08:07.971: Se0/0 PPP: Authorization required
*Mar  1 00:08:08.027: Se0/0 CHAP: O CHALLENGE id 1 len 23 from "R1"
*Mar  1 00:08:08.031: Se0/0 CHAP: I CHALLENGE id 1 len 23 from "R2"
*Mar  1 00:08:08.047: Se0/0 CHAP: Using hostname from unknown source
*Mar  1 00:08:08.047: Se0/0 CHAP: Using password from AAA
*Mar  1 00:08:08.047: Se0/0 CHAP: O RESPONSE id 1 len 23 from "R1"
*Mar  1 00:08:08.091: Se0/0 CHAP: I RESPONSE id 1 len 23 from "R2"
*Mar  1 00:08:08.095: Se0/0 CHAP: I SUCCESS id 1 len 4
*Mar  1 00:08:08.103: Se0/0 PPP: Sent CHAP LOGIN Request
*Mar  1 00:08:08.103: Se0/0 PPP: Received LOGIN Response PASS
*Mar  1 00:08:08.103: Se0/0 PPP: Sent LCP AUTHOR Request
*Mar  1 00:08:08.103: Se0/0 PPP: Sent IPCP AUTHOR Request
*Mar  1 00:08:08.103: Se0/0 LCP: Received AAA AUTHOR Response PASS
*Mar  1 00:08:08.103: Se0/0 IPCP: Received AAA AUTHOR Response PASS
*Mar  1 00:08:08.103: Se0/0 CHAP: O SUCCESS id 1 len 4
*Mar  1 00:08:08.103: Se0/0 PPP: Sent CDPCP AUTHOR Request
*Mar  1 00:08:08.103: Se0/0 CDPCP: Received AAA AUTHOR Response PASS
*Mar  1 00:08:08.127: Se0/0 PPP: Sent IPCP AUTHOR Request
```

以上信息表明,PPP 链路使用 CHAP 验证重新建立了 PPP 链接。

7.6　PPPoE

在 7.5 节中介绍了 PPP,PPP 的链路建立在串行线路之上,这些线路可以是 PSTN 的电话物理线路,也可以是 X.25、FR、ATM 等建立的虚电路,这些面向连接的接入技术都可以明确标示出点到点的连接关系。但是现在的 ISP 已经开始大量使用以太网作为互联网最后一千米的接入技术，而以太网是无连接的不可靠网络，在以太网中没有连接与计费的功能，这种现状促使了 PPPoE(PPP over Ethernet)协议的产生。PPPoE 提供了在以太网环境下主机与宽带远程接入服务器(Broadband Remote Access Server,BRAS)建立点到点连接关系的一种方法，RFC 2516 文档详细描述了 PPPoE 协议。

7.6.1　PPPoE 协议概述

PPPoE 协议的实质是以太网和拨号网络之间的一个中继协议，它继承了以太网的快速和 PPP 拨号的简捷、用户验证和 IP 分配等优势。PPPoE 协议可以把 IP 分组按照 PPP 的格式进行封装，然后再封装到以太网的帧中进行通信。PPPoE 实现的功能是在两个对等的端到端网络之间建立一种点到点的传输，而不是像以太网或其他多点访问网络中的点到多点传输。与 PPP 链路的建立方式相比，PPPoE 链路的建立要经过 PPPoE 的发现阶段和 PPPoE 的会话阶段。

1. 发现阶段

在发现过程中，用户主机以广播方式寻找可以连接的所有网络服务器，并获得其以太网的 MAC 地址，然后选择需要连接的主机并确认所建立的 PPP 会话识别标号。一个典型的发现可以分为以下 4 个步骤。

(1) 主机发出 PPPoE 有效发现启动包(PADI)，向接入服务器提出所需服务。

(2) 接入服务器收到服务范围内的 PADI 后，发送 PPPoE 有效发现提供包(PADO)以响应请求。

(3) 主机在可能收到的多个 PADO 中选择一个合适的，然后向所选择的接入服务器发送 PPPoE 有效发现请求包(PADR)。

(4) 接入服务器收到 PADR 后准备开始 PPP 对话，它发送一个 PPPoE 有效发现会话确认包(PADS)。当主机收到 PADS 后，双方就进入 PPPoE 的会话阶段。

2. 会话阶段

客户机与接入服务器根据在发现阶段所协商的 PPP 会话连接参数进行 PPPoE 的会话。PPPoE 会话是建立在用户 PC 和 ISP 之间的会话，对用户来说，使用 PPPoE 协议和 PPP 连接方式并没有太大区别，PPP 本身并没有做任何的变更，也就是说 ISP 并不需要对其现存的网络架构做任何变动，无论是采用 ADSL 或采用以太网连接的用户，其认证方式都与 PPP 相同。与 PPP 唯一不同的是，PPPoE 的数据报文被封装成以太网的帧进行传输。

目前的 ADSL 接入、小区宽带接入、企事业网 LAN 接入等技术都在使用 PPPoE 技术，PPPoE 的应用如图 7.20 所示，图中使用双线条表示了 PPPoE 协议的连接，DLSAM 代表数字用户线路接入复用器。

7.6.2　PPPoE 协议的配置及案例

本节分别以小区宽带、企事业网的 PPPoE 应用为例，介绍 PPPoE 的配置过程及方法。对于 ADSL 用户而言，相关的 PPPoE 协议及配置已经被封装到了 ADSL Modem 设备与用户操作系统中，对于用户而言，其连接相对简单，这里就不举例说明了。

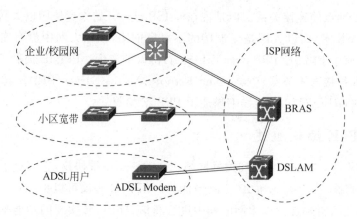

图 7.20　PPPoE 的应用方式

1. 小区宽带的 PPPoE 应用案例

图 7.21 模拟了小区宽带应用的简单环境,路由器 R1 模拟实现 PPPoE 服务器的功能,交换机 Switch 模拟小区以太网络,主机 PC1、PC2 模拟用户端计算机。路由器 R1 通过 F0/0 端口连接以太网交换机,为以太网内的用户提供 PPPoE 接入服务。

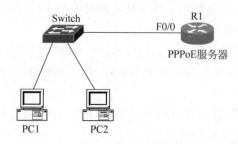

图 7.21　小区宽带的 PPPoE 应用

此应用环境的模拟可以使用 PT 软件进行模拟,首先配置路由器 R1:

```
Router(config)#vpdn enable                              //启用 VPDN
Router(config)#vpdn-group xiaoqu                        //建立 VPDN 组,名为 xiaoqu
Router(config-vpdn)#accept-dialin                       //进入接受拨入的配置模式
Router(config-vpdn-acc-in)#protocol pppoe               //指定封装的协议为 PPPoE
Router(config-vpdn-acc-in)#virtual-template 11          //克隆一个虚拟模板 11
Router(config-vpdn-acc-in)#exit
Router(config-vpdn)#exit
Router(config)#username jkx1 password 123              //建立远程用户拨号使用的用户/密码
Router(config)#username jkx2 password abc
Router(config)#ip local pool pppoe_add 110.1.1.1 110.1.1.100
//建立地址池 pppoe_add,为用户分配 IP 地址
Router(config)#interface virtual-Template 11           //进入前面建立的虚拟模板接口
Router(config-if)#ip unnumbered  fastEthernet 0/0       //借用 f0/0 端口的 IP 进行路由
Router(config-if)#peer default ip address pool pppoe_add
//指定 PPPoE 用户端使用的 IP 地址来源于前面定义的 pppoe_add 地址池
Router(config-if)#ppp authentication chap              //配置 PPP 验证协议为 CHAP
Router(config-if)#exit
```

```
Router(config)♯interface f0/0                        //进入 f0/0 端口
Router(config-if)♯pppoe enable                        //启用 PPPoE 协议
Router(config-if)♯ip address 10.1.1.254 255.255.255.0
Router(config-if)♯no shutdown                         //激活端口
Router(config-if)♯exit
Router(config)♯interface loopback 0                   //使用逻辑端口 loopback0 作为测试端口
Router(config-if)♯ip address 110.1.1.1 255.255.255.0
```

在上述配置中的最后使用 loopback0 端口的目的是为了在 PPPoE 连接后，方便在用户端进行连接性的测试。完成路由器的配置后，路由器 R1 就可以作为 PPPoE 服务器，为以太网内的用户提供 PPPoE 接入的服务了。

以太网内的用户只需通过用户主机上的操作系统建立 PPPoE 连接，输入 PPPoE 服务器提供的用户名与密码即可连接。在 PT 的模拟中，单击 PC1 图标，在打开的 PC1 窗口中，依次打开 Desktop 选项卡、PPPoE Dialer，在打开的对话框中输入前面创建的用户名"jkx1"与密码"123"后，单击 Connect 按钮。具体细节如图 7.22 所示。

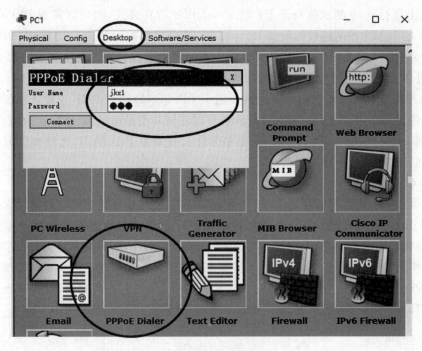

图 7.22　PPPoE 用户端拨号接入

如果前面路由器的配置正确，那么此时 PC1 将成功接入 PPPoE 服务器，通过 PC1 的 Command Prompt 可以检测 PPPoE 协议分配的 IP 地址，使用 ping 命令可以发现此时能够连接 110.1.1.1，即与路由器 R1 的 Loopback0 端口可以通信。具体测试结果下所示。

```
PC>ipconfig
FastEthernet0 Connection:(default port)
    Link-local IPv6 Address.........: FE80::260:2FFF:FE52:54
    Autoconfiguration IP Address....: 169.254.0.84
    Subnet Mask.....................: 255.255.0.0
    Default Gateway.................: 0.0.0.0
```

广域网及接入网技术

```
PPP adapter:
    IP Address......................: 10.1.1.7
    Subnet Mask....................: 255.255.255.255        //注意子网掩码为 32 位
    Default Gateway................: 0.0.0.0                //注意网关为空
PC>ping 110.1.1.1
Pinging 110.1.1.1 with 32 bytes of data:
Reply from 110.1.1.1: bytes = 32 time = 0ms TTL = 255
Reply from 110.1.1.1: bytes = 32 time = 0ms TTL = 255
Reply from 110.1.1.1: bytes = 32 time = 0ms TTL = 255
Reply from 110.1.1.1: bytes = 32 time = 0ms TTL = 255

Ping statistics for 110.1.1.1:
    Packets: Sent = 4, Received = 4, Lost = 0 (0 % loss),
Approximate round trip times in milli - seconds:
    Minimum = 0ms, Maximum = 0ms, Average = 0ms
```

以太网中的 PC2 同样可以使用上述方法接入 PPPoE 服务器,这里不再重复介绍。如果在 PC1 上进行 ping 测试前打开 PT 的 simulation 仿真模式,则可以发现 PPPoE 连接成功后,PC1 的 ICMP 数据包被封装到 IP 分组中、IP 分组再被封装到 PPP 帧中、PPP 帧被封装到 PPPoE 帧中,最后 PPPoE 帧被封装到以太网帧中进行传输。这个封装过程表明,PC1 的 IP 分组并不是直接封装到以太网帧中的,以太网帧中封装的是 PPPoE 帧,也就是说 PPPoE 用户在进行通信时只借助以太网传输了 PPPoE 帧,用户的 IP 地址在小区以太网中并没有起到任何作用,用户与 PPPoE 接入服务器之间并不是通过 IP 进行通信的,在两者之间,IP 地址只是高层协议的标识符。这也是为什么在查看 PC1 的 IP 地址参数时,其 IP 地址参数中的网关为空,子网掩码为 32 位的原因。

2. 企事业网的 PPPoE 应用案例

在企事业网中同样可以使用 PPPoE 接入互联网,但与小区宽带网络通过以太网交换机进行 PPPoE 接入不同的是,在企事业网内的用户一般都通过边界设备如路由器连接互联网,因此在此应用案例中,除了配置 ISP 的 PPPoE 服务器外,还需要专门配置企事业网的边界路由器作为 PPPoE 客户端,这样对于企事业网内的用户而言就不需要了解 PPPoE 接入,所有的 PPPoE 接入都由边界路由器完成。本例使用 DY 进行边界路由器的 PPPoE 接入模拟,其模拟的.net 文件如下所示。

```
#PPPOE 模拟实验
[localhost]
    [[3640]]                     #定义路由器型号为 3640
        image = C3640.BIN        #指定 3640 使用的 IOS 文件名称
[[Router R1]]                    #创建路由器 R1
    model = 3640                 #指定模拟的型号为思科 3640 路由器
    f0/0 = R2 f0/0               #路由器 R1 的 f0/0 端口与路由器 R2 的 f0/0 连接
    [[Router R2]]                #创建路由器 R2
        model = 3640             #指定模拟的型号为思科 3640 路由器
```

此网络文件模拟的拓扑图非常简单:两个路由器之间通过 3640 默认的端口 f0/0 相互连接,路由器 R1 模拟 ISP 的 PPPoE 服务器,路由器 R2 模拟企事业网的边界路由器,充当 PPPoE 客户端。

路由器 R1 作为 PPPoE 服务器的配置与小区宽带实验中的配置类似，具体配置过程如下。

```
R1(config)#vpdn enable
R1(config)#vpdn-group 1
R1(config-vpdn)#accept-dialin
R1(config-vpdn-acc-in)#protocol pppoe
R1(config-vpdn-acc-in)#bba-group pppoe global
R1(config-bba-group)#virtual-template 1
R1(config-bba-group)#exit
R1(config)#interface virtual-template 1
R1(config-if)#ip address 100.1.1.1 255.255.255.0      //指定 R1 服务端的 IP 地址
R1(config-if)#encapsulation ppp
R1(config-if)#peer default ip address pool pppoe
R1(config-if)#ppp authentication pap
R1(config-if)#exit
R1(config)#ip local pool pppoe 100.1.1.100 100.1.1.200
R1(config)#username jkx password abc
R1(config)#interface f0/0
R1(config-if)#pppoe enable
R1(config-if)#no shutdown
```

路由器 R2 作为 PPPoE 客户端的配置如下所示。

```
R2(config)#interface f0/0                              //进入 f0/0 端口
R2(config-if)#pppoe enable                            //启用 PPPoE
R2(config-if)#pppoe-client dial-pool-number 12        //建立 PPPoE 客户端的拨号池编号为 12
R2(config-if)#no shutdown                             //激活端口
R2(config-if)#exit
R2(config)#interface dialer 1                         //进入拨号逻辑接口 dialer 1
R2(config-if)#ip address negotiated                  //端口 IP 地址自动协商获取
R2(config-if)#encapsulation ppp                       //封装 PPP
R2(config-if)#ppp pap sent-username jkx password abc
R2(config-if)#ppp authentication pap callin          //使用 PAP 认证回拨
R2(config-if)#dialer pool 12                          //指定使用 dialer 池编号 12
R2(config-if)#exit
R2(config)#ip route 0.0.0.0 0.0.0.0 dialer 1          //配置默认静态路由通过逻辑端口 dialer 1 转发
```

当完成路由器 R2 的上述配置后，可能通过 show 命令检查当前端口的 IP 地址信息。

```
R2#show ip interface brief
Interface          IP-Address     OK? Method Status        Protocol
FastEthernet0/0    unassigned     YES unset  up            up
Virtual-Access1    unassigned     YES unset  up            up
Virtual-Access2    unassigned     YES unset  up            up
Dialer1            100.1.1.100    YES IPCP   up            up
```

上述信息表明：路由器 R2 作为 PPPoE 客户端已经通过逻辑端口 dialer 1 获得了一个 IP 地址，即 100.1.1.100。路由器 R2 通过此地址可以与其他网络通信，例如，在路由器 R1 进行 ping 测试：

广域网及接入网技术

```
R2#ping 100.1.1.1
Type escape sequence to abort.
Sending 5, 100 - byte ICMP Echos to 100.1.1.1, timeout is 2 seconds:
!!!!!
Success rate is 100 percent (5/5), round - trip min/avg/max = 36/48/56 ms
```

上述信息表明,此时的路由器 R2 可以与路由器 R1 相互连通。

第 8 章 网络工程的设计

本章将使用系统集成的方法,从工程的角度讲解计算机网络工程的一些基本概念,并针对企事业网络在工程设计中较为重要的三个环节(需求分析、网络设计、维护与管理)进行详细分析,并提出企事业网络的工程设计经验。

8.1 网络工程的基本概念

互联网时代的快速发展,已经使得计算机网络成为企事业单位进行各种业务的基础平台,大量基于计算机网络的信息系统被建立,对计算机网络的需求也越来越高。根据信息系统需求的不同,设计并实现的计算机网络在规模、性能、可靠性、安全性等方面必然也各不相同。如何科学、系统地兼顾信息系统各方面需求,设计并实现这些目标就成了网络工程的任务。

8.1.1 信息系统集成与网络工程

所谓集成是指将各个独立部分组合成为具有高效、统一的整体的过程。信息系统可以细分成布线系统、网络连接、服务软件、应用软件、系统管理与系统安全等若干模块。这些模块从网络体系结构来看,又可以自下而上地分为网络平台、传输平台、系统平台与信息系统。

网络平台在信息系统的最下面,由综合布线系统与网络连接两部分构成,为信息系统提供通信服务,现在的网络平台多数基于以太网技术;在网络平台上集成 TCP/IP 协议栈,就形成了传输平台,常用的操作系统如 Windows、Linux 等均已包含 TCP/IP 协议栈;在传输平台上集成各种服务软件,如 DBMS、WWW、FTP、开发工具等就构成了系统平台;在系统平台上进行应用开发后形成了应用软件层,从而构成了最终面向用户的信息系统。而计算机网络工程(也简称网络工程)是信息系统集成的基本内容,是本章主要介绍的内容。

综合来说,网络工程就是使用系统集成的方法,根据建设计算机网络的目标和网络设计原则将计算机网络的技术、功能、子系统集成在一起,为信息系统构建网络平台、传输平台和基本的网络应用服务。

8.1.2 网络工程实施的步骤

网络工程的基础是计算机网络技术,通过灵活应用各种网络技术,网络设计者可以依据网络用户的要求,从功能和性能两方面设计出能满足各种需求的计算机网络。本教材的重点放在如何应用各种网络技术上,但也会简要介绍网络工程在实施过程中的一般步骤。

对于小型网络,如只用十几台计算机的网络,基本就不需要网络工程技术,只需购买一台交换机设备,使用双绞线就能实现目标。但是当网络中的计算机个数达到几百台时,就不是简单交换机连接就能实现的。此时网络工程的集成就是一项复杂工作。

一般来说,网络工程的实施涉及网络的需求分析、网络设计、施工、测试验收、维护管理等环节。实施时,首先要进行详细的需求调查与分析,了解网络上必要的应用服务和预期的应用服务,确定网络工程的目标与设计原则;根据需求分析的结果可以展开逻辑网络设计与物理网络设计,其中,逻辑网络设计的重点是网络功能的部署和网络拓扑的规划,物理网络设计重点包括布线系统设计、机房系统设计、网络设备选型;在完成设计后,就可以进入施工环节,此环节主要任务是完成布线、安装计算机或网络设备、配置各种功能及服务;施工完成后就可以进行测试验收环节,主要的工作是系统测试、初步验收、最终验收等;维护环节的主要工作有系统维护、系统管理等。

以上环节在实施过程中可以串行,也可以并行展开,某些环节可能还会重复进行。不同的信息系统,其规模、功能、投资额等不尽相同,因此这些步骤也不可能完全相同,网络工程的实施者必须根据实际情况制定相应的实施计划与步骤。

限于篇幅,本章将重点介绍需求分析、网络设计、网络管理与维护三个环节,其他环节读者可以参阅其他专门的网络系统集成类书籍。

8.2 需求分析

网络需求分析的任务是在了解用户具体要求的基础上,提出网络工程的设计目标,确定网络服务和性能水平,厘清网络应用约束,最终形成网络工程的可行性报告。无论是网络工程需求方(也称甲方)还是网络工程实施方(也称乙方),都必须了解需求分析的重要性,需求是甲方提出的,但实施却是乙方的任务。甲乙双方如果在需求分析的理解、认识上不能达成一致,那么乙方最终的实施结果也会与甲方真正的需要不能一致。需求分析工作做得越细,对网络工程的设计、实施越有利,后期工作中也会较少出现问题。

8.2.1 需求分析的基本工作

需求分析工作是甲乙双方都需完成的工作,甲方通过需求分析可以明确提出自己的网络目标,并由此确立招标书的主要内容;乙方通过先期的需求分析可以明确投标书中的投标额,并在中标后通过需求分析确定网络设计的内容。显然甲乙双方在需求分析环节,工作的重点与深度各有不同,但具体了解工作的相关步骤对于双方均有好处。

网络需求分析的基本工作可按以下步骤展开。

1. 调查收集需求

调查、分析并整理网络用户的需求及可能存在的问题,确定对硬件环境和软件环境的需求。此项工作可以分三步进行:首先从企事业单位的管理者开始收集业务需求;其次收集网络用户群体需求;最后收集各种应用的网络需求。

2. 概要设计

在调查收集的基础上,分析网络工程设计的目标,并对网络进行初步的概要设计,可以提出多种不同的工程方案。

3. 工程概算

预算网络工程各种成本,包括网络设备(如交换机、路由器、服务器等)费用、网络系统软件费用、综合布线工程费用、机房建设费用、工程施工费用、测试管理费用、信息系统开发建设费用、人员培训费用、运维费用等。

4. 确定设计方案

网络技术人员对所设想的多个概要设计进行评价、对比,最后确定一个具体实施的设计方案。

5. 编写概要设计书

对确定的系统设计方案进行分析与说明,并形成纲要性的文件,用于指导后续工作的展开。此概要设计最终还需进行内部审查,确保概要设计的目标能够满足需求。

6. 确认概要设计书

根据前期工作的结果,甲乙双方需要对概要设计书进行评价、提出意见、完成修改并签字,使最后编写的概要设计书能够获得甲乙双方的共同认可。

7. 可行性报告

在完成概要设计的确认后,还应该按照国家制定的相关规定,完成可行性报告的书写。可行性报告需要对网络工程的背景、意义、目标、工程的功能、范围、需求、技术方案、设计要点、建设进度、工程组织、监理、经费等方面做出客观的描述和评价,为网络工程实施提供基本的依据。

以上步骤是需求分析工作的大致过程,在实施过程中可以根据实际任务的需要进行相关调整。在这些分析中,需要重点完成网络设计目标的分析、网络性能的分析、网络设计的约束分析、可行性报告编写工作。

8.2.2 网络设计目标分析

通过调查收集的需求信息可以反映网络工程设计的目标,但这些需求信息通常是零散且无序的,有些非专业用户反映的信息甚至是相互矛盾或不适合实现的。需求信息收集后,必须进行专业的分析整理,从而归纳出用户真正需要建设的目标。

不同类型的用户建立网络的目标可能各不相同,但通常会有以下目标。

(1) 能够看到经济效益或社会效益;

(2) 共享信息;

(3) 增进员工、合作伙伴之间的交流;

(4) 提高企事业单位的生产力;

(5) 降低内部通信成本;

(6) 提供更多的用户支持。

需求分析人员可以从收集的需求信息中进一步明确下列问题,以便归纳出网络设计的目标,为后面的工作打下基础。

(1) 哪些业务需要网络,对网络的要求是什么?

(2) 是新建网络还是对现有网络的升级、改造?

(3) 网络建设要求多长时间完成验收?

(4) 是否需要接入互联网吗?

（5）是否统一设备供应商？

（6）是否需要诸如 WWW、FTP 等应用服务？

（7）希望如何共享信息数据？

（8）是否需要对网络及数据进行安全保护？

（9）是否需要对网络资源建立访问权限？

（10）是否需要建立网络计费功能？

（11）需不需要 VoIP 等语音服务？

（12）有没有对网络特殊的功能要求？

（13）是否需要运维支持？

以上问题的答案将构成网络设计的目标，说明了网络的基本功能，是需求分析的第一个目标。如果甲方用户能提供的答案很少，那么这些问题的答案也可以从用户的业务需求、工作环境和组织结构三个方面去分析，最终帮助用户完成网络设计目标的确定。

网络工程的设计者必须清楚用户的需求，并能将这些需求转换为网络设计的目标。如果设计者不能真正明确用户的需求，直到施工完成后才发现与用户要求相去甚远，那么结果将是灾难性的，工程项目将面临返工或违约的风险。

8.2.3 网络性能分析

网络设计目标的分析从总体上描述了将来的网络所具有的功能，而网络性能分析则需要详细说明到达目标所应具有的技术指标。这些技术指标可以大致分为两类：表示网络设备性能的网元级指标；将网络作为一个整体的网络级指标。

网络设备的网元级指标是保证网络性能的基础，在网络设备选型时需要重点查看网络设备网元级的必需指标，这些性能指标在前面介绍交换机、路由器的章节中已经做了说明；网络级的性能指标主要有时间延迟、抖动、吞吐率、丢包率、带宽等。这些性能指标的具体作用如下。

1. 时间延迟

时间延迟是指分组从发送方到达接收方所花的时间。这个时间由多方面时间组成，分别是：网络设备发送分组的时间，这与设备的数据发送速率和分组大小有关；信号在物理信道中传播所花的时间，取决于信号的传播速率与传输距离；中间设备如路由器、交换机、服务器转发分组的时间，这个时间与设备的网元级指标有关，性能高的设备处理分组、转发分组的能力也越强；由于出现差错导致的重传时间。减少时间延迟的主要方法是在核心节点上使用高性能设备。

2. 时间抖动

显然，在分组交换网络中每个分组的时间延迟是不完全一样的，即使是连续发送的两个分组，其时间延迟也可能是不同的，甚至差别较大，这种差值也称为时间抖动。在实时视频/音频应用中，网络设计者不仅要关注时间延迟，还需要控制时间抖动，一般要求使时间抖动小于时间延迟的 5%。减少时间抖动的主要方法是适当增加节点设备缓存、设备分组优先级、缩短分组长度等。

3. 吞吐率

吞吐率常用来描述网络的总体性能，是指在单位时间内无差错传输数据的能力。吞吐率的单位一般使用 PPS(Packets Per Second)或 BPS(Bits Per Second)来度量,PPS 往往被用来衡量网络设备的吞吐率,而 BPS 往往用于测量应用层的吞吐率,用户可能直接感受到的是 BPS 参数,PPS 参数用于设计或管理网络。影响吞吐率的可能因素主要有通信协议、网络设备性能、网络的负载和分布、服务器能力等。

4. 丢包率

网络丢包率是指在一个时间段内,两点之间传输丢失的分组与总的分组之比。在分组交换网络中,由于通信子网只负责尽最大努力交付分组,并不保证分组传输的可靠性,因此通信子网中,分组的丢失是有可能发生的,不同的网络应用对丢包率的要求是不同的,如 IP 语音电话,即使发现存在丢包,此应用一般也不会要求重传,而有一些面向连接的应用,如 HTTP 则必须重传丢失的分组,但丢包率较大时,很明显会对这类应用带来很大的影响。

5. 带宽

带宽是网络及网络设备使用较多的性能参数之一,一般使用 BPS 来度量。需要注意的是不同网络方案具有的网络带宽参数可能是不一样的,一旦选定了网络设计方案,相应的带宽参数也就固定下来了。因此该参数必须在网络设计之前进行必要的预测或估算,使得设计方案中的带宽可以满足网络应用中需要的总带宽。

在进行带宽估算前,需要先分析网络流量,不同的网络流量对网络带宽的需求是明显不同的。目前网络中,端到端的通信主要有两种模式:对等模式与 C/S 模式。

对等模式常见的应用有 P2P 下载、P2P 组播等,这类应用的特点是节点具有相同的通信协议,通信双方处于对等地位,可以相互共享数据,因此网络流量是双向对称的,这类流量也很难进行测量与估算。在某些中小型企业网络中,网管往往通过网关禁用 P2P 类应用,从而可以更好地测量与控制网络流量、节省网络带宽。C/S 模式即客户/服务器模式,此模式中多个客户机通过网络访问一个服务器中的共享资源,客户机之间不存在网络流量,网络流量只存在客户机与服务器之间,而且一般是服务器到客户机方向的流量远大于客户机到服务器方向的流量。因此这类应用中,网络带宽的需求是很容易估算并控制的。

在一些相对封闭的企业网络中,80%以上的网络流量是内部流量、20%以下的网络流量是对互联网的访问,这种流量特征也称为 80/20 规则;而在多数校园网络中,可能有 80%以上的网络流量是访问互联网的,只有 20%以下的网络流量是内部通信流量。显然这两种不同的网络对网络带宽的需求方向也是不同的,一个是对内的带宽需求,一个是对外的带宽需求。

在分析网络需要设计的带宽时,设计人员可以通过估算通信流量,来设计网络间的带宽。首先将网络按照最基本的用户单元,分成若干个可能分析的逻辑网段,这些网段上将会运行基本相似的网络应用;然后根据需求分析过程中收集的每个用户对网络应用软件的使用情况,估算每个网段上的应用流量。一般来说,单个网段内 n 种网络应用的流量最大值可以估算为 $\sum_{i=1}^{n}$(单个用户 i 应用的流量 × 并发用户数量)。其中,应用的流量主要取决于应用程序发送的数据单元的大小,此大小一般这样估算:每个电子邮件的大小为 10KB,每个网页的大小为 100KB,每个演示文档的大小为 1MB,每个视频文件的大小为 100MB,每个数据库备份的大小为 1GB。以上是对常见应用的一种估算,要想精确测量是非常困难的,但这种估算方式对网络的设计及分析已经足够。对每个网段进行分析与估算后,可以将这些数据汇总,就可以进一步分析对外、对内的带宽需求了。

8.2.4 网络设计的约束

对网络设计的约束主要表现在政策约束、预算约束与时间约束三个方面。

1. 政策约束

在需求分析过程中了解政策约束的目的是要发现隐藏在网络工程项目背后,可能导致项目失败的事务安排、争论、偏见、利益关系或历史等因素。与甲方人员沟通时,乙方人员应该尽量不要对这些政策约束发表自己的意见,乙方应该尽可能收集以下几个方面的政策约束。

(1) 是否对网络协议、设备标准有明确的政策标准;

(2) 是否有特定的路由选择协议、应用协议的标准;

(3) 是否有关于开发和专有解决方案的规定;

(4) 是否有认可供应商或平台方面的政策规定;

(5) 是否允许使用不同设备厂商的产品;

(6) 是否要使得甲方自己内定的产品或技术;

(7) 相关需求是否符合本地法律规定。

2. 预算约束

网络设计必须符合甲方用户的预算,乙方在设计过程中也一定要控制网络的预算。预算费用应该包括设备采购费用、软件购买费用、网络工程设计和施工费用、维护和测试系统费用、信息咨询费用、部分业务外包的费用。

预算费用应该做到尽可能详细列支、使用合理,因为此费用是乙方投标时的重要参考依据,也是中标后网络工程合同中甲乙双方需要明确的重要事项。正是由于存在预算费用的约束,网络设计者有时会不得不使用一个差的设计方案来替代最好的设计方案,设计者需要在网络性能与预算之间找到一个合适的平衡,因此会经常采用折中的方案,这也是最考验设计人员的一个环节。

3. 时间约束

任何工程项目都会存在时间的约束,网络工程实施的进度一般由甲乙双方共同确定。多数情况下,甲方只会提出一个确定的项目完工验收的时间点,更为详细的施工进度安排需要乙方技术人员结合实际情况进行制定与安排,但一般不会超出甲方设定的截止时间。

对于中小型的网络工程项目,这种时间约束往往不会是工程的主要问题。但对于很多大中型网络工程而言,合理、科学的时间进度安排对于网络工程的正常完工有着非常重要的指导意义。

8.2.5 可行性报告

需求分析的上述工作完成后,最后一个环节就是编写可行性研究报告,此报告一般可作为项目立项的参考,同时也是下一步工作的基础。其内容可按以下纲要编写。

1. 可行性研究的前提

(1) 项目要求,如网络应具备的功能、性能、数据传输方式、安全要求、完工时间。

(2) 项目的约束条件,如网络运维周期、费用、法律政策的限制、网络工程施工与软件开发的限制。

（3）可行性研究的方法，如研究的基本方法与策略，系统的评价方法等。

2. 现有环境的分析

（1）现有计算机系统的基本情况，如处理能力、所占空间、使用人员等。

（2）计算机的工作类型与其网络流量。

（3）如果存在老网络，则需要分析现有网络的性能及运维情况。

3. 建议的网络设计方案

（1）方案的概要，为实现目标和要求将使用的方法和理论依据。

（2）建议的网络系统对原有系统的改进。

（3）技术方面的可行性，如技术能力、施工人员数量和质量、工程实施计划及依据。

（4）建议的网络设计方案预期的结果。

（5）建议的网络设计方案存在的局限性及这些问题存在的原因。

4. 可供选择的其他设计方案

（1）提出多种不同的设计方案，并说明各种方案的特点和优点，以供评审。

（2）与建议的设计方案相比，未被采纳的原因。

5. 工程投资与效益分析

（1）建议的设计方案所需要的总费用，包括基本建设费用、网络设计与软件开发费用、管理与培训费用。

（2）建议的设计方案能够带来的效益，如办公效率的提升、生产力的提高等。

（3）估算网络使用周期、网络的工作负荷，以及实现工程目标时，关键设备的性能指标基准参数。

6. 社会因素

（1）法律法规方面的可行性，如合同责任、技术专利因素。

（2）当前环境是否可以实施建议的设计方案。

（3）网络的使用者是否已经具备对网络的使用能力。

7. 结论

（1）可以立即开始实施建议的设计方案。

（2）若不能立即实施，则注明需满足的前提条件。

（3）若需要对当前环境进行修改，则需要指出当前需要修改的目标有哪些。

（4）不能实施并说明原因。

8.3　网　络　设　计

在完成需求分析的工作后，一个重要的工作就是根据可行性报告进行网络的设计。网络设计可以分为逻辑网络设计与物理网络设计两部分。

8.3.1　逻辑网络设计

逻辑网络设计的重点在于网络功能的分配和网络逻辑拓扑结构的设计，一般由乙方的网络设计人员完成，主要工作包括逻辑拓扑结构设计、IP 地址规划、路由协议选择、网络功能的分配等。

1. 逻辑结构

正如前面章节所描述的,目前企事业网络内部已经全部使用以太网,因此现在的逻辑网络拓扑结构的设计全部采用星状加树状拓扑结构。从功能上讲,对于中小型网络,一般使用核心层与接入层两级功能结构;对于大中型网络一般使用三层功能结构:核心层、汇聚层与接入层。

2. IP 地址规划

关于 IP 地址,在第 1 章中已经做过基本介绍。对于如今的企事业网络,一般建议内部网络使用 RFC 1918 规定的私有 IP 地址,网络外部端口只需要申请极少量的外部公有 IP 地址,对于小型网络甚至可以不用专门申请公有 IP 地址,利用前面介绍的 NAT 技术,小型网络可以直接使用 ISP 提供的外网端口的 IP 地址进行互联网通信。内部网络如果需要使用内部合法 IP 地址,那么在网络边界也应该使用 NAT 技术对这些内部的合法地址进行 IP 地址的翻译转换,从而保护内部主机。

在内部规划私有 IP 地址时,建议一个网段内的主机数量最好不要超过 254 个,这样就可以使用一个 C 类网络进行配置;如果 C 类网络 IP 数量不够分配,即网段内 IP 地址需求数量超过 254 个时,则可以使用 B 类网络的 IP,此时最好同时应用前面章节提到的 VLAN 技术,在网段内进行再一步逻辑划分;如果需要使用 A 类网络进行分配,则最好使用子网划分技术,将分配的每个子网的 IP 地址个数控制在 254 以内。这些建议的原因是由于以太网内主机个数达到 200 台左右时,以太网广播可能会引起广播风暴,严重影响网络通信的效率。

特别需要强调的是在网络工程设计过程中,不到万不得已不要使用 VLSM 及 CIDR 技术分配 IP 地址。虽然这两个技术在现在的设备中均可以使用,但其他复杂性只适合理论考试中作为计算题考查理论而已,在网络工程中如果使用这两个技术,只会在网络中埋下隐患、带来复杂度,这两个技术对于网络的可靠性及扩展性都会带来限制。

3. 路由协议的选择

网络中只要存在两个非直连的网段,则必须使用路由技术。从理论上讲,前面章节中所介绍的所有路由技术都可以完成网络间分组的路由转发任务。但由于企事业网络一旦建成,其拓扑结构一般在几年内都不会有太大的变化,使用动态路由协议只会带来路由设备计算资源的浪费,因此建议使用静态路由协议以提高路由设备的工作效率。互联网的拓扑结构每时每刻都在发生变化,因此 ISP 的网络必须使用动态路由协议。

4. 网络功能的分配

在企事业网络中,网络的功能是通过使用各种网络技术分别实现的。网络设计中需要根据需求分析的结果,进行网络功能的合理分配,不同网段内所需要使用的网络技术及其实现的功能可以说是千差万别的,但在企事业网络的工程设计中,一般会应用到以下网络技术,这些技术在前面的章节中均有介绍,读者若要了解技术细节请参阅前面章节。本节对这些技术进行功能使用方面的概括。

1) VLAN 技术

此技术多数应用在接入层或汇聚层交换机,用于实现网络通信流量或者广播域的隔离功能。核心层交换机上也可以应用此技术,但一般用于 VLAN 互访功能的实现。

2) 端口聚合技术

此技术用于提高网段之间的带宽,分为二层端口聚合和三层端口聚合。接入层/汇聚层交换机上一般使用二层端口聚合技术,三层交换机上多数使用三层端口聚合技术。

3) 生成树协议

此技术主要用于存在以太网回路的交换机上,功能是防止出现广播风暴。现在的交换机全部默认运行此协议,没有特殊原因不要关闭此协议。

4) HSRP

此技术主要用于网络边界的路由器上,进行配置可以为网关提供冗余能力并保证网关的可靠性。中小型网络由于工程投资额有限,一般不建议使用此技术。如果大中型网络工程的资金允许,可以考虑使用此项技术。

5) NAT 技术

此技术用于网络边界设备,如路由器或三层交换机等设备上,实现内部 IP 地址与外部 IP 地址的翻译。NAT 技术不仅可以用于外部网关设备实现内外网络 IP 地址的翻译转换,也可以用在内部网络的网段之间实现特定网段的隔离功能。

6) ACL 技术

此技术用于网络边界,实现基于分组的各项过滤控制功能。路由器与三层交换机上均可使用此技术实现网络特定流量的控制,从而保护网络及其中的主机。ACL 技术在防火墙等安全设备中也可以使用,当网络没有使用防火墙等专用硬件时,一般建议在路由器或三层交换机上使用此项技术,从而在一定程度上保证网络及主机的安全。

7) VPN 技术

此技术是标准的网络安全技术之一,主要用在内外网络的边界上。通常使用专业的防火墙等硬件实现,也可以通过路由器实现。但是一般不建议在路由器上使用此项技术,路由器在实现 VPN 功能的同时,还需要承担其他更为重要的工作,如协议转换、路由、拥塞控制等。VPN 技术对硬件计算资源的要求较高,若非要在路由器上实现此技术,那么路由器硬件配置一定要非常高才能兼顾各种计算需求。在中小型网络中,如果没有安全方面的预算,则不建议使用 VPN 技术;在大中型网络中若有这方面的资金预算,则可以考虑使用专业的防火墙等硬件设备实现 VPN 技术。

8) VoIP 技术

此技术用于向网络内部的用户提供基于 IP 的语音服务,限于当前国内的法律法规,VoIP 技术还不能完全应用到外部互联网。在企事业网络内部可以通过此项技术极大地缩减内部员工间的语音通话费用,在企业及校园网络中应用得越来越多。在工程资金允许的前提下,可以考虑使用此项技术。

8.3.2 物理网络设计

物理网络设计的主要任务是网络环境的设计与网络设备的选型。网络环境的设计主要由结构化综合布线设计、网络机房设计与供电系统设计构成。

1. 结构化综合布线系统

该系统泛指在建筑物或建筑群内安装的网络信号传输系统,可以将所有的数据通信设备、语音设备、图像设备、安全监控设备等使用统一、标准的方法连接在一起。结构化布线系统主要由工作区子系统、水平子系统、垂直子系统、设备间子系统、管理子系统、建筑群子系统等6个子系统构成。由于多数中小规模的网络工程施工企业并不具备完整的综合布线资质，因此多数网络工程中的布线工程采用外包的形式，将结构化综合布线系统这个环节外包给专业的、具有布线资质的布线公司去完成。

对于小型或轻量级的网络工程，如网吧、机房等，虽然并不需要非常专业地进行综合布线，一般的计算机专业人员可能都能完成这些简单的布线任务，但必须注意的是布线过程中一旦涉及防雷击处理或需要在建筑物外部布线的情况，则应该请具有布线资质的专业人员进行布线，计算机专业人员基本没有从事弱电或强电作业的经验与能力。因此本教材也不打算展开介绍综合布线的6个子系统，对此有兴趣的读者可以自行参阅这方面书籍。

2. 网络机房

网络机房是整个企事业网络的核心区域，多数核心层设备及服务器都将部署在网络机房中，因此网络机房的设计好坏，直接影响到日后网络的运行与维护工作。网络机房的设计一般包括以下多个方面：综合布线、抗静电地板铺设、棚顶墙体装修、隔断装修、UPS电源、专用恒温恒湿空调、机房环境及动力设备监控系统、新风系统、漏水检测、地线系统、防雷系统、门禁、监控、消防、报警、屏蔽工程等。根据网络工程项目的预算，上述设计并不一定会全部实施。但其中有几项设计是需要在网络工程设计中尽可能实施的，分别如下。

1）防静电地板铺设

网络机房的设计中，机房地面工程是一个很重要的组成部分。机房地板一般应该采用防静电活动地板。活动地板具有可拆卸的特点，因此所有设备线缆的连接、管道的连接及检修更换都会非常方便。

2）UPS不间断电源

网络机房的电源负载分为主设备负载和辅助设备负载。主设备负载指计算机及网络系统、计算机外部设备及机房监控系统，这部分供配电系统称为设备供配电系统，其供电质量要求非常高，在资金备件允许的情况下，应该采用UPS不间断电源供电，用以保证供电的稳定性和可靠性；辅助设备负载指空调设备、动力设备、照明设备、测试设备等，其供配电系统称为辅助供配电系统，一般使用市电直接供电。

3）精密空调系统

网络机房设计精密空调系统的任务是为了保证机房设备能够连续、稳定、可靠地运行，做到能够排出机房设备及其他热源所散发的热量，维持机房内恒温恒湿状态，并控制机房的空气含尘量。因此要求机房使用的精密空调系统具有送风、回风、加热、加湿、冷却、减湿和空气净化的能力。

4）接地系统

机房的接地系统是涉及多方面的综合性处理工程，是机房建设中的另一项重要内容。接地系统是否良好是衡量一个机房建设质量的关键性问题之一。机房一般具有4种接地方式：交流工作地、安全保护地、直流工作地和防雷保护地。在机房接地时应注意两点：信号系统和电源系统、高压系统和低压系统不应使用共地回路；灵敏电路的接地应各自隔离或屏蔽，以防止地回流和静电感应而产生干扰。

5）防雷系统

机房的雷电可分为直击雷和感应雷。对直击雷的防护主要由建筑物所装的避雷针完成;机房的防雷工作主要是防感应雷引起的雷电浪涌和其他原因引起的过电压。

6)监控系统

机房监控系统的规模虽然不大,但却是建立机房安全防范机制中不可缺少的一环。它能 24 小时监视并记录下机房内发生的任何事件,对安全事故的排查、防范也能起到一定的作用。

7)漏水检测系统

机房的水害来源主要有:机房顶棚屋面漏水;机房地面由于上下水管道堵塞造成漏水;空调系统排水管设计不当或损坏漏水;空调系统保温不好形成冷凝水。机房水患影响机房设备的正常运行甚至造成机房运行瘫痪。因此机房漏水检测是机房建设和日常运行管理的重要内容之一,除施工时对水害重点注意外,还应安装漏水检测系统。

8.4　网络管理与维护

网络系统建成后,网络的管理与维护工作一般由甲方的技术人员完成,当然甲方也可以在合同中将此项技术工作交由乙方进行后期的管理与维护。网络的管理与维护工作是一项确保网络正常运行的长期日常工作,是一个不断发现问题、解决问题的过程。随着企事业网络的规模越来越大,网络中需要管理与维护的资源也越来越多,如何规范地、系统地进行管理与维护是后期的一项重要工作。

8.4.1　网络的管理

对于如今的企事业网络而言,规模越来越大、越来越复杂,网络中存在的大量设备与资源很难保证都能按照设计功能全天 24 小时地正常使用,如果没有标准的网络管理系统,那么一旦出现问题就只能通过人工报告的形式通知网管,网管再进行故障诊断、处理,等到解决问题时可能已经过去了几个小时。这种管理效率明显不能满足现代企事业单位对网络的要求。因此现在的网络管理一般均使用网络管理系统完成,单纯的人工管理已经很少见了。

为了规范网络管理系统的标准并提高网络管理的效率,国际标准化组织 ISO 在 ISO/IEC 7498-4 标准中,明确定义了网络管理系统涉及的 5 大功能。

1. 故障管理

故障定义为与运营目标、系统功能或服务定义相偏离的事件或行为。故障可以分为内部故障与外部故障:内部故障指网络中设备的损坏;外部故障是外部环境的影响引起的故障。故障管理是网络管理中最基本的功能之一,用于检测、隔离、消除和处理异常系统行为。通过故障管理,可以迅速地检测和纠正故障,确保系统及其提供服务的高可用性。网络故障管理一般需要具备以下典型的功能。

(1)故障报警功能;

(2)事件报告管理功能;

(3)日志管理功能;

(4)测试管理功能;

(5)确认与诊断测试的分类功能。

对网络故障的检测,是依据对网络部件状态的检测。一般简单的故障只会被记录在错误日志中,并不会特别处理;而严重的错误则需要通过网络管理系统实施处理,网络管理系统根据有关信息对来自故障设备的报警进行处理,并排除故障。当故障比较复杂时,网络管理系统还应该具有执行一些诊断过程并辨别故障原因的能力。

2. 配置管理

配置是系统对运行环境的一种适配,包括安装新软件、升级旧软件、连接设备、更改配置参数等。虽然配置多数是与硬件设备有关的事情,但是网络管理系统中通常使用软件控制来生成并执行配置参数。这些参数通常包括功能选择参数、授权参数、协议参数、连接参数等。配置管理用于配置网络、优化网络,主要包括以下功能。

(1) 设置系统中有关路由操作的参数;

(2) 被管理对象或对象组的管理;

(3) 初始化或关闭被管理对象;

(4) 根据要求收集系统当前状态的有关信息;

(5) 获取系统最重要的信息变化;

(6) 更改系统的配置。

3. 计费管理

计费管理用于记录网络资源的使用情况,可以控制与监测网络各种操作的费用。在一些对外的商业网络中,这项管理功能尤其重要。通过计费管理,可以估算出用户使用网络资源需要付出的费用,网管也可以规定用户能够使用的最大费用,从而控制用户过多使用某些网络资源,提高网络资源的利用率,体现对所有用户的公平性。

为了保证计费功能的实现,网络管理系统必须提供账户管理功能对用户的使用情况进行管理与控制,账户管理一般由使用管理功能、过程功能、付费功能组成。其中的使用管理功能主要包括账户的使用生成、使用编辑、控制管理、使用分布等;过程功能主要有使用测试、使用监视、使用流程管理等;付费管理主要有付费生成、账单生成、支付处理等。

4. 性能管理

性能管理需要通过收集网络的相关参数来评价当前网络的运行情况,主要任务是监视、分析被管网络及其提供服务的性能,并根据分析结果能够触发某个诊断测试过程或重新配置网络,以维持网络的性能。性能管理与前面的故障管理是相互依存、密不可分的关系,性能管理可以被当作故障管理的延续,故障管理只负责网络的运转,并不能实现性能管理的目标。

性能管理收集、分析有关被管网络当前的数据信息,并维持和分析性能日志。一般情况下,性能管理应该具备收集统计信息、信息摘要、工作负载监视、网络流量管理、路由管理等功能。

5. 安全管理

安全管理是指对网络安全的管理,具体任务是保护网络中的资源,防止信息、网络设施、服务受到威胁或不适当的使用。安全管理的方法较多,一般应该具有以下内容。

(1) 进行网络安全风险评估;

(2) 定义和强制安全性策略;

(3) 检查各种数字签名与证书;

(4) 执行强制的访问控制;

（5）确保重要数据的加密；

（6）保证数据的完整性；

（7）监视系统以防止对安全性的威胁；

（8）及时报告违反或试图违反安全性的事件。

实施上述安全管理的开销相对于前面的管理而言，工作量及难度明显要大得多。因此在一般的中小型网络中，安全管理应用的并不多，只有在一些特别强调安全且有相应安全技术应用的网络中，才会严格应用安全管理。

8.4.2　网络的维护

网络工程项目的合同中一般会明确注明乙方在网络工程验收交接后的免费维护期限，而网络是由甲方使用的，了解网络维护的工作内容对于使用者也是有益的，因此网络的维护是甲乙双方均需了解的环节。

网络维护的目的就是通过某种方式对网络状态进行调整，能够及时发现网络故障并进行处理，使网络能够正常、高效运行。网络维护的主要任务是制定相应的管理制度，并有针对性地培养甲方技术人员，完善网络维护的技术手段和工具等。一般需要完成的主要工作如下。

1. 建立完整的网络技术档案

网络技术档案的内容包括网络类型、拓扑结构、网络配置参数、网络设备的信息（包括名称、用途、版本等），建立并完善这些档案对于网络后期的维护工作非常重要。

2. 常规网络维护

定期进行计算机网络的检测与维护是网管日常工作的一部分，现场监测网络系统的运行情况可以及时发现隐藏的问题。

3. 紧急的现场维护

对于一些简单的现场故障，甲方技术人员可以紧急处理并解决问题，当在网络遭遇到严重问题时，也可以由乙方技术人员按照合同规定的时间上门解决问题。

4. 重大事件的现场保障

网络建成后会遇到各种各样的调整或升级，例如应用新的办公系统、加入新的网段等，此时的网络维护工作重点是配合相关技术人员做好现场保障，但碰到比较重大的调整或升级时，还是应当请乙方技术人员到场保障，配置解决调整或升级过程中遇到的突发情况。

参 考 文 献

[1] 汪双顶,等.网络互联技术与实践教程.北京:清华大学出版社,2009.
[2] 谢希仁.计算机网络(第6版).北京:电子工业出版社,2013.
[3] 杨威,等.网络工程设计与系统集成.北京:人民邮电出版社,2006.
[4] 张卫,等.计算机网络工程(第2版).北京:清华大学出版社,2010.
[5] 杨明福.计算机网络原理.北京:经济科学出版社,2007.
[6] 田丰,等.网络工程与实训.北京:冶金工业出版社,2007.
[7] 施晓秋,等.网络工程实践教程.北京:高等教育出版社,2010.
[8] 雷震甲.网络工程师教程.北京:清华大学出版社,2008.
[9] 雷震甲.计算机网络.北京:机械工业出版社,2010.
[10] 王达.网管第一课——计算机网络原理.北京:电子工业出版社,2007.
[11] 陈强,等.Internet应用教程(第2版).北京:清华大学出版社,2005.
[12] 褚建立,等.计算机网络技术实用教程(第4版).北京:清华大学出版社,2013.
[13] 蔡学军,等.网络互联技术.北京:高等教育出版社,2004.
[14] 徐焱.ATM技术的原理与特点.北京:中国科技信息杂志社,2005.
[15] 姚军,等.现代交换技术(第2版).北京:北京大学出版社,2013.
[16] 王裕明,等.计算机网络理论与应用.北京:清华大学出版社,2011.
[17] 刘志华,等.现代通信技术导论.北京:北京邮电大学出版社,2015.
[18] Black U.ATM宽带网络.北京:清华大学出版社,2000.
[19] 贾世楼,等.ATM技术与宽带综合业务网.哈尔滨:哈尔滨工业大学出版社,2000.
[20] 杨宗凯.ATM理论及应用.西安:西安电子科技大学出版社,1996.
[21] 莫锦军,等.网络与ATM技术.北京:人民邮电出版社,2003.
[22] 廉文娟,等.现代操作系统与网络服务管理.北京:北京邮电大学出版社,2014.
[23] 马跃,等.网络工程.北京:北京邮电大学出版社,2013.
[24] Cisco公司.思科网络技术学院教程:无线局域网基础.北京:人民邮电出版社,2005.
[25] Cisco公司.思科网络技术学院教程:LAN交换与无线.北京:人民邮电出版社,2009.
[26] 唐明,等.交换与路由技术实验.重庆:西南师范大学出版社,2008.
[27] 李立高.通信末端综合化维护教程.北京:北京邮电大学出版社,2008.
[28] 尹淑玲,等.交换与路由技术教程.武汉:武汉大学出版社,2012.
[29] Mark Minasi.精通Windows Server 2012 R2(第5版).北京:清华大学出版社,2015.
[30] 王建平.计算机组网技术:基于Windows Server 2008.北京:人民邮电出版社,2011.
[31] 李锡泽,等.网络构建与管理.武汉:武汉大学出版社,2015.
[32] 王明昊,等.路由和交换技术.大连:大连理工大学出版社,2016.
[33] 邓世昆.计算机网络.昆明:云南大学出版社,2015.
[34] 王莹,等.管理办公自动化原理与技术.北京:经济管理出版社,2014.
[35] 徐小娟,等.网络设备管理与维护项目教程.北京:科学出版社,2016.
[36] 叶阿勇.计算机网络实验与学习指导.北京:电子工业出版社,2014.

图书资源支持

感谢您一直以来对清华版图书的支持和爱护。为了配合本书的使用，本书提供配套的资源，有需求的读者请扫描下方的"书圈"微信公众号二维码，在图书专区下载，也可以拨打电话或发送电子邮件咨询。

如果您在使用本书的过程中遇到了什么问题，或者有相关图书出版计划，也请您发邮件告诉我们，以便我们更好地为您服务。

我们的联系方式：

地　　址：北京海淀区双清路学研大厦 A 座 707

邮　　编：100084

电　　话：010－62770175－4604

资源下载：http://www.tup.com.cn

电子邮件：weijj@tup.tsinghua.edu.cn

QQ：883604(请写明您的单位和姓名)

用微信扫一扫右边的二维码，即可关注清华大学出版社公众号"书圈"。

资源下载、样书申请

书圈